Mathematischer Verlag von Georg Reimer in Berlin.

Baer, O., Éléments d'algèbre à l'usage des classes moyennes du collège royal français. 8. 1885 . . . . geb. 2.50

— — Éléments de géométrie plane à l'usage des élèves du collège royal français. 8. 1887 . . . . geb. 3.—

Ball, Rob. S., theoretische Mechanik starrer Systeme. Auf Grund der Methoden und Arbeiten Ball's herausgegeben von H. Gravelius. Mit 2 Abbildungen. 8. 1889 . . . . 14.—

Borchardt, C. W., gesammelte Werke. Auf Veranlassung der Königl. Preuss. Akademie der Wissenschaften herausgeg. von G. Hettner. Mit Borchardt's Bildniss. 4. 1888 . . . . 17.—

Bork, H., und Fr. Poske, Hauptsätze der Arithmetik für die Unter- und Mittelklassen des Gymnasiums. 3. Aufl. 8. 1892 . . . . —.60

Budde, E., allgemeine Mechanik der Punkte und starren Systeme. Ein Lehrbuch für Hochschulen. I. Band: Mechanik der Punkte und Punktsysteme. 8. 1890 . . . . 7.—

— — II. Band. Mechanische Summen und starre Gebilde. 8. 1891 . 8.—

Crelle, A. L., Rechentafeln, welche alles Multipliciren und Dividiren mit Zahlen unter Tausend ganz ersparen, bei grösseren Zahlen aber die Rechnung erleichtern und sicherer machen. Mit einem Vorwort von C. Bremiker. A. u. d. T. — Tables de calcul etc. 7te Stereotyp-Ausgabe. 4. 1895 . . . . geb. 15.—

Dirichlet, G. Lejeune, Werke. Herausgegeben auf Veranlassung der Königl. Preuss. Akademie der Wissenschaften. 4.

I. Band. Herausg. v. L. Kronecker. Mit Dirichlet's Bildniss. 1889 21.—

— — II. Band. Herausg. v. L. Kronecker, fortgesetzt v. L. Fuchs. 1897 18.—

Eisenstein, G., mathemat. Abhandlungen, besonders aus dem Gebiete der höheren Arithmetik und der elliptischen Functionen. Mit einer Vorrede von Gauss. 4. 1847 . . . . 4.—

— Tabelle der reducirten positiven ternären quadratischen Formen nebst den Resultaten neuer Forschungen über diese Formen in besond. Rücksicht auf ihre tabellarische Rechnung. 4. 1851 . . . 1.—

Emmerich, Dr. A., die Brocardschen Gebilde und ihre Beziehungen zu den verwandten merkwürdigen Punkten und Kreisen des Dreiecks. Mit 50 Figuren im Text und einer lithographischen Tafel. 8. 1891 . . . . 5.—

Gravelius, H., fünfstellige logarithmisch-trigonometrische Tafeln für die Decimaltheilung des Quadranten, mit ausführlichen Tafeln zum Uebergang von der neuen Theilung des Quadranten in die alte und umgekehrt. Nebst vierstelligen Tafeln der Zahlenwerthe der trigonometrischen Functionen, sowie gewöhnlichen Logarithmentafeln und Quadrattafeln. Mit einem Vorworte von Professor Dr. W. Förster, Direktor der Königl. Sternwarte zu Berlin. 8. 1886. . . . . geb. 6.—

Haentzschel, E., Studien über die Reduction der Potentialgleichung auf gewöhnliche Differentialgleichungen. Ein Anhang zu Heine's Handbuch der Kugelfunctionen. 8. 1893 . . . . 6.—

Heine, E., Handbuch der Kugelfunctionen. 2. Auflage.
Erster Band. Theorie. 1878 . . . . 8.—
Zweiter Band. Anwendungen. 1881 . . . . 6.—

Hauptsätze
der
Elementar-Mathematik
zum
Gebrauche an höheren Lehranstalten.

Bearbeitet
von
Dr. F. G. Mehler.

Mit einem Vorworte
von
Dr. Schellbach.

Einundzwanzigste Auflage,
besorgt von
G. Kaseler,
Oberlehrer am Königlichen Gymnasium zu Elbing.

Berlin.
Druck und Verlag von Georg Reimer.
1898.

Vorwort.

Herr F. G. Mehler, welcher als Mitglied unseres mathematischen Seminars Gelegenheit hatte, die Verteilung des Lehrstoffs zwischen meinem Herrn Kollegen Dr. Luchterhand und mir auf unserem Gymnasium kennen zu lernen, hat sich bereitwillig der Mühe unterzogen, die Hauptsätze der Mathematik, welche wir bei unserem Unterricht bedürfen, in einer unseren Zwecken entsprechenden Weise zusammenzustellen. Wir wünschen ihm hiermit unseren Dank für seine Mühe auszusprechen, von der wir den erheblichsten Nutzen für unser Gymnasium zu hoffen berechtigt sind.

Berlin, den 16. April 1859. Schellbach.

Vorrede zur achtzehnten Auflage.

Wie aus dem Vorworte ersichtlich ist, verdankt das vorliegende Buch seine Entstehung einer von Professor Schellbach gegebenen Anregung. Nachdem es mir im Sommerhalbjahre 1858 vergönnt gewesen war, allen Unterrichtsstunden, welche der Meister seines Faches in den oberen Klassen des Königlichen Friedrich-Wilhelms-Gymnasiums erteilte, beizuwohnen und so nicht nur die Endziele, bis zu welchen er seine Schüler führte, kennen zu lernen, sondern auch die Art und Weise, wie er sie mit den Elementen der von ihm gelehrten Disciplinen bekannt machte, folgte ich gern seiner Aufforderung, die Elemente der Mathematik nach dem von ihm festgestellten Plane und unter seiner Mitwirkung zu bearbeiten. Bei der ersten Auflage konnte es durch den Zweck, dem das Buch nach dem Vorworte zunächst dienen sollte, gerechtfertigt erscheinen, wenn es in einzelnen Abschnitten nur eine Zusammenstellung der hauptsächlichsten Sätze ohne deren Begründung gab. Als es allmählich in immer weiteren Kreisen Beifall fand, erhielten auch seine einzelnen Teile nach und nach eine annähernd gleichmäßige Ausführung. Der Beteiligung Schellbachs an der Herstellung der einzelnen Auflagen ist in den Vorreden zu denselben Erwähnung geschehen. Das dort Gesagte darf ich diesmal wohl kurz dahin zusammenfassen, daß er durch vielfältige Anregungen und zahlreiche Verbesserungsvorschläge unablässig bemüht gewesen ist, das von ihm ins Leben gerufene Buch zu vervollkommnen, und es durch wertvolle eigene Beiträge (wie den „Anhang zur Trigonometrie", die „Elementare Entwicklung der einfachsten transcendenten Funktionen" und den „Anhang" am Schlusse des Buches bereichert hat. Die unveränderte geistige Frische, die noch vor zwei Jahren in den Briefen meines hochverehrten, damals bereits im 88sten Lebensjahre stehenden Lehrers sich kundgab, und die er sich bis zu seinem Lebensende bewahrte, ließ mich hoffen, daß er mit seinem freundschaftlichen Rate mir noch länger zur Seite stehen werde; doch am 29. Mai 1892 entriß ein unerwarteter Tod den hochverdienten Mann seinen Angehörigen und seinen zahlreichen Freunden und Verehrern.

Die vorliegende neue Auflage bin ich bestrebt gewesen in voller Uebereinstimmung mit den neuen Lehrplänen zu gestalten, und doch, wie es wohl selbstverständlich ist, unter möglichst vollständiger Erhaltung des bisherigen Charakters und Inhaltes des Buches. Es zeigte sich, daß nur wenige Abschnitte einer teilweisen und vorwiegend die Anordnug des Stoffes betreffenden Umarbeitung bedurften, und daß im übrigen den neuen Lehraufgaben durch Hinzufügung einiger Ergänzungen entsprochen werden konnte.

Die ersten vier Abschnitte der Planimetrie sind fast völlig unverändert geblieben; doch ist die Lehre vom Kreise vor den Abschnitt über Flächengleichheit gestellt, und in letzteren sind, in vereinfachter Darstellung, die wichtigsten Sätze über Flächenmessung aus dem sechsten Abschnitte der vorigen Auflage übernommen. Die wenigen übrigen Sätze dieses sechsten Abschnittes sind der Aehnlichkeitslehre eingefügt. Diese letztere ist in zwei von einander getrennte Teile zerlegt worden. In dem ersten Teile sind die Beweise einiger Sätze in einfacherer Form gegeben; außerdem habe ich mich bemüht, durch eine etwas veränderte Gruppierung der Lehrsätze und Aufgaben den Schülern das Verständnis und die Aneignung des Pensums zu erleichtern. In dem darauf folgenden Abschnitte „Von den regelmäßigen Polygonen und der Ausmessung des Kreises" ist die Berechnung des Kreisumfanges in wesentlich vereinfachter Weise behandelt worden. In den zweiten, für die oberen Klassen bestimmten Teil der Aehnlichkeitslehre (Abschnitt VII) sind aus dem früheren fünften Abschnitte die Lehre von den harmonischen Punkten und Strahlen und die Lehre vom Aehnlichkeitspunkt übergegangen. Es bot sich mir hier die willkommene Gelegenheit, weitere Anwendungen dieser Lehren und andere Ergänzungen hinzuzufügen, insbesondere auch solche, deren Behandlung in der Obersekunda der Realgymnasien durch die neuen Lehrpläne ausdrücklich vorgeschrieben wird. Der achte Abschnitt ist bis auf eine Kürzung in § 120b unverändert geblieben.

In der Algebra sind die positiven und negativen Zahlen nicht, wie früher, schon bei § 122, 3), sondern erst in § 122a eingeführt. Erhebliche Kürzungen des Inhaltes oder Aenderungen der Darstellung sind nur in Abschnitt VII vorgenommen, kleinere fast nur in § 136 und § 128a. Auch der Abschnitt „Reihen und binomischer Satz" hat abgesehen von der Ausscheidung einiger entbehrlichen Entwicklungen seine frühere Gestalt behalten.

In der Stereometrie ist, wie bisher, die Berechnung des Rauminhaltes (bezw. auch der Oberfläche) von Prisma, Pyramide, Cylinder, Kegel und Kugel in so einfacher Darstellung gegeben, daß die betreffenden Paragraphen sehr wohl für den stereometrischen Unterricht in der Untersekunda verwertet werden können. Auch der Abschnitt

„Von der Lage der Ebenen und Geraden im Raume“ beschränkt sich, wie früher, auf das Notwendige. In § 210 erschien es erforderlich, den Definitionen, und in § 214 dem Beweise eine teilweise veränderte Fassung zu geben.

Den Bestimmungen der Lehrpläne gemäß sind die trigonometrischen Funktionen spitzer Winkel jetzt am rechtwinkligen Dreieck definiert; die Funktionen stumpfer Winkel werden (in § 160, 1—3) bereits beim gleichschenkligen Dreieck eingeführt, teils weil dieses die erste Gelegenheit dazu bietet, teils weil es dadurch möglich wurde, die Aenderungen bei der bisherigen Behandlung der Auflösung beliebiger schiefwinkliger Dreiecke auf ein sehr geringes Maß zu beschränken; natürlich kann der Inhalt des erwähnten §, wenigstens am Gymnasium, erst in Obersekunda in Betracht kommen. Die allgemeine Lehre von den Kreisfunktionen (Goniometrie) ist jetzt an das Ende der Trigonometrie gestellt. Sie wird auch in ihrer jetzigen Stellung für die Weiterführung des trigonometrischen Unterrichts gute Dienste leisten und die Einführung in die Koordinatenlehre erleichtern.

Entsprechend den neuen Lehraufgaben der Gymnasialprima ist dem Buche der neue Abschnitt „Ueber den Koordinatenbegriff und einige Grundlehren von den Kegelschnitten“ hinzugefügt. Auf Wunsch der Verlagshandlung mache ich darauf aufmerksam, daß ein Separatabdruck dieses neuen Abschnittes, sowie auch des Abschnittes über Trigonometrie, von denjenigen Schülern, welche ältere Auflagen des Buches besitzen, in je einem besonderen Heftchen für den Ladenpreis von 20 Pf. bezogen werden kann.

In dem größeren Teile des Buches ist es möglich gewesen, die bisherige Paragraphenbezeichnung unverändert aufrecht zu erhalten; wo es nicht geschehen konnte, sind die früheren Nummern den neuen in Parenthese hinzugesetzt.

Elbing, den 24. Januar 1894. F. G. Mehler.

Vorrede zur neunzehnten Auflage.

Die neue Auflage ist ein fast unveränderter Abdruck der vorhergehenden, nach den neuen Lehrplänen bearbeiteten. Hervorzuheben ist, daß der Inhalt von § 160, 4) der vorigen Auflage eine passendere Stelle in § 159, 2) erhalten hat, und daß die Formel $\triangle = \frac{1}{2} ab \sin\gamma$, die in der achtzehnten Auflage erst in § 164 aufgeführt war, jetzt schon in § 162 aufgenommen ist.

Die in der Vorrede zur 18. Auflage angezeigten Separatabdrücke des Abschnittes über den Koordinatenbegriff sowie des Abschnittes über Trigonometrie können auch fernerhin in je einem besonderen Heftchen zum Ladenpreise von 20 Pfennig durch jede Buchhandlung bezogen werden.

Elbing, den 1. März 1895. F. G. Mehler.

Vorrede zur zwanzigsten Auflage.

Am 13. Juli 1895 starb Professor Mehler in Berlin an den Folgen einer Operation, nur wenige Jahre nach seinem alten Freund und Lehrer Professor Schellbach. Sechsunddreißig Jahre lang hat er mit unermüdlicher Sorgfalt an seinen „Hauptsätzen" gearbeitet und das Buch durch neunzehn Auflagen hindurch zu seiner jetzigen Gestaltung geführt. Dafür hatte er auch die Freude, sein Buch in immer weiteren Kreisen heimisch werden zu sehen. — Kurz vor der schweren Operation bat mich der Verstorbene, im Falle eines unglücklichen Ausgangs die Besorgung der nächsten Auflagen zu übernehmen. Daß er dabei den Wunsch hatte, weitergehende, unnötige Aenderungen von dem Buche fernzuhalten, ist natürlich, wenn man bedenkt, daß er einen großen Teil seines arbeitsreichen Lebens seinen „Hauptsätzen" gewidmet hat. Die Erfüllung dieses Wunsches habe ich gern zugesagt, nicht nur aus Pietät gegen den hochverehrten

Mann, der mir in den zehn Jahren unsres Zusammenwirkens am Elbinger Gymnasium stets ein treuer Freund und zuverlässiger Berater war; mehr noch aus der inneren Ueberzeugung von dem Wert des Buches, an das zwei hervorragende Meister ihres Faches ihre Kraft gesetzt haben. — Wie schon in der vorigen Auflage, so sind deshalb auch in dieser keine Aenderungen vorgenommen; nur einige wenige Figuren sind auf den besonderen Wunsch des Verstorbenen hinzugefügt.

Elbing, den 18. August 1896.

Baseler.

Inhalt.

*

Geometrie oder Raumlehre.

§ 1. Der Raum ist nach allen Seiten ins Unendliche ausgedehnt. Der Raum ist teilbar. Die gemeinschaftliche Grenze zweier Raumteile heißt Fläche. Ein allseitig durch Flächen begrenzter Teil des Raumes heißt Körper. Die Flächen sind teilbar durch Linien, die Linien durch Punkte.

Der Punkt hat keine Ausdehnung.

Durch Bewegung eines Punktes entsteht eine Linie. Eine Linie hat eine Ausdehnung, Länge. — Die gerade Linie ist der kürzeste Weg zwischen zwei Punkten. Die durch zwei Punkte begrenzte gerade Linie heißt der Abstand oder die Entfernung der beiden Punkte. Eine gerade Linie kann nach zwei Seiten hin (nach zwei entgegengesetzten Richtungen) unendlich weit verlängert werden. Durch zwei Punkte läßt sich nur eine gerade Linie ziehen. Zwei verschiedene gerade Linien können daher nicht mehr als einen Punkt gemein haben. Eine unbegrenzt gedachte gerade Linie wird auch eine Gerade, ein durch zwei Punkte begrenzter Teil einer Geraden eine Strecke genannt. Eine Linie heißt gebrochen, wenn sie aus geraden Teilen besteht, die zu verschiedenen Geraden gehören. Eine Linie heißt krumm, wenn kein Theil derselben gerade ist.

Durch Bewegung einer Linie entsteht (im allgemeinen) eine Fläche. Die Flächen sind nach zwei Hauptrichtungen ausgedehnt, sie haben zwei Dimensionen, Länge und Breite. — Die einfachste Fläche ist die Ebene. Die Ebene nimmt jede gerade Linie, welche durch zwei ihrer Punkte geht, vollständig in sich auf.

Durch Bewegung einer Fläche entsteht (im allgemeinen) ein

Körper. Die Körper haben drei Dimensionen, Länge, Breite und Dicke (oder Höhe).

In besonderen Fällen kann die Bahn einer bewegten Linie wieder eine Linie und die Bahn einer bewegten Fläche wieder eine Fläche sein.

Die Lehre von solchen geradlinigen und krummlinigen Gebilden, welche in einer und derselben Ebene liegen, heißt ebene Geometrie oder Planimetrie; die Lehre von den Gebilden im Raume heißt körperliche Geometrie oder Stereometrie.

Planimetrie.

§ 2. Das einfachste krummlinige Gebilde, welches die Planimetrie betrachtet, ist der Kreis. Ein Kreis entsteht, wenn eine Strecke sich um einen ihrer Endpunkte herumdreht, bis sie in ihre ursprüngliche Lage zurückkehrt. Die Strecke beschreibt alsdann die Kreisfläche, ihr sich bewegender Endpunkt die Kreislinie oder Peripherie. Der feste Punkt, um den die Strecke sich dreht, heißt Mittelpunkt oder Centrum, der unveränderliche Abstand der Punkte der Peripherie vom Mittelpunkte heißt Radius oder Halbmesser des Kreises.

Irgend ein Punkt der Ebene liegt innerhalb des Kreises, auf der Peripherie oder außerhalb des Kreises, je nachdem sein Abstand vom Mittelpunkte kleiner, ebenso groß oder größer als der Radius ist.

Erster Abschnitt.

Von den Winkeln und Parallellinien.

§ 3. Erklärungen. 1) Ein Winkel ($\angle$) wird gebildet durch zwei gerade Linien, die von demselben Punkte ausgehen; die beiden Linien heißen die Schenkel, ihr Ausgangspunkt der Scheitel des Winkels. Der Winkel, dessen Scheitel *A*, und dessen Schenkel *AB* und *AC* sind, wird durch *BAC* oder *CAB* oder auch nur durch *A* oder durch einen zwischen die Schenkel gesetzten

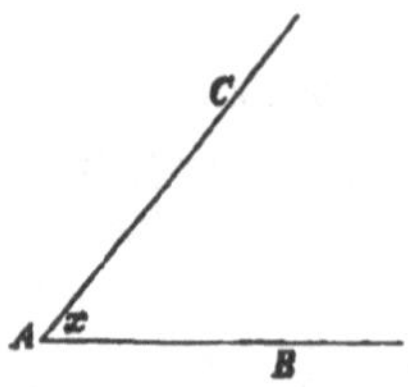

kleinen Buchstaben (z. B. x) bezeichnet. Die Größe eines Winkels ist unabhängig von der Länge der Schenkel.

2) Zwei Winkel sind gleich, wenn sie sich so aufeinanderlegen lassen, daß ihre Schenkel sich decken.

3) Ein Winkel entsteht, wenn eine in einem Punkte A begrenzte gerade Linie sich um diesen Punkt von einer bestimmten Lage AB ausgehend dreht. Irgend ein Punkt der geraden Linie, B, beschreibt hierbei einen Kreisbogen, und wenn die gerade Linie sich um zwei gleiche Winkel BAF und FAG gedreht hat, so sind auch die von B durchlaufenen Bogen BF und FG gleich, weil, wenn man die gleichen Winkel aufeinanderlegt, auch die Bogen zur Deckung kommen. Da der ganze so entstandene Winkel BAG aus den gleichen Teilen BAF und FAG zusammengesetzt ist, so ist er doppelt so groß als der Winkel BAF, und auch der zugehörige Bogen BG ist doppelt so groß als der Bogen BF. Ebenso gehört auch zu einem dreimal so großen Winkel ein dreimal so großer Bogen u. s. w.

Man teilt die ganze Kreislinie in 360 gleiche Teile, welche man Bogengrade nennt; die zugehörigen Winkel heißen Winkelgrade. Jeden Grad (°), sowohl den Bogengrad als auch den Winkelgrad, teilt man in 60 Minuten ('), jede Minute in 60 Sekunden ("). Jeder Winkel enthält also ebenso viele Grade, Minuten und Sekunden als der zugehörige Kreisbogen.

4) Ein Winkel (BAC), dessen Schenkel (AB und AC) in die entgegengesetzten Richtungen einer Geraden fallen, heißt ein gestreckter oder flacher Winkel. Der zugehörige Bogen ist ein Halbkreis und enthält also 180° oder 10800' oder 648000"; der ganze Kreis enthält 1296000".

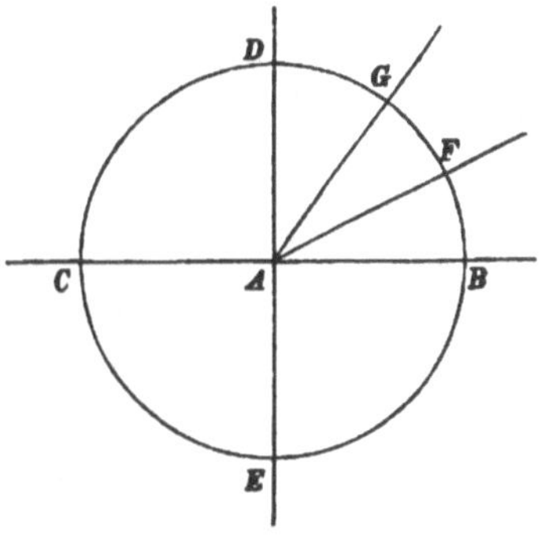

5) Die Hälfte eines gestreckten Winkels heißt ein Rechter (R). — Alle gestreckten und folglich auch alle rechten Winkel sind einander gleich. — Ist von den vier Winkeln, welche zwei gerade Linien (BC und DE) bilden, einer ein Rechter, so sind es auch die übrigen.

6) Wenn zwei gerade Linien sich unter rechten Winkeln durchschneiden, so sagt man, sie stehen auf einander senkrecht (⊥), oder die eine ist ein Lot (Perpendikel) auf der anderen.

7) Ein Winkel, welcher kleiner als ein gestreckter oder zwei Rechte ist, heißt ein hohler (konkaver), und zwar heißt er spitz, wenn er kleiner als ein Rechter, stumpf, wenn er größer ist. Ein Winkel, der größer als ein gestreckter ist, heißt ein überstumpfer oder erhabener (konvexer). — Die spitzen und stumpfen Winkel werden, im Gegensatz zum Rechten, schiefe Winkel genannt.

8) Wenn zwei Winkel zusammen zwei Rechte betragen, so heißt der eine das Supplement des anderen. Betragen zwei Winkel zusammen einen Rechten, so heißt der eine das Komplement des anderen.

9) Zwei Winkel heißen Nebenwinkel, wenn sie einen Schenkel gemein haben und die anderen Schenkel in die entgegengesetzten Richtungen einer und derselben Geraden fallen. — Scheitelwinkel heißen zwei Winkel, wenn die Schenkel des einen die Verlängerungen der Schenkel des anderen sind.

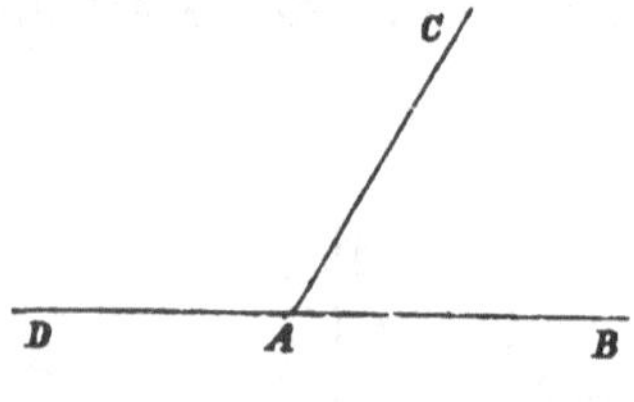

§ 4. Lehrsatz. Nebenwinkel betragen zusammen zwei Rechte.

Beweis. Es ist:

$$\angle BAC + DAC = BAD;$$

aber $\angle BAD$ ist ein gestreckter, oder

$$\angle BAD = 2R.$$

Mithin ist auch:

$$\angle BAC + DAC = 2R.$$

§ 5. Lehrsatz. Scheitelwinkel sind einander gleich.

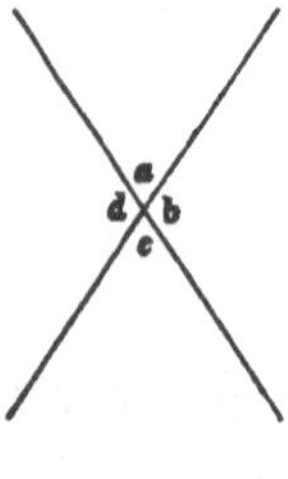

Beweis. Die Scheitelwinkel a und c haben beide den Winkel b zum Nebenwinkel. Also ist sowohl $a+b=2R$ als auch $c+b=2R$. Zwei Größen aber, die derselben dritten gleich sind, sind einander gleich. Daher ist $a+b=c+b$, oder wenn von beiden Seiten b fortgenommen wird: $a=c$. Ebenso ist $b=d$.

§ 6. Erklärung. Werden zwei gerade Linien von einer dritten

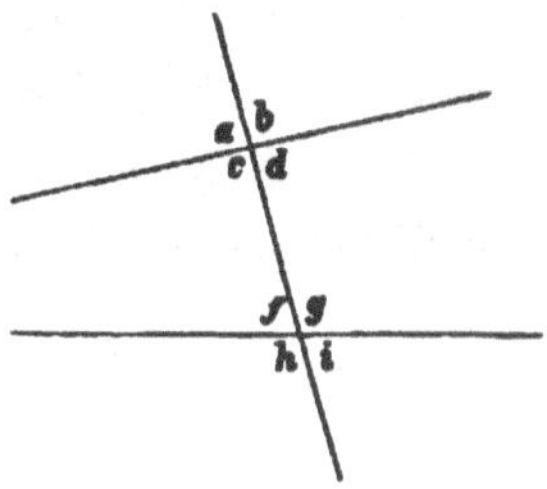

durchschnitten, so entstehen acht Winkel, vier innere (c, d, f, g) und vier äußere (a, b, h, i). Die an verschiedenen Schnittpunkten liegenden Winkel setzt man in folgender Weise zu einander in Beziehung:

1) Gegenwinkel oder korrespondierende Winkel nennt man einen innern und einen äußern an derselben Seite der schneidenden Linie (b u. g, d u. i, a u. f, c u. h).

2) Wechselwinkel sind zwei innere oder zwei äußere an verschiedenen Seiten der schneidenden Linie (c u. g, d u. f, a u. i, b u. h).

3) Entgegengesetzte Winkel sind zwei innere oder zwei äußere an derselben Seite der schneidenden Linie (d u. g, c u. f, b u. i, a u. h).

4) Konjugierte Winkel sind ein innerer und ein äußerer an verschiedenen Seiten der schneidenden Linie (z. B. d und h).

Für die Anwendungen ist die vierte Gruppe entbehrlich.

§ 7. Lehrsatz. Ist ein Paar Gegenwinkel gleich, so sind es auch die übrigen, und die Wechselwinkel sind gleich, und je zwei entgegengesetzte Winkel betragen zusammen zwei Rechte.

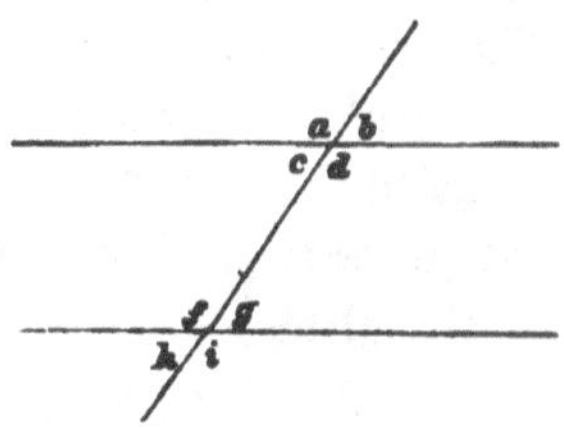

Beweis. Wird z. B. $b = g$ vorausgesetzt, so folgt, da $b = c$ und $g = h$ (nach § 5), daß

$$b = c = g = h.$$

Da nun die vier anderen Winkel die Nebenwinkel der genannten sind und zu gleichen Winkeln gleiche Nebenwinkel gehören, so ist auch:

$$a = d = f = i.$$

Hieraus erkennt man die Gleichheit aller unter 1) und 2) angeführten Paare von Gegenwinkeln und Wechselwinkeln. Ferner ist z. B. $f + c = 2R$; denn es ist: $f + g = 2R$ und $g = c$.

Zusatz. Wenn ein Paar Wechselwinkel gleich ist, oder wenn ein Paar entgegengesetzter Winkel zwei Rechte beträgt, so sind ebenfalls alle Paare von Wechselwinkeln und Gegenwinkeln gleich, und je zwei entgegengesetzte Winkel betragen zwei Rechte. (Denn ist $c = g$, so ist, weil $c = b$, auch $b = g$; und ist $d + g = 2R$, so ist, weil $d + b = 2R$, auch $d + b = d + g$, also $b = g$. Beide Fälle sind also auf den vorhergehenden Lehrsatz zurückgeführt.)

§ 8. **Erklärung.** Zwei gerade Linien heißen **parallel** (∥), wenn sie, beliebig weit verlängert, sich nicht schneiden.

§ 9. **Lehrsatz.** Sind zwei Gegenwinkel gleich, so sind die geschnittenen Linien parallel.

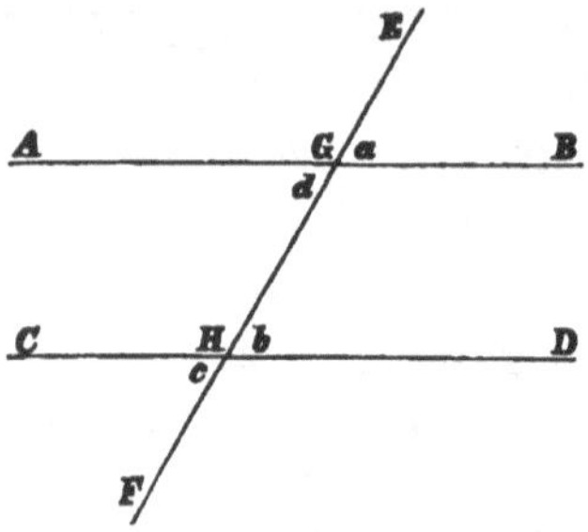

Beweis. Es sei $a = b$, so ist zu beweisen, daß $AB \parallel CD$. Man nehme an, die Linien AB und CD seien nicht parallel, sondern es schnitten sich z. B. die Richtungen GB und HD (gehörig verlängert). Da nun $a = b$, so ist nach § 7 $c = a$ und $d = b$, d. h. HC und GA sind unter derselben Neigung gegen EF gezogen, wie GB und HD gegen FE. Es sind also die beiden an den entgegengesetzten Seiten von EF liegenden Teile der Figur mit einander völlig übereinstimmend. Wenn also GB und HD sich schnitten, so müßten sich auch HC und GA schneiden, d. h. es würden sich die Geraden AB und CD in zwei Punkten schneiden, was unmöglich ist. Daher ist $AB \parallel CD$.

Zusatz. Zwei gerade Linien sind auch parallel, wenn ein Paar Wechselwinkel gleich ist oder ein Paar entgegengesetzter Winkel zwei Rechte beträgt. (Denn es sind dann nach § 7, Zus. auch die Gegenwinkel gleich.)

§ 10. **Grundsatz.** Durch einen Punkt außerhalb einer Geraden läßt sich nur **eine** Parallele zu derselben ziehen.

§ 11. **Lehrsatz.** Gegenwinkel an Parallelen sind gleich.

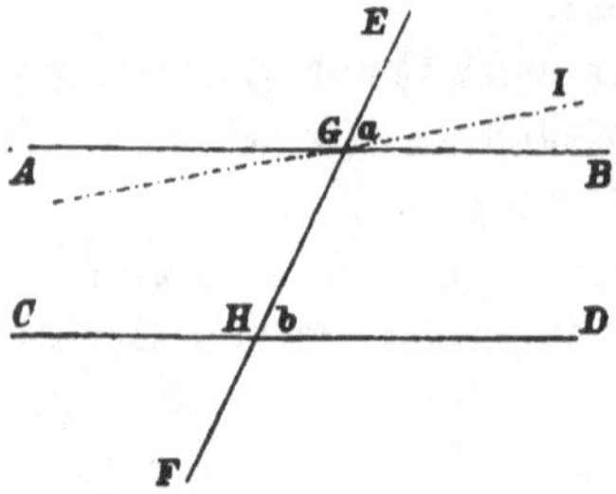

Beweis. Vorausgesetzt wird, daß $AB \parallel CD$, und behauptet, daß z. B. $\angle EGB = GHD$ oder $a = b$. Gesetzt es wäre a nicht $= b$, sondern größer als b. Dann ließe sich eine von GB verschiedene Gerade GI ziehen, der Art, daß $\angle EGI = b$. Alsdann wäre aber nach § 9 $GI \parallel CD$, und es gingen also von G zwei Parallele zu CD aus, was nach § 10 unmöglich ist. Also ist a nicht größer als b. Ähnlich zeigt man, daß a auch nicht kleiner als b sein kann. Daher ist $a = b$.

Zusatz. Wechselwinkel an Parallelen sind gleich, und entgegengesetzte Winkel an Parallelen ergänzen sich zu zwei Rechten.

Folgerungen aus §§ 9—11. 1) Zwei Gerade, die auf derselben dritten senkrecht stehen, sind parallel. (§ 9.)

2) Steht eine Gerade auf einer von zwei Parallelen senkrecht, so steht sie auch auf der anderen senkrecht. (§ 11.)

3) Zwei Gerade, die derselben dritten parallel sind, sind auch einander parallel. (Denn die Annahme, die beiden Geraden hätten einen Durchschnittspunkt, steht im Widerspruch zu § 10.)

4) Winkel, deren Schenkel parallel und gleichgerichtet oder parallel und entgegengesetzt gerichtet sind, sind einander gleich. (Denn werden zwei nicht parallele Schenkel gehörig verlängert, so entsteht am Durchschnittspunkte ein Winkel, der nach § 11 jedem der beiden gegebenen gleich ist.)

Zweiter Abschnitt.

Von den geradlinigen Figuren.

§ 12. Erklärung. Unter einer Figur (in der engeren Bedeutung des Wortes) versteht man einen Teil der Ebene, der von einer in sich zurückkehrenden Linie eingeschlossen wird. Die Länge der begrenzenden Linie heißt der Umfang, die Größe des begrenzten Teiles der Ebene der Flächeninhalt oder Inhalt der Figur. — Werden drei Punkte, die nicht in derselben Geraden liegen, durch gerade Linien verbunden, so entsteht ein Dreieck. Die drei Punkte heißen die Ecken, ihre Verbindungslinien die Seiten, die von diesen eingeschlossenen Winkel die Winkel und deren Nebenwinkel die Außenwinkel des Dreiecks.

Ein Dreieck ist also von einer gebrochenen Linie mit drei Eckpunkten begrenzt. Allgemein heißt eine von einer gebrochenen Linie mit beliebig vielen Eckpunkten umschlossene Figur ein Polygon oder Vieleck. Die Verbindungslinien von je zwei nicht aufeinanderfolgenden Ecken heißen Diagonalen. Ein Polygon von n Ecken (ein n-Eck) hat auch n Seiten und n Winkel und an jeder Ecke $n-3$, im ganzen $\frac{1}{2}n(n-3)$ Diagonalen.

A. Von den Dreiecken.

§ 13. Erklärung. Ein Dreieck heißt gleichschenklig, wenn es zwei gleiche Seiten hat, gleichseitig, wenn alle drei Seiten einander gleich sind. — Im gleichschenkligen Dreieck heißt die dritte Seite die Basis oder Grundlinie und die ihr gegenüberliegende Ecke die Spitze. Die beiden gleichen Seiten heißen die Schenkel.

§ 14. Lehrsatz. In jedem Dreieck ist 1) die Summe zweier Seiten größer als die dritte Seite und 2) die Differenz zweier Seiten kleiner als die dritte.

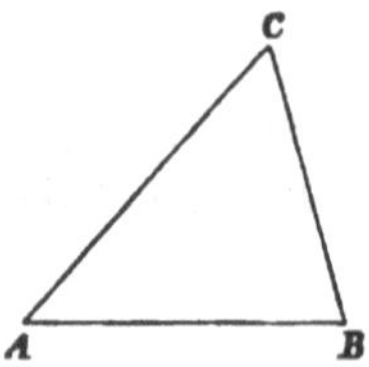

Beweis. 1) Da die gerade Linie AB der kürzeste Weg von A nach B ist, so ist die gebrochene Linie ACB größer, d. h.

$$AC + BC > AB.$$

2) Es sei z. B. $AC > BC$, und es sei zu zeigen, daß die Differenz von AC und BC kleiner ist als AB. Die Seite AC ist kleiner als die Summe der beiden anderen, d. h.

$$AC < BC + AB.$$

Nimmt man jetzt von beiden Seiten BC fort, so erhält man:

$$AC - BC < AB.$$

§ 15. Lehrsatz. Die Summe der drei Winkel eines Dreiecks beträgt zwei Rechte.

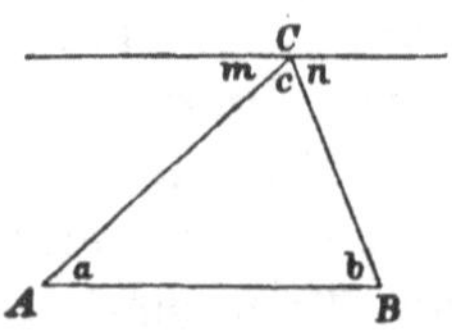

Beweis. Man ziehe durch C die Parallele zu AB; alsdann macht $\angle c$ mit den neu entstandenen Winkeln m und n einen gestreckten Winkel oder zwei Rechte aus, d. h. es ist:

$$m + n + c = 2R.$$

Nun ist aber nach § 11, Zus.:

$$m = a \text{ und } n = b,$$

und durch Einsetzung dieser Werte ergiebt sich:

$$a + b + c = 2R.$$

§ 16. Folgerungen. 1) Sind zwei Winkel eines Dreiecks gegeben, so findet man den dritten, indem man ihre Summe von zwei Rechten abzieht. Zwei Dreiecke, die in zwei Winkeln mit einander übereinstimmen, haben daher auch die dritten Winkel gleich.

2) Ein Dreieck kann nicht mehr als **einen** rechten oder stumpfen Winkel enthalten.

3) Von einem Punkte läßt sich auf eine Gerade nur **ein** Lot fällen. (Denn gäbe es zwei, so entstände ein Dreieck mit zwei rechten Winkeln, was nach 2) unmöglich ist.)

§ 17. **Erklärung.** Ein Dreieck wird **spitzwinklig, rechtwinklig** oder **stumpfwinklig** genannt, je nachdem es drei spitze, oder einen rechten und zwei spitze, oder einen stumpfen und zwei spitze Winkel hat. — Im rechtwinkligen Dreiecke heißt die dem rechten Winkel gegenüberliegende Seite **Hypotenuse**, die ihn einschließenden Seiten heißen **Katheten**.

§ 18. **Lehrsatz.** Ein Außenwinkel eines Dreiecks ist gleich der Summe der beiden inneren ihm gegenüberliegenden Winkel.

Beweis.

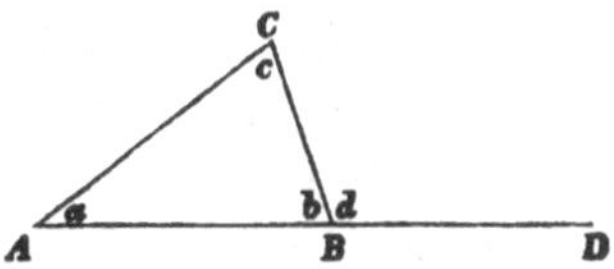

$d + b = 2R$ (§ 4.)

$a + c + b = 2R$ (§ 15.)

folglich:

$d + b = a + c + b$

oder, wenn man auf beiden Seiten b subtrahiert:

$$d = a + c.$$

Folgerung. Ein Außenwinkel eines Dreiecks ist größer als ein innerer ihm gegenüberliegender Winkel.

§ 19. 1) **Erklärung.** Zwei Figuren heißen **kongruent** ($\cong$), wenn sie sich so aufeinanderlegen lassen, daß ihre Grenzen sich decken.

2) **Erklärung.** In kongruenten Polygonen heißen die beim Aufeinanderlegen zur Deckung gelangenden Seiten (und Winkel) **homologe** Seiten (und Winkel).

3) **Folgerung.** In kongruenten Polygonen sind die homologen Seiten (und Winkel) gleich.

§ 20. **Erster Kongruenzsatz.**

Zwei Dreiecke sind kongruent, wenn sie übereinstimmen in zwei Seiten und dem eingeschlossenen Winkel.

Beweis. Es sei vorausgesetzt:

$AC = DF$, $BC = EF$, $\angle C = F$,

so ist zu beweisen, daß $\triangle ABC \cong DEF$. Man lege das $\triangle ABC$ so

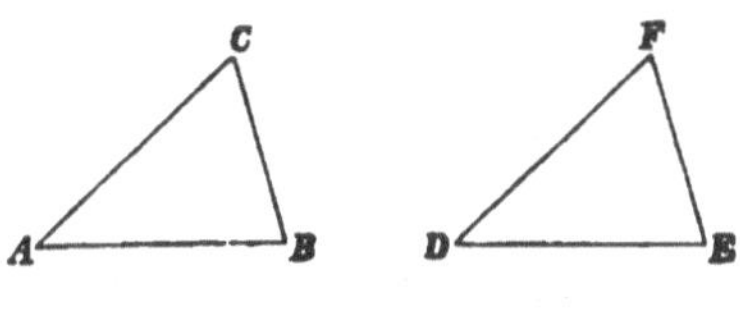

auf DEF, daß der Punkt C auf F und die Seite CA auf FD fällt, so muß auch A auf D fallen, weil $CA = FD$; ferner muß CB auf FE fallen, weil $\angle C = F$, und dann auch B auf E, weil $CB = FE$; endlich decken einander auch die Seiten AB und DE, weil ihre Endpunkte zusammengefallen sind.

§ 21. Zweiter Kongruenzsatz.

Zwei Dreiecke sind kongruent, wenn sie übereinstimmen in einer Seite und den beiden anliegenden Winkeln.

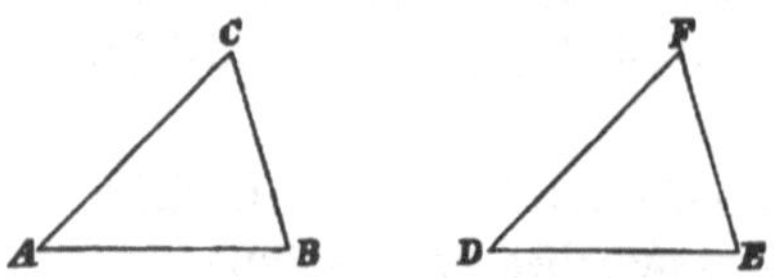

Beweis. Vorausgesetzt wird, daß $AB = DE$, $\angle A = D$, $\angle B = E$. Man lege $\triangle ABC$ so auf DEF, daß A auf D und AB auf DE fällt, so muß B mit E zusammenfallen, weil $AB = DE$. Ferner kommt die Seite AC in die Richtung von DF, weil $\angle A = D$, und BC in die Richtung von EF, weil $\angle B = E$. Der Punkt C endlich muß, weil er sowohl der Seite AC als auch BC angehört, sowohl auf DF als auch auf EF fallen, muß also in den Durchschnittspunkt beider, F, fallen. Die beiden Dreiecke decken also einander, sind somit kongruent.

§ 22. Zusatz. Zwei Dreiecke sind auch kongruent, wenn sie übereinstimmen in einer Seite, einem anliegenden und dem gegenüberliegenden Winkel. Denn nach § 16, 1) ist dann auch der andere anliegende Winkel in beiden Dreiecken gleich groß.

§ 23. Lehrsatz. 1) Im gleichschenkligen Dreieck sind die Winkel an der Grundlinie gleich. Und 2) umgekehrt: Ein Dreieck mit zwei gleichen Winkeln ist gleichschenklig.

Beweis. 1) Vorausgesetzt wird, daß $AC = BC$; behauptet, daß $\angle A = B$. Man denke sich den Winkel ACB durch die Gerade CD halbiert, so ist $\angle ACD = BCD$; aber ferner $AC = BC$ und $CD = CD$; folglich $\triangle ACD \cong BCD$ nach § 20, mithin $\angle A = B$.

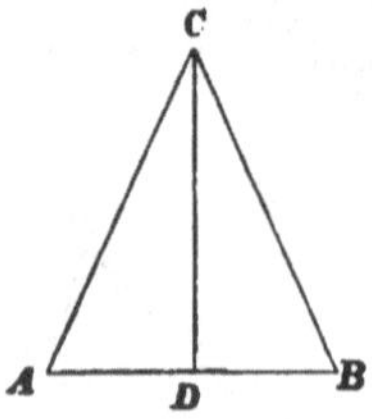

2) Es sei $\angle A = B$. Wird wiederum der Winkel ACB durch CD halbiert, so ist in den Dreiecken ACD und BCD Seite $CD = CD$, $\angle ACD = BCD$ und $\angle A = B$. Folglich ist $\triangle ACD \cong BCD$ nach § 22, und daher $AC = BC$.

Folgerungen. 1) Im gleichseitigen Dreieck sind alle Winkel gleich und jeder von ihnen $= \frac{2}{3}R = 60^\circ$. **Umgekehrt:** Ein Dreieck mit drei gleichen Winkeln ist gleichseitig.

2) Im rechtwinkligen gleichschenkligen Dreieck ist jeder der beiden spitzen Winkel $= \frac{1}{2}R = 45^\circ$.

§ 24. **Lehrsatz.** 1) Der größeren von zwei Seiten eines Dreiecks liegt auch der größere Winkel, und 2) dem größeren von zwei Winkeln liegt auch die größere Seite gegenüber.

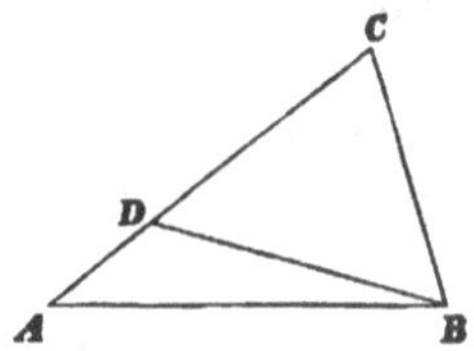

Beweis. 1) Wenn $AC > BC$ vorausgesetzt wird, so soll bewiesen werden, daß $\angle CBA > CAB$. Man schneide von der größeren Seite CA ein Stück CD ab, welches der kleineren Seite CB gleich ist, und verbinde D mit B, so ist $\angle CBD = CDB$ nach § 23, 1); aber $\angle CDB > CAB$ nach § 18, folglich auch $\angle CBD > CAB$. Aber $\angle CBD$ ist nur ein Teil von $\angle CBA$; demnach ist um so mehr $\angle CBA > CAB$.

2) Ist $\angle B > A$, so läßt sich indirekt zeigen, daß $AC > BC$ ist. Wäre nämlich $AC < BC$, so müßte nach dem ersten Teil des Satzes auch $B < A$ sein, und wäre $AC = BC$, so wäre nach § 23, 1) auch $B = A$. Beides widerspricht der Voraussetzung. Daher ist notwendig $AC > BC$.

§ 25. **Folgerungen.** 1) Der größten Seite liegt der größte Winkel gegenüber.

2) Dem größten Winkel liegt die größte Seite gegenüber. Die größte Seite eines rechtwinkligen Dreiecks ist also die Hypotenuse.

3) Der der kleineren von zwei Seiten gegenüberliegende Winkel ist stets ein spitzer.

4) Die der größten Seite anliegenden Winkel sind beide spitz.

Anmerkung. Von allen Strecken, die einen Punkt mit einer Geraden verbinden, ist die auf ihr senkrechte die kürzeste. Unter dem **Abstande** oder der **Entfernung** eines Punktes und einer Geraden versteht man daher das von dem Punkte auf die Gerade gefällte Lot.

§ 26. **Dritter Kongruenzsatz.**

Zwei Dreiecke sind kongruent, wenn sie übereinstimmen in den drei Seiten.

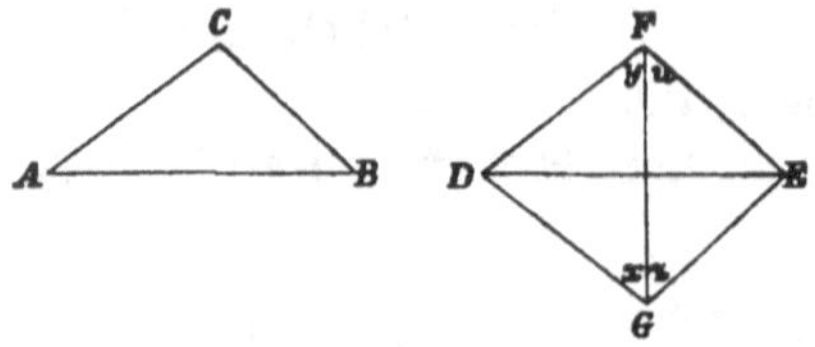

Beweis. Voraussetzung ist, daß $AB = DE$, $AC = DF$, $BC = EF$. Man lege $\triangle ABC$ mit der größten Seite, AB, an die ihr gleiche Seite DE des $\triangle DEF$, so daß es in die Lage DEG kommt. Die an der Seite DE liegenden vier Winkel sind nach § 25, 4) sämtlich spitz; daher ist sowohl $\angle FDG$ als auch $FEG < 2R$, und folglich fällt die Verbindungslinie der Punkte F und G innerhalb der Fläche des Vierecks $DFEG$. Nun folgt aus der Voraussetzung und Konstruktion, daß $DF = DG$ und $EF = EG$; daher ist sowohl $\triangle FDG$ als auch $\triangle FEG$ gleichschenklig, folglich:

$$x = y \text{ und } z = u; \text{ demnach}$$
$$x + z = y + u \text{ oder } \angle DGE = DFE.$$

Nunmehr folgt nach dem ersten Kongruenzsatze, daß $\triangle DEG \cong DEF$; mithin ist auch $\triangle ABC \cong DEF$.

§ 27. **Vierter Kongruenzsatz.**

Zwei Dreiecke sind kongruent, wenn sie übereinstimmen in zwei Seiten und dem der größeren Seite gegenüberliegenden Winkel.

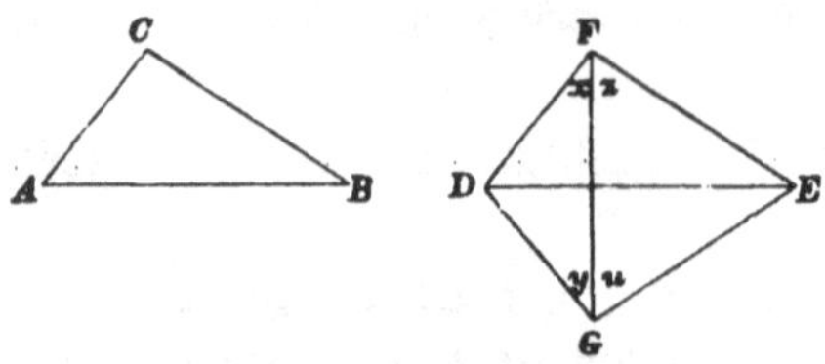

Beweis. Es sei $AB > AC$, $AB = DE$, $AC = DF$, $\angle C = F$. Man denke sich $\triangle ABC$ mit der größeren Seite AB an $\triangle DEF$ gelegt, so daß es in die Lage DEG kommt, und ziehe FG. Da DF und $DG < DE$, so sind die Winkel FED und GED beide spitz nach § 25, 3), $\angle FEG$ also $< 2R$ und nicht etwa $= 2R$. Daher liegen die Punkte F, E und G nicht in einer und derselben Geraden. Nun ist, weil $DF = DG$, $x = y$; aber $\angle DFE = DGE$, folglich $\angle DFE - x = DGE - y$, d. h. $z = u$. Nach § 23, 2) ist daher $FE = GE$, und demnach ist $\triangle DFE \cong DGE$ und mithin auch $\cong ACB$ wegen Gleichheit der drei Seiten.

Der Beweis ist im wesentlichen derselbe, wenn FG durch D geht oder die Verlängerung von ED über D hinaus schneidet.

Im ersten Falle ist $\angle F = G$ nach der Voraussetzung, also FE

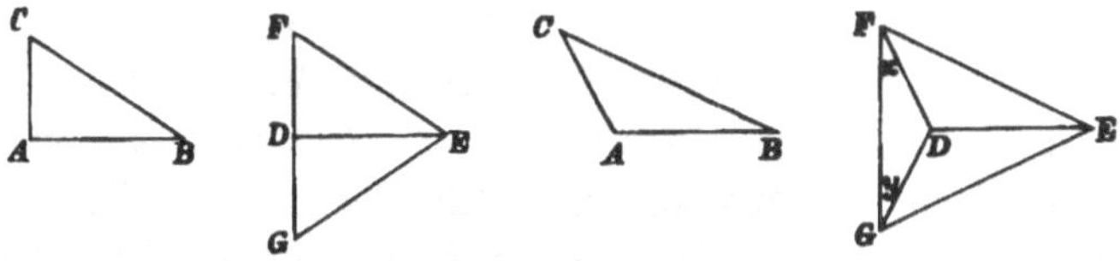

$= GE$, und im zweiten Falle ist wieder $x = y$, also $\angle DFE + x = DGE + y$, d. h. $\angle GFE = FGE$, mithin $FE = GE$.

§ 28. **Anmerkung.** Wird die Basis FG des gleichschenkligen Dreiecks FDG durch einen Punkt E in zwei ungleiche Teile geteilt und E mit D verbunden, so stimmen die Dreiecke DFE und DGE in zwei Seiten und dem der kleineren gegenüberliegenden Winkel überein ($DF = DG$, $DE = DE$, $\angle F = G$), sind aber **nicht** kongruent. In diesem Falle beträgt die Summe der den größeren Seiten gegenüberliegenden Winkel zwei Rechte. ($\angle DEF + DEG = 2R$.)

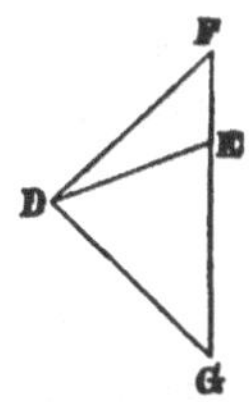

§ 29. **Lehrsatz.** Sind zwei Seiten eines Dreiecks gleich zwei Seiten eines anderen, die eingeschlossenen Winkel aber in beiden ungleich, so sind auch die dritten Seiten ungleich, und zwar liegt dem kleineren Winkel die kleinere Seite gegenüber.

Beweis. Es wird vorausgesetzt, daß $AC = DF$, $BC = EF$, $C < F$, und behauptet, daß $AB < DE$. Da $C < F$, so ist $A + B > D + E$; deshalb kann nicht zugleich $A < D$ und $B < E$ sein. Es sei also z. B. $A > D$. Man lege nun $\triangle ABC$ so auf DEF, daß Seite AC auf DF fällt, dann fällt AB außerhalb des $\triangle DEF$, in die Lage DG, und CB zwischen die Schenkel des Winkels DFE, schneidet also die Seite DE in einem Punkte H. Zieht man noch EG, so ist, weil

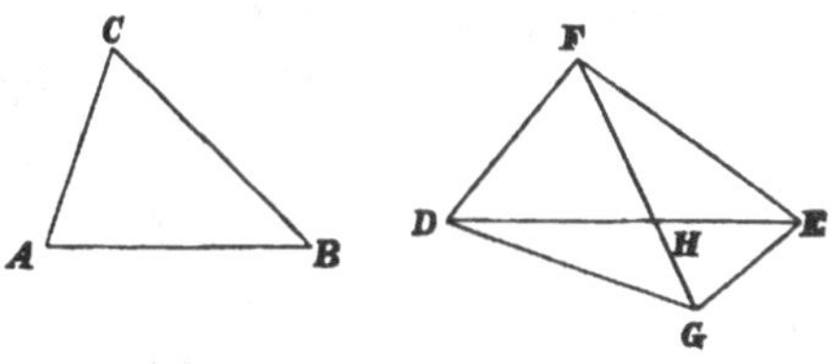

$FG = FE$, $\angle FEG = FGE$; also $\angle DEG < FGE$, und um so mehr $\angle DEG < DGE$. Folglich ist nach § 24, 2) $DG < DE$, mithin auch $AB < DE$.

Umkehrung. Sind zwei Seiten eines Dreiecks gleich zwei Seiten eines anderen, die dritten Seiten aber in beiden ungleich, so sind auch die diesen gegenüberliegenden Winkel ungleich, und zwar liegt der kleineren Seite der kleinere Winkel gegenüber. (Beweis indirekt.)

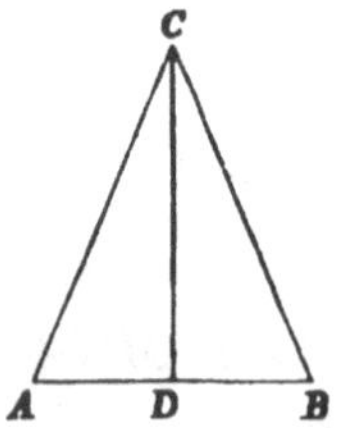

§ 30. Lehrsätze. 1) Die gerade Linie, welche den Winkel an der Spitze eines gleichschenkligen Dreiecks halbiert, geht durch die Mitte der Grundlinie und steht auf ihr senkrecht.

Beweis. Wenn *CD* den Winkel *C* halbiert, so ist $\triangle ACD \cong BCD$ nach § 20; daher zunächst $AD = BD$. Ferner folgt, daß $\angle ADC = BDC$; diese Winkel betragen aber als Nebenwinkel zusammen zwei Rechte, folglich ist jeder ein Rechter.

2) Das von der Spitze eines gleichschenkligen Dreiecks auf die Grundlinie gefällte Lot halbiert diese und den Winkel an der Spitze.

Beweis. Die Richtigkeit der Behauptung folgt aus der Kongruenz der Dreiecke *ACD* und *BCD*; diese aber aus § 27.

3) Die gerade Linie, welche die Mitte der Grundlinie eines gleichschenkligen Dreiecks mit der Spitze verbindet, steht auf der Grundlinie senkrecht und halbiert den Winkel an der Spitze.

Beweis. $\triangle ACD \cong BCD$ nach § 26 u. s. w.

4) Das auf der Grundlinie eines gleichschenkligen Dreiecks in ihrem Halbierungspunkte errichtete Lot geht durch die Spitze des Dreiecks.

Beweis. Ist *AB* in *D* halbiert, und wird *D* mit *C* verbunden, so ist nach 3) $CD \perp AB$. Da nun in *D* auf *AB* nur ein Lot errichtet werden kann, so muß dieses mit *CD* zusammenfallen.

5) Haben zwei gleichschenklige Dreiecke dieselbe Grundlinie (*AB*) und werden ihre Spitzen (*C* und *D*) durch eine Gerade verbunden, so halbiert diese die Winkel an den Spitzen und die Grundlinie und steht auf der letzteren senkrecht.

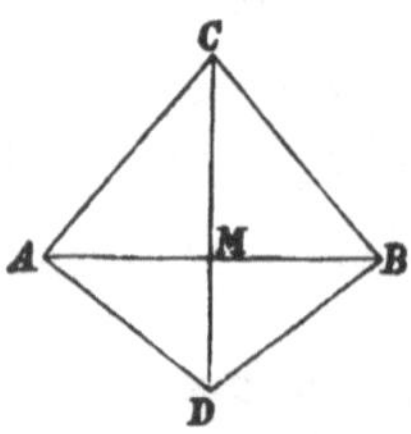

Beweis. $\triangle ACD \cong BCD$ (§ 26), also $\angle ACD = BCD$ und $\angle ADC = BDC$. Aus 1) folgt nun, daß $AM = BM$ und $CM \perp AB$.

§ 30a. 1) Erklärung. Die gerade Linie, welche auf einer Strecke in ihrem Halbierungspunkte senkrecht steht, wird die Mittelsenkrechte der Strecke genannt.

2) Lehrsatz. Jeder Punkt der Mittelsenkrechten einer Strecke hat gleiche Entfernungen von den Endpunkten der Strecke.

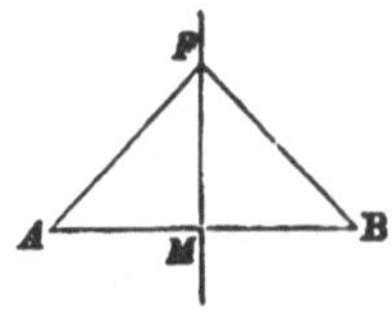

Beweis. Ist $AM = BM$ und $MF \perp AB$, so ist $\triangle AMF \cong BMF$ (§ 20), also $FA = FB$.

Umgekehrt. Jeder von den Endpunkten einer Strecke gleich weit entfernte Punkt liegt auf der Mittelsenkrechten der Strecke. (§ 30, 4.)

3) Lehrsatz. Jeder Punkt der Halbierungslinie eines Winkels hat von den Schenkeln desselben gleiche Entfernungen.

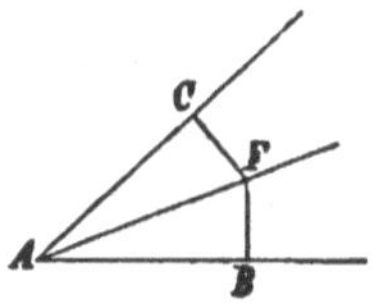

Beweis. Ist AF die Halbierungslinie des Winkels A und $FB \perp AB$, $FC \perp AC$, so ist $\triangle ABF \cong ACF$ (§ 22), also $FB = FC$.

Umgekehrt: Jeder innerhalb eines Winkels gelegene und von den Schenkeln gleich weit entfernte Punkt liegt auf der Halbierungslinie des Winkels. (§ 27.)

4) Erklärung. Stellt eine Linie die Gesamtheit aller Punkte dar, die einer gegebenen Bedingung genügen, so heißt sie der geometrische Ort eines dieser Punkte.

Beispiele. Der geometrische Ort eines von zwei festen Punkten gleich weit entfernten Punktes ist die Mittelsenkrechte des Abstandes der festen Punkte.

Der geometrische Ort eines Punktes, der von einem festen Punkte eine gegebene Entfernung hat, ist die Peripherie des Kreises, der den festen Punkt zum Mittelpunkt und die gegebene Entfernung zum Radius hat.

B. Aufgaben.

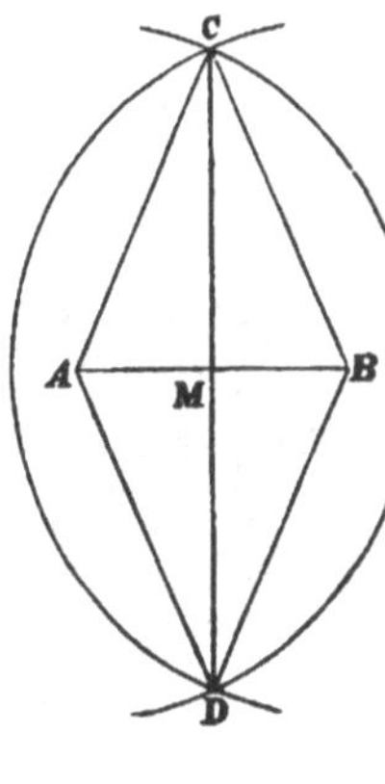

§ 31. Aufgabe. Eine gegebene Strecke zu halbieren.

Auflösung. Man beschreibe aus den Endpunkten der Strecke, A und B, mit gleichem Radius Kreisbogen, welche sich in C und D schneiden. Die gerade Linie, welche man von C nach D zieht, trifft die Strecke AB in einem Punkte M, welcher der gesuchte Halbierungspunkt ist.

Der Beweis folgt aus § 30, 5).

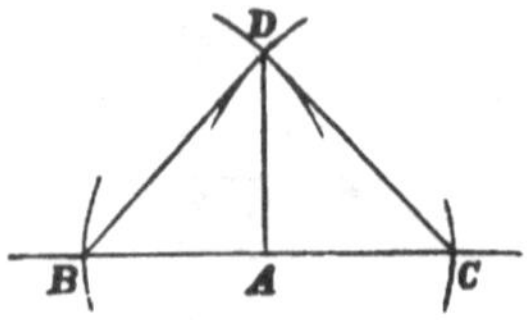

§ 32. **Aufgabe.** In einem gegebenen Punkte auf einer gegebenen Geraden ein Lot zu errichten.

Auflösung. Man schneide aus dem gegebenen Punkte A auf der gegebenen Geraden gleiche Stücke AB und AC ab, beschreibe darauf aus B und C mit einem Radius, der größer als BA ist, Kreisbogen die sich in D treffen, und verbinde D mit A, so ist AD das verlangte Lot.

Beweis. Nach der Konstruktion ist $\triangle BCD$ gleichschenklig und $AB = AC$; nach § 30, 3) ist also $AD \perp BC$.

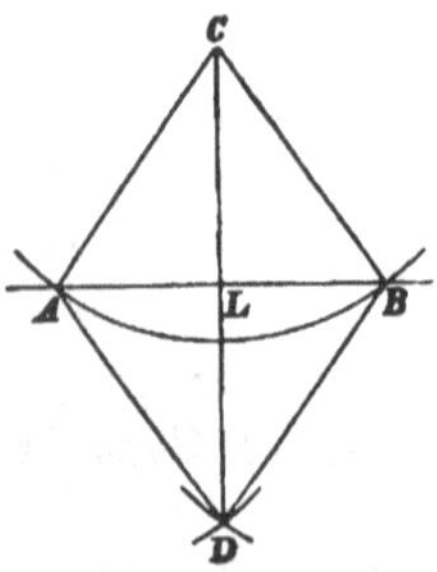

§ 33. **Aufgabe.** Aus einem gegebenen Punkte auf eine gegebene Gerade ein Lot zu fällen. (Vgl. § 25, Anmerkung.)

Auflösung. Man beschreibe aus dem gegebenen Punkte C einen Kreis, welcher die Gerade in zwei Punkten, A und B, trifft; darauf aus A und B mit gleicher Zirkelöffnung Bogen, die sich in D schneiden, und ziehe die Linie CD, welche AB in L schneidet, so ist CL das verlangte Lot. (Der Beweis folgt aus § 30, 5).)

§ 34. **Aufgabe.** Einen gegebenen Winkel zu halbieren.

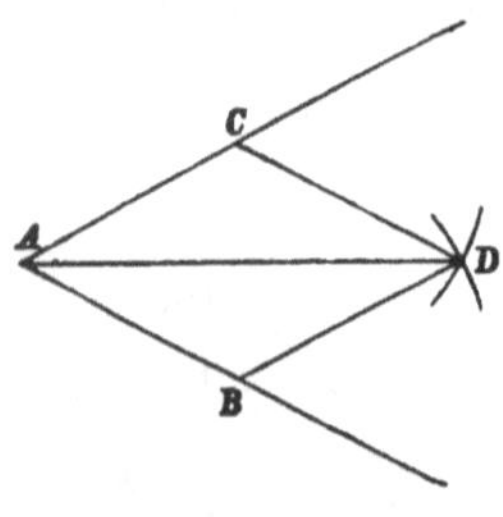

Auflösung. Man trage auf den Schenkeln des Winkels zwei gleiche Stücke AB und AC ab, schlage aus B und C mit gleichem Radius Bogen, die sich in D schneiden, und verbinde A mit D; dann ist AD die Halbierungslinie des Winkels BAC.

Beweis. $\triangle ABD \cong ACD$ nach § 26; daher $\angle BAD = CAD$.

Anmerkungen. 1) Die Halbierungslinien zweier Scheitelwinkel bilden eine Gerade. 2) Die Halbierungslinien zweier Nebenwinkel stehen auf einander senkrecht.

§ 35. **Aufgabe.** Ein Dreieck zu zeichnen, von welchem die drei Seiten gegeben sind.

Auflösung. Man trage auf einer beliebig gezogenen Geraden ein Stück AB ab, welches einer der gegebenen Seiten, c, gleich ist, beschreibe aus A mit b und aus B mit a Kreisbogen, die sich in C treffen, und verbinde C mit A und B, so ist $\triangle ABC$ das verlangte.

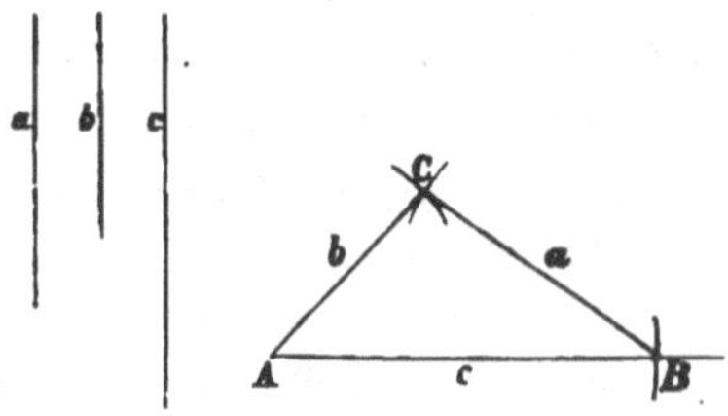

Anmerkung. Aus § 14 ergiebt sich, wann die Auflösung unmöglich ist.

§ 36. Aufgabe. An eine Gerade in einem gegebenen Punkte einen Winkel von gegebener Größe anzutragen.

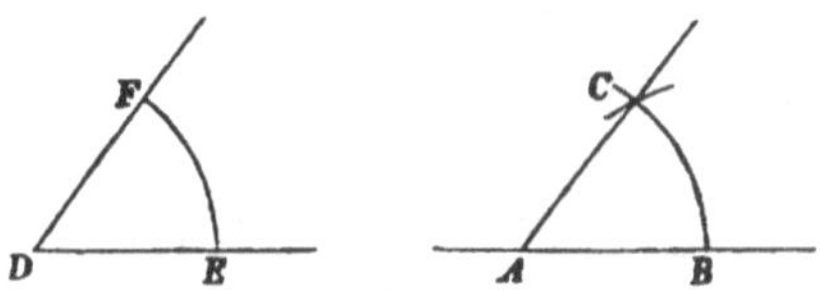

Auflösung. Man beschreibe aus dem Scheitel D des gegebenen Winkels und aus dem gegebenen Punkte A mit gleichem Radius Kreisbogen, wodurch auf den Schenkeln des Winkels und auf der Geraden die Durchschnittspunkte E, F und B entstehen. Darauf schlage man aus B mit dem Abstand von E und F einen Bogen, der den aus A beschriebenen in C trifft, und ziehe AC, so ist $\angle CAB = FDE$.

Beweis. Denkt man sich die geraden Linien BC und EF gezogen, so ist $\triangle ABC \cong DEF$ nach § 26.

§ 37. Aufgabe. Durch einen gegebenen Punkt eine Parallele zu einer gegebenen Geraden zu ziehen.

Auflösung. Man verbinde den Punkt A mit irgend einem Punkt B der gegebenen Geraden, trage auf dieser ein BA gleiches Stück BC ab und beschreibe mit ebenso großem Radius aus A und C Kreisbogen, die sich in D treffen; dann ist AD die verlangte Parallele.

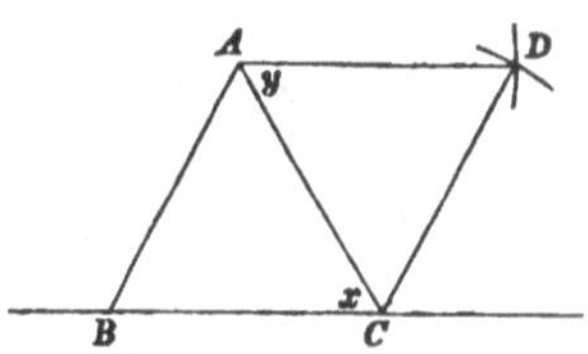

Beweis. $\triangle ABC \cong CDA$ (§ 26), folglich $x = y$, also $AD \parallel BC$ nach § 9, Zus.

C. Von den Vierecken und Polygonen überhaupt.

§ 38. Erklärung. Ein Viereck, in welchem die gegenüberliegenden Seiten parallel sind, heißt ein **Parallelogramm**.

§ 39. **Lehrsätze.** 1) Je zwei aufeinanderfolgende Winkel eines Parallelogramms ergänzen sich zu zwei Rechten, und je zwei gegenüberliegende Winkel sind einander gleich.

2) Die gegenüberliegenden Seiten eines Parallelogramms sind einander gleich.

Beweis. 1) Es ist z. B. $\angle A + B = 2R$ nach § 11, Zus., und $\angle B = C$, weil jeder von beiden $= 2R - A$ ist.

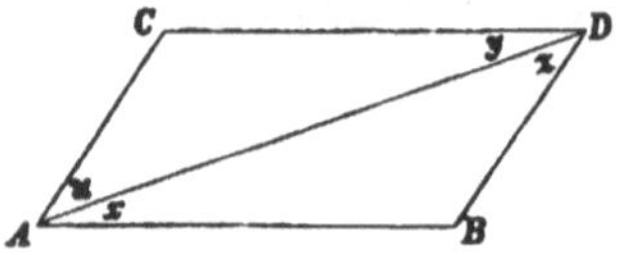

2) Zieht man eine Diagonale, AD, so wird das Parallelogramm in zwei kongruente Dreiecke, ABD und DCA, geteilt; denn es ist $AD = AD$, und $x = y$, $z = u$ nach § 11, Zus. Hieraus folgt, daß $AB = CD$, $BD = AC$.

Zusätze. Ist in einem Parallelogramm ein Winkel ein rechter, so sind alle Winkel rechte, und sind zwei anliegende Seiten gleich, so sind alle Seiten gleich.

Anmerkung. Die von irgend zwei Punkten der einen von zwei Parallelen auf die andere gefällten Lote sind einander gleich. — Alle Punkte der einen von zwei Parallelen haben also von der anderen die gleiche Entfernung. Man nennt dieselbe den **Abstand der beiden Parallelen.** **Umgekehrt:** Alle Punkte, welche von einer gegebenen Geraden eine gegebene Entfernung haben (und sich an derselben Seite der Geraden befinden), liegen auf einer Parallelen zu der Geraden, deren Abstand gleich der gegebenen Entfernung ist.

§ 40. **Erklärung.** Ein Parallelogramm heißt **Rechteck**, wenn seine Winkel rechte, **Rhombus**, wenn seine Seiten gleich, **Quadrat**, wenn seine Winkel rechte, und seine Seiten gleich sind.

§ 41. **Lehrsatz.** Ein Viereck, in welchem die gegenüberliegenden Seiten gleich sind, ist ein Parallelogramm.

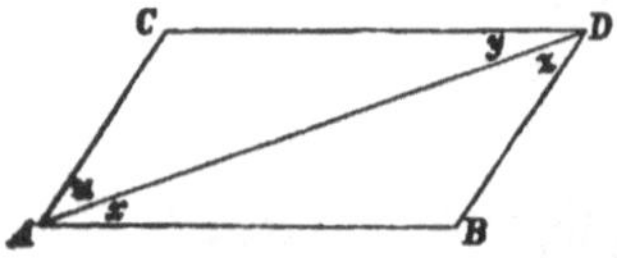

Beweis. Wenn $AB = CD$ und $BD = AC$, so ist $\triangle ABD \cong DCA$ nach § 26. Daher:

$x = y$, mithin $AB \parallel CD$;
$z = u$, mithin $BD \parallel AC$. (§ 9, Zus.)

§ 42. **Lehrsatz.** Ein Viereck, in dem ein Paar gegenüberliegender Seiten parallel und gleich ist, ist ein Parallelogramm.

Beweis. Wenn $AB \parallel$ und $= CD$, so ist $\triangle ABD \cong DCA$ nach § 20; also $z = u$ und $BD \parallel AC$.

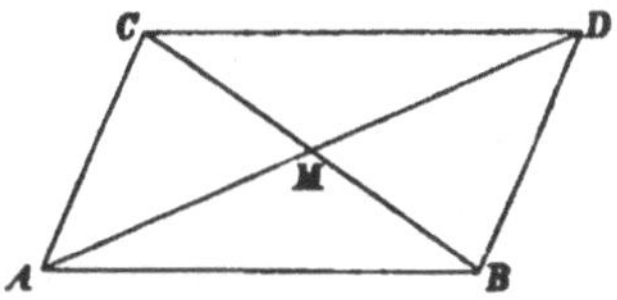

§ 43. **Lehrsatz.** Die beiden Diagonalen eines Parallelogramms halbieren einander.

Beweis. Die Dreiecke ABM und DCM sind kongruent nach § 21. Daher $AM = DM$ und $BM = CM$.

§ 44. **Lehrsätze.** 1) Im Rechteck sind die beiden Diagonalen gleich. 2) Im Rhombus stehen die Diagonalen auf einander senkrecht und halbieren die Winkel desselben.

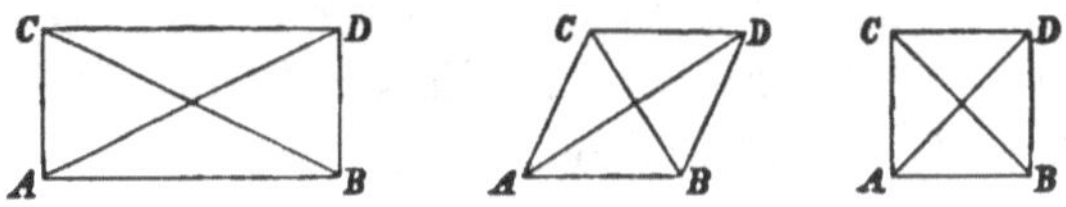

Beweis. 1) $\triangle ABD \cong BAC$ (§ 20), also $AD = BC$.

2) Die Dreiecke BCA und BCD sind gleichschenklig. Nach § 30, 5) ist also $AD \perp BC$ und halbiert $\angle A$ und $\angle D$.

Für das Quadrat gelten beide Sätze.

§ 45. **Erklärung.** Ein Viereck, in welchem ein Paar gegenüberliegender Seiten parallel ist, heißt **Paralleltrapez**. Die parallelen Seiten heißen die **Grundlinien**, die beiden anderen die **Schenkel** des Paralleltrapezes.

§ 46. **Lehrsatz.** In jedem Paralleltrapez ist die Verbindungslinie der Mitten der Schenkel den Grundlinien parallel und der halben Summe der Grundlinien gleich.

Beweis. Die Seiten AC und BD seien halbiert in E und F. Verlängert man CD und zieht durch F die Parallele GH zu AC, so ist $\triangle BGF \cong DHF$, weil $BF = DF$ und außerdem die Winkel in beiden gleich sind. Daher ist $GF = FH$, also $GF = \frac{1}{2} GH$, oder $GF = \frac{1}{2} AC$, d. h. $GF = AE$. Folglich ist $AGFE$ ein Parallelogramm nach § 42, mithin $EF \parallel AB$.

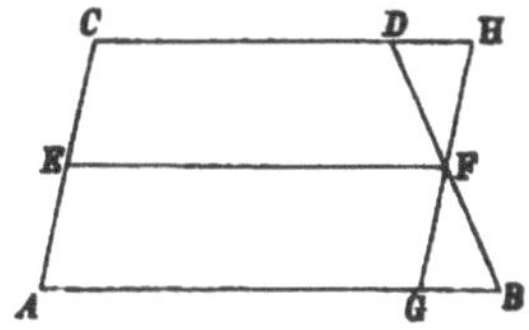

Es ist ferner nach § 39, 2): $EF = AG$ und $EF = CH$, also:

$$EF = AB - BG$$
$$EF = CD + DH.$$

Da nun $BG = DH$, so folgt, wenn man addiert: $2EF = AB + CD$,

$$EF = \frac{AB + CD}{2}.$$

§ 47. **Lehrsatz.** Die Summe der Winkel eines Polygons von n Seiten beträgt $2n - 4$ Rechte.

Beweis. Das n-Eck wird durch die Diagonalen aus einer Ecke in $n - 2$ Dreiecke geteilt. Die Summe der Winkel des Polygons ist gleich der Summe aller Dreieckswinkel, d. h.

$$= (n - 2) . 2R = (2n - 4)R.$$

Anmerkung. Man kann den Satz auch beweisen, indem man das Polygon in Dreiecke zerlegt durch gerade Linien, die man von einem innerhalb gelegenen Punkte nach den Ecken zieht.

Zusatz. Im Viereck beträgt also die Summe der Winkel vier, im Fünfeck sechs, im Sechseck acht Rechte u. s. w.

§ 47a. **Lehrsätze.** 1) Zwei n-Ecke sind kongruent, wenn sie in $n - 1$ Seiten und den $n - 2$ eingeschlossenen Winkeln der Reihe nach übereinstimmen. (Beweis, z. B. für zwei Vierecke, durch Aufeinanderlegen, wie in § 20.)

2) Zwei n-Ecke sind kongruent, wenn sie in $n - 1$ Winkeln und den $n - 2$ durch ihre Scheitel begrenzten Seiten der Reihe nach übereinstimmen. (§ 21.)

Dritter Abschnitt.

Vom Kreise.

§ 48 (58). **Erklärungen.**

1) Eine Gerade OA, welche den Kreis schneidet, heißt **Sekante**; der Teil derselben, AB, welcher innerhalb des Kreises liegt, **Sehne**; eine Sehne, wie AC, die durch den Mittelpunkt M geht, **Durchmesser**. Dreht man eine Sekante OA um den Punkt A, so rückt der zweite Durchschnittspunkt B auf der Peripherie fort und schließlich auf die andere Seite von A. Dazwischen giebt es eine Lage, AD,

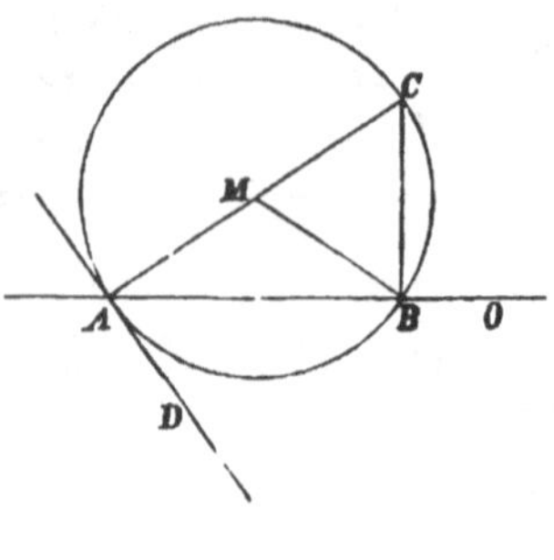

wo der zweite Durchschnittspunkt mit dem ersten zusammenfällt. Von einer solchen Geraden, welche, wie diese, nur einen Punkt mit dem Kreise gemein hat, sagt man, sie berührt den Kreis oder ist eine Tangente desselben.

2) Einen Winkel (AMB), dessen Scheitel im Centrum liegt, nennt man Centriwinkel, einen Winkel (z. B. ACB), dessen Scheitel in der Peripherie liegt, und dessen Schenkel Sehnen sind, Peripheriewinkel; und einen Winkel (BAD), der durch eine Sehne und durch die Tangente in dem einen Endpunkt dieser Sehne gebildet wird, Tangentenwinkel.

3) Jede Sehne teilt die Kreisfläche in zwei Teile, welche man Kreisabschnitte oder Segmente nennt; Kreisausschnitt oder Sektor heißt ein durch einen Bogen (AB) und zwei Radien (MA und MB) begrenzter Teil der Kreisfläche.

4) Ein Polygon ist einem Kreise eingeschrieben (der Kreis ihm umgeschrieben), wenn die Ecken desselben in der Peripherie liegen; ein Polygon ist einem Kreise umgeschrieben (der Kreis ihm eingeschrieben), wenn die Seiten desselben Tangenten des Kreises sind.

§ 49 (59). Bemerkung. Verbindet man die Endpunkte einer Sehne AB mit dem Mittelpunkte M, so entsteht ein gleichschenkliges Dreieck AMB. Daher erhält man durch Anwendung von § 30 die folgenden Sätze:

1) Die Halbierungslinie eines Centriwinkels halbiert die zugehörige Sehne und steht auf ihr senkrecht.

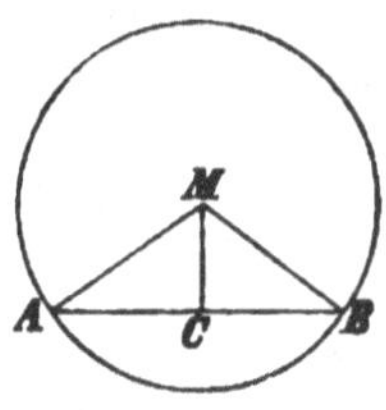

2) Das vom Mittelpunkte auf eine Sehne gefällte Lot halbiert die Sehne und den zugehörigen Centriwinkel.

3) Die Verbindungslinie des Halbierungspunktes einer Sehne mit dem Mittelpunkte des Kreises steht auf der Sehne senkrecht.

4) Das im Halbierungspunkte einer Sehne auf dieser errichtete Lot geht durch den Mittelpunkt des Kreises.

§ 50 (60). Lehrsatz. Ein Kreis ist vollständig bestimmt durch drei Punkte seiner Peripherie.

Beweis. Verbindet man A mit B und C und errichtet in den Halbierungspunkten D und F von AB und AC Lote, so hat nach § 30a, 2)

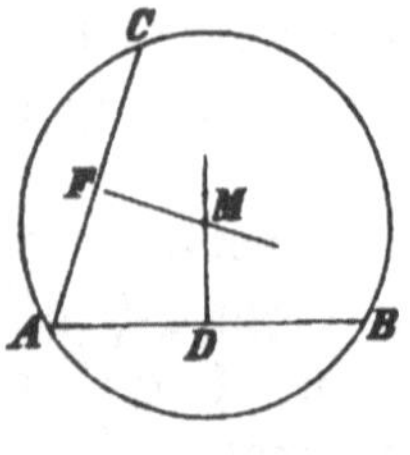

jeder Punkt des ersten Lotes gleichen Abstand von *A* und *B*, jeder des zweiten gleichen Abstand von *A* und *C*. Ihr Durchschnittspunkt *M* ist also gleich weit entfernt von *A*, *B* und *C*, d. h. *M* ist der Mittelpunkt des Kreises, der durch *A*, *B*, *C* geht. — Jeder andere Punkt ist ungleich entfernt von *A*, *B*, *C*.

Anmerkung. Durch drei in derselben geraden Linie liegende Punkte läßt sich kein Kreis legen; denn die Lote schneiden sich in diesem Falle nicht.

§ 51 (61). Lehrsätze. 1) Zu gleichen Bogen desselben Kreises (oder gleicher Kreise) gehören gleiche Sehnen. Zu dem größeren von zwei Bogen, welche den halben Kreisumfang nicht übersteigen, gehört auch die größere Sehne.

Beweis. Ist Bogen $AB = CD$, also nach § 3, 3) auch $\angle AMB = CMD$, so ist $\triangle ABM \cong CDM$ (§ 20), also Sehne $AB = CD$. — Ist aber Bogen $AE > CD$, also $\angle AME > CMD$, so ist nach § 29 auch Sehne $AE > CD$.

2) Umgekehrt: Zu gleichen Sehnen gehören gleiche Bogen; zur größeren Sehne gehört der größere (den halben Kreisumfang nicht übersteigende) Bogen.

3) Gleiche Sehnen haben gleichen Abstand vom Mittelpunkt; von zwei ungleichen Sehnen hat die größere den kleineren Abstand.

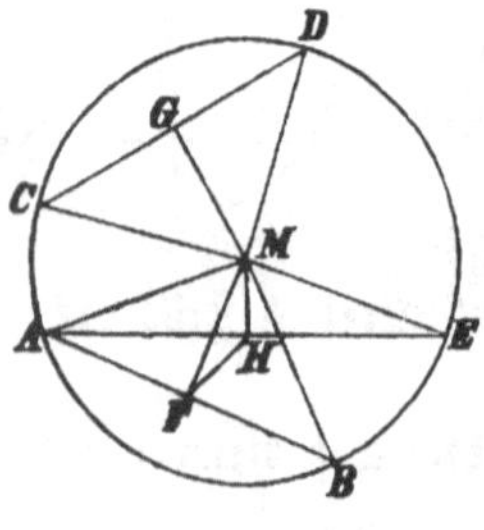

Beweis. Ist Sehne $AB = CD$ und $MF \perp AB$, $MG \perp CD$, so ist zufolge § 49, 2) auch $AF = CG$. Nach § 27 ist nun $\triangle AFM \cong CGM$, also $MF = MG$. — Wenn ferner Sehne $AE > CD$, so ist nach 2) auch Bogen $AE > CD$, also ein Teil des Bogens *AE*, nämlich *AB*, gleich *CD*, und die Sehne *AB* und der Punkt *M* liegen an entgegengesetzten Seiten der Geraden *AE*. Verbindet man nun die Fußpunkte *F* und *H* der auf *AB* und *AE* gefällten Lote *MF* und *MH*, so ist $\angle MHF$ größer als ein Rechter, folglich $MF > MH$ (§ 25, 2), also auch $MG > MH$, oder $MH < MG$.

4) Umgekehrt: Gleich weit vom Mittelpunkt entfernte Sehnen

sind gleich lang; von zwei ungleich vom Mittelpunkt entfernten Sehnen ist die dem Mittelpunkt nähere die größere.

§ 52 (62). Lehrsatz. Eine Gerade, welche auf einem Radius in seinem Endpunkte senkrecht steht, ist eine Tangente.

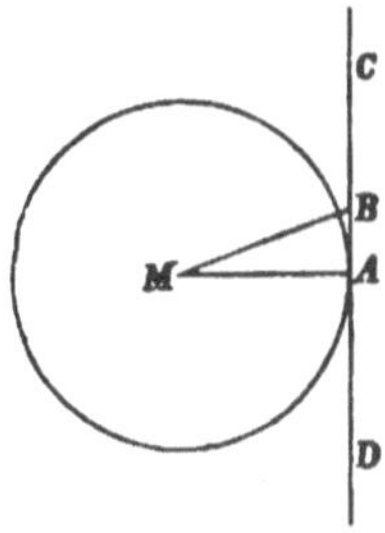

Beweis. Verbindet man irgend einen Punkt *B* des in *A* auf *MA* errichteten Lotes *CD* mit *M*, so ist *MB* als Hypotenuse des rechtwinkligen Dreiecks *AMB* größer als der Radius *MA*. Daher liegt *B* und ebenso jeder andere Punkt des Lotes, mit Ausnahme des einen Punktes *A*, außerhalb des Kreises, d. h. das Lot ist eine Tangente.

Anmerkung. Jede durch *A* gehende Gerade, welche auf *MA* nicht senkrecht steht, schneidet den Kreis. Denn das von *M* auf eine solche Gerade gefällte Lot ist kleiner als der Radius *MA*, sein Endpunkt also innerhalb des Kreises gelegen.

Folgerungen. 1) Der Radius nach dem Berührungspunkte einer Tangente steht auf der Tangente senkrecht.

2) Das auf einer Tangente im Berührungspunkte errichtete Lot geht durch den Mittelpunkt des Kreises.

3) Das vom Mittelpunkte auf eine Tangente gefällte Lot trifft dieselbe in ihrem Berührungspunkte.

§ 53 (63). Lehrsatz. Jeder Peripheriewinkel ist gleich der Hälfte des Centriwinkels, der mit ihm auf demselben Bogen steht.

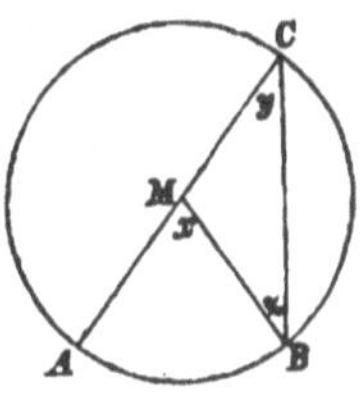

Beweis. 1) Geht ein Schenkel des Peripheriewinkels *ACB*, z. B. *AC*, durch den Mittelpunkt *M*, so ist nach § 18 $x = y + z$; aber $z = y$ nach § 23, 1); folglich $x = 2y$ oder $y = \frac{1}{2}x$.

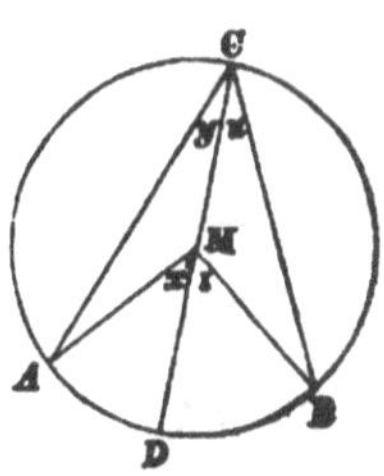

2) Liegt *M* zwischen den Schenkeln des Peripheriewinkels, so ziehe man den Durchmesser *CD*; dann ist nach dem vorhergehenden Falle $y = \frac{1}{2}x$, $u = \frac{1}{2}z$; daher auch $y + u = \frac{1}{2}(x + z)$, d. h. $\angle ACB = \frac{1}{2}AMB$.

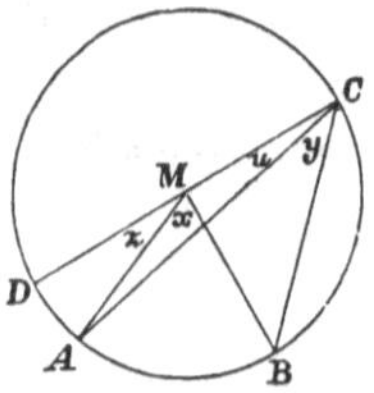

3) Liegt M außerhalb des Peripheriewinkels, so erhält man, wenn wiederum CD gezogen wird, durch zweimalige Anwendung des ersten Falles $y+u=\frac{1}{2}(x+z)$ oder $y+u=\frac{1}{2}x+\frac{1}{2}z$ und $u=\frac{1}{2}z$; daher durch Subtraktion $y=\frac{1}{2}x$.

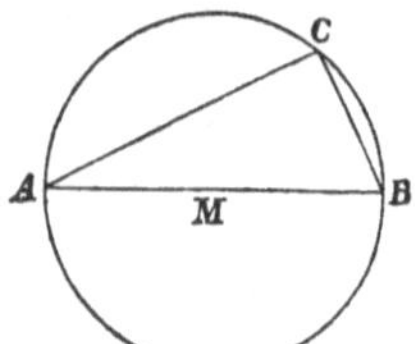

§ 54 (64). Zusätze. 1) Alle Peripheriewinkel auf demselben Bogen sind gleich und zählen halb so viele Grade als der Bogen.

2) Der Peripheriewinkel im Halbkreise ist ein Rechter. (Denn $\angle ACB$ ist die Hälfte des gestreckten Winkels AMB.)

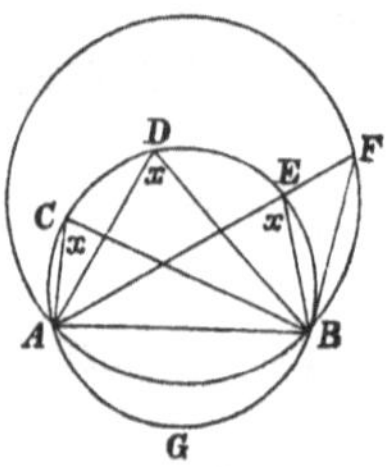

3) Alle Peripheriewinkel in demselben Kreisabschnitte sind einander gleich. ($\angle ACB = ADB = AEB$ als Peripheriewinkel über dem Bogen AGB.)

Von zwei Kreisabschnitten über derselben Sehne faßt der kleinere den größeren Peripheriewinkel. (Verlängere AE bis F und ziehe FB; dann ist $\angle AEB > AFB$ nach § 18, Folg.)

Alle Dreiecke über derselben Grundlinie und mit gleichem Winkel an der Spitze sind also einem bestimmten Kreisabschnitte, der die Grundlinie zur Sehne hat, eingeschrieben. — Alle rechtwinkligen Dreiecke über derselben Hypotenuse sind dem Halbkreis über der Hypotenuse eingeschrieben.

4) Zu gleichen Bogen desselben Kreises oder gleicher Kreise gehören gleiche Peripheriewinkel. Und umgekehrt: Zu gleichen Peripheriewinkeln gehören gleiche Bogen.

§ 55 (65). Lehrsätze. 1) In jedem einem Kreise eingeschriebenen Vierecke (Kreisvierecke) beträgt die Summe zweier gegenüberliegenden Winkel zwei Rechte.

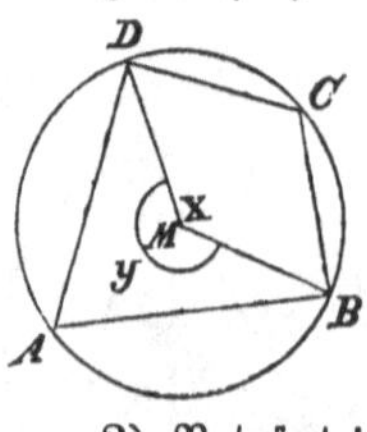

Beweis. Zieht man die Radien MB und MD, so ist $\angle A=\frac{1}{2}x$, $C=\frac{1}{2}y$, also $A+C=\frac{1}{2}(x+y)$. Aber $x+y=4R$, folglich $A+C=2R$.

2) Beträgt in einem Vierecke die Summe zweier gegenüberliegenden Winkel zwei Rechte, so läßt sich um dasselbe ein Kreis beschreiben.

§ 56 (66). Lehrsatz. Der Tangentenwinkel ist gleich dem Peripheriewinkel im entgegengesetzten Kreisabschnitte.

Beweis. Um zu zeigen, daß der den kleineren Kreisabschnitt einschließende Tangentenwinkel $CAB(x)$ gleich ist irgend einem der Peripheriewinkel in dem entgegengesetzten Kreisabschnitte, zeichne man denjenigen derselben, z, dessen einer Schenkel, AF, durch den Mittelpunkt geht. Dann ist $\angle ABF = R$ (§ 54, 2), also auch $y + z = R$. Aber $y + x = R$ (§ 52, 1); mithin $y + x = y + z$, oder $x = z$. Ferner ist auch der Tangentenwinkel DAB gleich dem Peripheriewinkel AGB, weil $\angle DAB = 2R - x$ (§ 4) und $\angle AGB = 2R - z$ (§ 55, 1).

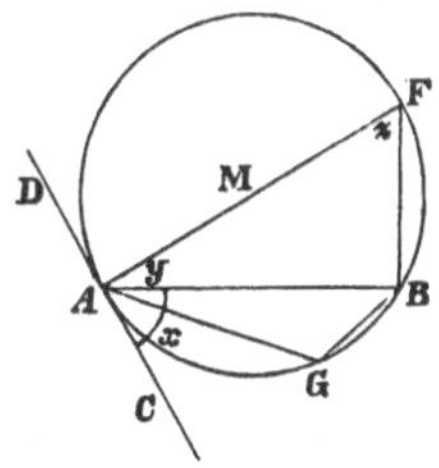

§ 57 (67). Lehrsätze. Wenn zwei Kreise sich schneiden, so liegen die beiden Durchschnittspunkte symmetrisch zu beiden Seiten der Verbindungslinie ihrer Mittelpunkte (der Centrale), d. h. der zweite Durchschnittspunkt kann erhalten werden, wenn man aus dem ersten auf die Centrale ein Lot fällt und dieses um sich selbst verlängert. Haben daher zwei Kreise einen Punkt auf der Centrale oder deren Verlängerung gemein, so haben sie nur diesen einen gemein, sie berühren sich. Und umgekehrt: Berühren sich zwei Kreise, so geht die Centrale durch den Berührungspunkt. — Hieraus und durch unmittelbare Anschauung ergeben sich folgende Sätze:

1) Liegen zwei Kreise außerhalb einander, so ist die Centrale größer als die Summe der Radien.

2) Berühren sich zwei Kreise von außen, so ist die Centrale gleich der Summe der Radien.

3) Schneiden sich zwei Kreise, so ist die Centrale kleiner als die Summe und größer als die Differenz der Radien (§ 14).

4) Berühren sich zwei Kreise von innen, so ist die Centrale gleich der Differenz der Radien.

5) Liegt ein Kreis ganz innerhalb eines anderen, so ist die Centrale kleiner als die Differenz der Radien.

Diese Sätze gelten auch umgekehrt und werden dann im allgemeinen indirekt bewiesen.

§ 58 (68). Aufgabe. Um ein Dreieck einen Kreis zu beschreiben. Die Auflösung ist enthalten in § 50.

Anmerkungen. 1) Die drei Mittelsenkrechten (der Seiten) eines Dreiecks schneiden sich in einem Punkte.

2) Auch die drei Höhen eines Dreiecks (d. h. die Lote aus den Ecken auf die gegenüberliegenden Seiten) schneiden sich in einem Punkte. — Denn zieht man durch die Ecken Parallele zu den gegenüberliegenden Seiten, so sind die Höhen des gegebenen die Mittelsenkrechten des umgeschriebenen Dreiecks.

§ 59 (69). Aufgabe. An einen Kreis von einem außerhalb gelegenen Punkte Tangenten zu ziehen.

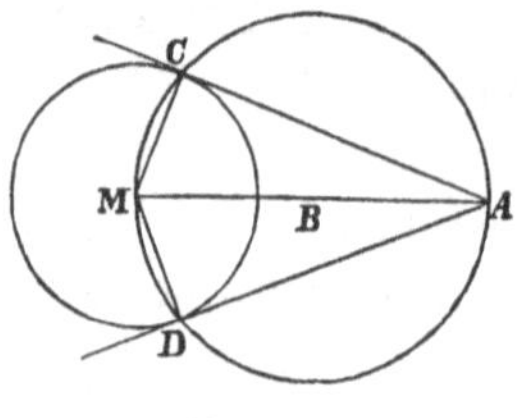

Auflösung. Man verbinde den gegebenen Punkt *A* mit *M*, halbiere *AM* in *B*, beschreibe aus *B* mit *BM* einen Kreis und verbinde die Punkte *C* und *D*, in denen dieser den gegebenen schneidet, mit *A*, so sind *AC* und *AD* die verlangten Tangenten.

Beweis. *AC* steht senkrecht auf *MC* nach § 54, 2) und berührt daher den Kreis nach § 52.

Anmerkung. Die beiden von einem Punkte an einen Kreis gezogenen Tangenten sind gleich, und ihr Winkel wird durch die Verbindungslinie ihres Durchschnittspunktes mit dem Mittelpunkt halbiert. (Beweis: $\triangle AMC \cong AMD$ nach § 27, also $AC = AD$ und $\angle CAM = DAM$.)

§ 60 (70). Aufgabe. In ein Dreieck einen Kreis zu beschreiben.

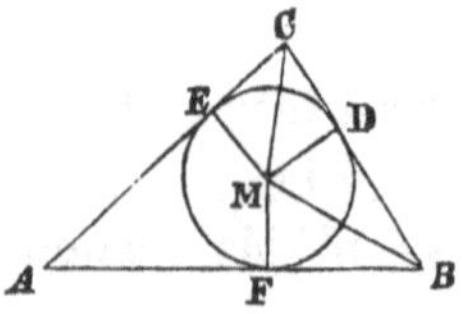

Auflösung. Man halbiere zwei Winkel des Dreiecks, z. B. *B* und *C*. Der Punkt *M*, in welchem die Halbierungslinien sich schneiden, ist der Mittelpunkt und das von *M* auf eine Seite (z. B. *BC*) gefällte Lot (*MD*) der Radius des zu konstruierenden Kreises.

Beweis. Fällt man noch die Lote *ME* und *MF*, so ist (weil nach § 30a, 3) jeder Punkt der Halbierungslinie eines Winkels von den Schenkeln desselben gleiche Entfernungen hat) $MD = ME$ und $MD = MF$. Der aus *M* mit *MD* beschriebene Kreis geht somit auch durch *E* und *F*, und dieser Kreis berührt die Seiten des Dreiecks in *D*, *E* und *F* nach § 52.

Bemerkungen. 1) Die Halbierungslinien der drei Winkel eines Dreiecks schneiden sich in einem Punkte, dem Mittelpunkte des eingeschriebenen Kreises (§ 59, Anm.).

2) Die Halbierungslinien eines Winkels und der beiden Außenwinkel an der gegenüberliegenden Seite schneiden sich ebenfalls in einem Punkte, dem Mittelpunkte eines äußeren Berührungskreises, d. h. eines Kreises, welcher eine Seite des Dreiecks von außen, die beiden anderen in ihren Verlängerungen berührt.

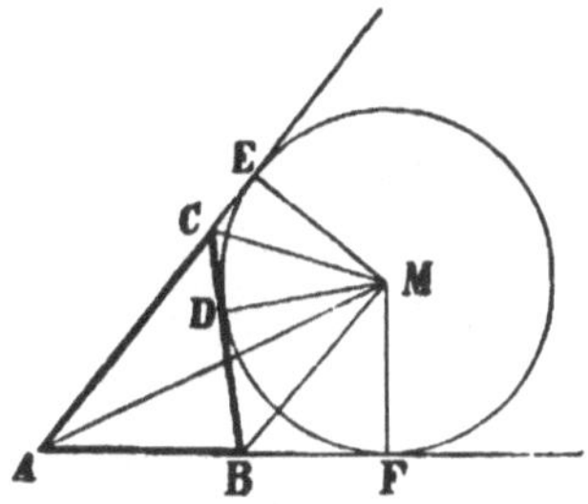

§ 61 (71). Aufgabe. Ueber einer Strecke als Sehne einen Kreisbogen zu zeichnen, welcher einen gegebenen Winkel als Peripheriewinkel faßt.

Auflösung. Man lege an *AB* einen dem gegebenen gleichen Winkel *BAC*, errichte in *A* ein Lot auf *AC*, und in *D*, der Mitte von *AB*, ein Lot auf *AB*, und beschreibe aus dem Durchschnittspunkte beider, *M*, mit *MA* einen Kreisbogen, so ist jeder auf *AB* ruhende Peripheriewinkel, z. B. *AFB* und *AGB*, dem gegebenen Winkel gleich nach § 56.

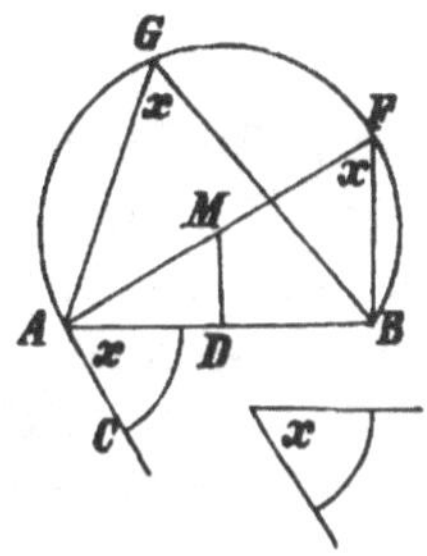

Vierter Abschnitt.

Von der Gleichheit und Ausmessung der geradlinigen Figuren.

A. Flächengleichheit.

§ 62 (48). Bemerkung. In jedem Parallelogramm (oder Dreieck) kann man irgend eine Seite als Grundlinie bezeichnen, und man nennt dann Höhe den Abstand der Grundlinie von der gegenüberliegenden Seite (oder Ecke). Parallelogramme, sowie Dreiecke, von gleicher Höhe lassen sich zwischen dieselben Parallelen stellen.

§ 63 (49). Lehrsatz. Parallelogramme (und ebenso Dreiecke) von gleicher Grundlinie und Höhe haben gleichen Flächeninhalt.

Beweis. Man denke sich die Parallelogramme auf einer und derselben Grundlinie ruhend und zwischen dieselben Parallelen gestellt; sie seien *ABDC* und *ABFE*. Da *AC* = *BD*, ∠ *ACE* = *BDF*, ∠ *AEC* = *BFD*, so ist △ *AEC* ≌ *BFD*, folglich

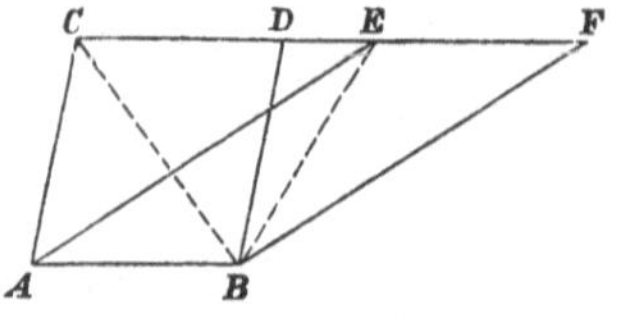

$$ABFC - AEC = ABFC - BFD,$$

das heißt:

$$ABFE = ABDC.$$

Der Beweis bleibt derselbe, wenn *E* auf *D* oder zwischen *D* und *C* fällt. — Werden die Diagonalen *CB* und *EB* gezogen, so sind die Dreiecke *ABC* und *ABE* gleich, weil sie die Hälften der beiden gleichen Parallelogramme *ABDC* und *ABFE* sind.

Zusätze. 1) Ein Dreieck ist die Hälfte eines Parallelogramms von gleicher Grundlinie und Höhe.

$$(\triangle ABC = \tfrac{1}{2} ABFE.)$$

2) Flächengleiche Dreiecke von gleicher Grundlinie haben gleiche Höhe. Der geometrische Ort für die Spitzen aller flächengleichen Dreiecke über derselben Grundlinie ist also eine der Grundlinie parallele Gerade.

§ 64 (50). **Lehrsatz.** Zieht man durch einen Punkt einer Diagonale eines Parallelogramms Parallele zu den Seiten, so haben die von der Diagonale nicht durchschnittenen Parallelogramme gleichen Flächeninhalt. (**Ergänzungsparallelogramme.**)

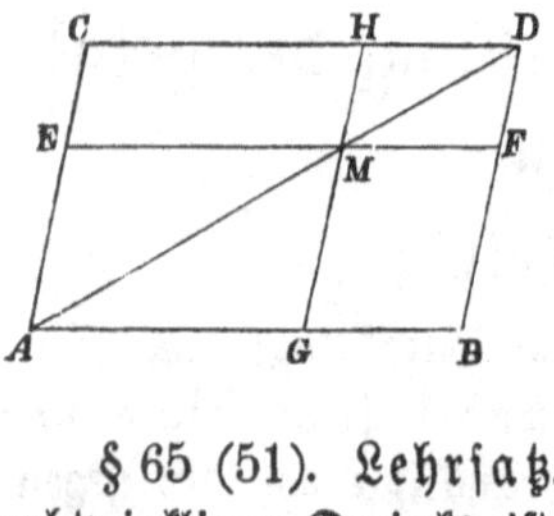

Beweis. △ *ADC* ≌ *ADB*, △ *AME* ≌ *AMG*, △ *DMH* ≌ *DMF*, folglich:

$$ADC - AME - DMH = ADB - AMG - DMF,$$

das heißt:

$$EMHC = GBFM.$$

§ 65 (51). **Lehrsatz.** Das Quadrat über der Hypotenuse eines rechtwinkligen Dreiecks ist gleich der Summe der Quadrate über den beiden Katheten. (**Pythagoreischer Lehrsatz.**)

Beweis. Man verbinde die Ecken *I* und *F* der über den Katheten *AC* und *BC* gezeichneten Quadrate und lege an die Seite *ED* des dritten Quadrats ein *ABC* kongruentes Dreieck *EDL* (in welchem *EL* = *AC*), so entstehen zwei Sechsecke, *CADLEB* und *HABGFI*. Diese werden durch die Diagonalen *CL* und *HG* in zwei Paare von Vierecken geteilt, welche nach § 47a, 1) alle einander kongruent sind, weil sie in drei Seiten und den beiden eingeschlossenen Winkeln übereinstimmen. Daher haben die Sechsecke gleichen Flächeninhalt. Nimmt man nun vom ersten die Dreiecke *ABC* und *EDL* und vom zweiten die ebenso großen Dreiecke *ABC* und *IFC* fort, so bleibt:

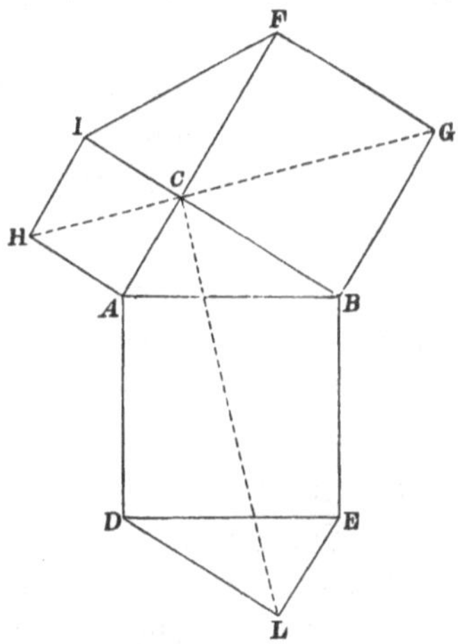

$$ABED = ACIH + BCFG,$$

oder wenn das Quadrat über irgend einer Strecke *AB* durch $\overline{AB}^2$ bezeichnet wird:

$$\overline{AB}^2 = \overline{AC}^2 + \overline{BC}^2.$$

§ 66 (52). **Erklärung.** Projektion einer Strecke auf eine Gerade nennt man den Abstand der Fußpunkte der von den Endpunkten der Strecke auf die Gerade gefällten Lote. (*A'B'*, *CD'*, *E'F'* sind die Projektionen von *AB*, *CD*, *EF* auf *LM*, wenn *AA'*, *BB'*, *DD'*, *EE'*, *FF'* auf *LM* senkrecht stehen.)

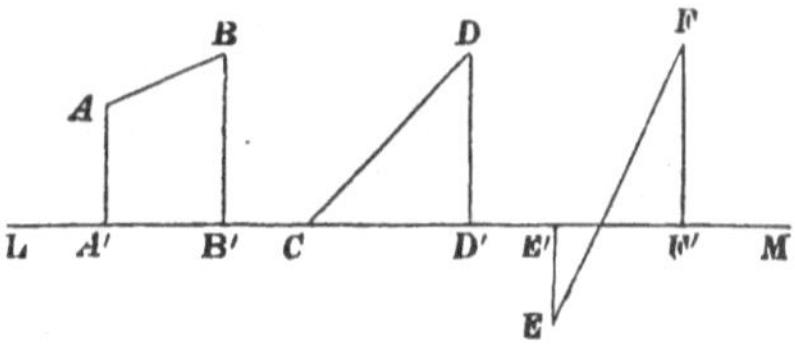

§ 67 (53). **Lehrsatz.** Im rechtwinkligen Dreiecke ist das Quadrat über einer Kathete gleich dem Rechteck aus ihrer Projektion auf die Hypotenuse und der ganzen Hypotenuse.

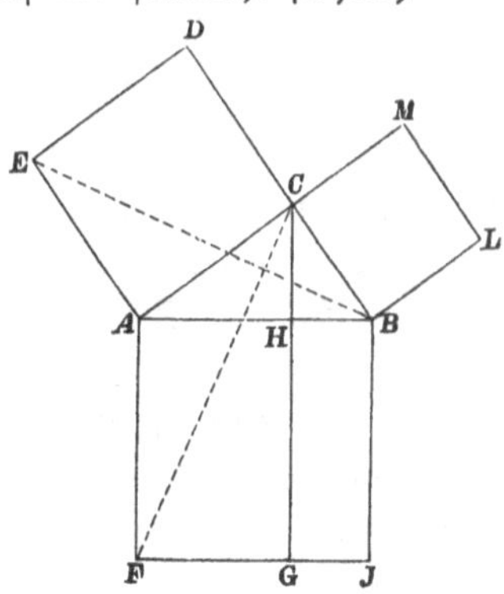

Beweis. Es sei *CH* ⊥ *AB*, also *AH* die Projektion von *AC* auf *AB*, so soll bewiesen werden, daß das Quadrat über *AC* gleich dem Rechteck aus *AH* und *AB*, das heißt, wenn *CH* bis zur gegenüberliegenden Seite des Hypotenusenquadrats verlängert wird, daß $ACDE = AHGF$. Man ziehe BE und CF, so ist $\triangle EAB \cong CAF$ (weil $EA = CA$, $AB = AF$, $\angle EAB = CAF$). Aber weil jedes Dreieck die Hälfte eines Parallelogramms ist, mit dem es auf derselben Grundlinie und zwischen denselben Parallelen liegt, so ist $\triangle EAB = \frac{1}{2} ACDE$ und $\triangle CAF = \frac{1}{2} AHGF$. Mithin ist $ACDE = AHGF$.

Zusatz. Euklidischer Beweis des Pythagoreischen Lehrsatzes. Es ist $\overline{AB}^2 = AHGF + BHGJ$. Aber, wie eben bewiesen, ist $AHGF = \overline{AC}^2$, und ebenso $BHGJ = \overline{BC}^2$, folglich: $\overline{AB}^2 = \overline{AC}^2 + \overline{BC}^2$.

§ 68 (54). Lehrsätze. 1) Projiziert man zwei Dreiecksseiten auf einander, so sind die Rechtecke aus je einer Seite und der Projektion der anderen auf dieselbe einander gleich.

2) Das Quadrat über einer Seite, die einem spitzen (bezw. stumpfen) Winkel eines Dreiecks gegenüberliegt, ist gleich der Summe der Quadrate über den beiden anderen Seiten vermindert (bezw. vermehrt) um das doppelte Rechteck aus der einen der letzteren und der Projektion der anderen auf dieselbe. (Allgemeiner Pythagoreischer Lehrsatz.)

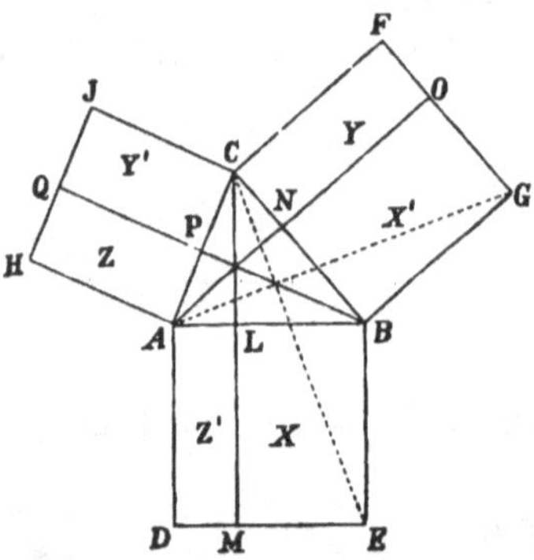

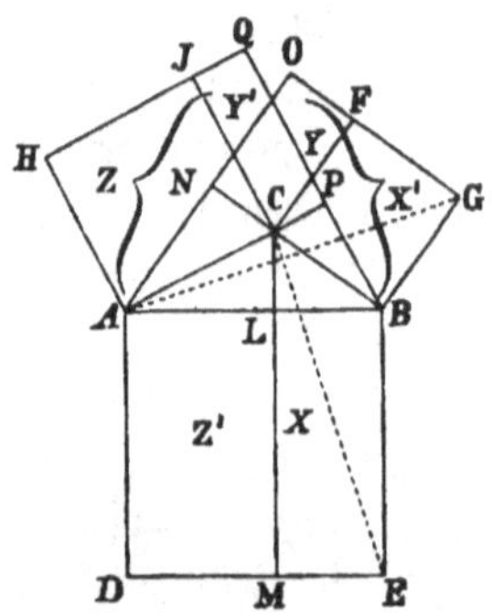

Beweis. 1) Es sei $CL \perp AB$ und $AN \perp BC$, also BL die Projektion von BC auf BA und BN die Projektion von BA auf BC; dann soll bewiesen werden, daß das Rechteck aus BA und BL gleich dem aus BC und BN ist. Verlängert man CL und AN, bis sie die gegenüberliegenden Seiten der an BA und BC gezeichneten Quadrate schneiden, so soll man also beweisen, daß Rechteck $BLME$ gleich $BNOG$. Zieht man nun CE und AG, so ist $\triangle EBC \cong ABG$ (§ 20); aber $\triangle EBC = \frac{1}{2} BLME$ und $\triangle ABG = \frac{1}{2} BNOG$, also $BLME = BNOG$. — Ebenso folgt, daß $CNOF = CPQJ$ und $APQH = ALMD$ ist.

2) Wendet man für die sechs Rechtecke die Bezeichnungen an:

$$X = BLME,\quad Y = CNOF,\quad Z = APQH,$$
$$X' = BNOG,\quad Y' = CPQJ,\quad Z' = ALMD,$$

so ist

$$X = X',\quad Y = Y',\quad Z = Z',$$

und es ergiebt sich:

a) für die Seite AB des spitzwinkligen Dreiecks ABC:

$\overline{AB}^2 = X + Z' = X' + Z = (\overline{BC}^2 - Y) + (\overline{AC}^2 - Y')$, d. h.:

$\overline{AB}^2 = \overline{BC}^2 + \overline{AC}^2 - 2Y = \overline{BC}^2 + \overline{AC}^2 - 2Y'$.

b) Im stumpfwinkligen Dreiecke ABC ist:

α) für die dem stumpfen Winkel ACB gegenüberliegende Seite:

$\overline{AB}^2 = X + Z' = X' + Z = (\overline{BC}^2 + Y) + (\overline{AC}^2 + Y')$, d. h.:

$\overline{AB}^2 = \overline{BC}^2 + \overline{AC}^2 + 2Y = \overline{BC}^2 + \overline{AC}^2 + 2Y'$;

β) für die dem spitzen Winkel ACB gegenüberliegende Seite:

$\overline{AC}^2 = Z - Y' = Z' - Y = (\overline{AB}^2 - X) - (X' - \overline{BC}^2)$, d. h.:

$\overline{AC}^2 = \overline{AB}^2 + \overline{BC}^2 - 2X = \overline{AB}^2 + \overline{BC}^2 - 2X'$.

Zusatz. Ist das Quadrat einer Dreiecksseite ebenso groß (größer oder kleiner) als die Summe der Quadrate der beiden anderen, so ist der gegenüberliegende Winkel ein rechter (stumpfer oder spitzer).

§ 69 (55.) Aufgabe. Ein Quadrat zu zeichnen, welches der Summe zweier gegebenen Quadrate gleich ist.

Auflösung. Man konstruiere ein rechtwinkliges Dreieck, welches die Seiten der gegebenen Quadrate zu Katheten hat. Die Hypotenuse ist die Seite des gesuchten Quadrats (§ 65).

§ 70 (56). Aufgabe. Ein Quadrat zu zeichnen, welches der Differenz zweier gegebenen Quadrate gleich ist.

Auflösung. Hier ist ein rechtwinkliges Dreieck zu konstruieren, dessen Hypotenuse der Seite des größeren und dessen eine Kathete der Seite des kleineren Quadrats gleich ist. Die andere Kathete ist die Seite des gesuchten Quadrats.

§ 71 (57). 1) Erklärung. Eine Figur in eine andere verwandeln heißt eine andere ihr an Flächeninhalt gleiche konstruieren.

2) Aufgabe. Ein Polygon in ein anderes zu verwandeln, welches eine Seite weniger hat.

Auflösung. Soll zum Beispiel das Fünfeck $ABCDE$ in ein

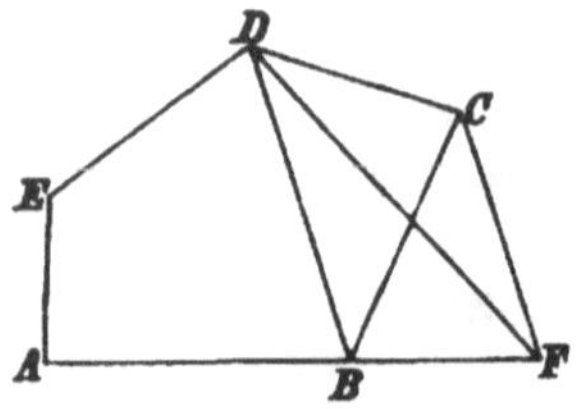

Viereck verwandelt werden, so verlängere man eine Seite *AB*, ziehe die Diagonale *DB*, dann *CF*∥*DB* und verbinde *F* mit *D*, so leistet das Viereck *AFDE* der Aufgabe Genüge.

Beweis. Es ist $\triangle DBF = DBC$ nach § 63. Legt man nun diese Dreiecke einzeln zu dem Vierecke *ABDE* hinzu, so folgt:

$$AFDE = ABCDE.$$

Anmerkung. Durch Fortsetzung dieses Verfahrens kann man jedes Polygon in ein Dreieck verwandeln. — Die Verwandlung eines Polygons in ein Quadrat erfordert noch die Lösung der folgenden beiden Aufgaben:

1) Ein Dreieck in ein Rechteck zu verwandeln. Auflösung: Man zeichne über der Hälfte der Grundlinie des Dreiecks ein Rechteck, das mit dem Dreieck gleiche Höhe hat.

2) Ein Rechteck in ein Quadrat zu verwandeln. Auflösung:

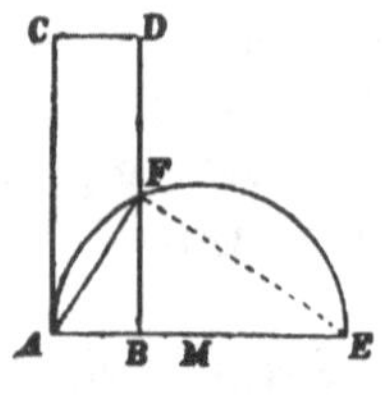

Man verlängere die kleinere Seite *AB* des Rechtecks *ABDC* bis *E*, so daß $AE = AC$, beschreibe über *AE* einen Halbkreis, der *BD* in *F* schneidet, so ist *AF* die Seite des gesuchten Quadrats.

Beweis. Es ist $\angle AFE = R$ nach § 54, 2), also $\overline{AF}^2$ gleich dem Rechteck aus *AB* und *AE* oder aus *AB* und *AC* nach § 67.

B. Flächenmessung.

§ 72 (99—103). 1) Bemerkung. Als Flächeneinheit dient ein Quadrat, dessen Seite der Längeneinheit gleich ist. Die Zahl, welche angiebt, wie oft die Flächeneinheit in der Fläche einer Figur enthalten ist, wird die Inhaltszahl oder, in abgekürzter Ausdrucksweise, der Inhalt der Figur genannt.

2) Lehrsatz. Die Inhaltszahl eines Rechtecks ist gleich dem Produkte der Maßzahlen von Grundlinie und Höhe. (Oder kürzer: Der Inhalt eines Rechtecks ist gleich dem Produkte aus Grundlinie und Höhe.)

Beweis. Die Maßzahlen der Grundlinie und Höhe seien a und b. Sind nun a und b ganze Zahlen, so läßt sich die Längeneinheit auf der Grundlinie a mal, auf der Höhe b mal abtragen, und durch Parallele, die man durch die Teilpunkte zu den Seiten zieht, wird das Rechteck in $a.b$ Quadrate, deren Seiten der Längeneinheit gleich sind, geteilt. Die Inhaltszahl des Rechtecks ist also gleich $a.b$.

Sind aber a und b gebrochene Zahlen, so kann man sie auf denselben Nenner bringen und daher $a=\frac{\alpha}{n}$, $b=\frac{\beta}{n}$ setzen, wo α, β, n ganze Zahlen sind. Es läßt sich dann der $n$te Teil der Längeneinheit $\left(\text{oder, kürzer ausgedrückt, die Strecke } \frac{1}{n}\right)$ auf zwei anstoßenden Seiten des Rechtecks und des Quadrates über der Längeneinheit bezw. αmal, βmal, $n$mal abtragen, und durch Parallele wird das Rechteck in $\alpha.\beta$, das Quadrat über der Längeneinheit in $n.n$ Quadrate von der Seite $\frac{1}{n}$ geteilt. Die Flächeneinheit ist also in der Fläche des Rechtecks so oft enthalten, wie die Zahl $n.n$ in der Zahl $\alpha.\beta$. Die Inhaltszahl des Rechtecks ist also $=\frac{\alpha.\beta}{n.n}=\frac{\alpha}{n}\cdot\frac{\beta}{n}$, das heißt $=a.b$.

3) Folgerungen. Der Inhalt eines Quadrates von der Seite a ist gleich a^2; der Inhalt eines Parallelogramms von der Grundlinie g und Höhe h gleich $g.h$ (§ 63 und § 72, 2); der Inhalt eines Dreiecks $=\frac{1}{2}g.h=$ der Hälfte des Produktes aus Grundlinie und Höhe (§ 63, Zus. 1), der Inhalt eines Paralleltrapezes $=\frac{1}{2}(a+b).h$ $=$ dem Produkte aus der halben Summe der Grundlinien und der Höhe. (Denn $ABCD=\triangle ABC+CDA=\frac{1}{2}a.h+\frac{1}{2}b.h.$)

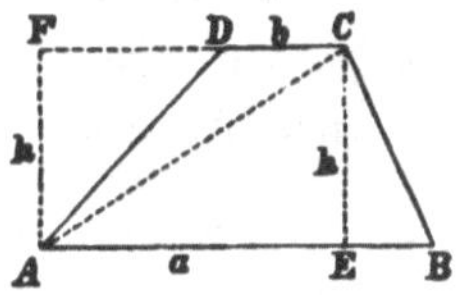

4) Zusatz. Parallelogramme, sowie Dreiecke, von gleicher Grundlinie (oder Höhe) verhalten sich wie die Höhen (oder Grundlinien).

5) Lehrsatz. Der Inhalt eines einem Kreise umgeschriebenen Polygons ist gleich dem Produkte aus seinem halben Umfange und dem Radius des Kreises. (Z. B. Viereck $ABCD$ $=\triangle ABM+BCM+CDM+DAM=\frac{1}{2}AB.\varrho$ $+\frac{1}{2}BC.\varrho+\frac{1}{2}CD.\varrho+\frac{1}{2}DA.\varrho=\frac{1}{2}(AB+BC$ $+CD+DA).\varrho.$)

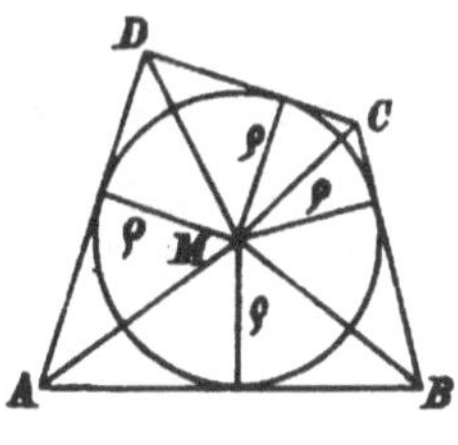

Fünfter Abschnitt.

Von der Ähnlichkeit der Figuren.

§ 73 (73, 3; 72). 1) Erklärung. Gerade Linien, welche sich in demselben Punkte schneiden, heißen Strahlen (bilden ein Strahlenbüschel). Ihr Schnittpunkt heißt der Scheitel oder Mittelpunkt der Strahlen oder des Büschels.

2) Lehrsatz. Werden zwei Strahlen von Parallelen geschnitten und sind zwei Abschnitte des einen gleich, so sind auch die entsprechenden des anderen gleich.

Beweis. Es sei $AA' \| BB' \| CC' \| DD'$ und $AB = CD$; behauptet wird, daß dann auch $A'B' = C'D'$.

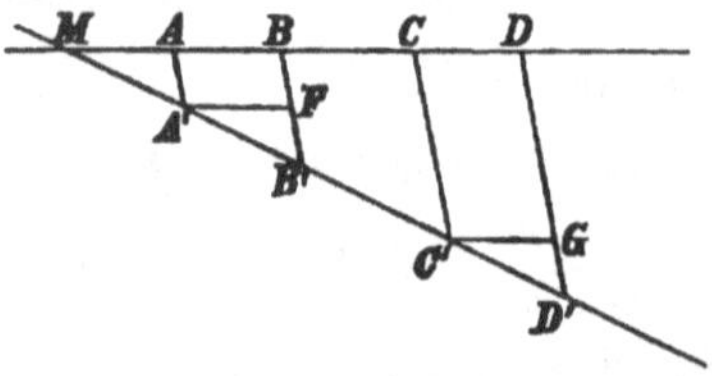

Zieht man $A'F$ und $C'G \| AD$, so ist nach § 39, 2) $AB = A'F$ und $CD = C'G$, also $A'F = C'G$. Ferner ist $\angle B'A'F = D'C'G$ und $\angle A'B'F = C'D'G$, also $\triangle A'B'F \cong C'D'G$, mithin $A'B' = C'D'$. (Setzt man überdies voraus, es sei $MA = AB$, so beweist man leicht, daß $\triangle MA'A \cong A'B'F$, also $MA' = A'B'$ ist.)

3) Aufgabe. Eine gegebene Strecke in eine gegebene Anzahl gleicher Teile zu teilen.

Auflösung. Soll z. B. die Strecke AB in fünf gleiche Teile geteilt werden, so trage man auf einem von A aus gezogenen Strahle eine beliebig lange Strecke e fünfmal hinter einander ab, verbinde den Endpunkt mit B und ziehe durch die Teilpunkte Parallele zu der Verbindungslinie, so treffen diese die Strecke AB in den gesuchten Teilpunkten C, D, E, F. (§ 73, 2.)

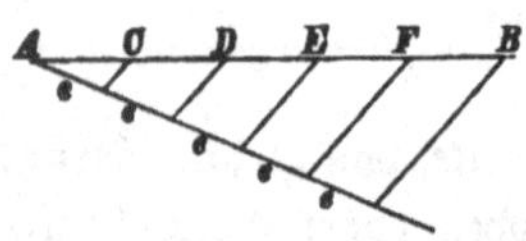

§ 74. Lehrsatz. Werden zwei Strahlen von Parallelen geschnitten, so verhalten sich

a) die Abschnitte des einen wie die entsprechenden des anderen (oder je zwei entsprechende Abschnitte haben dasselbe Verhältnis);

b) die Abschnitte der Parallelen wie die durch den Scheitel begrenzten Abschnitte eines Strahles.

Beweis. a) Die sich in M schneidenden Strahlen werden von den Parallelen AA', BB', CC', . . geschnitten; bewiesen soll z. B. werden, daß $AB:BM = A'B':B'M$.

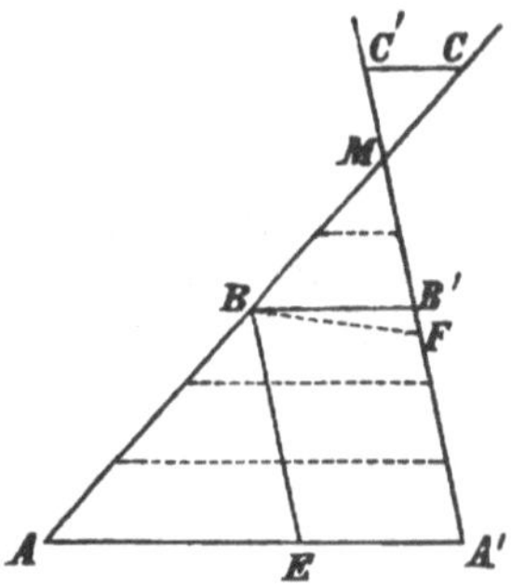

Es mögen sich die Abschnitte AB und BM wie zwei ganze Zahlen p und q verhalten (z. B. wie die Zahlen 3 und 2); dann läßt sich ein und dasselbe Maß auf AB $p$mal (z. B. 3mal) und auf BM $q$mal (z. B. 2 mal) abtragen, und es entstehen dann auf dem Strahle AM $p+q$ einander gleiche Abschnitte. Zieht man nun durch die Teilpunkte Parallele zu AA', so entstehen nach § 73, 2) auf $A'M$ ebenso viele gleiche Abschnitte, und zwar kommen von diesen p auf $A'B'$ und q auf $B'M$. Daher ist:

$\frac{A'B'}{B'M} = \frac{p}{q}$. Es ist aber auch $\frac{AB}{BM} = \frac{p}{q}$, folglich:

$\frac{AB}{BM} = \frac{A'B'}{B'M}$, und demnach auch (§ 132 a, 3): $\frac{AB}{A'B'} = \frac{BM}{B'M}$.

Ebenso läßt sich beweisen, daß

$$\frac{AM}{BM} = \frac{A'M}{B'M},\quad \frac{AM}{MC} = \frac{A'M}{MC'},\quad \frac{AB}{MC} = \frac{A'B'}{MC'} \text{ u. s. w.}$$

b) Zieht man $BE \parallel B'A'$, so ergiebt sich durch Anwendung von a) auf die Strahlen AA' und AM:

$\frac{AA'}{EA'} = \frac{AM}{BM}$. Aber $EA' = BB'$ (§ 39, 2), also: $\frac{AA'}{BB'} = \frac{AM}{BM}$.

§ 75. **Lehrsatz.** Zwei Gerade sind parallel, wenn sie die Schenkel eines Winkels so schneiden, daß die Abschnitte des einen Schenkels sich wie die entsprechenden des anderen verhalten.

Beweis. Vorausgesetzt wird, daß $AM:BM = A'M:B'M$, behauptet, daß AA' und BB' parallel sind. Wäre nicht BB', sondern die davon verschiedene Gerade $BF \parallel AA'$, so wäre nach § 74, a) $AM:BM = A'M:FM$, also auch $A'M:B'M = A'M:FM$, d. h. $B'M = FM$, was unmöglich ist. Daher ist $BB' \parallel AA'$.

§ 76. **Lehrsatz.** Werden zwei Parallele von einem Strahlenbüschel geschnitten, so haben je zwei entsprechende Abschnitte der Parallelen dasselbe Verhältnis (oder es verhalten sich die Abschnitte der einen wie die entsprechenden der anderen).

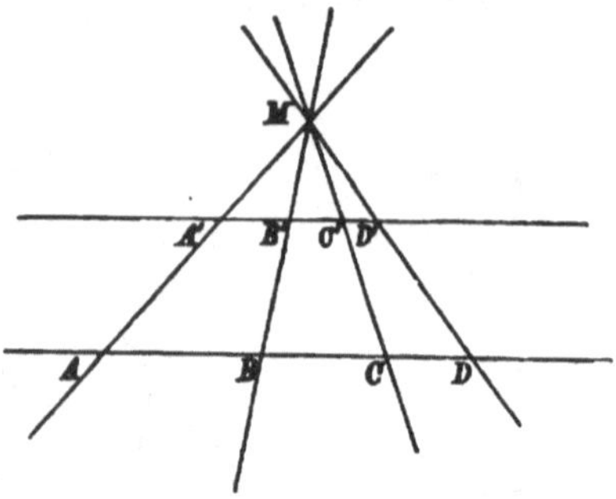

Beweis. Nach § 74, b) ist $\frac{AB}{A'B'}=\frac{BM}{B'M}$ und $\frac{BC}{B'C'}=\frac{BM}{B'M}$, mithin $\frac{AB}{A'B'}=\frac{BC}{B'C'}$, oder $\frac{AB}{BC}=\frac{A'B'}{B'C'}$.

Ähnlich folgt, daß $AB:A'B' = CD:C'D'$ oder $AB:CD = A'B':C'D'$ u. s. w.

§ 77 (87). **Aufgabe.** Zu drei gegebenen Strecken a, b, c die vierte Proportionale (d. h. das vierte Glied x der Proportion $a:b = c:x$) zu konstruieren.

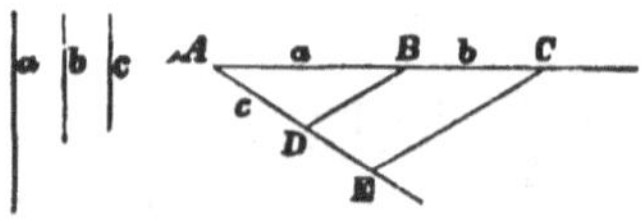

Auflösung. Man trage auf dem einen Schenkel eines Winkels $AB = a$, $BC = b$ und auf dem anderen $AD = c$ ab, ziehe BD und hierzu aus C die Parallele CE, so ist nach § 74, a) DE die verlangte Strecke.

§ 78 (73, 1). 1) **Erklärung.** Eine Strecke wird durch jeden auf ihr selbst liegenden Punkt **innen**, durch jeden Punkt ihrer Verlängerungen **außen** geteilt; die Abstände des Teilpunktes von den Endpunkten heißen ihre **Abschnitte**.

2) **Aufgabe.** Die Abschnitte einer nach einem gegebenen Verhältnis $(p:q)$ geteilten Strecke AB (c) zu berechnen.

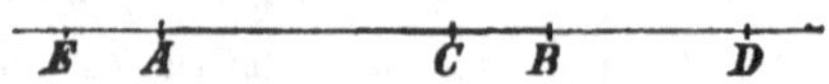

Auflösung. Für den inneren Teilpunkt C ist $AC + BC = c$ und $AC:BC = p:q$. Hieraus folgt:

$$AC = \frac{cp}{p+q}, \quad BC = \frac{cq}{p+q}.$$

Der äußere Teilpunkt D liegt, wenn $p > q$, auf der Verlängerung von AB über B hinaus, und aus $AD - BD = c$ und $AD:BD = p:q$ findet man:

$$AD = \frac{cp}{p-q}, \quad BD = \frac{cq}{p-q}.$$

Ist aber $p < q$, so kann der äußere Teilpunkt E nur auf der Verlängerung über A hinaus liegen, und aus $BE - AE = c$ und $AE : BE = p : q$ ergiebt sich:

$$AE = \frac{cp}{q-p}, \quad BE = \frac{cq}{q-p}.$$

3) Folgerung. Eine Strecke kann nur in je einem Punkte innen oder außen nach einem gegebenen Verhältnis geteilt werden.

4) Aufgabe. Eine Strecke (AB) innen (oder außen) nach dem Verhältnis zweier gegebenen Strecken (m und n) zu teilen.

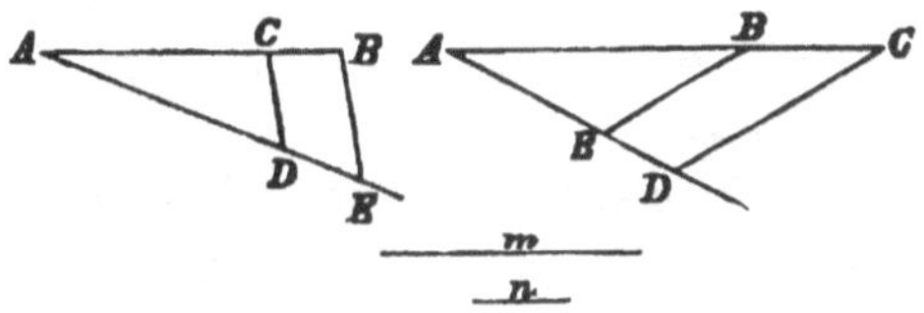

Auflösung. Trage auf einem durch A gelegten Strahle $AD = m$ und in derselben (oder entgegengesetzten) Richtung $DE = n$ ab, verbinde E mit B und ziehe $DC \| EB$; dann ist C der gesuchte Teilpunkt. Denn nach § 74, a) ist $AC : BC = AD : ED$.

§ 79 (82). Lehrsatz. Die Halbierungslinie eines Winkels (oder Außenwinkels) eines Dreiecks teilt die gegenüberliegende Seite innen (oder außen) nach dem Verhältnis der anliegenden Seiten.

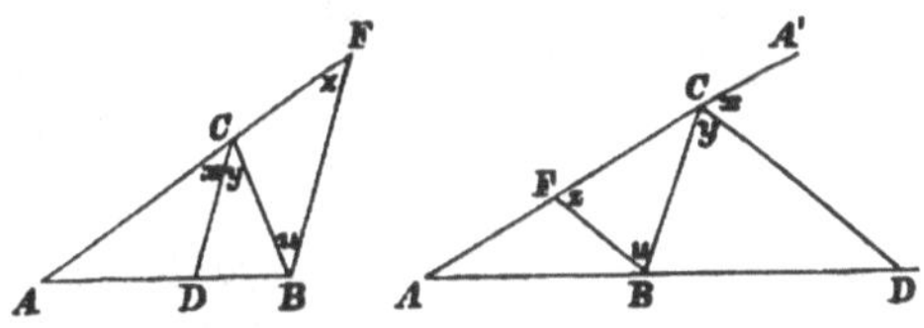

Beweis. Ist CD die Halbierungslinie des Winkels ACB (bezw. des Außenwinkels $A'CB$), und zieht man durch B zu DC eine Parallele, welche die verlängerte AC (bezw. AC selbst) in F schneidet, so ist nach § 11 $x = z$ und $y = u$. Aber nach der Voraussetzung ist $x = y$; also ist auch $z = u$ und folglich $FC = BC$. Nun ist nach § 74, a):

$$\frac{AD}{BD} = \frac{AC}{FC}. \text{ Daher ist auch: } \frac{AD}{BD} = \frac{AC}{BC}.$$

Zusatz. Ist eine Seite eines Dreiecks innen oder außen nach dem Verhältnis der anliegenden Seiten geteilt, so halbiert die aus der gegenüberliegenden Ecke nach dem Teilpunkte gezogene Gerade den Winkel oder Außenwinkel (§ 78, 3).

§ 80 (82a). Lehrsatz. Die drei Mittellinien eines Dreiecks

(d. h. die aus den Ecken nach den Mitten der gegenüberliegenden Seiten gezogenen geraden Linien) teilen einander nach dem Verhältnis 2 : 1 und schneiden sich in einem Punkte.

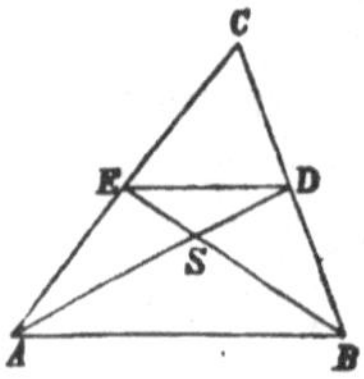

Beweis. Ist $AE = EC$ und $BD = DC$, so ist $ED \parallel AB$ nach § 75, folglich nach § 74, b) $\frac{AB}{DE} = \frac{AS}{DS}$ und $\frac{AB}{ED} = \frac{AC}{EC} = \frac{2}{1}$; mithin ist $\frac{AS}{DS} = \frac{2}{1}$ und ebenso $\frac{BS}{ES} = \frac{2}{1}$. Die Gerade, welche man aus C nach der Mitte von AB zieht, teilt AD ebenfalls nach dem Verhältnis 2 : 1, geht also ebenfalls durch den Punkt S.

Anmerkung. Jede Mittellinie halbiert nicht nur die zugehörige Seite, sondern auch jede zu dieser zwischen den beiden anderen gezogene Parallele (§ 76). Der Punkt S heißt der Schwerpunkt des Dreiecks.

§ 81 (77). 1) Erklärung. Zwei Gruppen von Größen sind einander proportioniert, wenn je zwei entsprechende Größen dasselbe Verhältnis haben. (Z. B. Drei Strecken a, b, c sind drei anderen a', b', c' proportioniert, wenn $a : a' = b : b' = c : c'$.)

2) Erklärung. Zwei Polygone heißen ähnlich ($\sim$), wenn sie gleiche Winkel zwischen proportionierten Seiten haben.

3) Lehrsatz. Eine Parallele zu einer Seite eines Dreiecks schneidet ein dem gegebenen ähnliches Dreieck ab.

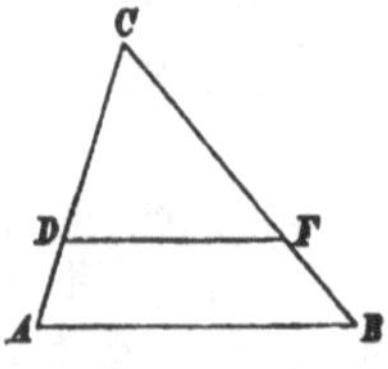

Beweis. Ist $DF \parallel AB$, so sind die Seiten der Dreiecke ABC und DFC proportioniert $\left(\frac{AB}{DF} = \frac{AC}{DC} = \frac{BC}{FC}\right)$ nach § 74, b), und die Winkel sind gleich (§ 11).

4) Aufgabe. Zu einem gegebenen Polygone ($ABCDE$) irgend ein ihm ähnliches zu zeichnen.

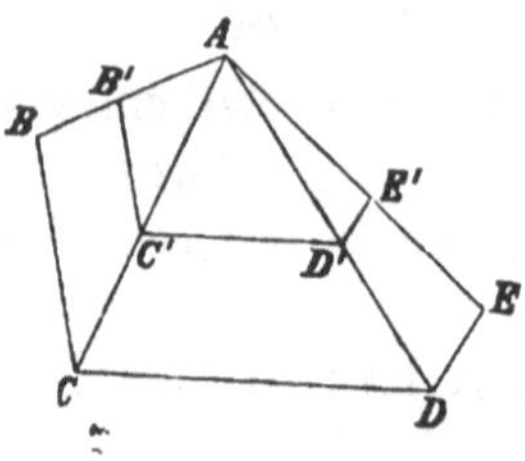

Auflösung. Man ziehe die Diagonalen AC und AD und in den entstandenen Dreiecken $B'C' \parallel BC$, $C'D' \parallel CD$, $D'E' \parallel DE$; dann ist $AB'C'D'E' \sim ABCDE$. (Daß die Winkel gleich sind, folgt aus § 11, bezw. aus § 11, Folg. 4); daß die Seiten proportioniert sind, aus § 74, b). So ist z. B.:

$$\frac{B'C'}{BC} = \frac{C'D'}{CD}, \text{ weil beide Verhältnisse } = \frac{AC'}{AC} \text{ sind.)}$$

§ 82 (78). **Erster Ähnlichkeitssatz.** Zwei Dreiecke sind ähnlich, wenn zwei Seiten des einen zwei Seiten des anderen proportioniert und die eingeschlossenen Winkel gleich sind.

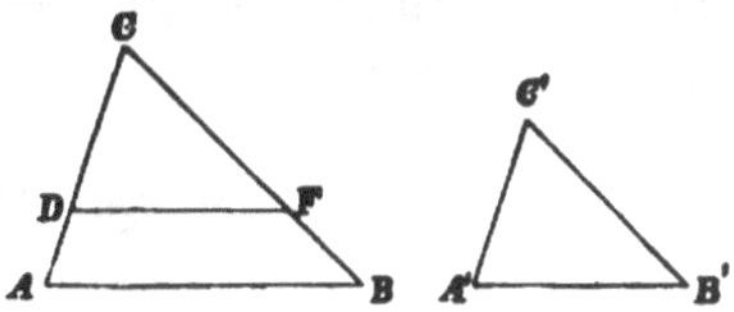

Beweis. Die Voraussetzung ist, daß $\frac{AC}{A'C'} = \frac{BC}{B'C'}$ und $\angle C = C'$. Macht man $CD = C'A'$ und $CF = C'B'$, so ist $\frac{AC}{DC} = \frac{BC}{FC}$, folglich nach § 75 $DF \parallel AB$, also nach § 81, 3) $\triangle ABC \sim DFC$. Aber $\triangle DFC \cong A'B'C'$ nach § 20, mithin $\triangle ABC \sim A'B'C'$.

§ 83 (79). **Zweiter Ähnlichkeitssatz.** Zwei Dreiecke sind ähnlich, wenn zwei Winkel des einen zwei Winkeln des andern gleich sind.

Beweis. Es sei $\angle C = C'$ und $A = A'$. Man mache $CD = C'A'$ und ziehe $DF \parallel AB$, so ist $\triangle ABC \sim DFC$. Nun ist $\angle D = A$, also auch $D = A'$; folglich ist $\triangle DFC \cong A'B'C'$ (§ 21), und daher $\triangle ABC \sim A'B'C'$.

§ 84 (80). **Dritter Ähnlichkeitssatz.** Zwei Dreiecke sind ähnlich, wenn die drei Seiten des einen denen des anderen proportioniert sind.

Beweis. Es sei $\frac{AB}{A'B'} = \frac{AC}{A'C'} = \frac{BC}{B'C'}$. Man mache, wie in § 82, $CD = C'A'$, $CF = C'B'$. Dann ist $\frac{AC}{DC} = \frac{BC}{FC}$, also $DF \parallel AB$ und $\triangle ABC \sim DFC$. Nun ist aber ferner:

$$\frac{AB}{DF} = \frac{AC}{DC}, \text{ oder } \frac{AB}{DF} = \frac{AC}{A'C'}, \text{ und folglich } \frac{AB}{DF} = \frac{AB}{A'B'};$$

mithin $DF = A'B'$; also $\triangle DFC \cong A'B'C'$ (§ 26), und demnach $\triangle ABC \sim A'B'C'$.

§ 85 (81). **Vierter Ähnlichkeitssatz.** Zwei Dreiecke sind ähnlich, wenn zwei Seiten des einen zwei Seiten des anderen proportioniert und die der größeren Seite gegenüberliegenden Winkel gleich sind.

Beweis. Es sei $BC > AC$, $\frac{AC}{A'C'} = \frac{BC}{B'C'}$, $A = A'$. Macht man wiederum $CD = C'A'$ und $CF = C'B'$, so ist wie vorhin $DF \parallel AB$, also $\triangle ABC \sim DFC$, ferner $\angle D = A$ und folglich $D = A'$. Hieraus folgt: $DFC \cong A'B'C'$ (§ 27), mithin $\triangle ABC \sim A'B'C'$.

§ 86 (105). Lehrsatz. Zwei Dreiecke, die einen Winkel gleich haben, verhalten sich wie die Produkte der diesen Winkel einschließenden Seiten.

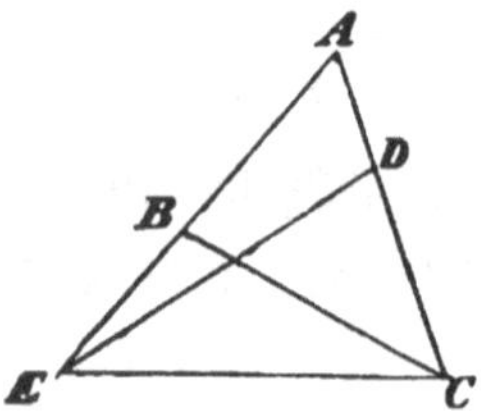

Beweis. Es seien die Dreiecke ABC und ADE mit dem gemeinschaftlichen Winkel A gegeben, und es sei EC gezogen, so ist nach § 72, 4)

$$\frac{ABC}{AEC} = \frac{AB}{AE}, \quad \frac{AEC}{ADE} = \frac{AC}{AD},$$

und hieraus folgt durch Multiplikation:

$$\frac{ABC}{ADE} = \frac{AB \,.\, AC}{AD \,.\, AE}.$$

§ 87 (106). Lehrsatz. Ähnliche Dreiecke verhalten sich wie die Quadrate homologer Seiten.

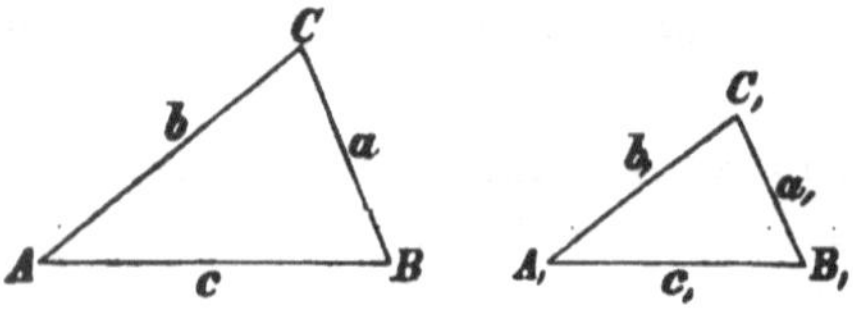

Beweis. Ist $\triangle ABC \sim A_1B_1C_1$, so ist $\angle C = C_1$ und $\frac{b}{b_1} = \frac{a}{a_1}$. Somit erhält man nach dem vorhergehenden Satze:

$$\frac{ABC}{A_1B_1C_1} = \frac{ab}{a_1b_1} = \frac{a}{a_1} \cdot \frac{b}{b_1} = \frac{a}{a_1} \cdot \frac{a}{a_1} = \frac{a^2}{a_1^2}.$$

Zusatz. Ist a $n$mal so groß als a_1, also auch $b = n \,.\, b_1$, $c = n \,.\, c_1$, so ist $\triangle ABC = n^2 \,.\, A_1B_1C_1$.

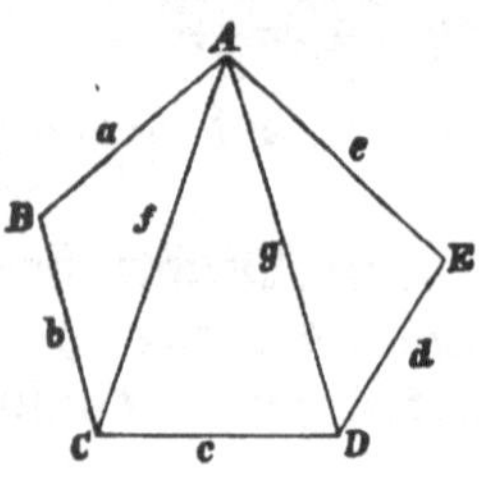

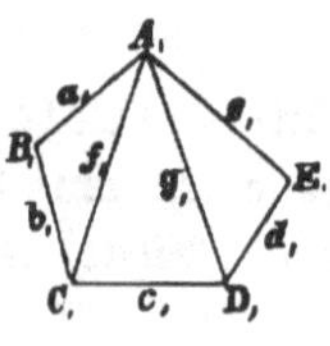

§ 88 (107). Lehrsatz. Ähnliche Polygone verhalten sich wie die Quadrate homologer Seiten.

Beweis. Es seien z. B. die ähnlichen Fünfecke $ABCDE$ und $A_1B_1C_1D_1E_1$ gegeben. Durch die Diagonalen aus den Ecken A und A_1 werden sie, wie leicht zu zeigen, in ähnliche Dreiecke zerlegt. Ist nun $a = n \cdot a_1$, so ist nach § 87, Zus.:

$$\triangle ABC = n^2 . A_1 B_1 C_1,\ ACD = n^2 . A_1 C_1 D_1,\ ADE = n^2 . A_1 D_1 E_1.$$

Hieraus folgt durch Addition: $ABCDE = n^2 . A_1 B_1 C_1 D_1 E_1$, oder

$$\frac{ABCDE}{A_1 B_1 C_1 D_1 E_1} = \frac{a^2}{a_1^2} = \frac{b^2}{b_1^2} = \ldots$$

§ 89 (83). **Erklärung.** Eine Strecke c heißt die **mittlere (geometrische) Proportionale** zu zwei anderen a und b, wenn $a : c = c : b$ oder $c^2 = a.b$ (das Quadrat der Strecke c gleich dem Produkte der Strecken a und b) ist. (Vergl. § 132c.)

§ 90 (84). **Lehrsatz.** Im rechtwinkligen Dreieck ist 1) jede Kathete die mittlere Proportionale zu ihrer Projektion auf die Hypotenuse und der ganzen Hypotenuse, 2) die Höhe der Hypotenuse die mittlere Proportionale zu den beiden Abschnitten der Hypotenuse.

Beweis. Ist $\angle ACB = R$ und $CD \perp AB$, so ist $\triangle ACD \sim ABC$ nach § 83 ($\angle A = A$, $\angle ADC = ACB = R$), daher:

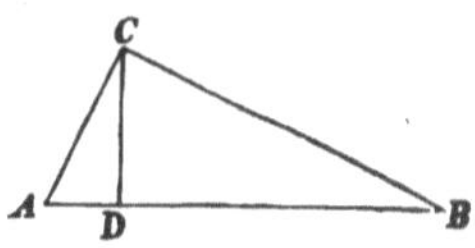

1) $\frac{AD}{AC} = \frac{AC}{AB}$ (oder $AC^2 = AD.AB$);

ebenso $\triangle BCD \sim BAC$; daher:

1') $\frac{BD}{BC} = \frac{BC}{BA}$ (oder $BC^2 = BD.BA$);

ferner auch $\triangle ACD \sim CBD$, daher:

2) $\frac{AD}{CD} = \frac{CD}{BD}$ (oder $CD^2 = AD.BD$).

Anmerkung. Aus 1) und 1') ergiebt sich durch Addition: $AC^2 + BC^2 = AD.AB + BD.BA = (AD + BD).AB = AB.AB$, oder $AC^2 + BC^2 = AB^2$. Mit Rücksicht auf § 72, 3) erhält man hieraus den **Pythagoreischen Lehrsatz**. Ebenso ergiebt sich aus 1) der Lehrsatz in § 67 und aus 2) der **Lehrsatz**: Das Quadrat über der Höhe eines rechtwinkligen Dreiecks ist gleich dem Rechteck aus den Abschnitten der Hypotenuse.

Die **Aufgabe**, ein Rechteck in ein Quadrat zu verwandeln, kann demnach gelöst werden durch Konstruktion der mittleren Proportionale zur Grundlinie und Höhe des Rechtecks. (Siehe die folgende Aufgabe.)

§ 91 (88). **Aufgabe.** Zu zwei gegebenen Strecken a und b die mittlere Proportionale zu konstruieren.

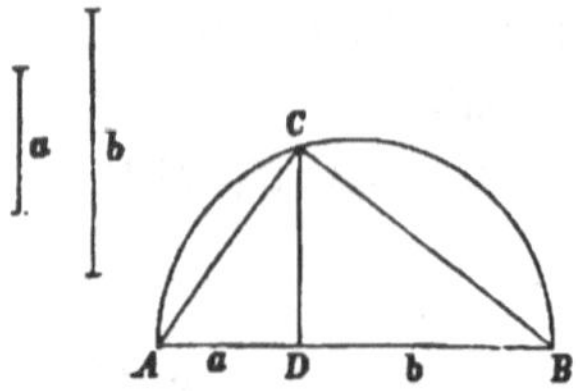

Auflösung 1). Man trage auf einer Geraden neben einander die Strecken $AD = a$, $DB = b$ ab und beschreibe über AB einen Halbkreis, der das in D auf AB errichtete Lot in C schneidet; alsdann ist CD die mittlere Proportionale zu a und b (§ 54, 2 und § 90, 2).

Auflösung 2). Man benutze § 90, 1).

§ 92 (85). Lehrsatz. Wenn sich zwei Sehnen innerhalb oder (verlängert) außerhalb des Kreises schneiden, so ist das Produkt aus den Abschnitten der einen gleich dem aus den Abschnitten der anderen.

Beweis. Es ist $\triangle ABE \sim ADC$ (§ 83), folglich:

$$\frac{AB}{AE} = \frac{AD}{AC}, \quad AB.AC = AD.AE.$$

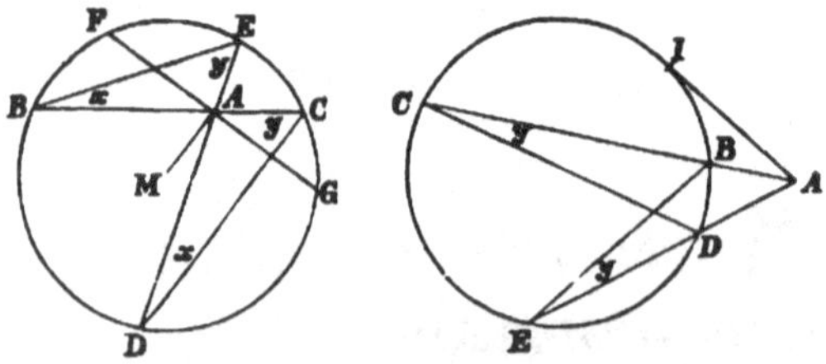

Folgerungen. 1) Wird eine Sehne durch eine andere halbiert, so ist ihre Hälfte die mittlere Proportionale zu den Abschnitten der anderen.

Beweis. Aus $AF.AG = AB.AC$ folgt, wenn $AG = AF$ ist: $AF^2 = AB.AC$. (Zu bemerken ist, daß unter allen durch A möglichen Sehnen die durch A halbierte FG die kleinste ist; denn ihr Abstand vom Mittelpunkt ist $= MA$, der jeder anderen $< MA$.)

2) Wenn eine Tangente und die Verlängerung einer Sehne sich schneiden, so ist der Abschnitt der Tangeute die mittlere Proportionale zu den Abschnitten der Sehne.

Beweis. Die Tangente AI ist als eine Gerade anzusehen, deren beide Schnittpunkte mit dem Kreise in einen einzigen I zusammengefallen sind; also ist $AI.AI = AB.AC$, oder $AI^2 = AB.AC$.

Zusätze. 1) Wenn zwei Strecken (BC und DE) einander innen oder außen so teilen, daß die Produkte ihrer Abschnitte gleich sind ($AB.AC = AD.AE$), so liegen die vier Endpunkte der Strecken auf einem Kreise.

2) Wenn eine Strecke (AI) die mittlere Proportionale zu den Abschnitten einer durch ihren Anfangspunkt außen geteilten zweiten Strecke (BC) ist ($AI^2 = AB.AC$), so ist sie eine Tangente des Kreises, welcher durch ihren Endpunkt und die Endpunkte der zweiten Strecke hindurchgeht.

§ 93 (89). **Aufgabe.** Eine Strecke (AB) so zu teilen, daß der eine Teil die mittlere Proportionale zwischen der ganzen Strecke und dem anderen Teile ist. (**Goldener Schnitt.**)

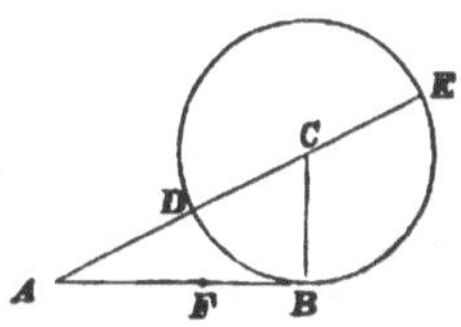

Auflösung. Man errichte in B auf AB das Lot $BC = \frac{1}{2}AB$, beschreibe aus C mit CB einen Kreis, ziehe die gerade Linie $ADCE$, und mache $AF = AD$, so ist F der verlangte Teilungspunkt.

Beweis. $\frac{AE}{AB} = \frac{AB}{AD}$ (§ 92, Folg. 2), also nach § 132a, 4):

$$\frac{AE-AB}{AB} = \frac{AB-AD}{AD}, \text{ d. h. } \frac{AF}{AB} = \frac{BF}{AF}, \text{ oder } \frac{AB}{AF} = \frac{AF}{BF}.$$

§ 94 (86). **Lehrsatz.** In jedem Kreisviereck ist das Produkt der Diagonalen gleich der Summe der Produkte der beiden Paare gegenüberliegender Seiten. (**Ptolemäischer Lehrsatz.**)

Beweis. Es seien die Seiten des Vierecks $ABCD$ der Reihe nach $= a, b, c, d$ und die Diagonale $AC = f$, $BD = g$. Zieht man aus B die Linie BF so, daß $\angle ABF = CBD$ ($= x$), so ist nach § 83:

$$\triangle AFB \sim DCB \text{ und } \triangle CFB \sim DAB,$$

folglich:

$$\frac{AF}{AB} = \frac{DC}{DB}; \quad AF = \frac{a.c}{g};$$

$$\frac{CF}{CB} = \frac{DA}{DB}; \quad CF = \frac{b.d}{g};$$

mithin $AF + CF$ oder $f = \frac{a.c}{g} + \frac{b.d}{g}$,

$$f.g = a.c + b.d.$$

Zusatz. Denkt man sich noch zwei andere Vierecke in den Kreis gezeichnet, welche dieselben Seiten, aber bezw. in der Reihenfolge a, b, d, c und a, c, b, d haben, so behält das erste die Diagonale f, das zweite die Diagonale g bei; die andere, in beiden gleiche Diagonale sei k. Dann ist:

$$f.k = a.d + b.c \text{ und } g.k = a.b + c.d, \text{ also:}$$

$$\frac{f}{g} = \frac{a.d + b.c}{a.b + c.d}.$$

Sechster Abschnitt.

Von den regelmäßigen Polygonen und der Ausmessung des Kreises.

§ 95 (108). **Bemerkung.** Ein Polygon heißt **regelmäßig**, wenn es lauter gleiche Seiten und Winkel hat. Teilt man die Peripherie eines Kreises in n gleiche Teile und verbindet je zwei aufeinanderfolgende Teilpunkte durch gerade Linien, so entsteht ein dem Kreise eingeschriebenes regelmäßiges n-Eck; denn die Seiten sind gleich als Sehnen gleicher Bogen und die Winkel als Peripheriewinkel über gleichen Bogen. Umgekehrt läßt sich um jedes gegebene regelmäßige n-Eck ein Kreis beschreiben. Denn sind A, B, C, D vier aufeinanderfolgende Eckpunkte, so ist $\triangle ABC \cong DCB$ (§ 20), also $\angle BAC = CDB$; mithin liegen A, B, C, D auf demselben Kreise (§ 54, 3). Die zu den Seiten gehörigen Centriwinkel sind gleich und folglich jeder $= \frac{360^\circ}{n}$. Ferner sind die Lote vom Mittelpunkte auf die Seiten gleich, und daher läßt sich dem regelmäßigen n-Eck jederzeit ein Kreis einschreiben.

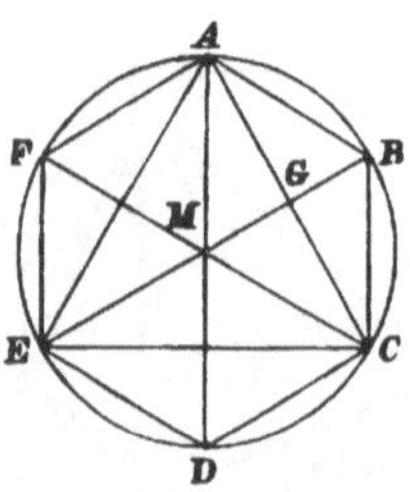

§ 96 (109). **Aufgabe.** Einem Kreise ein regelmäßiges Sechseck einzuschreiben.

Auflösung. Trägt man den Radius als Sehne ein und verbindet M mit den Endpunkten A und B, so ist $\triangle AMB$ gleichseitig, also nach § 23, Folg. 1) $\angle AMB = 60^\circ = \frac{360^\circ}{6}$. Daher läßt sich der Radius sechsmal in den Kreis als Sehne eintragen, d. h. er ist die Seite des regelmäßigen Sechsecks.

§ 97 (110). **Aufgabe.** In einen Kreis ein regelmäßiges Dreieck zu zeichnen.

Auflösung. Man verbinde drei Ecken des regelmäßigen Sechsecks durch gerade Linien, indem man immer eine Ecke überschlägt, so erhält man ein gleichseitiges Dreieck (ACE).

Anmerkung. Da $ABCM$ ein Rhombus ist, so wird MB durch AC halbiert und steht auf AC senkrecht. Der Abstand der Seiten des Dreiecks vom Mittelpunkte ist also gleich dem halben Radius. Man hat somit nach § 90, Anm., wenn r den Radius bezeichnet:

$$AG^2 = AM^2 - MG^2 = r^2 - \tfrac{1}{4}r^2 = \tfrac{3}{4}r^2,$$

also:

$$AG = \frac{r}{2}\sqrt{3}; \quad AC = r\sqrt{3}.$$

§ 98 (111). **Aufgabe.** In einen Kreis ein Quadrat zu zeichnen.

Auflösung. Man ziehe zwei auf einander senkrechte Durchmesser und verbinde die Endpunkte durch Sehnen.

Anmerkung. Die Seite des Quadrats ist $= r\sqrt{2}$.

§ 99 (112). **Aufgabe.** In einen Kreis ein regelmäßiges Zehneck zu zeichnen.

Auflösung. Man teile den Radius MA nach dem goldenen Schnitt (§ 93) und trage den größeren Teil, MC, als Sehne in den Kreis ein, so ist diese Sehne AB die Seite des regelmäßigen Zehnecks.

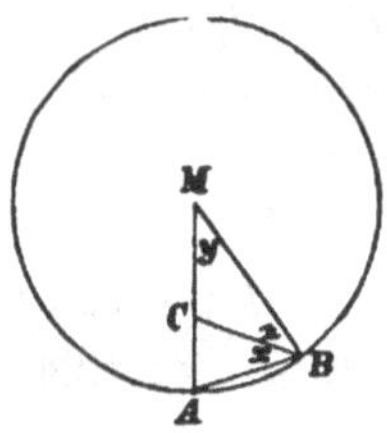

Beweis. Man ziehe MB und CB. Nach der Konstruktion ist $\frac{AC}{MC} = \frac{MC}{AM}$, oder $\frac{AC}{AB} = \frac{AB}{AM}$. Folglich ist $\triangle ACB \sim ABM$ nach § 82. Daher ist $\angle x = y$, und weil im zweiten Dreieck $AM = MB$, so ist im ersten $AB = BC$. Folglich ist auch $MC = BC$, mithin $\angle z = y$, und somit $x + z = 2y$ oder $\angle ABM = 2AMB$. Jeder der Basiswinkel des gleichschenkligen Dreiecks ABM ist also das Doppelte des Winkels y an der Spitze, und folglich ist y der fünfte Teil von 180° oder der zehnte Teil von 360°.

Anmerkung 1. Das regelmäßige Fünfeck wird konstruiert, indem man fünf Ecken des regelmäßigen Zehnecks in der Weise verbindet, daß jedesmal eine übersprungen wird.

Anmerkung 2. Ist u die Seite des regelmäßigen Zehnecks

(= MC), so folgt aus der Proportion

$$\frac{AC}{MC}=\frac{MC}{AM}, \text{ daß } \frac{r-u}{u}=\frac{u}{r},\ u^2=r^2-ru,\ u^2+ru=r^2,$$

$$u=-\frac{r}{2}+\tfrac{1}{2}\sqrt{5r^2},\ u=\frac{r}{2}(\sqrt{5}-1).$$

§ 100 (113). **Aufgabe.** Ein regelmäßiges Funfzehneck zu konstruieren.

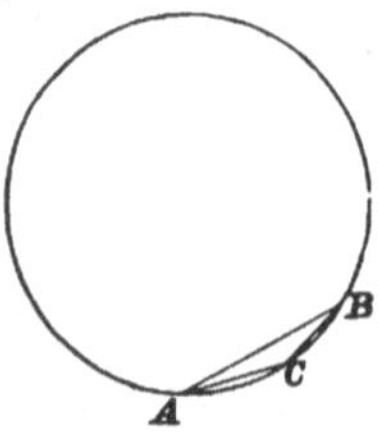

Auflösung. Man mache die Sehnen AB und AC bezw. gleich den Seiten des regelmäßigen Sechs- und Zehnecks, so ist die Sehne BC die Seite des regelmäßigen Funfzehnecks. Denn Bogen $BC=\frac{1}{6}-\frac{1}{10}=\frac{1}{15}$ der Peripherie.

§ 101 (114). **Lehrsatz.** Die Seiten und folglich die Umfänge zweier regelmäßigen Polygone von gleicher Seitenzahl verhalten sich wie die Radien der ihnen umgeschriebenen oder der ihnen eingeschriebenen Kreise, und ihre Flächenräume wie die Quadrate dieser Radien.

Beweis. Zieht man die Radien nach den Eckpunkten der Polygone, so werden dieselben in ähnliche Dreiecke zerlegt.

§ 102. **Aufgabe.** Aus dem Radius r eines Kreises und der als bekannt angenommenen Seite s_n des eingeschriebenen regelmäßigen n-Ecks 1) die Seite s_{2n} des eingeschriebenen regelmäßigen $2n$-Ecks, 2) die Seite S_n des umgeschriebenen regelmäßigen n-Ecks zu berechnen.

Auflösung. In der Figur sei Sehne $AB=s_n$, $AC=BC=s_{2n}$, die zum Centriwinkel AMB gehörige durch C gelegte Tangente $DE=S_n$.

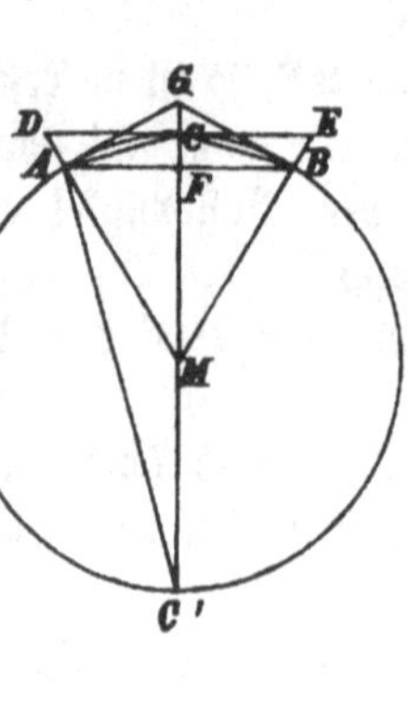

Es ist nun $AC^2=CC'.CF=2r(r-MF)$ und $MF=\sqrt{r^2-\frac{1}{4}s_n^2}$, also

$$1)\quad s_{2n}=\sqrt{2r(r-\sqrt{r^2-\tfrac{1}{4}s_n^2})}.$$

Ferner ist nach § 101 $S_n:s_n=MC:MF$, also

$$2)\quad S_n=\frac{r.s_n}{\sqrt{r^2-\frac{1}{4}s_n^2}}.$$

§ 102a (115). Sind U_n und u_n die Umfänge des um- und eingeschriebenen n-Ecks, so ist $U_n:u_n=S_n:s_n$, also nach der letzten Formel

$$U_n : u_n = 1 : \sqrt{1 - \frac{s_n^2}{4r^2}}.$$

Läßt man nun die Seitenzahl n unendlich groß werden, so wird s_n verschwindend klein, und der Wert der Quadratwurzel geht in den Wert 1 über. Es nähern sich also U_n und u_n einer und derselben Grenze. Man betrachtet es nun nicht nur als Grundsatz, daß der Kreisbogen AB größer ist als die Sehne AB, sondern auch, daß er kleiner ist als die Tangente DE, oder, was dasselbe ist, kleiner als die Summe der durch seine Endpunkte begrenzten Tangenten AG und BG. Daher liegt die Größe des Kreisumfanges stets zwischen den Werten von u_n und U_n, und der gemeinschaftliche Grenzwert, dem diese sich nähern, ist gleich dem Kreisumfange.

§ 102b. Die Flächen des um- und eingeschriebenen n-Ecks verhalten sich wie die Quadrate der Seiten oder Umfänge, nähern sich also bei unbeschränkt wachsender Seitenzahl ebenfalls einem gemeinschaftlichen Grenzwerte, dem Inhalte des Kreises. Hiernach gilt der Satz:

§ 102c. Der Umfang (bezw. Inhalt) eines Kreises ist gleich dem eines ihm eingeschriebenen oder umgeschriebenen regelmäßigen Polygons von unendlich großer Seitenzahl.

Folgerung. Die Peripherien zweier Kreise verhalten sich wie die Radien und die Flächen wie die Quadrate der Radien (§ 101):

$$p : p' = r : r'; \quad I : I' = r^2 : r'^2.$$

§ 103 (116). 1) Lehrsatz. Bei allen Kreisen ist das Verhältnis der Peripherie zum Durchmesser gleich einer und derselben Zahl.

Beweis. Aus $p : p' = 2r : 2r'$ ergiebt sich:

$$\frac{p}{2r} = \frac{p'}{2r'}.$$

2) Bemerkung. Das Verhältnis der Peripherie zum Durchmesser wird durch π bezeichnet:

$$\pi = \frac{p}{2r}.$$

3) Folgerung. Die Peripherie ist gleich dem Produkte des Durchmessers und der Zahl π, oder gleich dem Produkte des Halb-

messers und der Zahl 2π:

$$p = \pi . 2r, \text{ oder: } p = 2\pi . r.$$

4) Folgerung. Der halbe Umfang eines Kreises, dessen Halbmesser der Längeneinheit gleich ist, beträgt π Längeneinheiten.

5) Berechnung der Zahl π. Setzt man $r = 1$, so ist nach § 102:

$$s_{2n} = \sqrt{2 - \sqrt{4 - s_n^2}}; \quad S_n = 2s_n : \sqrt{4 - s_n^2}.$$

Nach diesen Formeln kann man die Seiten einer Reihe dem Kreise vom Radius 1 ein- oder umgeschriebener regelmäßigen Polygone, von denen jedes die doppelte Seitenzahl des vorhergehenden hat, nach und nach berechnen, wenn man die Seite des ersten eingeschriebenen Polygons kennt. Geht man z. B. vom Sechseck aus, so ist:

$$s_6 = 1 \qquad S_6 = 1{,}154701$$
$$s_{12} = 0{,}517638 \qquad S_{12} = 0{,}535898$$

. . . .

und durch Multiplikation mit den halben Seitenzahlen 3, 6, . . . ergeben sich die halben Umfänge der Polygone. Dadurch wird der Wert der Zahl π nach und nach in immer engere Grenzen eingeschlossen. Aus der folgenden Tabelle, in welche auch die kleinen Halbmesser der eingeschriebenen Polygone, d. h. die Abstände ihrer Seiten vom Mittelpunkte ($= MF = \frac{1}{2}\sqrt{4 - s_n^2}$), aufgenommen sind, erkennt man, daß das 1536-Eck für π den Näherungswert 3,14159 liefert. Durch weiter fortgesetzte Näherung hat man gefunden:

$$\pi = 3{,}14159265358979 \ldots$$

Seitenzahl.	Kleiner Halbm. d. eing. Polyg.	Halber Umfang d. eing. Polyg.	Halber Umfang d. umgeschr. Polyg.
6	0,866025	3,00000	3,46410
12	0,965926	3,10583	3,21539
24	0,991445	3,13263	3,15966
48	0,997859	3,13935	3,14609
96	0,999464	3,14103	3,14271
192	0,999866	3,14145	3,14187
384	0,999966	3,14156	3,14166
768	0,999992	3,14158	3,14161
1536	0,999998	3,14159	3,14160

§ 104 (120, 2). 1) Lehrsatz. Der Inhalt eines Kreises ist

gleich der Hälfte des Produktes aus seinem Umfang und Radius. (Der Beweis folgt aus § 102c und § 72, 5.)

2) Folgerung. Es ist also $J = \frac{1}{2}p.r$, oder $J = \pi r.r$, oder $J = \pi r^2$.

3) Zusatz. Der Inhalt eines Kreissektors ist gleich der Hälfte des Produktes aus seinem Bogen und seinem Radius. Beträgt also die Länge eines Kreisbogens α Radien (d. h. ist dieselbe $= r\alpha$), so ist der zugehörige

$$\text{Kreissektor} = \tfrac{1}{2}r^2\alpha.$$

Enthält der Bogen (oder der Centriwinkel) γ Grad, so ist der

$$\text{Kreissektor} = \pi r^2 . \frac{\gamma}{360},$$

wie daraus hervorgeht, daß jeder zu einem Bogen von 1° gehörige Sektor der 360ste Teil der ganzen Kreisfläche ist.

4) Lehrsatz. Der einem rechtwinkligen Dreieck umgeschriebene Halbkreis und die Halbkreise über den Katheten begrenzen zwei sichelförmige Flächen, deren Summe der Dreiecksfläche gleich ist. (Lunulae Hippocratis.)

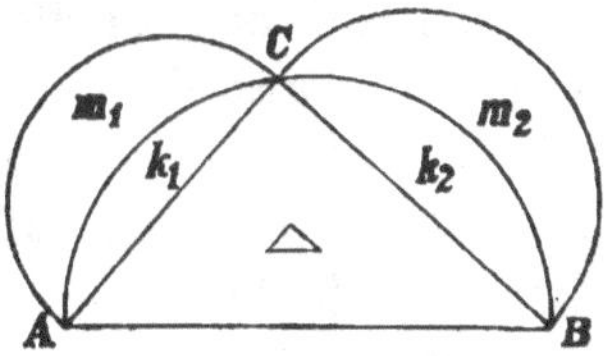

Beweis. $AC^2 + BC^2 = AB^2$, also $\frac{1}{8}\pi . AC^2 + \frac{1}{8}\pi . BC^2 = \frac{1}{8}\pi . AB^2$, das heißt: $(m_1 + k_1) + (m_2 + k_2) = \triangle + k_1 + k_2$, mithin $m_1 + m_2 = \triangle$.

Siebenter Abschnitt.

Erweiterung der Ähnlichkeitslehre.

A. Harmonische Punkte und Strahlen.

§ 105 (90, 91). 1) Erklärung. Eine Strecke (AB) heißt harmonisch geteilt, wenn sie innen und außen (in C und D) nach demselben Verhältnis geteilt (also $AC : BC = AD : BD$) ist. Die End- und Teilpunkte heißen vier harmonische Punkte (A, C, B, D), und sowohl die Endpunkte (A und B) als auch die Teilpunkte (C und D) heißen zwei zugeordnete harmonische Punkte.

2) Aufgabe. Eine Strecke harmonisch nach dem Verhältnis zweier gegebenen Strecken m und n (oder Zahlen p und q) zu teilen.

Auflösung. Man benutzt entweder § 74, a) (vergl. § 78, 4), oder zweckmäßiger § 74, b): Man zieht durch A und B zwei Parallele und trägt auf der ersten $AF = m$, auf der zweiten BG und $BH = n$ ab. Die Geraden FG und FH schneiden AB in den gesuchten Teilpunkten C und D. — Denn es ist $AC : BC = AF : BG = m : n$ und $AD : BD = AF : BH = m : n$. (Ist das Teilungsverhältnis durch zwei ganze Zahlen gegeben, so verschafft man sich durch Vervielfältigung einer willkürlich gewählten Länge zwei Strecken, die sich wie diese Zahlen verhalten.)

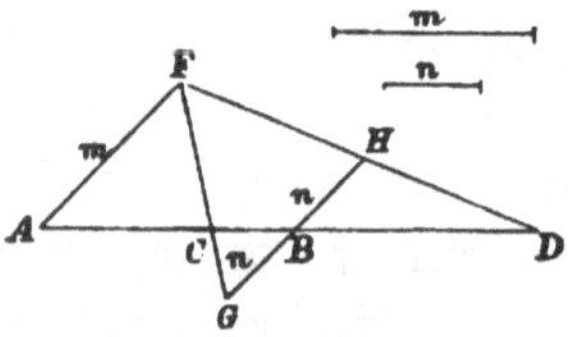

3) Fällt der innere Teilpunkt in den Halbierungspunkt der Strecke, so liegt der äußere im Unendlichen. (Wird $m = n$, so wird $AC = BC$, es geht FH in die zu AB parallele Lage über, und der Punkt D rückt in unendliche Ferne. Man sagt daher: Zwei parallele Gerade besitzen einen unendlich entfernten Durchschnittspunkt.)

4) Durch drei Punkte ist der vierte, dem einen von ihnen zugeordnete harmonische Punkt (nach § 78, 3) eindeutig bestimmt. (Um zu A, C, B den dem C zugeordneten vierten harmonischen Punkt zu konstruieren, lege man durch A und B zwei Parallele und durch C irgend eine sie schneidende Gerade FG, trage BG in entgegengesetzter Richtung bis H ab und ziehe die Gerade FHD.)

5) Ist AB in C und D harmonisch geteilt, so ist auch DC in B und A harmonisch geteilt, und zwar nach dem Verhältnis $(m+n):(m-n)$, wenn das Teilungsverhältnis für AB gleich $m:n$ ist.

Beweis. Aus $AC : BC = AD : BD$ folgt $DB : CB = DA : CA$. Ferner ist nach § 78, 2), wenn $AB = c$ gesetzt wird:

$$AC = \frac{cm}{m+n}, \quad AD = \frac{cm}{m-n}, \quad \text{also} \quad \frac{DA}{CA} = \frac{m+n}{m-n}.$$

§ 106 (91). 1) Erklärung. Eine Größe heißt das harmonische Mittel zu zwei anderen, wenn ihr reciproker Wert das arithmetische Mittel (d. h. die halbe Summe) der reciproken Werte der beiden anderen ist.

2) Lehrsatz. Eine harmonisch geteilte Strecke ist das harmonische Mittel zu den Abständen der Teilpunkte von dem nicht zwischen ihnen liegenden Endpunkte der Strecke.

Beweis. Aus $AC:BC = AD:BD$ folgt $AC.BD = AD.BC$, also $AC.(AD-AB) = AD(AB-AC)$, $2AC.AD = AD.AB + AC.AB$,

$$\frac{1}{AB} = \tfrac{1}{2}\left(\frac{1}{AC} + \frac{1}{AD}\right).$$

3) Lehrsatz. Die Hälfte einer harmonisch geteilten Strecke ist das geometrische Mittel der Abstände der Teilpunkte vom Halbierungspunkte der Strecke.

Beweis. Ist DC in M halbiert, so folgt aus $AC.BD = AD.BC$:

$$(MA - MC)(MB + MC) = (MA + MC)(MC - MB),$$

oder nach Auflösung der Klammern:

$$MC^2 = MA.MB.$$

§ 107 (92). Erklärung. Vier Gerade, die durch einen Punkt nach vier harmonischen Punkten gezogen sind, heißen vier harmonische Strahlen oder ein harmonisches Strahlenbüschel.

Folgerungen. 1) Zwei Seiten eines Dreiecks, die Mittellinie zur dritten und die Parallele zur dritten aus dem Schnittpunkt der beiden ersten bilden ein harmonisches Strahlenbüschel. (§ 105, 3.)

2) Zwei sich schneidende Gerade und die Halbierungslinien ihrer Winkel bilden ein harmonisches Strahlenbüschel. (§ 79.)

§ 108 (93). Lehrsatz. Jede Gerade wird durch vier harmonische Strahlen in vier harmonischen Punkten geschnitten.

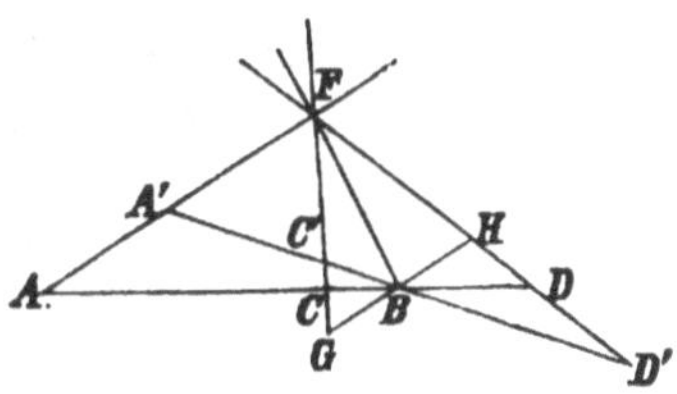

Beweis. Es seien A, C, B, D vier harmonische Punkte, also FA, FC, FB, FD vier harmonische Strahlen. Zieht man durch B die alle vier Strahlen schneidende Gerade $A'C'BD'$ und zu AF die Parallele GH, so ist:

$$\frac{A'C'}{BC'} = \frac{A'F}{BG}, \quad \frac{A'D'}{BD'} = \frac{A'F}{BH}, \quad \text{also:} \quad \frac{A'C'}{BC'} : \frac{A'D'}{BD'} = \frac{BH}{BG}.$$

Ganz ebenso ergiebt sich, daß auch: $\frac{AC}{BC} : \frac{AD}{BD} = \frac{BH}{BG}$. Da nun nach der Voraussetzung $AC:BC = AD:BD$, so folgt aus der letzten Gleichung, daß $BH = BG$, und dann aus der vorhergehenden, daß

$A'C' : BC' = A'D' : BD'$. Also sind sowohl G, B, H und der unendlich entfernte Punkt der Geraden GH, als auch A', C', B, D' harmonische Punkte. Jede nicht durch B gehende Gerade, welche die vier Strahlen schneidet, ist einer bestimmten durch B gehenden parallel, und ihre Abschnitte sind denen der letzteren nach § 76 proportioniert, also wird auch sie in vier harmonischen Punkten geschnitten.

Zusätze. 1) Auf einer Parallelen zu einem von vier harmonischen Strahlen begrenzen die drei anderen zwei gleiche Strecken.

2) Durch drei Strahlen ist der vierte, dem einen von ihnen zugeordnete harmonische Strahl eindeutig bestimmt. (Denn er muß irgend eine die drei Strahlen schneidende Gerade in dem vierten harmonischen Punkte zu den drei Schnittpunkten treffen.)

§ 108a (94). Lehrsatz. Stehen zwei zugeordnete Strahlen auf einander senkrecht, so halbieren sie die Winkel der beiden andern Strahlen.

Beweis. Wird vorausgesetzt, daß $FA \perp FB$, so ist auch $GH \perp FB$ und $\triangle FBG \cong FBH$ (§ 20), also $\angle BFG = BFH$. Der Strahl FA halbiert den Nebenwinkel des Winkels CFD.

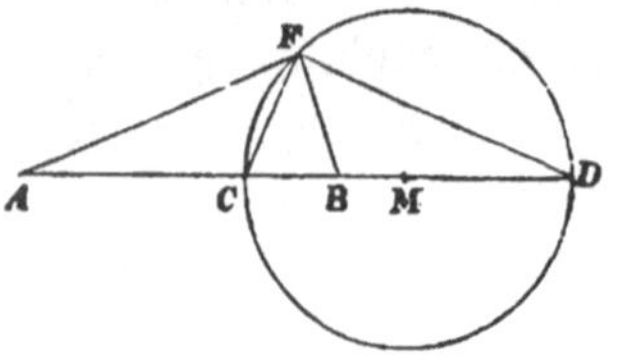

§ 109 (95). 1) Lehrsatz. Errichtet man über dem Abstand zweier zugeordneten harmonischen Punkte als Durchmesser einen Kreis, so haben die Abstände aller Punkte desselben von den beiden anderen harmonischen Punkten ein konstantes Verhältnis.

Beweis. Es ist nach § 108a für jeden Punkt F des Kreises $\angle AFC = BFC$, daher nach § 79:

$$\frac{AF}{BF} = \frac{AC}{BC}.$$

2) Zusatz. Der Ort aller Punkte, deren Entfernungen von zwei gegebenen Punkten (A und B) ein gegebenes Verhältnis ($m:n$) haben, ist der Kreis, der den Abstand der beiden Punkte nach diesem Verhältnis teilt und den Abstand der Teilpunkte zum Durchmesser hat. (Apollonischer Kreis.)

Beweis. Es sei F ein Punkt des Ortes, also $AF : BF = m : n$. Teilt man die Strecke AB in C und D nach dem Verhältnis $m : n$ und zieht FC und FD, so halbieren diese Linien nach § 79, Zus. den

Winkel *AFB* und seinen Nebenwinkel, und es ist folglich $\angle CFD$ ein Rechter. Daher liegt notwendig der Punkt *F* auf dem Kreise mit dem Durchmesser *CD*. Auch genügt nach Nr. 1 jeder Punkt dieses Kreises der für *F* aufgestellten Bedingung.

§ 110 (96, 97). 1) Erklärung. Ein vollständiges Vierseit wird gebildet durch vier sich schneidende gerade Linien (*AB, AC, BD, CF*). Ein vollständiges Vierseit hat sechs Ecken (*A, F, B, G, C, D*) und drei Diagonalen (*AG, FD, BC*).

2) Lehrsatz. Jede der Diagonalen eines vollständigen Vierseits wird durch die beiden anderen harmonisch geteilt.

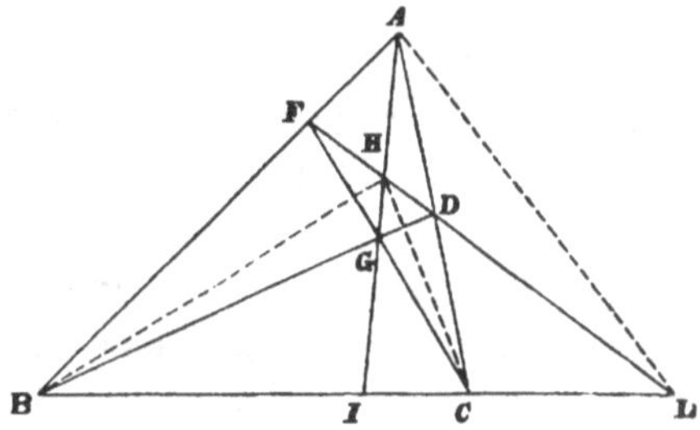

Beweis. Man denke sich zu *BC, BD, BA* den vierten, *BC* zugeordneten, und ebenso zu *CB, CF, CA* den vierten, *CB* zugeordneten harmonischen Strahl. Jeder dieser Strahlen trifft die Diagonale *AGI* in dem vierten, dem *I* zugeordneten harmonischen Punkte zu *A*, *G* und *I;* die Strahlen schneiden sich also auf *AG*. Jeder der beiden Strahlen trifft aber auch die Diagonale *FDL* in dem vierten, dem *L* zugeordneten harmonischen Punkte zu *F, D* und *L;* die Strahlen schneiden sich also auch auf der Diagonale *FD*. Ihr Durchschnittspunkt muß daher notwendig in den Punkt *H* fallen, wo *AG* und *FD* sich schneiden; d. h. es ist die Diagonale *AG* in *H* und *I*, und *FD* in *H* und *L* harmonisch geteilt. Zieht man ferner *AL*, so sind die Strahlen *AB, AI, AC, AL* harmonisch, weil sie durch die harmonischen Punkte *F, H, D, L* gehen; sie teilen mithin auch die Diagonale *BC* harmonisch in *I* und *L*.

§ 111. Harmonische Eigenschaften des Kreises.

1) Lehrsatz. Wenn beliebig viele Sehnen eines Kreises (oder ihre Verlängerungen) sich in einem festen Punkte schneiden, so werden sie sämtlich durch den festen Punkt und eine bestimmte Gerade harmonisch geteilt. — Diese Gerade heißt die Polare des festen Punktes, und der feste Punkt heißt der Pol der Geraden.

Beweis. a) Innerhalb des Kreises *M* sei der feste Punkt *C* gegeben. Zieht man durch ihn zwei gleich lange Sehnen *EF* und *GH*, so sind sie von dem Punkte *M* gleich weit entfernt, und folglich teilt der durch den Punkt *C* gelegte Durchmesser *AB* die Figur in zwei symmetrische Hälften. Hieraus (oder auch leicht auf anderem Wege) erkennt man, daß der Schnittpunkt *D* der Geraden *EH* und *GF* auf der Geraden *AB* liegen muß, und daß *DC* den Winkel *FDH*, die auf *DC* in *D* errichtete Senkrechte also seine Nebenwinkel halbiert. Es sind also die vier durch *D* gehenden Strahlen (nach § 107, 2) harmonisch, und daher ist der Schnittpunkt *L* des vierten Strahles mit der Geraden *EF* der vierte harmonische Punkt zu *E, C, F*. Zieht man noch die Geraden *EA* und *EB*, so ist $\angle AEB = 1R$, und *EB* halbiert den Winkel *FEH*. Also sind auch die vier durch *E* gehenden Strahlen harmonisch, mithin *D* der vierte harmonische Punkt zu *A, C, B*. Die Gerade *DL* ist also nur von der Lage des festen Punktes *C* abhängig, nicht von der Richtung einer durch ihn gelegten Sehne. Hierdurch ist die Behauptung für den Fall bewiesen, wo der feste Punkt *C* innerhalb des Kreises liegt. Seine Polare *LN* ist diejenige bestimmte Gerade, welche den durch *C* gehenden Durchmesser in dem vierten, dem *C* zugeordneten harmonischen Punkte *D* rechtwinklig schneidet.

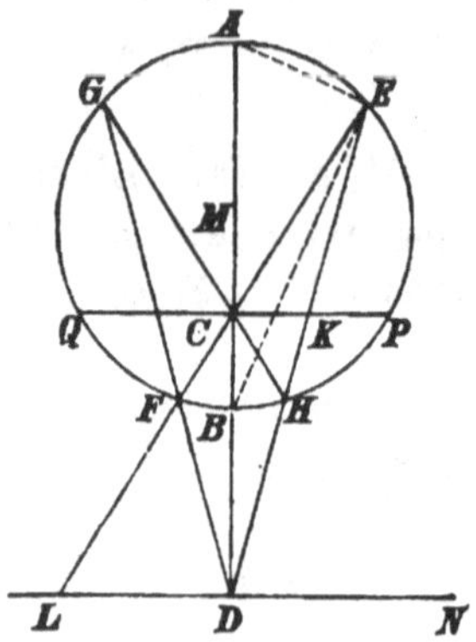

b) Liegt der feste Punkt (*D*) außerhalb des Kreises, so ist der Beweis ebenso zu führen. Man zieht die symmetrisch zu beiden Seiten der Geraden *DBMA* liegenden Sekanten *DHE* und *DFG*, bestimmt den auf *AB* liegenden Schnittpunkt *C* der Sehnen *EF* und *GH*, zieht durch *C* die auf *AB* senkrechte Sehne *PQ*, welche *EH* in *K* schneidet, und verbindet wiederum *E* mit *A* und *B*. Es sind die Strahlenbüschel mit den Scheiteln *C* und *E* harmonisch, und folglich ist *EH* in *D* und *K*, *AB* in *D* und *C* harmonisch geteilt. Die Gerade *PQ* ist die Polare des Punktes *D*.

2) Anmerkung. Dreht sich eine Sekante um den festen Punkt *D*, so fallen schließlich ihre Schnittpunkte *E* und *H* zusammen. Die

Sehne *PQ*, welche stets zwischen den Schnittpunkten hindurchgeht, verbindet also die Berührungspunkte der Tangenten, die man aus *D* an den Kreis ziehen kann. — Der Schnittpunkt zweier Tangenten ist also der Pol der Berührungssehne.

Fällt *D* auf *B*, wird also *LN* Tangente, so fällt auch *C* auf *B*. Der Berührungspunkt einer Tangente ist also der Pol der Tangente.

3) **Aufgabe.** Zu einem gegebenen Punkte in Bezug auf einen gegebenen Kreis nur mit Hülfe des Lineals die Polare zu konstruieren.

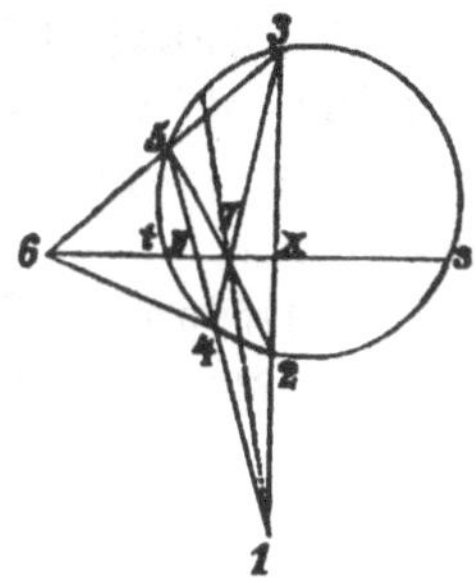

Auflösung. Man ziehe durch den gegebenen Punkt 1 zwei beliebige Gerade, die den Kreis in den Sehnen 23 und 45 schneiden, bestimme den Schnittpunkt 6 der Sehnen 24 und 35 und den Schnittpunkt 7 der Sehnen 25 und 34. Die Gerade, die man durch 6 und 7 legt, ist die gesuchte Polare des Punktes 1.

Beweis. Die Gerade 67 schneide 23 in x, 45 in y. Die genannten drei Geraden sind die Diagonalen des vollständigen Vierseits, das die Geraden 25, 26, 34, 36 zu Seiten hat. Nach § 110, 2) ist also 23 in 1 und x, und 45 in 1 und y harmonisch geteilt, mithin nach § 111, 1) xy, also auch die mit ihr zusammenfallende Gerade 67, die Polare des Punktes 1.

4) **Anmerkung.** Die Konstruktion der Tangenten aus einem außerhalb des Kreises liegenden Punkte 1 ist hiernach ebenfalls mittels des Lineals allein ausführbar. (Die Punkte s und t der Figur sind die Berührungspunkte.) — Die Polare des inneren Punktes 7 geht durch die Punkte 1 und 6.

5) **Lehrsatz.** Die Polaren aller Punkte einer Geraden gehen durch den Pol der Geraden.

Beweis. st sei die gegebene Gerade, 1 ihr Pol, x ein beliebiger Punkt der Sehne st. Durch die Punkte 1 und x wird die Sehne 23 harmonisch geteilt. Nun muß nach 1) die Polare des Punktes x die Gerade $3x2$ in dem vierten, dem x zugeordneten harmonischen Punkt treffen; sie geht also durch den Punkt 1, den Pol der Geraden st. Ist 6 ein Punkt auf der Verlängerung der Sehne st, so ist nach 3) die Gerade 17 die Polare des Punktes 6, sie geht also ebenfalls durch den Pol von *st*. — Ist (in der Figur zu Nr. 1) *LN* die gegebene, den Kreis nicht schneidende Gerade und *C* ihr Pol, so sind nach 1) *L, F, C, E* harmonische Punkte. Nun wird jede durch *L* gehende Sehne durch *L* und die Polare von *L* harmonisch geteilt; folglich geht diese Polare durch den Punkt *C*.

6) Folgerungen. a) Liegen drei Punkte auf derselben Geraden, so schneiden sich ihre Polaren in demselben Punkte, dem Pol der Geraden. (Dies folgt unmittelbar aus Nr. 5.) — Umkehrung:

b) Schneiden sich drei Gerade in demselben Punkte, so liegen ihre Pole auf einer Geraden, der Polare des Punktes.

7) Aufgabe. Den Pol einer Geraden nur mit dem Lineal zu konstruieren.

Auflösung. Man konstruiere nach 3) zu zwei Punkten der Geraden die Polaren, so ist ihr Schnittpunkt der gesuchte Pol.

B. Transversalen.

§ 112. Bemerkung. Transversale eines Dreiecks kann jede Gerade genannt werden, die die Seiten oder ihre Verlängerungen schneidet; Ecktransversale heißt sie, wenn sie durch eine Ecke geht.

§ 113a. Satz des Ceva. Schneiden sich drei Ecktransversalen eines Dreiecks in demselben Punkte, so ist das Produkt der drei Verhältnisse, nach welchen die Seiten geteilt werden, gleich 1, oder es sind die beiden Produkte aus je drei Abschnitten ohne gemeinschaftlichen Endpunkt einander gleich.

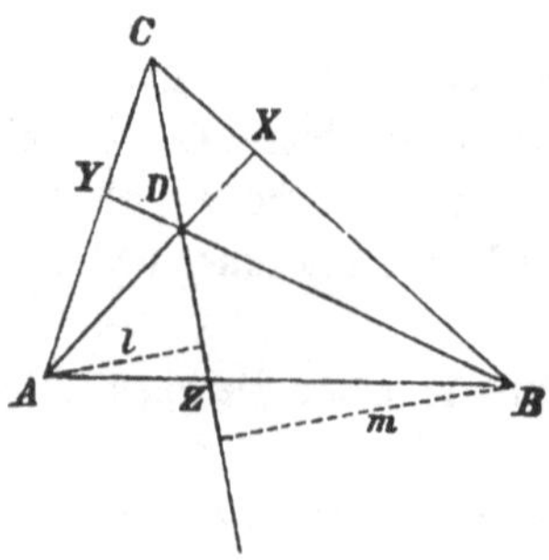

Beweis. Die Abschnitte *AZ* und *BZ* verhalten sich wie die aus *A* und *B* auf *CZ* gefällten Lote *l* und *m*, und diese wie die Dreiecke *ACD* und *BCD*. Also ist

$$\frac{AZ}{BZ}=\frac{ACD}{BCD}, \quad \frac{BX}{CX}=\frac{ABD}{ACD}, \quad \frac{CY}{AY}=\frac{BCD}{ABD}, \text{ folglich:}$$

$$\frac{AZ}{BZ}\cdot\frac{BX}{CX}\cdot\frac{CY}{AY}=1, \quad \text{oder} \quad AZ.BX.CY=AY.CX.BZ.$$

(Bemerkung: Je nachdem D innerhalb oder außerhalb des Dreiecks liegt, ist die Zahl der inneren Teilpunkte 3 oder 1. — Grenzfall: Drei parallele Ecktransversalen.)

§ 113b. Satz des Menelaus. Jede Transversale teilt die Seiten eines Dreiecks so, daß die beiden Produkte aus je drei Abschnitten ohne gemeinschaftlichen Endpunkt einander gleich sind.

Beweis. Zieht man aus den Ecken A, B, C bis zur Transversale XYZ die einander parallelen Strecken a, b, c, so ist

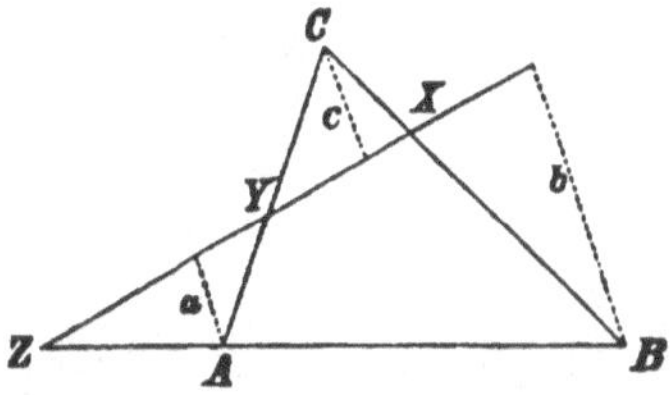

$$\frac{AZ}{BZ} = \frac{a}{b}, \quad \frac{BX}{CX} = \frac{b}{c},$$

$$\frac{CY}{AY} = \frac{c}{a}, \text{ also}$$

$$\frac{AZ}{BZ} \cdot \frac{BX}{CX} \cdot \frac{CY}{AY} = 1,$$

oder $AZ.BX.CY = AY.CX.BZ$. (Bemerkung: Die Anzahl der äußeren Teilpunkte ist 1 oder 3. — Grenzfall: Die Transversale ist einer Seite parallel.)

§ 113c. Umkehrung. Wenn die drei Seiten eines Dreiecks ABC in X, Y, Z so geteilt sind, daß $AZ.BX.CY = AY.CX.BZ$ ist, so schneiden sich die zu den Teilpunkten gehörigen drei Ecktransversalen in einem Punkte, oder es liegen die drei Teilpunkte in einer Geraden, je nachdem die Anzahl der inneren oder äußeren Teilpunkte ungerade ist.

Beweis. Träfe die aus C durch den Schnittpunkt von AX und BY gezogene Ecktransversale (bezw. die durch die Teilpunkte X und Y gelegte Gerade) die Seite AB nicht in Z, sondern in dem davon verschiedenen Punkte Z', so wäre nach § 113a (bezw. § 113b)

$$AZ'.BX.CY = AY.CX.BZ', \quad \text{also} \quad AZ' : BZ' = AZ : BZ,$$

was nach § 78, 3) unmöglich ist.

§ 114. Pascalscher Lehrsatz. Ist ein Sechseck einem Kreise eingeschrieben, so liegen die Schnittpunkte der drei Paare gegenüberliegender Seiten in einer Geraden.

Beweis. Es schneiden sich die Seiten 1 und 4 in X, 2 und 5 in Y, 3 und 6 in Z. Die Seiten 1, 5, 3 bestimmen das Dreieck

$\alpha\beta\gamma$, dessen Seiten ($\alpha\beta$, $\beta\gamma$, $\gamma\alpha$) durch die Transversalen 6, 4, 2 in den Punkten Z, A, F; D, X, E; C, B, Y geschnitten werden. Nach § 113b ist also

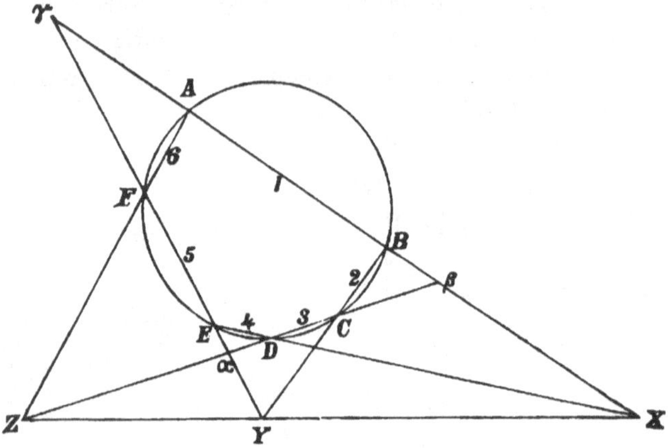

$$\alpha Z . \beta A . \gamma F = \alpha F . \gamma A . \beta Z,$$
$$\alpha D . \beta X . \gamma E = \alpha E . \gamma X . \beta D,$$
$$\alpha C . \beta B . \gamma Y = \alpha Y . \gamma B . \beta C.$$

Durch Multiplikation ergiebt sich, weil nach § 92

$$\alpha D . \alpha C = \alpha F . \alpha E, \quad \beta A . \beta B = \beta D . \beta C, \quad \gamma F . \gamma E = \gamma A . \gamma B$$

ist, $\alpha Z . \beta X . \gamma Y = \alpha Y . \gamma X . \beta Z$. Nach § 113c liegen also X, Y, Z in einer Geraden.

§ 115. **Brianchonscher Lehrsatz.** Ist ein Sechseck einem Kreise umgeschrieben, so schneiden sich die drei Diagonalen, welche die drei Paare gegenüberliegender Ecken verbinden, in einem Punkte.

Beweis. Die Ecken des umgeschriebenen Sechsecks mögen E_1, E_2, ... E_6, die Seiten des durch die Berührungspunkte bestimmten eingeschriebenen Sechsecks 1, 2, ... 6 heißen. Es sind dann z. B. die Seiten 1 und 4 die Berührungssehnen zu den von E_1 und E_4 ausgehenden Tangentenpaaren, also nach § 111, 2) die Polaren zu E_1 und E_4. Da nun aber der Punkt X den beiden Geraden 1 und 4 angehört, muß seine Polare nach § 111, 5) durch die Pole dieser beiden Geraden gehen, d. h. es ist die Gerade E_1E_4 die Polare zu dem Schnittpunkte X der Geraden 1 und 4. Ebenso ist E_2E_5 die Polare zu dem Schnittpunkte Y von 2 und 5 und E_3E_6 die Polare zu dem Schnittpunkte Z von 3 und 6. Nun liegen nach dem

Pascalschen Lehrsatze die drei Punkte X, Y, Z in einer Geraden, also schneiden sich nach § 111, 6) die drei Geraden E_1E_4, E_2E_5, E_3E_6 in einem Punkte.

C. Vom Ähnlichkeitspunkt.

§ 116 (98). 1) Zieht man von einem Punkte M Strahlen nach den Ecken eines Polygons ($ABCD$) und trägt auf ihnen, bezw. auf ihren Verlängerungen von M aus Strecken ab, die diesen Strahlen proportioniert sind, so ist das dadurch bestimmte neue Polygon ($A'B'C'D'$, bezw. $A''B''C''D''$) dem gegebenen ähnlich. — Denn die entsprechenden Seiten sind nach § 75 parallel, und hieraus folgt leicht, daß die Winkel bezüglich gleich und die Seiten proportioniert sind.

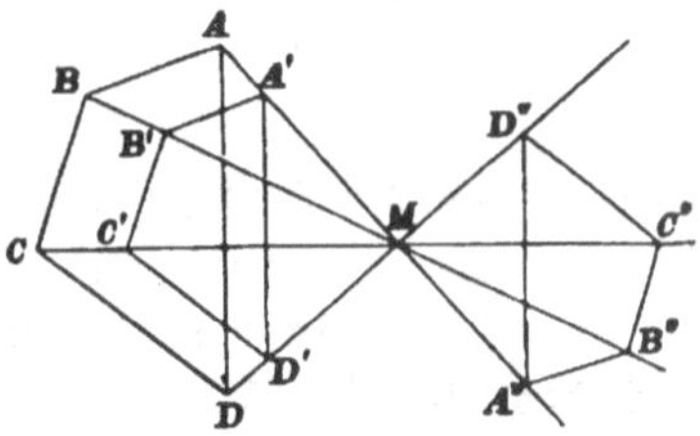

2) Ähnliche Polygone heißen ähnlichliegend (haben eine ähnliche Lage), wenn die entsprechenden Seiten parallel sind und die durch entsprechende Ecken gelegten Geraden ein Strahlenbüschel bilden. Der Scheitel desselben heißt der äußere oder innere Ähnlichkeitspunkt der Polygone, je nachdem er die Abstände entsprechender Ecken außen oder innen teilt. Im ersten Falle sind die entsprechenden Seiten gleich gerichtet, im zweiten entgegengesetzt gerichtet. (M ist der äußere Ähnlichkeitspunkt zu $ABCD$ und $A'B'C'D'$, der innere zu $ABCD$ und $A''B''C''D''$.) Das konstante Verhältnis zweier entsprechenden Strahlen oder Seiten heißt das Ähnlichkeitsverhältnis. Jeder beliebige durch den Ähnlichkeitspunkt gelegte Strahl heißt ein Ähnlichkeitsstrahl. Irgend zwei Punkte, welche in Bezug auf die beiden ähnlichen und ähnlichliegenden Polygone entsprechende Lage haben, liegen auf demselben Ähnlichkeitsstrahl, so z. B. bei zwei ähnlichen und ähnlichliegenden Dreiecken die Mittelpunkte der umgeschriebenen, sowie auch die der eingeschriebenen Kreise.

§ 117a. Zwei krumme Linien sind ähnlich und ähnlichliegend, wenn sie auf allen sie schneidenden Strahlen eines bestimmten Büschels proportionierte Strecken begrenzen. Der Scheitel des Büschels ist der Ähnlichkeitspunkt der Linien.

§ 117b. 1) Zwei Kreise besitzen in jeder Lage einen äußeren und einen inneren Ähnlichkeitspunkt.

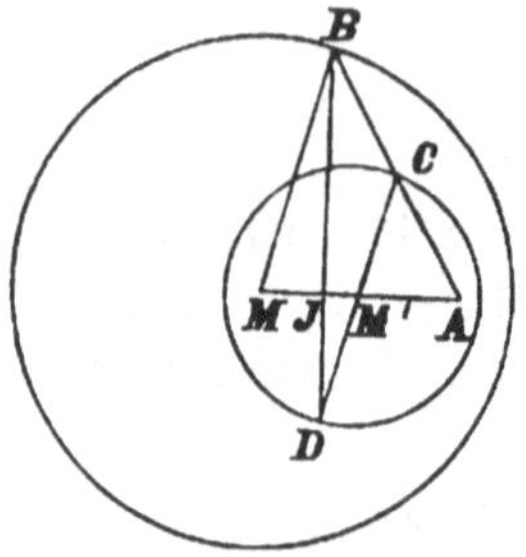

Beweis. Zieht man in dem einen Kreise einen beliebigen Radius MB und in dem anderen den dazu parallelen Durchmesser $DM'C$, so wird MM' durch die Geraden BC und BD stets in denselben Punkten A und J getroffen; denn es ist $AM:AM' = BM:CM' = r:r'$, und $JM:JM' = BM:DM' = r:r'$. Auch ist für jeden beliebigen durch A oder J gehenden Strahl $AB:AC = r:r'$ und $JB:JD = r:r'$, d. h. die Peripherien begrenzen auf allen durch A und J gehenden Strahlen proportionierte Strecken.

2) Die Centrale wird durch die Ähnlichkeitspunkte harmonisch nach dem Verhältnis der Radien geteilt.

3) Liegen die Kreise außerhalb einander, so fällt A in den Schnittpunkt der äußeren, J in den der inneren gemeinschaftlichen Tangenten. Schneiden sich die Kreise, so fällt J in das gemeinschaftliche Flächenstück beider. Berühren sie sich von außen (innen), so ist der Berührungspunkt der innere (äußere) Ähnlichkeitspunkt. Liegt der eine Kreis ganz innerhalb des anderen, so liegen A und J beide in dem kleineren Kreise.

§ 117c. Lehrsatz. Die drei äußeren Ähnlichkeitspunkte zu je zweien von drei Kreisen liegen in einer Geraden, ebenso jeder äußere und die beiden nicht zugehörigen inneren.

Beweis. Es seien r_1, r_2, r_3 die Radien der Kreise M_1, M_2, M_3, die Ähnlichkeitspunkte zu M_1 und M_2 seien A_3 und J_3 u. s. w. Dann ist:

$$\frac{M_1A_3}{M_2A_3} = \frac{r_1}{r_2}, \quad \frac{M_2A_1}{M_3A_1} = \frac{r_2}{r_3}, \quad \frac{M_3A_2}{M_1A_2} = \frac{r_3}{r_1}.$$

Das Produkt der drei Verhältnisse, nach denen die Seiten des Dreiecks $M_1M_2M_3$ geteilt sind, ist also $= 1$; nach § 113c liegen also die Teilpunkte A_1, A_2, A_3 auf einer Geraden. Ebenso beweist man den zweiten Teil des Satzes.

Die vier Geraden $A_1A_2A_3$, $A_1J_2J_3$, $A_2J_1J_3$, $A_3J_1J_2$ heißen die Ähnlichkeitsachsen der drei Kreise.

Zusatz. Werden zwei Kreise von demselben dritten gleichartig, d. h. beide von außen oder beide von innen, (bezw. ungleichartig, d. h. der eine von außen, der andere von innen) berührt, so liegen die Berührungspunkte mit dem äußeren (bezw. inneren) Ähnlichkeitspunkte in gerader Linie.

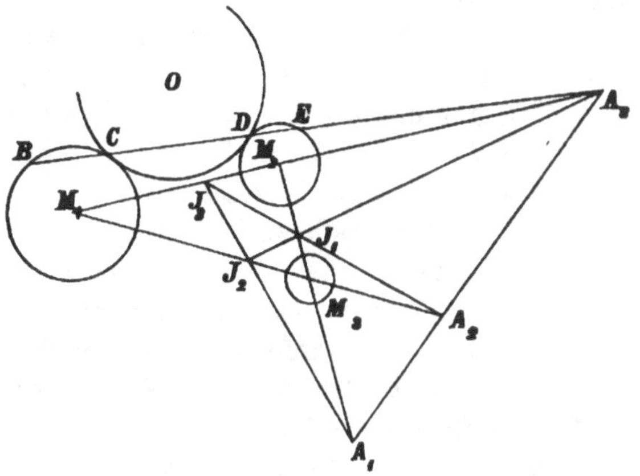

§ 118. Lehrsatz. In jedem Dreieck (ABC) liegt der Mittelpunkt M des umgeschriebenen Kreises mit dem Schwerpunkte S, dem Mittelpunkte M' des die Seiten (in A', B', C') halbierenden Kreises und dem Höhenschnittpunkte H in derselben Geraden. — Der Punkt H ist der äußere, S der innere Ähnlichkeitspunkt der Kreise M und M'.

Beweis. Der Schwerpunkt S ist der innere Ähnlichkeitspunkt der Dreiecke ABC und $A'B'C'$, und das Ähnlichkeitsverhältnis ist $= 2:1$ (§ 80.) Die Kreismittelpunkte M und M' sind entsprechende Punkte beider Dreiecke, die Gerade MM' geht also durch S, und es ist $SM = 2SM'$. Der Punkt M ist der Schnittpunkt der Mittelsenkrechten des Dreiecks ABC, kann aber auch als Höhenschnittpunkt des Dreiecks $A'B'C'$ aufgefaßt werden und ist als

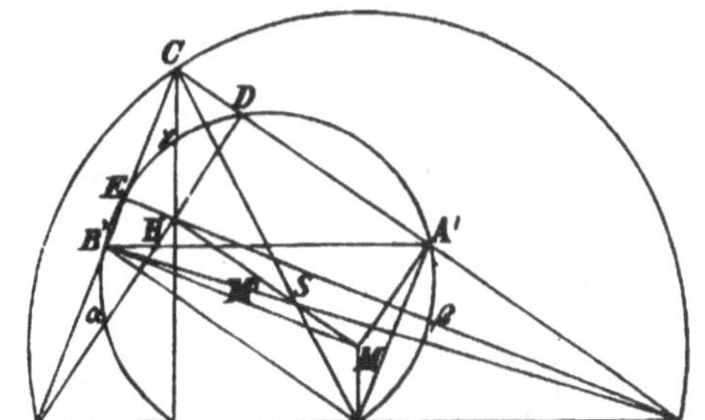

solcher der entsprechende Punkt zu dem Höhenschnittpunkte H des Dreiecks ABC. Also geht auch HM durch S, und es ist $HS = 2SM$.

Es folgt nun weiter, daß $HS = 4SM'$, $HM = HS + SM = 6SM'$ und $HM' = HS - SM' = 3SM'$ ist. Also ist $HM : HM' = SM : SM' = 2 : 1$, d. h. die Punkte H und S teilen die Centrale MM' nach dem Verhältnis der Radien, sind also die Ähnlichkeitspunkte der Kreise.

Zusatz. Da $HM' = \frac{1}{2}HM$, $HF \perp AB$ und $MC' \perp AB$ ist, so ist das Lot von M' auf FC' die Mittelsenkrechte von FC', also der Punkt M' gleich weit von F und C' entfernt, und ebenso auch von E und B', sowie auch von D und A'. Der Kreis, der die Seiten halbiert, geht also durch die Fußpunkte der Höhen. Sind ferner α, β, γ die Schnittpunkte der Höhen des Dreiecks ABC mit dem Kreise M', so ergiebt sich, da H der äußere Ähnlichkeitspunkt der Kreise ist, daß $H\alpha = \frac{1}{2}HA$, $H\beta = \frac{1}{2}HB$, $H\gamma = \frac{1}{2}HC$.

Es liegen also bei jedem Dreiecke die Mitten der drei Seiten, die Fußpunkte der drei Höhen und die Mitten der Teile der Höhen zwischen dem Höhenschnittpunkte und den Ecken auf einem und demselben Kreise. (Kreis der neun Punkte, Feuerbachscher Kreis.)

D. Von den Potenzlinien und dem Apollonischen Problem.

§ 119. 1) Unter der Potenz eines Punktes in Bezug auf einen Kreis versteht man das konstante Produkt der Abschnitte der durch ihn geteilten Sehnen.

Je nachdem der Punkt außerhalb oder innerhalb des Kreises liegt, ist die Potenz gleich dem Quadrate der aus dem Punkte an den Kreis gelegten Tangente oder gleich dem Quadrate der Hälfte der durch ihn gezogenen kleinsten Sehne (§ 92).

Im ersten Falle ist daher die Potenz des Punktes P in Bezug auf einen Kreis M vom Radius r gleich $PM^2 - r^2$, im zweiten gleich $r^2 - PM^2$.

2) Potenzlinie (oder Chordale) zweier Kreise heißt der geometrische Ort eines Punktes, der in Bezug auf beide Kreise gleiche Potenzen und gleichartige Lage hat (d. h. außerhalb beider oder innerhalb beider liegt). — Für jeden Punkt der Potenzlinie sind also entweder die an die beiden Kreise gelegten Tangenten oder die in den Kreisen gezogenen kleinsten Sehnen gleich lang.

3) **Lehrsatz.** Die Potenzlinie zweier Kreise ist eine auf der Centrale senkrecht stehende Gerade und teilt die Centrale so, daß die Differenz der Quadrate der Abschnitte gleich der Differenz der Quadrate der Radien ist.

Beweis. Ist P ein Punkt der Potenzlinie, so ist nach 1)

$$PM^2 - r^2 = PM'^2 - r'^2 \text{ oder}$$

$$r^2 - PM^2 = r'^2 - PM'^2,$$

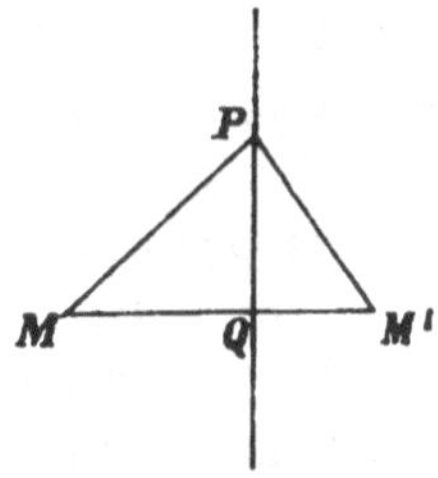

je nachdem P außerhalb oder innerhalb der Kreise liegt. In beiden Fällen ist also $PM^2 - PM'^2 = r^2 - r'^2$, folglich, wenn Q die Projektion des Punktes P auf MM' ist:

$QM^2 + QP^2 - (QM'^2 + QP^2) = r^2 - r'^2$, d. h. $QM^2 - QM'^2 = r^2 - r'^2$.

Nach § 121b, 6) kann die Strecke MM' nur in einem Punkte Q so geteilt werden, wie es die letzte Gleichung verlangt. Alle Punkte der Potenzlinie geben also auf MM' projiziert denselben Punkt Q, mithin ist die Potenzlinie die in Q auf MM' senkrecht stehende Gerade.

4) Die Potenzlinie ist bei zwei sich schneidenden Kreisen die gemeinschaftliche Sekante (in den Schnittpunkten ist die Potenz gleich Null), bei zwei sich berührenden die Tangente im Berührungspunkte. Liegt der eine Kreis ganz außerhalb oder ganz innerhalb des anderen, so liegt die Potenzlinie außerhalb beider, und zwar schneidet sie im ersten Falle die Centrale zwischen beiden Kreisen, im zweiten ihre Verlängerung über den Mittelpunkt des kleineren Kreises. Wird die Entfernung der Mittelpunkte verschwindend klein, so entfernt sich die Potenzlinie ins Unendliche.

5) Drei Kreise geben, paarweise kombiniert, drei Potenzlinien. Schneiden die Centralen der Kreise einander, so schneiden auch die zu ihnen senkrechten Potenzlinien einander. — Liegen die Mittelpunkte auf einer Geraden, so sind die drei Potenzlinien parallel. Fallen zwei Potenzlinien zusammen, so hat jeder ihrer Punkte gleiche Potenzen in Bezug auf alle drei Kreise; es muß also auch die dritte Potenzlinie mit den beiden ersten sich decken.

Eine Schar von Kreisen mit gemeinschaftlicher Potenzlinie heißt ein **Kreisbüschel**. Ein solches besteht entweder aus lauter in zwei festen Punkten sich schneidenden oder aus sich in demselben Punkte berührenden oder aus lauter sich nicht schneidenden Kreisen.

6) **Lehrsatz.** Bei drei Kreisen, deren Mittelpunkte nicht in derselben Geraden liegen, schneiden sich die drei Potenzlinien in einem Punkte (dem **Potenzpunkte** der drei Kreise).

Beweis. Es sei X der Schnittpunkt der Potenzlinie des ersten und zweiten und der Potenzlinie des ersten und dritten Kreises; dann hat X gleiche Potenzen in Bezug auf alle drei Kreise und liegt entweder außerhalb eines jeden derselben oder innerhalb eines jeden. Also muß X auch ein Punkt der Potenzlinie des zweiten und dritten Kreises sein.

Anwendung. Konstruktion der Potenzlinie zweier sich nicht schneidenden Kreise mittels eines Hülfskreises, der beide schneidet.

7) Zwei Kreise schneiden sich **rechtwinklig**, wenn die Tangenten in einem Schnittpunkte (also auch im anderen) auf einander senkrecht stehen. Es geht dann die Tangente jedes Kreises durch den Mittelpunkt des anderen oder fällt mit einem Radius des anderen zusammen. Zwei Kreise schneiden sich also stets dann und nur dann rechtwinklig, wenn die Radien in einem Schnittpunkte einen rechten Winkel bilden.

8) **Lehrsatz.** Die Potenzlinie zweier Kreise (mit Ausschluß ihrer etwa vorhandenen inneren Punkte) ist der geometrische Ort für den Mittelpunkt eines Kreises, der die gegebenen rechtwinklig schneidet.

Beweis. Schneidet der Kreis P die Kreise M und M' in T und T' rechtwinklig, so daß also $\angle PTM = PT'M' = 1R$ ist, so müssen die Strecken PT und PT' Tangenten der Kreise M und M' und als Radien des Kreises P einander gleich sein. Also muß P der Potenzlinie von M und M' angehören. Auch läßt sich offenbar um jeden außerhalb beider Kreise auf ihrer Potenzlinie liegenden Punkt ein Kreis beschreiben, der beide Kreise rechtwinklig schneidet.

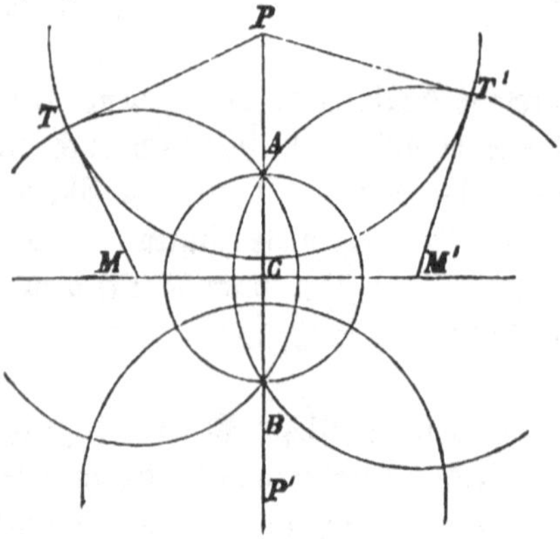

9) Wenn zwei Kreise M und M' sich mit zwei anderen P und P' rechtwinklig schneiden, so geht nach 8) die Potenzlinie eines jeden Paares durch die Mittelpunkte des anderen.

Werden zu jedem Paare beliebig viele Kreise hinzugefügt, die mit ihm ein Kreisbüschel bilden, so durchschneidet jeder Kreis des einen Büschels jeden des anderen rechtwinklig.

Durch zwei Kreise des einen Büschels sind alle Kreise desselben und auch des zweiten Büschels vollständig bestimmt.

Berühren sich die beiden gegebenen Kreise, so bestehen beide Büschel aus sich berührenden Kreisen, und sämtliche Kreise gehen durch den Schnittpunkt der Potenzlinien, der für jedes Büschel auch der Berührungspunkt ist.

Sind die in A und B sich schneidenden Kreise M und M' die gegebenen, so können die Punkte A und B als verschwindend kleine dem zweiten Büschel angehörige Kreise angesehen werden; da diese nun einander (oder ihre Potenzlinie MM') nicht schneiden, so schneiden auch alle übrigen Kreise dieses Büschels einander nicht. Die Potenzlinie MM' kann als ein unendlich großer Kreis des Büschels angesehen werden. Jeder andere Kreis umschließt entweder den Punkt A oder den Punkt B.

Geht man von zwei einander nicht schneidenden Kreisen P und P' aus, und ist C der Schnittpunkt ihrer Centrale PP' und der darauf senkrechten Potenzlinie, so gehört zu der rechtwinklig schneidenden Schar der unendlich große Kreis PP' und der um C als Mittelpunkt beschriebene Kreis. Da diese beiden nun sich in zwei Punkten (A und B) schneiden, so schneiden sich alle übrigen Kreise (M, M', ...) des Büschels in denselben Punkten.

Es können somit nicht beide Büschel aus sich schneidenden und auch nicht beide aus sich nicht schneidenden Kreisen bestehen.

10) Lehrsatz. Der äußere (oder innere) Ähnlichkeitspunkt zweier Kreise hat gleiche Potenzen für alle Kreise, von denen beide gleichartig (oder ungleichartig) berührt werden.

Beweis. In der Figur zu § 117c ist $A_3C.A_3D$ die Potenz von A_3 in Bezug auf den Kreis O, von welchem die Kreise M_1 und M_2 gleichartig berührt werden. Hat nun A_3 in Bezug auf diese Kreise die Potenzen p_1^2 und p_2^2, und sind r_1 und r_2 die Radien, so ist

$$A_3B.A_3C = p_1^2, \quad A_3C : A_3E = r_1 : r_2,$$
$$A_3D.A_3E = p_2^2, \quad A_3D : A_3B = r_2 : r_1.$$

Durch Multiplikation dieser vier Gleichungen und Ausziehung der Quadratwurzel ergiebt sich, daß $A_3C.A_3D = p_1.p_2$, also gleich groß ist für alle gleichartig berührenden Kreise. Für den zweiten Teil des Satzes führt man den Beweis mittels eines durch J_3 gezogenen Ähnlichkeitsstrahles.

11) Folgerung. Der äußere (oder innere) Ähnlichkeitspunkt zweier Kreise ist der Potenzpunkt zu irgend drei Kreisen, von denen beide gleichartig (oder ungleichartig) berührt werden.

12) Die Apollonische Berührungsaufgabe. Die Kreise zu zeichnen, die drei gegebene Kreise berühren.

Auflösung. a) Es seien X und Y die Mittelpunkte der Kreise, von denen die gegebenen M_1, M_2, M_3 gleichartig berührt werden. In der Figur berührt der Kreis X alle drei von innen (in B_1, B_2, B_3), der Kreis Y sie von außen (in C_1, C_2, C_3). Es werden also die beiden Kreise X und Y durch jeden der drei Kreise M_1, M_2, M_3 ungleichartig berührt. Daher liegen nach § 117 c, Zus. die Berührungspunkte B_1 und C_1 (und ebenso B_2 und C_2, B_3 und C_3) mit dem inneren Ähnlichkeitspunkte P von X und Y in gerader Linie, und nach 11) ist P zugleich der Potenzpunkt der Kreise M_1, M_2, M_3. Für jede der drei Sehnen B_1C_1, B_2C_2, B_3C_3 ist also jetzt ein Punkt bekannt, durch den sie hindurchgehen muß, der Potenzpunkt P der gegebenen Kreise.

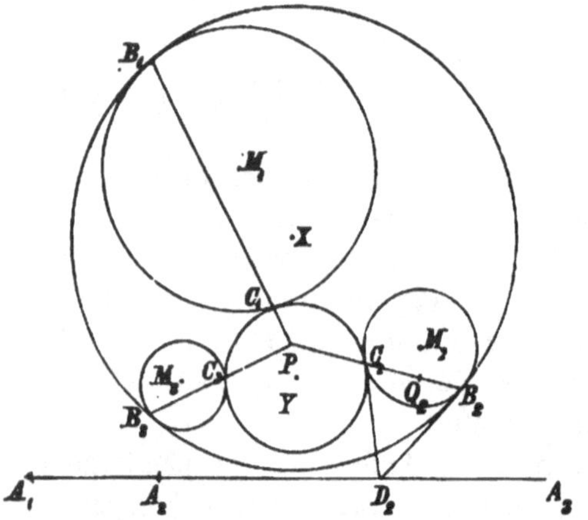

Die Kreise M_1 und M_2 werden von jedem der Kreise X und Y gleichartig berührt. Also hat ihr äußerer Ähnlichkeitspunkt A_3 gleiche Potenzen in Bezug auf die Kreise X und Y. Dasselbe gilt für die Ähnlichkeitspunkte A_2 und A_1 zu M_1, M_3 und M_2, M_3. Hieraus folgt, daß die Ähnlichkeitsachse $A_1A_2A_3$ der drei gegebenen Kreise die Potenzlinie der Kreise X und Y ist. Die Potenzlinie zu X und M_2 ist die Tangente B_2D_2, und die Potenzlinie zu Y und M_2 ist die Tangente C_2D_2. Der Tangentenschnittpunkt D_2 liegt also auf $A_1A_2A_3$.

Die Berührungspunkte B_2 und C_2 sind die Pole der Geraden B_2D_2 und C_2D_2 in Bezug auf den Kreis M_2 und müssen also (nach § 111, 6b) mit dem Pole Q_2 der Geraden $A_1A_2A_3$ in Bezug auf denselben Kreis in gerader Linie liegen. Für jede der Sehnen B_1C_1, B_2C_2, B_3C_3 ist jetzt also auch ein zweiter Punkt bekannt, durch den sie gehen muß, der Pol von $A_1A_2A_3$ in Bezug auf den zugehörigen Kreis. Hieraus ergiebt sich die Konstruktion: Man bestimme den Potenzpunkt P der gegebenen Kreise und die Pole Q_1, Q_2, Q_3 der Ähnlichkeitsachse $A_1A_2A_3$ in Bezug auf die Kreise. Durch die Geraden PQ_1, PQ_2, PQ_3 werden dann die Kreise in den gesuchten Berührungspunkten B_1, B_2, B_3 und C_1, C_2, C_3 geschnitten.

Bemerkung. Haben die gegebenen Kreise eine solche Lage, daß sie durch jeden der beiden Kreise X und Y von außen oder durch jeden von innen berührt werden, so ist der Potenzpunkt P nicht innerer, sondern äußerer Ähnlichkeitspunkt zu den Kreisen X und Y.

b) Man erhält die drei übrigen Paare von Berührungskreisen, indem man auch für jede der drei inneren Ähnlichkeitsachsen $A_1J_2J_3$, $A_2J_1J_3$, $A_3J_1J_2$ ihre Pole in Bezug auf die gegebenen Kreise bestimmt.

Achter Abschnitt.

Aufgaben aus der algebraischen Geometrie.

A. Berechnung einzelner Dreiecksstücke.

§ 120a. Von dem Dreiecke ABC seien gegeben die drei Seiten: $BC = a$, $AC = b$, $AB = c$. Es sollen berechnet werden:

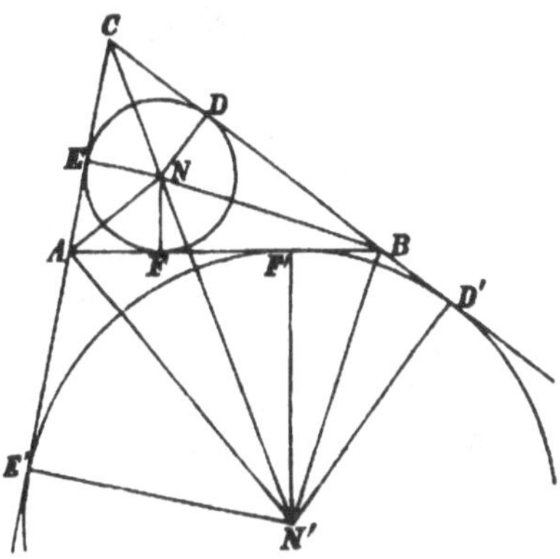

1) Die durch die Berührungspunkte mit den vier Berührungskreisen gebildeten Abschnitte der Seiten.

Der eingeschriebene Kreis (N) berühre die Seiten in D, E, F. Je zwei an derselben Ecke liegende Abschnitte sind (nach § 59, Anm.) gleich; die Summe von drei an verschiedenen Ecken liegenden Abschnitten ist also gleich dem halben Umfange des Dreiecks. Setzt man zur Abkürzung $\frac{1}{2}(a+b+c)=s$, so ist folglich:

$$AF+BD+CD=s, \quad \text{oder} \quad AF+a=s. \quad \text{Also:}$$

$$AE=AF=s-a \quad \text{oder} \quad =\tfrac{1}{2}(b+c-a)$$
$$BF=BD=s-b \quad \text{oder} \quad =\tfrac{1}{2}(a+c-b)$$
$$CD=CE=s-c \quad \text{oder} \quad =\tfrac{1}{2}(a+b-c).$$

Der an der Seite c liegende äußere Berührungskreis (N') berühre die Seiten in D', E' und F'. Es ist dann:

$$2s=CA+AF'+F'B+BC=CA+AE'+BD'+BC, \text{ oder}$$
$$2s=CE'+CD'=2CE', \text{ folglich:}$$

$$CE'=CD'=s$$
$$AF'=AE'=s-b$$
$$BF'=BD'=s-a.$$

Es folgt hieraus noch, daß die Abschnitte AF und BF' gleich lang sind, und ferner, daß

$$DD'=EE'=c \quad \text{und} \quad FF'=a-b.$$

2) Die Radien der Berührungskreise.

Die Radien der Kreise N und N' mögen durch ϱ und ϱ_c bezeichnet werden. Es ist nun:

$$\triangle CNE \sim CN'E', \quad \text{also} \quad \frac{NE}{N'E'}=\frac{CE}{CE'}, \quad \text{oder} \quad \frac{\varrho}{\varrho_c}=\frac{s-c}{s},$$

$$\triangle NAF \sim AN'F', \quad \text{also} \quad \frac{NF}{AF'}=\frac{AF}{N'F'}, \quad \text{oder} \quad \varrho\varrho_c=(s-a)(s-b).$$

Aus diesen beiden Gleichungen ergiebt sich durch Multiplikation (und Division) und Ausziehung der Quadratwurzel:

$$\varrho=\sqrt{\frac{(s-a)(s-b)(s-c)}{s}}, \quad \varrho_c=\sqrt{\frac{s(s-a)(s-b)}{s-c}}. \quad \text{Ebenso ist:}$$

$$\varrho_a=\sqrt{\frac{s(s-b)(s-c)}{s-a}}, \qquad \varrho_b=\sqrt{\frac{s(s-a)(s-c)}{s-b}},$$

und durch Multiplikation dieser beiden Gleichungen folgt noch, daß $\varrho_a\varrho_b=s(s-c)$ ist.

3) Der Inhalt und die Höhen.

Nach § 72, 5) ist der Inhalt ($\triangle$) des Dreiecks ABC gleich $s.\varrho$. Setzt man für ϱ den in 2) gefundenen Wert ein, so erhält man die Inhaltsformel:

$$\triangle=\sqrt{s(s-a)(s-b)(s-c)},$$

oder auch, wenn man für s, $s-a$, .. ihre Werte $\frac{1}{2}(a+b+c)$, $\frac{1}{2}(-a+b+c)$, .. einsetzt:

$$\triangle = \frac{1}{4}\sqrt{(a+b+c)(-a+b+c)(a-b+c)(a+b-c)}.$$

Die zu den Seiten a, b, c gehörigen (oder von den Ecken A, B, C ausgehenden) Höhen bezeichnet man durch h_a, h_b, h_c. Nach § 72, 3) ist nun $\triangle = \frac{1}{2}ah_a = \frac{1}{2}bh_b = \frac{1}{2}ch_c$, also:

$$h_a = \frac{2\triangle}{a}; \quad h_b = \frac{2\triangle}{b}; \quad h_c = \frac{2\triangle}{c}.$$

4) Der Radius des umgeschriebenen Kreises.

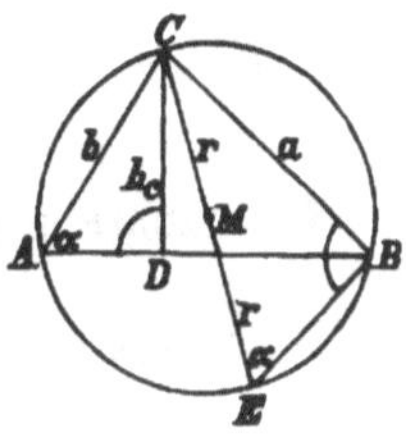

Zieht man den Durchmesser $CE(=d=2r)$, verbindet E mit B und fällt die Höhe CD, so ist $\triangle CEB \sim CAD$ (§ 83), also:

$$\frac{2r}{a} = \frac{b}{h_c}, \text{ folglich } 2r = \frac{ab}{h_c} = \frac{abc}{ch_c} = \frac{abc}{2\triangle},$$

$$r = \frac{abc}{4\triangle} = \frac{abc}{4\sqrt{s(s-a)(s-b)(s-c)}}.$$

§ 120b. Folgerungen. Da nach § 120a, 2)

$$\varrho\varrho_c = (s-a)(s-b) \quad \text{und} \quad \varrho_a\varrho_b = s(s-c)$$

ist, so folgt aus der Inhaltsformel in § 120a, 3):

$$1) \quad \triangle = \sqrt{\varrho\varrho_a\varrho_b\varrho_c}.$$

Da ferner $\triangle = \varrho . s$ und $\varrho . s = \varrho_c(s-c)$ ist, so gelten die Gleichungen: $\triangle = \varrho s = \varrho_a(s-a) = \varrho_b(s-b) = \varrho_c(s-c)$. Also ist:

$$2) \quad s = \frac{\triangle}{\varrho}, \quad s-a = \frac{\triangle}{\varrho_a}, \quad s-b = \frac{\triangle}{\varrho_b}, \quad s-c = \frac{\triangle}{\varrho_c}.$$

Nun ist: $(s-a)+(s-b)+(s-c) = s$. Es ergiebt sich also:

$$3) \quad \frac{1}{\varrho_a} + \frac{1}{\varrho_b} + \frac{1}{\varrho_c} = \frac{1}{\varrho}.$$

Ferner findet man:

$$\frac{\triangle}{\varrho} - \frac{\triangle}{\varrho_c} = s-(s-c) = c, \quad \text{oder} \quad \frac{1}{\varrho} - \frac{1}{\varrho_c} = \frac{c}{\triangle}; \quad \text{also:}$$

$$4) \quad \frac{1}{\varrho} - \frac{1}{\varrho_c} = \frac{2}{h_c} \quad \text{und auch:} \quad \frac{1}{\varrho_a} + \frac{1}{\varrho_b} = \frac{2}{h_c}.$$

Multipliziert man diese Gleichungen bezw. mit $\varrho\varrho_c$ und $\varrho_a\varrho_b$ und addiert sie dann, so folgt:

$$\varrho_c - \varrho + \varrho_a + \varrho_b = \frac{2}{h_c}(\varrho\varrho_c + \varrho_a\varrho_b).$$

Nun ist aber

$\varrho\varrho_c + \varrho_a\varrho_b = (s-a)(s-b) + s(s-c) = 2s^2 - (a+b+c)s + ab = ab,$ oder, da nach § 120a, 4) $ab = 2rh_c$ ist, $\varrho\varrho_c + \varrho_a\varrho_b = 2rh_c$, also:

$$5)\ \varrho_a + \varrho_b + \varrho_c - \varrho = 4r.$$

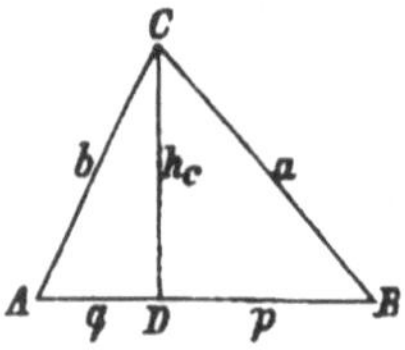

§ 120c. **Berechnung der Höhensegmente** (d. h. der auf einer Seite c durch die zugehörige Höhe gebildeten Abschnitte p und q).

In den Dreiecken BDC und ADC ist $p^2 + h_c^2 = a^2$ und $q^2 + h_c^2 = b^2$, also $p^2 - q^2 = a^2 - b^2$, oder $(p+q)(p-q) = a^2 - b^2$.

Zur Bestimmung von p und q hat man nun die Gleichungen $p + q = c$ und $p - q = (a^2 - b^2) : c$. Also wird

$$p = \tfrac{1}{2}\left(c + \frac{a^2 - b^2}{c}\right) \quad \text{und} \quad q = \tfrac{1}{2}\left(c - \frac{a^2 - b^2}{c}\right).$$

Anmerkung. Es ist vorausgesetzt worden, daß die an c liegenden Winkel A und B spitz sind. Wenn $\angle A$ stumpf ist, so fällt D auf die Verlängerung von BA, und es gelten dann die Gleichungen: $p - q = c$ und $p + q = (a^2 - b^2) : c$.

§ 120d. **Berechnung der Mittellinien** (t_a, t_b, t_c). Aus den Dreiecken BCE und ACE folgt nach § 68, 2):

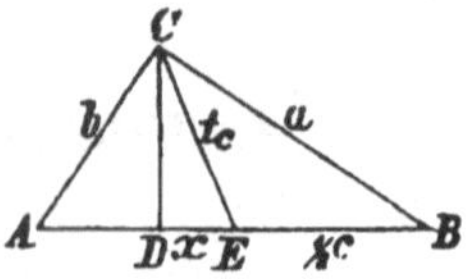

$$a^2 = \tfrac{1}{4}c^2 + t_c^2 + 2 \cdot \tfrac{1}{2}c \cdot x$$
$$b^2 = \tfrac{1}{4}c^2 + t_c^2 - 2 \cdot \tfrac{1}{2}c \cdot x,$$

und durch Addition dieser Gleichungen:

$$a^2 + b^2 = \tfrac{1}{2}c^2 + 2t_c^2.$$

In Worten: Die Summe der Quadrate zweier Seiten ist gleich der Summe des halben Quadrates der dritten Seite und des doppelten Quadrates der zugehörigen Mittellinie. — Die Formel für t_c ist:

$$t_c = \sqrt{\tfrac{1}{2}(a^2 + b^2) - \tfrac{1}{4}c^2}.$$

§ 120e. 1) **Berechnung der auf einer Seite c durch die Halbierungslinie des gegenüberliegenden Winkels (oder Außenwinkels) gebildeten Abschnitte u und v (oder u' und v').**

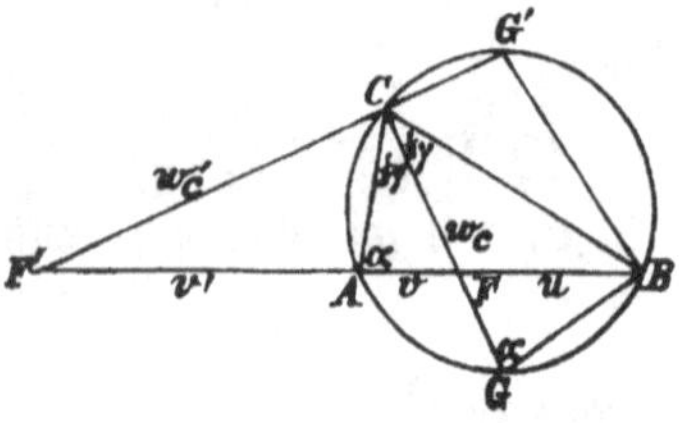

Es ist $u + v = c$ und nach § 79:

$$\frac{u}{v} = \frac{a}{b},\ \text{also:}$$

$$u = \frac{ca}{a+b} \quad \text{und} \quad v = \frac{cb}{a+b}.$$

Ferner ist $u' - v' = c$ und $u' : v' = a : b$, also

$$u' = \frac{ca}{a-b} \quad \text{und } v' = \frac{cb}{a-b}.$$

2) Berechnung der Winkelhalbierenden w_c und der Außenwinkelhalbierenden w'_c.

Verlängert man CF (w_c), bis sie den um das Dreieck beschriebenen Kreis in G schneidet, so ist nach § 92

$$u . v = w_c . FG, \; uv = w_c(CG - w_c), \; w_c^2 = w_c . CG - uv.$$

Verbindet man noch G mit B, so ist $\triangle GBC \sim AFC$, also $CG : a = b : w_c$ oder $w_c . CG = a . b$, folglich:

$$w_c^2 = ab - uv.$$

Durch Einsetzung der für u und v gefundenen Werte ergiebt sich hieraus:

$$w_c^2 = ab\left(1 - \frac{c^2}{(a+b)^2}\right);$$

$$w_c = \frac{\sqrt{ab(a+b+c)(a+b-c)}}{a+b}.$$

Auf ganz ähnliche Weise findet man: $w_c'^2 = u'v' - ab$;

$$w'_c = \frac{\sqrt{ab(-a+b+c)(a-b+c)}}{a-b}.$$

B. Konstruktion algebraischer Ausdrücke.

§ 121a. Die Länge einer gesuchten Strecke sei von den Längen gegebener Strecken abhängig, und diese Abhängigkeit sei durch eine algebraische Gleichung dargestellt, welche die Maßzahl x der gesuchten Strecke und die Maßzahlen $a, b, c, \ldots$ der gegebenen Strecken enthält. Man kann sich dann die Aufgabe stellen, die Strecke, deren Maßzahl x ist, (oder kürzer ausgedrückt: die Strecke x) aus den gegebenen Strecken ($a, b, c, \ldots$) zu konstruieren. Eine solche Aufgabe ist nur dann mittels Zirkel und Lineal lösbar, wenn jene Gleichung, nach x aufgelöst, für x einen Ausdruck liefert, der sich auf eine oder mehrere der folgenden Formen zurückführen läßt:

1) $x = a + b$. 2) $x = a - b$.

3) $x = \frac{a}{n}$ (n eine gegebene ganze Zahl).

4) $x=\sqrt{a^2+b^2}$. 5) $x=\sqrt{a^2-b^2}$.

6) $x=\frac{a.b}{c}$. 7) $x=\sqrt{a.b}$.

In Aufgabe 1) wird eine Strecke gesucht, die der Summe, in 2) eine solche, die der Differenz zweier gegebenen Strecken gleich ist. Man erhält die gesuchte Strecke, indem man die Strecke a um b entweder verlängert oder verkürzt.

In 3) wird eine Strecke gesucht, die dem $n$ten Teile einer gegebenen Strecke gleich ist. Diese Aufgabe ist in § 73, 3) gelöst.

In Aufg. 4) ($x=\sqrt{a^2+b^2}$) ist x konstruierbar als die Hypotenuse eines rechtwinkligen Dreiecks, dessen Katheten gleich a und b sind. Der Ausdruck 5) ($x=\sqrt{a^2-b^2}$) bedeutet die zweite Kathete des rechtwinkligen Dreiecks, dessen erste Kathete $=b$ und dessen Hypotenuse $=a$ ist.

In 6) $\left(x=\frac{a.b}{c}\right)$ ist x als die vierte Proportionale zu c, a und b, und in 7) ($x=\sqrt{ab}$) ist x als die mittlere Proportionale zu a und b konstruierbar.

§ 121b. **Beispiele.** 1) $x=a+b-c$.

Auflösung. Konstruiere $y=a+b$ und dann $x=y-c$.

2) $x=\sqrt{a^2+b^2-c^2}$. Konstruiere $y=\sqrt{a^2+b^2}$ und dann $x=\sqrt{y^2-c^2}$.

3) $x=\frac{abc}{de}$. Konstruiere $\frac{bc}{e}=y$ und dann $x=\frac{ay}{d}$.

4) $x=\sqrt[4]{abcd}$. Setzt man $ab=y^2$ und $cd=z^2$, so wird $x=\sqrt{yz}$. Man hat also nach einander zu a und b, c und d, y und z die mittleren Proportionalen (y, z, x) zu konstruieren.

5) $x=\sqrt[4]{a^4+b^4}$. Es ist $x=\sqrt[4]{a^2\left(a^2+\frac{b^4}{a^2}\right)}$, oder $x=\sqrt{a\sqrt{a^2+\left(\frac{b^2}{a}\right)^2}}$. Man konstruiere nun zunächst $b^2:a=y$ (als vierte Proportionale zu a, b und b oder mit Hülfe von § 90, 1) oder 2)), dann $\sqrt{a^2+y^2}=z$ und schließlich $x=\sqrt{az}$.

6) **Aufgabe.** Die Strecke $AB(c)$ in X so zu teilen, daß AX^2-BX^2 dem Quadrate der gegebenen Strecke q gleich ist.

Analysis. Setzt man $AX = x$, also $BX = c - x$, so ist $x^2 - (c - x)^2 = q^2$, also $2cx - c^2 = q^2$,

$$x = \tfrac{1}{2}\left(c + \frac{q^2}{c}\right).$$

Konstruktion. Man errichte auf AB das Lot $BC = q$, ziehe AC, errichte auf AC das Lot CD und halbiere AD in X; dann ist X der gesuchte Punkt.

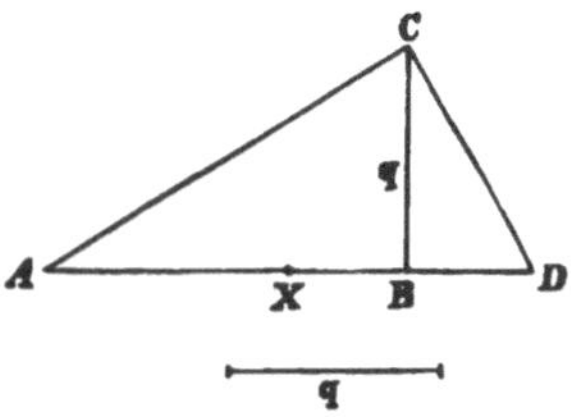

Beweis. Es ist $AX = \tfrac{1}{2} AD = \tfrac{1}{2}(c + BD)$ und nach § 90, 2) $BD = \frac{q^2}{c}$, also $AX = \tfrac{1}{2}\left(c + \frac{q^2}{c}\right)$. Hieraus folgt nun leicht, daß $BX = \tfrac{1}{2}\left(c - \frac{q^2}{c}\right)$ und $AX^2 - BX^2 = q^2$.

Determination. Je nachdem q kleiner, ebenso groß oder größer als c ist, fällt X zwischen A und B, auf B oder auf die Verlängerung von AB. In dem letzten dieser drei Fälle hat $c - x$ einen **negativen** Wert.

7) **Aufgabe.** Die Strecke $AB(c)$ in X so zu teilen, daß $AX^2 + BX^2 = q^2$ wird.

Auflösung. Aus $x^2 + (c - x)^2 = q^2$ findet man durch Rechnung:

$$x = \frac{c}{2} \pm \sqrt{\frac{q^2}{2} - \frac{c^2}{4}}, \quad \text{oder} \quad x = \frac{c}{2} \pm \sqrt{\left(\frac{q}{2}\right)^2 + \left(\frac{q}{2}\right)^2 - \left(\frac{c}{2}\right)^2}.$$

Um diesen Ausdruck zu konstruieren, zeichne man die Mittelsenkrechte von AB, messe auf ihr die Strecke $MD = \tfrac{1}{2}q$ und auf MA die Strecke $MC = \tfrac{1}{2}q$ ab, beschreibe um A mit dem Radius CD einen Kreisbogen, der MD in F schneidet, und trage MF auf MB und MA bis X und X' ab. Alsdann genügen die Punkte X und X' der Aufgabe.

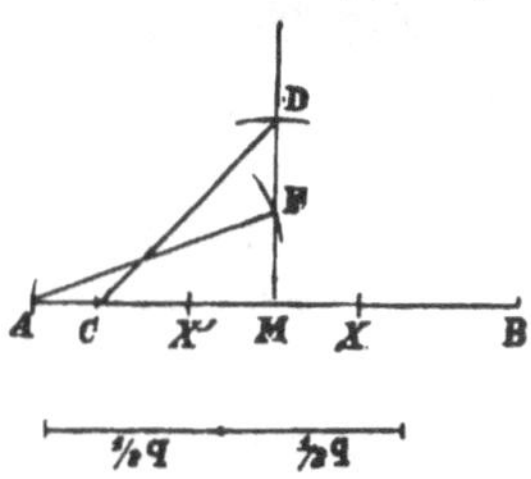

Determination. Die Auflösung ist unmöglich, wenn $\tfrac{1}{2}q^2 < \tfrac{1}{4}c^2$, also $q^2 < \tfrac{1}{2}c^2$ ist. Für $q^2 = \tfrac{1}{2}c^2$ fallen X und X' beide in den Punkt M. Für $q = c$ wird $x = \tfrac{1}{2}c \pm \tfrac{1}{2}c$, also $x_1 = c$ und $x_2 = 0$, und es fällt dann also X mit B und X' mit A zusammen. Für $q > c$ liegen die Punkte X und X' auf den Verlängerungen von AB.

Algebra.

I. Die vier Species.

§ 122. **Addition und Subtraktion.**

1) Zu einer Zahl a eine andere b **addieren** heißt b Einheiten zu der Zahl a hinzuzählen. Die so entstehende Zahl heißt die **Summe** von a und b und wird durch $a+b$ (a plus b) bezeichnet; a und b heißen die **Glieder** der Summe oder die **Summanden**. Addiert man zur Summe von a und b eine dritte Zahl c, so entsteht die Summe $(a+b)+c$, die auch in der Form $a+b+c$ geschrieben und dann eine Summe von drei Gliedern genannt wird. Ebenso hat der viergliedrige Ausdruck $a+b+c+d$ die Bedeutung, daß zur ersten Zahl die zweite, zu ihrer Summe die dritte und zur neuen Summe die vierte Zahl addiert werden soll.

Der Wert einer Summe ist unabhängig von der Reihenfolge ihrer Glieder; oder es ist:

$$1)\quad a+b=b+a,$$

$$a+b+c=a+c+b=b+a+c=\cdots$$

2) Von einer Zahl a eine andere b **subtrahieren** heißt b Einheiten von der Zahl a abzählen. Die so entstehende Zahl heißt die **Differenz** von a und b und wird durch $a-b$ (a minus b) bezeichnet; a heißt der **Minuendus**, b der **Subtrahendus**. Es ist:

$$2)\quad (a-b)+b=a.$$

$$\text{Differenz}+\text{Subtrahendus}=\text{Minuendus}.$$

3) Die Gleichung 2) kann nach 1) ersetzt werden durch

$$3)\quad b+(a-b)=a.$$

Man kann daher auch die Difinition aufstellen: Die Differenz zweier Zahlen a und b ist diejenige Zahl, die man zu b addieren muß, um a zu erhalten.

4) Eine Summe von beliebig vielen Gliedern wird auch ein Polynom genannt. Im weiteren Sinne versteht man unter einem Polynom oder einer algebraischen Summe eine Verbindung beliebig vieler Zahlen durch die Zeichen $+$ und $-$. Die Zahlen heißen die Glieder des Polynoms. Man unterscheidet additive Glieder, d. h. solche, vor denen das Zeichen $+$ oder kein Zeichen, und subtraktive, d. h. solche, vor denen das Zeichen $-$ steht. Der Wert eines Polynoms ist unabhängig von der Reihenfolge, in der die Additionen und Subtraktionen ausgeführt werden. Z. B.:

$$4)\quad a-b+c=a+c-b=c+a-b.$$

5) Sollen $b+c$ Einheiten zur Zahl a hinzugezählt werden, und hat man zunächst nur b Einheiten hinzugezählt, so sind noch c Einheiten hinzuzuzählen. Also:

$$5)\quad a+(b+c)=a+b+c.$$

In Worten: Eine Summe kann addiert werden, indem man die Summanden nach einander addiert.

Umgekehrt: Statt zwei Zahlen nach einander zu addieren, kann man ihre Summe addieren.

6) Addiert man b statt $b-c$ Einheiten, so hat man c Einheiten zu viel addiert und muß diese von der erhaltenen Zahl subtrahieren:

$$6)\quad a+(b-c)=a+b-c.$$

In Worten: Eine Differenz kann addiert werden, indem man den Minuendus addiert und den Subtrahendus subtrahiert.

Umgekehrt: Statt eine Zahl b zu addieren und eine kleinere c zu subtrahieren, kann man ihre Differenz $b-c$ addieren.

7) Sollen $b+c$ Einheiten von a abgezählt werden, so ist dies dadurch ausführbar, daß zuerst b und dann die übrigen c Einheiten abgezählt werden:

$$7)\quad a-(b+c)=a-b-c.$$

In Worten: Eine Summe kann subtrahiert werden, indem man die Summanden nach einander subtrahiert.

Umgekehrt: Statt zwei Zahlen nach einander zu subtrahieren, kann man ihre Summe subtrahieren.

8) Subtrahiert man b statt $b-c$ Einheiten, so hat man c Ein-

heiten zu viel subtrahiert; der Rest ist also um c Einheiten zu klein, und man muß daher zu ihm noch c Einheiten addieren:

$$8)\quad a-(b-c)=a-b+c.$$

In Worten: Eine Differenz kann subtrahiert werden, indem man den Minuendus subtrahiert und den Subtrahendus addiert.

Umgekehrt: Statt eine Zahl b zu subtrahieren und eine kleinere c zu addieren, kann man ihre Differenz $b-c$ subtrahieren.

Vorausgesetzt ist in 8), daß $a>b$. Ist $a<b$, so wird

$$8')\quad a-(b-c)=a+c-b.$$

Beweis. Setzt man $a-(b-c)=x$, so ist (da nach 2) Diff. + Subtr. = Min.) $x+(b-c)=a$, also $x+(b-c)+c=a+c$, oder nach der Umkehrung zu 5):

$$x+[(b-c)+c]=a+c, \quad \text{das heißt:} \quad x+b=a+c.$$

Durch Subtraktion von b ergiebt sich hieraus: $x=a+c-b$.

$$9)\quad a+(b-c-d+e)=a+b-c-d+e.$$

In Worten: Ein Polynom kann addiert werden, indem man die additiven Glieder addiert und die subtraktiven subtrahiert. — Denn:

$$\begin{aligned} a+(b-c-d+e) &= a+[(b+e)-(c+d)] \\ &= a+(b+e)-(c+d) \\ &= a+b+e-c-d \\ &= a+b-c-d+e. \end{aligned}$$

$$10)\quad a-(b-c-d+e)=a-b+c+d-e.$$

In Worten: Ein Polynom kann subtrahiert werden, indem man die additiven Glieder subtrahiert und die subtraktiven addiert. (Der Beweis ist ebenso wie bei 9) zu führen.)

§ 122a. Algebraische Zahlen.

1) Eine Differenz, deren Subtrahendus gleich dem Minuendus ist, hat den Wert Null (0):

$$1)\quad 1-1=0; \quad a-a=0.$$

2) Soll von einer Zahl eine um 1, 2, 3, ... Einheiten größere subtrahiert werden, so bleiben, nachdem man durch das Abzählen der Einheiten (oder, was dasselbe ist, durch das Rückwärtsschreiten in der Zahlenreihe 0, 1, 2, 3, 4, ...) bei 0 angelangt ist, noch 1, 2, 3, ... Einheiten zu subtrahieren (oder man soll noch 1, 2, 3, ... Schritte weiter zurückgehen). Die Subtraktion wird also ausführbar,

wenn man die Zahlenreihe durch die das Subtraktionszeichen tragenden Zahlen —1, —2, —3, . . . erweitert. Die so erweiterte Zahlenreihe

$$\ldots -4, -3, -2, -1, 0, 1, 2, 3, 4, \ldots$$

ist nach beiden Seiten hin unbegrenzt. Es wird nun z. B.:

$$4-5=-1,\ 4-6=-2,\ 4-7=-3,$$
$$7-12=-5=-(12-7).$$
$$2)\ a-b=-(b-a),\ \text{wenn } b>a.$$

Die Größen —1, —2, —3, —4, . . . werden **negative Zahlen** und —1 die **negative Einheit** genannt. Die Zahlen 1, 2, 3, 4, . . . können, weil sie von 0 aus durch wiederholte Addition von 1 entstehen, auch durch +1, +2, +3, +4, . . . bezeichnet werden und heißen **positive Zahlen**.

Positive und negative Zahlen werden gemeinschaftlich **algebraische Zahlen** genannt. Die positiven Zahlen sind größer als Null. Die negativen Zahlen sind, im algebraischen Sinne, kleiner als Null. Der Wert einer Zahl ohne Rücksicht auf ihr Vorzeichen heißt ihr **absoluter Wert**. Zwei Zahlen heißen **entgegengesetzt gleich**, wenn sie gleiche absolute Werte, aber entgegengesetzte Vorzeichen besitzen.

3) Eine positive Zahl addieren oder subtrahieren bedeutet dasselbe, wie ihren absoluten Wert addieren oder subtrahieren. Die **Addition einer negativen Zahl ist zu definieren als die Subtraktion ihres absoluten Wertes.** Für die Subtraktion einer negativen Zahl kann die Definition der Differenz zweier Zahlen in der § 122, Nr. 3 angegebenen Form benutzt werden. Hiernach ist:

$$3)\ a+(+b)=a+b. \qquad 4)\ a+(-b)=a-b.$$
$$5)\ a-(+b)=a-b. \qquad 6)\ a-(-b)=a+b.$$

Die Subtraktion von $-b$ führt also zu demselben Resultat, wie die Addition von $+b$ oder b, was kurz durch die Gleichung

$$-(-b)=+b$$

ausgedrückt werden kann.

4) Die Addition zweier algebraischen Zahlen geschieht nach den Regeln:

$$7)\ (+a)+(+b)=+(a+b). \qquad 8)\ (-a)+(-b)=-(a+b).$$
$$9)\ (+a)+(-b)=+(a-b),\ \text{wenn } a>b,$$
$$=-(b-a),\ \text{wenn } a<b.$$

In Worten: Zahlen mit gleichen Vorzeichen werden addiert, indem man ihre absoluten Werte addiert und der Summe dasselbe Vorzeichen giebt. — Zwei Zahlen mit entgegengesetzten Vorzeichen werden addiert, indem man den kleineren absoluten Wert vom größeren subtrahiert und der Differenz das Vorzeichen des größeren giebt.

5) Ein Polynom kann als eine Summe oder ein Aggregat algebraischer Zahlen dargestellt werden. Z. B.:

$$7+5-3-6+2=(+7)+(+5)+(-3)+(-6)+(+2).$$

Die Sätze 9) und 10) in § 122, sowie auch die in 4) — 8) gelten auch für algebraische Zahlen, und zwar jetzt ohne die Einschränkung, daß in einer Differenz der Subtrahend kleiner als der Minuend sein müsse. Oder: Die Formeln bleiben (unter Berücksichtigung der Festsetzungen in § 122a) richtig, wenn die Buchstaben statt natürlicher Zahlen algebraische bedeuten.

6) Positive und negative Zahlen sind **entgegengesetzte Größen**, d. h. solche Größen, bei denen eine Anzahl von Einheiten der einen Art durch Vereinigung mit einer gleichen Anzahl von Einheiten der anderen Art aufgehoben wird.

§ 123. **Multiplikation.**

Eine Zahl a mit einer anderen b **multiplizieren** heißt eine Summe von b Gliedern, deren jedes gleich a ist, berechnen. Die dadurch entstehende Zahl heißt das **Produkt** von a und b und wird durch $a \times b$ oder $a.b$ oder ab (a multipliziert mit b, a mal b) bezeichnet. Es ist also:

$$1) \quad ab=a+a+a\cdots+a,$$

wenn die Summe rechts aus b Gliedern besteht. Die Zahl a heißt der **Multiplikandus**, b der **Multiplikator**, beide gemeinschaftlich die **Faktoren** des Produkts. $a.1$ ist $=a$, und $a.0=0$. Statt des Produktes $(ab)c$ schreibt man einfacher abc und nennt abc ein Produkt von drei Faktoren, u. s. w.

Die Reihenfolge der Faktoren eines Produktes ist beliebig:

$$2) \quad ab=ba,$$

$$2') \quad (ab)c=(ac)b=(bc)a=a(bc) \text{ u. s. w.}$$

Denn es ist z. B. die Summe

$$\begin{matrix} 1+1+1+1+1 \\ +1+1+1+1+1 \end{matrix} \quad \text{nicht nur} \quad \left.\begin{matrix} =5 \\ +5 \end{matrix}\right\}=5.2,$$

sondern auch $=2+2+2+2+2=2.5.$

Ebenso wird z. B. die Summe

$$\begin{array}{r} 5+5+5+5 \\ +5+5+5+5 \\ +5+5+5+5, \end{array}$$

je nachdem man zuerst in horizontaler oder zuerst in vertikaler Richtung addiert, entweder durch (5.4).3 oder durch (5.3).4 ausgedrückt; und sie ist drittens auch $= 5.(4.3)$, weil jedes Glied $= 5$ und 4.3 Glieder vorhanden sind. Also ist:

$$(5.4).3 = (5.3).4 = 5.(4.3),$$

woraus sich auch alle übrigen bei der Multiplikation von 5, 4, 3 möglichen Anordnungen herleiten lassen, indem man immer nur zwei Faktoren vertauscht, nämlich entweder die Klammer mit dem danebenstehenden Faktor oder die beiden Faktoren in der Klammer unter sich. Z. B. (5.4).3 ist auch $= 3.(5.4) = (4.5).3 = 3.(4.5)$.

Es ist:

$$\begin{aligned}(a \pm b).4 &= (a \pm b) + (a \pm b) + (a \pm b) + (a \pm b) \\ &= a \pm b + a \pm b + a \pm b + a \pm b \\ &= a + a + a + a \pm (b + b + b + b) \\ &= a.4 \pm b.4,\end{aligned}$$

und allgemein:

$$3)\quad (a+b)c = ac + bc,$$

$$4)\quad (a-b)c = ac - bc.$$

Man multipliziert also eine Summe (Differenz) mit einer Zahl, indem man die Glieder derselben einzeln multipliziert und die Produkte addiert (subtrahiert).

Durch Umkehrung erhält man:

$$ac \pm bc = (a \pm b)c,$$

d. h. man addiert (subtrahiert) Produkte, die einen gleichen Faktor haben, indem man die ungleichen Faktoren addiert (subtrahiert) und die Summe (Differenz) mit dem gleichen Faktor multipliziert.

Durch die Anwendung von 2) auf 3) und 4) erhält man:

$$3')\quad c(a+b) = ca + cb,$$

$$4')\quad c(a-b) = ca - cb,$$

d. h. um mit einer Summe (Differenz) zu multiplizieren, multipliziere man mit ihren einzelnen Gliedern und addiere (subtrahiere) die Produkte.

Indem man 3') und 4') auf den Fall, wo auch der erste Faktor eine Summe oder Differenz ist, anwendet und das Resultat nach 3) und 4) umformt, findet man:

$$
\begin{aligned}
5)\quad (a+b)(c+d) &= (a+b)c+(a+b)d \\
&= (ac+bc)+(ad+bd) \\
&= ac+bc+ad+bd. \\
5')\quad (a-b)(c+d) &= (a-b)c+(a-b)d \\
&= (ac-bc)+(ad-bd) \\
&= ac-bc+ad-bd. \\
6)\quad (a+b)(c-d) &= (a+b)c-(a+b)d \\
&= (ac+bc)-(ad+bd) \\
&= ac+bc-ad-bd. \\
6')\quad (a-b)(c-d) &= (a-b)c-(a-b)d \\
&= (ac-bc)-(ad-bd) \\
&= ac-bc-ad+bd.
\end{aligned}
$$

Zu denselben Endresultaten gelangt man, wenn man jedes Glied der ersten Klammer mit jedem der zweiten multipliziert, unter Anwendung der folgenden

Zeichenregel:

7) $(+a).(+b)=+ab.$ 9) $(+a).(-b)=-ab.$

8) $(-a).(-b)=+ab.$ 10) $(-a).(+b)=-ab.$

(Bei der Multiplikation geben zwei gleiche Zeichen $+$, zwei ungleiche $-$.)

Auch für die Multiplikation mehrgliedriger Ausdrücke gelten die gleichen Regeln. — Beispiel:

$$
\begin{array}{l}
(a+2b-c) \\
\times(a-b+3c) \\
\hline
=aa+2ab-ac \\
\quad -ab -2bb+bc \\
\quad +3ac +6bc-3cc \\
\hline
=aa+ab+2ac-2bb+7bc-3cc.
\end{array}
$$

Anmerkung 1. Ein Produkt von beliebig vielen Faktoren (wie aa, abc u. s. w.) gilt stets als eingliedriger Ausdruck oder Monom. In Ausdrücken wie $2b$, oder $7bc$ u. s. w. heißt der Faktor 2, oder 7 u. s. w. der Koefficient des Monoms und wird, obgleich in der ersten Stelle stehend, nicht als Multiplikandus, sondern als Multiplikator gedacht.

Anmerkung 2. Bei der Erklärung der Multiplikation wurde der Multiplikator als absolute Zahl (also ohne Vorzeichen) gedacht.

Die Regeln 7)—10) können jedoch als Definition für die Multiplikation mit einer positiven und negativen Zahl dienen. Zu denselben Regeln gelangt man durch Aufstellung der folgenden Definitionen: Mit $+b$ multiplizieren heißt mit b multiplizieren und das Produkt zu Null addieren. Mit $-b$ multiplizieren heißt mit b multiplizieren und das Produkt von Null subtrahieren.

Anmerkung 3. Für Produkte gleicher Faktoren bedient man sich folgender abgekürzten Bezeichnungen:

$aa = a^2$ (gesprochen: a hoch 2 oder a Quadrat),

$aaa = a^3$ (gesprochen: a hoch 3 oder a Kubus),

$aaaa = a^4$ (gesprochen: a hoch 4) u. s. w.

$(a+b)(a+b) = (a+b)^2$, $(a+b)(a+b)(a+b) = (a+b)^3$ u. s. w.

Formeln.

11) $(a+b)^2 = a^2 + 2ab + b^2$,

12) $(a-b)^2 = a^2 - 2ab + b^2$.

In Worten: Das Quadrat der Summe (Differenz) zweier Zahlen ist gleich der Summe der Quadrate derselben vermehrt (vermindert) um das doppelte Produkt beider Zahlen.

13) $(a+b)(a-b) = a^2 - b^2$.

In Worten: Das Produkt aus Summe und Differenz zweier Zahlen ist gleich der Differenz der Quadrate der Zahlen.

14) $(a+b)^3 = a^3 + 3a^2b + 3ab^2 + b^3$.

15) $(a-b)^3 = a^3 - 3a^2b + 3ab^2 - b^3$.

16) $(a \pm b)^4 = a^4 \pm 4a^3b + 6a^2b^2 \pm 4ab^3 + b^4$.

17) $(a \pm b)^5 = a^5 \pm 5a^4b + 10a^3b^2 \pm 10a^2b^3 + 5ab^4 \pm b^5$.

Ferner ist:

18) $$\begin{aligned}(a+b+c+d+\cdots)^2 = a^2 & \\ +2ab+b^2 & \\ +2(a+b)c+c^2 & \\ +2(a+b+c)d+d^2 & \\ +\cdots\cdots\cdots &\end{aligned}$$

19) $$\begin{aligned}&(a+b+c+d+\cdots)^3 \\ &= a^3 \\ &+3a^2b+3ab^2+b^3 \\ &+3(a+b)^2c+3(a+b)c^2+c^3 \\ &+3(a+b+c)^2d+3(a+b+c)d^2+d^3 \\ &+\cdots\cdots\cdots\end{aligned}$$

(Auf die beiden letzten Formeln gründet sich die gewöhnliche Methode, die Quadrat- und Kubikwurzel auszuziehen.)

§ 124. Division.

Eine Zahl a durch eine andere b dividieren heißt eine Zahl finden, die mit b multipliziert a giebt. Eine solche Zahl heißt der Quotient von a und b und wird durch $a:b$ oder $\frac{a}{b}$ (a dividiert durch b, a durch b) bezeichnet. Die Zahl a heißt der Dividendus, b der Divisor. Es ist also:

I) $\frac{a}{b} \cdot b = a$ (Quotient $\times$ Divisor $=$ Dividendus);

also auch:

II) $b \cdot \frac{a}{b} = a$ (Divisor $\times$ Quotient $=$ Dividendus).

Der Quotient giebt also auch an, wie oft der Divisor zu setzen ist, um den Dividendus zu erhalten (oder wie oft der Divisor im Dividendus enthalten ist).

Wenn a kein Vielfaches von b ist, so kann der Quotient $a:b$ nur dann vollständig angegeben werden, wenn die Einheit als teilbar vorausgesetzt wird. Den $b$ten Teil der Einheit, sowie auch das $a$fache eines solchen Teils nennt man einen Bruch (gebrochene Zahl) und wendet dafür die Bezeichnungen $\frac{1}{b}$ und $\frac{1}{b} \cdot a$ an. Es ist:

III) Der Quotient $\frac{a}{b} =$ dem Bruche $\frac{1}{b} \cdot a$; denn $\frac{1}{b} \cdot a$ mit dem Divisor b multipliziert giebt $\frac{1}{b} \cdot a.b$ oder $\frac{1}{b} \cdot b.a$ oder $1.a$, d. h. den Dividendus a. — Daher kann $\frac{a}{b}$ auch als Bezeichnung eines Bruches genommen werden; b heißt der Renner, a der Zähler; der Bruch heißt ein echter oder unechter, je nachdem sein Zähler kleiner oder größer als der Renner, sein Wert also kleiner oder größer als 1 ist. Ein Bruch heißt ein uneigentlicher, wenn sein Zähler gleich dem Renner oder ein Vielfaches des Renners, sein Wert also gleich einer ganzen Zahl ist $\left(\frac{a}{a} = 1,\ \frac{a}{1} = a,\ \frac{an}{n} = a\right)$. Eine gemischte Zahl besteht aus einer ganzen Zahl und einem echten

Bruche. — Es ist:

$$\text{IV)}\quad \frac{a}{b}=\frac{am}{bm},\quad \text{und umgekehrt:}\quad \frac{am}{bm}=\frac{a}{b};$$

denn wenn die Einheit in b gleiche Teile und jeder derselben in m gleiche Teile geteilt wird, so besteht sie aus bm gleichen Teilen, von denen am dem Bruche $\frac{a}{b}$ angehören.

Der Wert eines Bruches bleibt also ungeändert, wenn man Zähler und Nenner mit derselben Zahl multipliziert (den Bruch erweitert), oder Zähler und Nenner durch einen ihnen gemeinschaftlichen Faktor (Teiler) dividiert (den Bruch hebt).

Eine Zahl mit dem Bruche oder Quotienten $\frac{a}{b}$ multiplizieren heißt den $b$ten Teil derselben $a$mal nehmen. Diese Erklärung ist in II) in Anwendung zu bringen, wenn der Quotient $\frac{a}{b}$ keine ganze Zahl ist.

Regeln für die Rechnung mit Brüchen und Quotienten.

$$1)\quad \frac{a}{c}+\frac{b}{c}=\frac{a+b}{c},\qquad\qquad 2)\quad \frac{a}{c}-\frac{b}{c}=\frac{a-b}{c},$$

$$3)\quad \frac{a}{b}\pm\frac{c}{d}=\frac{ad}{bd}\pm\frac{bc}{bd}=\frac{ad\pm bc}{bd}.$$

In Worten: Gleichnamige Brüche werden addiert oder subtrahiert, indem man ihre Zähler addiert oder subtrahiert; um ungleichnamige Brüche zu addieren oder zu subtrahieren, macht man sie gleichnamig.

Durch Umkehrung von 1) und 2) entsteht:

$$1^{*})\quad \frac{a+b}{c}=\frac{a}{c}+\frac{b}{c},\qquad\qquad 2^{*})\quad \frac{a-b}{c}=\frac{a}{c}-\frac{b}{c},$$

d. h. eine Summe (Differenz) wird durch eine Zahl dividiert, indem man ihre Glieder durch die Zahl dividiert und die Quotienten addiert (subtrahiert).

Es ist: $\frac{3}{4}\cdot 5=\frac{1}{4}\cdot 3.5=\frac{1}{4}\cdot(3.5)=\frac{3.5}{4}=\frac{15}{4}$ (oder auch: $\frac{3}{4}\cdot 5=\frac{3}{4}+\frac{3}{4}+\frac{3}{4}+\frac{3}{4}+\frac{3}{4}=\frac{3.5}{4}$), und allgemein:

$$4)\quad \frac{a}{b}\cdot c=\frac{ac}{b},$$

6*

d. h. ein Bruch wird mit einer ganzen Zahl multipliziert, indem man den Zähler mit der ganzen Zahl multipliziert.

$$5)\quad \frac{a}{b} : c = \frac{a}{bc} = \frac{\left(\frac{a}{c}\right)}{b};$$

denn jeder der beiden Ausdrücke giebt mit c multipliziert $\frac{a}{b}$ als Produkt.

Um also einen Bruch durch eine ganze Zahl zu dividieren, kann man entweder seinen Nenner mit derselben multiplizieren oder seinen Zähler durch dieselbe dividieren.

$$6)\quad a \cdot \frac{b}{c} = \frac{a}{c} \cdot b = \frac{ab}{c},$$

weil die Multiplikation mit $\frac{b}{c}$ definiert ist als Division durch c und Multiplikation des Quotienten mit b. Daher ist auch:

$$6')\quad \frac{a}{b} \cdot \frac{c}{d} = \frac{a}{bd} \cdot c = \frac{ac}{bd},$$

d. h. um das Produkt zweier Brüche zu bilden, multipliziere man Zähler mit Zähler und Nenner mit Nenner. — Die Reihenfolge der Faktoren ist dabei ohne Einfluß auf den Wert des Produktes.

Aus 5) und 6) ergiebt sich:

$$5^a)\quad \frac{a}{bc} = \frac{a}{b} : c = \frac{a}{c} : b,$$

$$6^a)\quad \frac{ab}{c} = \frac{a}{c} \cdot b = a \cdot \frac{b}{c}.$$

Man dividiert also durch ein Produkt, indem man durch seine Faktoren nach einander, in beliebiger Ordnung, dividiert. — Um ein Produkt zu dividieren, dividiere man einen Faktor desselben.

Von zwei Zahlen, welche, wie a und $\frac{1}{a}$, oder $\frac{a}{b}$ und $\frac{b}{a}$, mit einander multipliziert das Produkt 1 geben, heißt die eine der umgekehrte (reciproke) Wert der anderen.

$$7)\quad a : \frac{b}{c} = a \cdot \frac{c}{b} = \frac{ac}{b} \left(\text{weil } a \cdot \frac{c}{b} \cdot \frac{b}{c} = a.1 = a\right).$$

$$8)\quad \frac{a}{b} : \frac{c}{d} = \frac{a}{b} \cdot \frac{d}{c} = \frac{ad}{bc} \left(\text{weil } \frac{a}{b} \cdot \frac{d}{c} \cdot \frac{c}{d} = \frac{a}{b}\right).$$

Das heißt: Die Division durch einen Bruch kann durch Multiplikation mit dem reciproken Werte des Bruches ersetzt werden.

9) $\frac{abc}{a} = bc, \qquad \frac{abc}{ad} = \frac{bc}{d}.$

10) $\frac{a+b}{c+d} \cdot \frac{e+f}{g+h} = \frac{(a+b)(e+f)}{(c+d)(g+h)}.$

11) $\frac{a+b}{c+d} : \frac{e+f}{g+h} = \frac{(a+b)(g+h)}{(c+d)(e+f)}.$

12) $\frac{a+b}{c+d} : \frac{e+f}{c+d} = \frac{a+b}{e+f}.$

Grenzfälle.

Wenn n unendlich groß (∞) wird, so nähert sich der Bruch $\frac{1}{n}$ und bei unverändertem Zähler a auch der Bruch $\frac{a}{n}$ unbegrenzt dem Werte 0.

Wird in dem Quotienten $\frac{a}{\varepsilon}$ der Divisor ε verschwindend klein, während der Dividendus a einen von Null verschiedenen bestimmten Wert hat, so wird der Wert des Quotienten unendlich groß.

Die Formen $\frac{0}{0}$ und $\frac{\infty}{\infty}$ sind unbestimmt; sie können beliebige Werte darstellen.

Zeichenregel:

13) $\frac{+a}{+b} = +\frac{a}{b}.$ 15) $\frac{+a}{-b} = -\frac{a}{b}.$

14) $\frac{-a}{-b} = +\frac{a}{b}.$ 16) $\frac{-a}{+b} = -\frac{a}{b}.$

(Der Quotient zweier Zahlen mit gleichen Vorzeichen ist positiv, der zweier Zahlen mit entgegengesetzten Vorzeichen negativ.) — Der Beweis ergiebt sich leicht aus § 124, I) und § 123, 7)—10).

17) $\frac{a-b}{c-d} = \frac{-(b-a)}{-(d-c)} = \frac{b-a}{d-c} = -\frac{b-a}{c-d} = -\frac{a-b}{d-c}.$

Beispiele der Division.

18) $(8a^2b - 12a^2c^2 - 6a^2cf) : 3a^2cf = \frac{8a^2b}{3a^2cf} - \frac{12a^2c^2}{3a^2cf} - \frac{6a^2cf}{3a^2cf}$

$= \frac{8ab}{3cf} - \frac{4c}{f} - 2.$

19) $(2a^3-7a^2b+10ab^2-6b^3):(2a-3b)=a^2-2ab+2b^2.$

$$\begin{array}{l}
\underline{2a^3-3a^2b} \\
\quad -4a^2b+10ab^2 \\
\quad \underline{-4a^2b+\ \ 6ab^2} \\
\qquad\qquad +4ab^2-6b^3 \\
\qquad\qquad \underline{+4ab^2-6b^3}
\end{array}$$

20) $(2ac^2+6bc^2-a^2+9b^2):(a+3b)=2c^2-a+3b.$

$$\begin{array}{l}
\underline{2ac^2+6bc^2} \\
\qquad\qquad -a^2+9b^2 \\
\qquad\qquad \underline{-a^2-3ab} \\
\qquad\qquad\qquad +3ab+9b^2 \\
\qquad\qquad\qquad \underline{+3ab+9b^2}
\end{array}$$

21) $\dfrac{a^2-b^2}{a-b}=a+b.$ 22) $\dfrac{a^2-b^2}{a+b}=a-b.$

23) $\dfrac{a^3-b^3}{a-b}=a^2+ab+b^2.$ 24) $\dfrac{a^3+b^3}{a+b}=a^2-ab+b^2.$

25) $$\frac{1}{1-x}=\frac{1-x+x}{1-x}=\frac{1-x}{1-x}+\frac{x}{1-x}=1+\frac{x}{1-x}$$
$$=1+\frac{x-x^2+x^2}{1-x}=1+\frac{x-x^2}{1-x}+\frac{x^2}{1-x}=1+x+\frac{x^2}{1-x}$$
$$=1+x+\frac{x^2-x^3+x^3}{1-x}=1+x+x^2+\frac{x^3}{1-x}$$
$$=1+x+x^2+\frac{x^3-x^4+x^4}{1-x}=1+x+x^2+x^3+\frac{x^4}{1-x}$$

u. s. w.

26) $1:(1-2x+x^2)=1+2x+3x^2+4x^3+\dfrac{5x^4-4x^5}{1-2x+x^2}.$

$$\begin{array}{l}
\underline{1-2x+x^2} \\
\quad +2x-x^2 \\
\quad \underline{+2x-4x^2+2x^3} \\
\qquad\quad +3x^2-2x^3 \\
\qquad\quad \underline{+3x^2-6x^3+3x^4} \\
\qquad\qquad\qquad +4x^3-3x^4 \\
\qquad\qquad\qquad \underline{+4x^3-8x^4+4x^5} \\
\qquad\qquad\qquad\qquad (+5x^4-4x^5):(1-2x+x^2).
\end{array}$$

§ 124a. Decimalbrüche.

1) Ein Bruch, dessen Nenner eine der Zahlen 10, 100, 1000, . . . (eine Potenz von 10) ist, heißt ein **Decimalbruch**. Er kann zerlegt werden in:

. . . Zehner Einer, Zehntel Hundertel . . .

Die Einer und Zehntel werden durch ein Komma getrennt, so daß das Hinschreiben des Nenners überflüssig wird. Es ist z. B.:

$$24{,}769 = 10.2 + 1.4 + \frac{1}{10}\cdot 7 + \frac{1}{100}\cdot 6 + \frac{1}{1000}\cdot 9$$
$$= 24\frac{769}{1000} = \frac{24769}{1000}.$$
$$0{,}05308 = \frac{5}{100} + \frac{3}{1000} + \frac{0}{10000} + \frac{8}{100000} = \frac{5308}{100000}.$$

Der Wert eines Decimalbruchs wird durch Anhängen von Nullen nicht geändert, z. B. $0{,}7 = 0{,}70 = 0{,}700$ u. s. w.

2) Addition und Subtraktion der Decimalbrüche.

Man achte darauf, daß Komma unter Komma stehen muß. Fehlende Stellen können durch Nullen ersetzt werden.

$$\begin{array}{r} 2{,}439 \\ +43{,}8076 \\ \hline 46{,}2466 \end{array} \qquad \begin{array}{r} 0{,}93758 \\ +0{,}746 \\ \hline 1{,}68358 \end{array}$$

$$\begin{array}{r} 12{,}936 \\ -11{,}98 \\ \hline 0{,}956 \end{array} \qquad \begin{array}{r} 0{,}7(00) \\ -0{,}2\,58 \\ \hline 0{,}4\,42 \end{array} \qquad \begin{array}{r} 27{,}(0000) \\ -\ 5{,}\,1384 \\ \hline 21{,}\,8616. \end{array}$$

3) Multiplikation und Division eines Decimalbruchs durch eine der Zahlen 10, 100, 1000, . . .

Man rücke das Komma um so viele Stellen nach rechts (bezw. links), als der Multiplikator (bezw. Divisor) Nullen enthält. Nicht vorhandene Stellen werden durch Nullen ergänzt, und wenn (bei der Multiplikation) das Resultat eine ganze Zahl wird, so wird das Komma fortgelassen.

$$\begin{array}{ll} 1{,}347 \,.\, 10 = 13{,}47 & 45{,}68 : 10 \;\; = 4{,}568 \\ 0{,}009 \,.\, 10 = \;\, 0{,}09 & 0{,}93 : 10 \;\; = 0{,}093 \\ 0{,}93 \,.\, 100 = 93 & 31{,}4 : 100 \;\; = 0{,}314 \\ 0{,}7 \,.\, 1000 = 700 & 0{,}5 : 1000 = 0{,}0005. \end{array}$$

4) Multiplikation eines Decimalbruchs mit einer beliebigen ganzen Zahl oder einem andern Decimalbruch.

Das Produkt enthält so viele Decimalstellen wie beide Faktoren zusammen. (Eine ganze Zahl enthält keine Decimalstelle.)

Z. B. $5{,}43 \,.\, 6 = 32{,}58$; $2{,}0701 \,.\, 0{,}012 = 0{,}0248412$.

Denn: $5{,}43 \,.\, 6 = \frac{543}{100}\cdot 6 = \frac{3258}{100}$;

$$2{,}0701 \,.\, 0{,}012 = \frac{20701}{10000}\cdot\frac{12}{1000} = \frac{248412}{10000000}.$$

5) Verwandlung eines gemeinen Bruchs in einen Decimalbruch und Division eines Decimalbruchs durch eine ganze Zahl.

Man dividiere den Zähler, dem man eine beliebige Anzahl von Nullen als Decimalstellen anhängt, durch den Nenner des Bruchs und setze im Quotienten das Komma, sobald man die Einer des Dividendus dividiert hat. — Enthält der Nenner eine von 2 und 5 verschiedene Primzahl, die nicht zugleich im Zähler aufgeht, als Faktor, so geht die Division nicht auf, sondern es wiederholt sich eine bestimmte Anzahl von Ziffern in derselben Reihenfolge unendlich oft, es entsteht ein periodischer Decimalbruch.

$\frac{217}{4} =$

```
217,00 : 4 = 54,25
20
 17
 16
  10
   8
   20
   20
```

$\frac{9}{101} =$

```
9,00 : 101 = 0,08910891 . . .
808
 920
 909
  110
  101
   90
   ..
```

Auch wenn ein gegebener Decimalbruch durch eine ganze Zahl dividiert werden soll, setzt man im Quotienten das Komma, sobald man im Dividendus an das Komma gelangt ist, z. B. 316,8 : 4 = 79,2; 0,4 : 9 = 0,40 . . . : 9 = 0,0444 . . . .

6) Division durch einen Decimalbruch.

Man rücke, bevor man die Division beginnt, im Dividendus und im Divisor das Komma so viele Stellen nach rechts, daß der Divisor eine ganze Zahl wird, und bestimme im Quotienten das Komma so wie in Nr. 5).

```
1,476 : 0,08 =
147,6 : 8 = 18,45
8
 67
 64
  36
  32
   40
   40
```

```
1 : 2,718 =
1000,0 : 2718 = 0,3679 . . .
815 4
 18460
 16308
  21520
  19026
   24940
   24462
    . . .
```

(Auf drei Stellen abgekürzt: 0,368.)

Im zweiten Beispiele ist als angenäherter Wert des Quotienten der Bruch 0,368, und nicht 0,367 gesetzt, weil 0,3679 . . . näher an 0,3680 als an 0,3670 liegt. — Allgemein wird bei der *Abkürzung* eines Decimalbruchs die letzte beibehaltene Ziffer stets dann, aber auch nur dann, um eine Einheit erhöht, wenn die erste fortgelassene Ziffer 5 oder größer als 5 ist.

7) Verkürzte Multiplikation.

Man rücke im Multiplikandus und Multiplikator das Komma um gleich viele Stellen in *entgegengesetzter* Richtung so, daß der Multiplikator links vom Komma nur Einer (also nur eine der Zahlen 1, 2, . . . 9) enthält, beginne mit diesen die Multiplikation und setze schon in der ersten Zeile des Produkts das Komma an dieselbe Stelle, die es im Multiplikandus einnimmt. Bevor man mit den Zehnteln multipliziert, durchstreicht man die erste Ziffer des Multiplikators und die letzte des Multiplikandus, und so fort.

0,325467 . 249,18	46,136 . 0,0017842
32,5467	0,046136
2,4918	1,7842
65,0934	0,046136
13,0187	32295
2,9291	3690
325	184
260	9
81,0997	0,082314.

Jede Ziffer, die man im Multiplikandus eben durchstrichen hat, benutzt man noch zur Verbesserung der letzten Stelle der nächstfolgenden Zeile. So ist z. B. 130187 entstanden aus 7 . 4 = 28 = 3(0), plus 32546 . 4 = 130184; ferner 29291 aus 6 . 9 = 54 = 5(0), plus 3254 . 9 = 29286 u. s. w.

8) Verkürzte Division.

Nachdem der Divisor (nach 6) ganzzahlig gemacht, die erste von Null verschiedene Ziffer des Quotienten bestimmt und der Divisor damit multipliziert und das Produkt vom Dividendus subtrahiert ist, streicht man die letzte Ziffer des Divisors und die erste der etwa noch vorhandenen Ziffern des Dividendus, und so fort. Das Komma wird im Quotienten gesetzt, sobald man im Dividendus an das Komma gelangt ist.

2,61 : 0,12048	
	12048
261000,0	21,664
24096	
2004	
1205	
799	
722	
77	
72	
5	
5	

0,435781 : 60,219	
	60219
435,781	0,0072366
421 533	
14 248	
12 044	
2 204	
1 806	
398	
361	
37	
36	

Um den Quotienten genauer zu erhalten, müßte man die Verkürzung des Divisors erst später eintreten lassen. Wenn jedoch Dividendus und Divisor selbst nur angenäherte (um eine halbe Einheit der letzten geschriebenen Stelle unsichere) Werte vorstellen, so kann eine noch weitere Verkürzung des Resultats geboten sein. Im ersten Beispiele müßte, wenn die 1 in 2,61 unsicher ist, der Quotient nicht 21,664, sondern 21,7 heißen.

9) Verwandlung periodischer Decimalbrüche in gemeine Brüche.

a) Rein-periodische Decimalbrüche.

$$\begin{array}{rl} x = & 0{,}7272\ldots \\ \hline 100x = & 72{,}72\ldots \\ 1x = & 0{,}72\ldots \\ \hline 99x = & 72 \\ x = & \frac{72}{99} = \frac{8}{11}. \end{array}$$

b) Unrein-periodische Decimalbrüche.

$$\begin{array}{rl} z = & 0{,}4379379\ldots \\ \hline 10000z = & 4379{,}379\ldots \\ 10z = & 4{,}379\ldots \\ \hline 9990z = & 4375 \\ z = & \frac{4375}{9990} = \frac{875}{1998}. \end{array}$$

II. Potenzen und Wurzeln.

§ 125. Potenzen mit ganzen positiven Exponenten.

Die *m*te Potenz von *a* ist ein Produkt von *m* Faktoren, deren jeder gleich *a*, und wird bezeichnet durch a^m (gesprochen: *a* hoch *m*, oder *a* zur *m*ten); es ist also:

1) $a^m = a \,.\, a \,.\, a \ldots a$ (*m* Faktoren).

Die Zahl *a* heißt die Basis oder Grundzahl, *m* der Exponent. Die zweite Potenz einer Zahl ($a^2 = a \,.\, a$) heißt auch ihr Quadrat, die dritte ($a^3 = a.a.a$) ihr Kubus. — Die erste Potenz einer

Zahl ist die Zahl selbst ($a^1 = a$). — Es ist:

$$a^2 . a^3 = aa . aaa = aaaaa = a^5 = a^{2+3},$$

$$\frac{a^5}{a^3} = \frac{aaaaa}{aaa} = aa = a^2 = a^{5-3}, \quad \frac{a^3}{a^5} = \frac{1}{a^2} = \frac{1}{a^{5-3}},$$

$$a^3 b^3 = aaa . bbb = ab . ab . ab = (ab)^3,$$

$$\frac{a^3}{b^3} = \frac{aaa}{bbb} = \frac{a}{b} \cdot \frac{a}{b} \cdot \frac{a}{b} = \left(\frac{a}{b}\right)^3,$$

$$(a^2)^3 = a^2 . a^2 . a^2 = a^{2+2+2} = a^{2.3} = a^6.$$

Und so ist allgemein:

2) $a^m . a^n = a^{m+n}$.

3) $a^m : a^n = a^{m-n}$. $(m > n.)$

3') $a^m : a^n = 1 : a^{n-m}$. $(m < n.)$

4) $a^m . b^m = (ab)^m$. 4') $(ab)^m = a^m b^m$.

5) $\frac{a^m}{b^m} = \left(\frac{a}{b}\right)^m$. 5') $\left(\frac{a}{b}\right)^m = \frac{a^m}{b^m}$.

6) $(a^m)^n = a^{mn} = (a^n)^m$.

Hiernach gelten folgende Regeln:

2) und 3). Potenzen mit gleicher Basis werden multipliziert (oder dividiert), indem man die Exponenten addiert (oder subtrahiert).

4) und 5). Potenzen mit gleichen Exponenten werden multipliziert (oder dividiert), indem man die Basen multipliziert (oder dividiert).

4') und 5'). Ein Produkt wird potenziert, indem man jeden Faktor, ein Bruch, indem man Zähler und Nenner potenziert.

6). Eine Potenz wird potenziert, indem man die Exponenten multipliziert. Und: Bei wiederholter Potenzierung ist die Reihenfolge der Exponenten gleichgültig.

§ 126. Potenzen mit ganzen negativen Exponenten.

In der Formel

$$1) \quad a^m = \frac{a^{m+1}}{a}$$

bedeutet, wie in allen vorhergehenden, der Exponent m ursprünglich eine ganze positive Zahl, während a beliebig, auch negativ, sein kann. Will man aber 1) auch auf die Werte $m = 0, -1, -2, \ldots -m$ anwenden, so wird man auf die Ausdrücke geführt:

$$2) \quad a^0 = \frac{a^1}{a} = \frac{a}{a} = 1.$$

3) $a^{-1} = \frac{a^0}{a} = \frac{1}{a}, \quad a^{-2} = \frac{a^{-1}}{a} = \frac{1}{aa} = \frac{1}{a^2}, \quad \ldots$

4) $a^{-m} = \frac{1}{a^m}.$

Hiernach ist die 0te Potenz jeder (von Null verschiedenen) Zahl $= 1$, und unter einer Potenz mit negativem Exponenten ist der reciproke Wert einer Potenz von derselben Basis und ebenso großem positiven Exponenten zu verstehen. Es ist:

$$a^{-m} . a^n = \frac{1}{a^m} \cdot a^n = a^{n-m} = a^{-m+n}.$$

Ähnlich ergeben sich die folgenden Formeln:

5) $a^m . a^{-n} = a^{m-n}$, 6) $a^{-m} . a^{-n} = a^{-m-n}$,

7) $a^{-m} : a^n = a^{-m-n}$, 8) $a^m : a^{-n} = a^{m+n}$,

9) $a^{-m} : a^{-n} = a^{-m+n} = a^{n-m}$, 10) $a^{-m} . b^{-m} = (ab)^{-m}$,

11) $\frac{a^{-m}}{b^{-m}} = \left(\frac{a}{b}\right)^{-m}$, 12) $(a^{-m})^n = a^{-mn}$,

13) $(a^m)^{-n} = a^{-mn}$, 14) $(a^{-m})^{-n} = a^{mn}$.

Die Formeln 2) bis 6) in § 125 sind also auch auf ganze negative Exponenten anwendbar.

§ 127. Wurzeln.

1) Ist $a = \alpha\alpha = \alpha^2$, so ist $\alpha = \sqrt{a}$ (= der Quadratwurzel aus a).

2) Ist $a = \alpha\alpha\alpha = \alpha^3$, so ist $\alpha = \sqrt[3]{a}$ (= der dritten Wurzel oder Kubikwurzel aus a).

3) Allgemein, wenn n eine positive ganze Zahl und $a = \alpha^n$, so ist $\alpha = \sqrt[n]{a}$ (= der $n$ten Wurzel aus a).

Die $n$te Wurzel aus a ist also eine Zahl, deren $n$te Potenz gleich a ist; a heißt der Radikand; n der Wurzelexponent.

Hiernach hat man für jeden Wert von a:

1) $\sqrt{a}\sqrt{a} = a, \quad (\sqrt{a})^2 = a.$

2) $\sqrt[3]{a}\sqrt[3]{a}\sqrt[3]{a} = a, \quad (\sqrt[3]{a})^3 = a.$

3) $(\sqrt[n]{a})^n = a.$

Eine positive Zahl a kann man sich sowohl in zwei positive als auch in zwei negative gleiche Faktoren zerlegt denken, die Quadrat=

wurzel aus a ist also zweiwertig. Um jeden einzelnen der beiden Werte in unzweideutiger Weise bezeichnen zu können, versteht man (in der Regel) unter dem Zeichen $\sqrt{a}$ nur den positiven Wert der Wurzel und bezeichnet den negativen durch $-\sqrt{a}$, schreibt also z. B. $\sqrt{9}=3$ und $-\sqrt{9}=-3$.

Die Quadratwurzel aus einer negativen Zahl kann weder einer positiven noch einer negativen Zahl gleichgesetzt werden. (Z. B. $\sqrt{-9}$ ist weder $=+3$ noch $=-3$.)

Die Kubikwurzel aus einer positiven Zahl hat einen positiven Wert, die aus einer negativen Zahl einen negativen Wert; u. s. w.

In den folgenden Formeln sollen die Zeichen $a, b, \sqrt[n]{a}, \sqrt[n]{b}, \ldots$ sämtlich positive Größen bedeuten. Es ist

$$4)\quad \sqrt[n]{a^n}=a.$$

Es sei:

$$\alpha=\sqrt[n]{a},\quad \beta=\sqrt[n]{b},$$

so ist:

$$\alpha^n\beta^n=ab,\quad (\alpha\beta)^n=ab,\quad \alpha\beta=\sqrt[n]{ab}.$$

$$5)\quad \sqrt[n]{a}\sqrt[n]{b}=\sqrt[n]{ab}.\qquad 5')\quad \sqrt[n]{ab}=\sqrt[n]{a}\sqrt[n]{b}.$$

Ebenso ist:

$$6)\quad \frac{\sqrt[n]{a}}{\sqrt[n]{b}}=\sqrt[n]{\frac{a}{b}}.\qquad 6')\quad \sqrt[n]{\frac{a}{b}}=\frac{\sqrt[n]{a}}{\sqrt[n]{b}}.$$

Also: Wurzeln mit gleichen Wurzelexponenten werden multipliziert (oder dividiert), indem man die Radikanden multipliziert (oder dividiert). Und umgekehrt: Aus einem Produkt wird eine Wurzel gezogen, indem man sie aus jedem Faktor, aus einem Bruch, indem man sie aus Zähler und Nenner zieht. Aus 5) folgt sogleich:

$$7)\quad \sqrt[n]{a}\sqrt[n]{b}\sqrt[n]{c}\ldots=\sqrt[n]{abc\ldots},$$

und hieraus, wenn $b=c=\cdots=a$, und m die Anzahl der Faktoren:

$$8)\quad (\sqrt[n]{a})^m=\sqrt[n]{a^m},$$

d. h. eine Wurzel wird potenziert, indem man den Radikanden potenziert. — Setzt man $\alpha = \sqrt[m]{\sqrt[n]{a}}$, so ist:

$$\alpha^m = \sqrt[n]{a}, \quad \alpha^{mn} = a, \quad \alpha = \sqrt[mn]{a}.$$

$$9) \quad \sqrt[m]{\sqrt[n]{a}} = \sqrt[mn]{a}.$$

$$9') \quad \sqrt[mn]{a} = \sqrt[m]{\sqrt[n]{a}} = \sqrt[n]{\sqrt[m]{a}}.$$

Soll also eine Zahl nach einander durch zwei Zahlen radiziert werden, so radiziere man sie durch das Produkt der Zahlen. Oder auch umgekehrt: Soll man eine Zahl durch ein Produkt radizieren, so radiziere man sie nach einander (in beliebiger Reihenfolge) durch die Faktoren des Produktes. — Setzt man in 4) a^p statt a, so wird:

$$10) \quad \sqrt[n]{a^{np}} = a^p.$$

Zieht man aus beiden Seiten dieser Gleichung die $q$te Wurzel, so folgt mit Rücksicht auf 9):

$$11) \quad \sqrt[nq]{a^{np}} = \sqrt[q]{a^p}.$$

Soll also aus einer Potenz eine Wurzel gezogen werden, so ist es gestattet, den Potenzexponenten und Wurzelexponenten durch einen gemeinschaftlichen Faktor zu dividieren oder auch mit einer und derselben Zahl zu multiplizieren.

§ 128. Potenzen mit gebrochenen Exponenten.

Für $np = m$ geht die Formel 10) über in:

$$1) \quad \sqrt[n]{a^m} = a^{\frac{m}{n}},$$

worin die Zahl m zunächst als teilbar durch n vorausgesetzt ist. Diesem analog versteht man auch in dem Falle, wo n nicht in m aufgeht, unter $a^{\frac{m}{n}}$ die $n$te Wurzel aus a^m. In ähnlicher Weise bedient man sich der Bezeichnung:

$$2) \quad a^{-\frac{m}{n}} = \frac{1}{a^{\frac{m}{n}}} = \frac{1}{\sqrt[n]{a^m}} = \sqrt[n]{\frac{1}{a^m}} = \sqrt[n]{a^{-m}}.$$

Aus 11) folgt:

$$3) \quad a^{\frac{np}{nq}} = a^{\frac{p}{q}}.$$

Es ist:

$$a^{\frac{m}{n}} . a^{\frac{p}{q}} = \sqrt[n]{a^m}\sqrt[q]{a^p} = \sqrt[nq]{a^{mq}}\sqrt[nq]{a^{np}} = \sqrt[nq]{a^{mq} . a^{np}}$$

$$= \sqrt[nq]{a^{mq+np}} = a^{\frac{mq+np}{nq}} = a^{\frac{m}{n}+\frac{p}{q}}.$$

Durch diese und ähnliche Rechnungen gelangt man zu den Formeln:

4) $a^{\frac{m}{n}} . a^{\frac{p}{q}} = a^{\frac{m}{n}+\frac{p}{q}}.$

5) $a^{\frac{m}{n}} : a^{\frac{p}{q}} = a^{\frac{m}{n}-\frac{p}{q}}.$

6) $a^{\frac{m}{n}} . b^{\frac{m}{n}} = (ab)^{\frac{m}{n}}.$

7) $a^{\frac{m}{n}} : b^{\frac{m}{n}} = \left(\frac{a}{b}\right)^{\frac{m}{n}}.$

8) $\left(a^{\frac{m}{n}}\right)^{\frac{p}{q}} = a^{\frac{m}{n}\cdot\frac{p}{q}}.$

9) $a^{\frac{m}{n}} . a^{-\frac{p}{q}} = a^{\frac{m}{n}-\frac{p}{q}}$

u. s. w.

Die Formeln 2) bis 6) in § 125 gelten hiernach, sofern die Basis und der Wert der Potenz positiv genommen werden, nicht bloß für ganze, sondern auch für gebrochene positive oder negative Exponenten.

§ 128a. Berechnung der Quadrat- und Kubikwurzeln.

α) Quadratwurzeln.

Wenn $\sqrt{m} = a+b+c+d+\cdots$, also $m = (a+b+c+d+\cdots)^2$ gesetzt wird, so ist nach § 123, 18):

$$\begin{aligned} m = a^2 & \\ & +2ab+b^2 \\ & +2(a+b)c+c^2 \\ & +2(a+b+c)d+d^2 \\ & +\cdots\cdots \end{aligned}$$

Hat man also a bestimmt und a^2 von m subtrahiert, so ist der Rest $=2ab+b^2+\cdots$ Man kann also b finden, indem man mit $2a$ in den Rest dividiert. Bildet man dann die Größen $2ab$ und b^2 und subtrahiert sie vom Reste, so ist der neue Rest $=2(a+b)c+c^2+\cdots$ Man findet also c, indem man den neuen Divisor $2(a+b)$ bildet und mit ihm in den neuen Rest dividiert, u. s. w.

Sollen bei der Ausziehung der Quadratwurzel aus einer bestimmten Zahl negative Reste vermieden werden, so darf man für b, c, .. nicht in jedem Falle die durch das gewöhnliche Divisionsverfahren sich ergebenden Werte wählen, sondern hat dieselben nötigenfalls um eine oder auch mehrere Einheiten zu verkleinern.

Beispiel. $\sqrt{186624}$ ist eine zwischen 400 und 500 enthaltene dreiziffrige Zahl. Also nehme man $a = 400$, bezeichne durch b den noch unbekannten durch 10 teilbaren Bestandteil und durch c die noch unbekannten Einer. Dann ist $a^2 = 160000$, der erste Rest also $= 26624$, der erste Divisor $= 2a = 800$, folglich $b = 30$ u. s. w. Wendet man noch die bei dem gewöhnlichen Divisionsverfahren üblichen Abkürzungen an, so gestaltet sich die Rechnung folgendermaßen:

$$\begin{array}{rl}
 & \sqrt{18|66|24} = \overset{a\,b\,c}{432}. \\
 & 16 = a^2 \\
2a = 8| & \overline{26} \ldots . b = 3 \\
 & 24 = 2ab \\
 & \overline{26} \\
 & 9 = b^2 \\
2(a+b) = 86| & \overline{172} \ldots c = 2 \\
 & 172 = 2(a+b)c \\
 & \overline{4} \\
 & 4 = c^2 \\
\end{array}$$

Oder weiter abgekürzt:

$$\begin{array}{l}
\sqrt{18|66|24} = \overset{a\,b\,c}{432}. \\
16 \\
\overline{83|266} \\
\quad 249 \\
\overline{862|1724} \\
\quad 1724 \\
\end{array}$$

In der zweiten Form der Rechnung ist der Divisor $2a(8)$ um b (3) vermehrt und dann mit b multipliziert, weil die aufeinanderfolgenden Subtraktionen von $2ab$ und b^2 auch durch die einmalige von $(2a+b)b$ ersetzt werden können. Der neue Divisor (86) konnte aus dem vorhergehenden vervollständigten Divisor 83 durch Addition der letzten Ziffer 3 gebildet werden und ist dann durch die neu sich ergebende Ziffer 2 zu 862 vervollständigt.

Die Quadratwurzel aus einer ganzen Zahl ist entweder eine ganze Zahl, oder sie ist irrational, d. h. durch keinen Bruch genau angebbar. Um eine solche Wurzel näherungsweise zu berechnen, schreibe man die Zahl in Form eines Decimalbruchs und teile vom Komma ausgehend links und rechts Gruppen von je zwei Ziffern ab. Um die Wurzel aus einem gemeinen Bruche zu ziehen, verwandle man ihn zunächst in einen Decimalbruch; oder man erweitere ihn durch eine solche Zahl, daß der Nenner eine Quadratzahl wird, und ziehe dann die Wurzel aus Zähler und Nenner. Beinahe die Hälfte der geforderten Ziffern der Wurzel (von der ersten von Null verschiedenen an gerechnet) kann durch verkürzte Division abgeleitet werden.

Beispiele.

1) $\sqrt{164} =$

$\sqrt{1|64,|00\,..} = 12{,}806$
2485

```
      1
  22| 64
      44
 248| 2000
      1984
25606| 160000
       153636
 2561 (2) |6364
           5122
           1242
           1024
            218
            205
             13
             13
```

2) $\sqrt{\frac{1}{200}} = \sqrt{0{,}005} =$

$\sqrt{0,|00|50|\,..} = 0{,}07071$
0678

```
           49
 1407 | 10000
         9849
14141 | 15100
        14141
  1414 (2) |959
            848
            111
             99
             12
             11
```

3) $\sqrt{\frac{5}{11}} = \sqrt{0,|45|45|45|\,..} = 0{,}674\ldots,$ oder auch:

$$\sqrt{\frac{5}{11}} = \sqrt{\frac{5.11}{11.11}} = \frac{\sqrt{55}}{11} = \frac{7{,}416\ldots}{11} = 0{,}674\ldots$$

$$\sqrt{\frac{17}{63}} = \sqrt{\frac{17.7}{9.7.7}} = \frac{\sqrt{119}}{21} = \frac{10{,}908\ldots}{21} = 0{,}5194\ldots$$

β) Kubikwurzeln.

$$\sqrt[3]{n} = a+b+c+\cdots, \quad n = (a+b+c+\cdots)^3,$$

$$\begin{aligned} n = a^3 & \\ & +3a^2b+3ab^2+b^3 \\ & +3(a+b)^2c+3(a+b)c^2+c^3 \quad (\S\ 123,\ 19) \\ & + \cdot\ \cdot\ \cdot\ \cdot\ \cdot\ \cdot\ \cdot\ \cdot\ \cdot\ \cdot \end{aligned}$$

Von den im Verlaufe der Rechnung zu bildenden Divisoren ist also der erste $3a^2$, der zweite $3(a+b)^2$, u. s. w.

Beispiel.

$$
\begin{array}{rl}
\sqrt[3]{12|977|875} & = \overset{a\,b\,c}{235} \\
8 & = a^3 \\
3a^2 = 12|\overline{4}977 & \ldots b = 3 \\
36 & = 3a^2b \\
54 & = 3ab^2 \\
27 & = b^3 \\
\hline
4167 & \\
3(a+b)^2 = 1587|810875 & \ldots c = 5 \\
7935 & = 3(a+b)^2c \\
1725 & = 3(a+b)c^2 \\
125 & = c^3 \\
\hline
810875 & \\
\hline
0 &
\end{array}
$$

III. Imaginäre Größen.

§ 129. Die aus $+1$ und -1 durch Addition gebildeten ganzen Zahlen und alle zwischen denselben enthaltenen gebrochenen und irrationalen Zahlen werden reelle Zahlen, und $+1$ und -1 die positive und die negative reelle Einheit genannt. Die Betrachtung der Quadratwurzeln aus negativen Zahlen macht eine Erweiterung des Zahlengebietes notwendig. Man bezeichnet $\sqrt{-1}$ und $-\sqrt{-1}$ durch i und $-i$ und nennt sie die positive und die negative imaginäre Einheit. Für die Rechnung mit diesen Einheiten gelten die Formeln:

1) $i^2 = -1,\ i^3 = -i,\ i^4 = 1,\ i^5 = i,\ i^6 = -1,\ \ldots$

1') $(-i)^2 = -1, (-i)^3 = i, (-i)^4 = 1, (-i)^5 = -i, (-i)^6 = -1, \ldots$

2) $i = -\frac{1}{i} = \frac{1}{-i} = (-i)^{-1};\ i^n = (-i)^{-n}.$

2') $-i = \frac{1}{i} = i^{-1};\quad (-i)^n = i^{-n}.$

Von den Ausdrücken ai und $a+bi$ (worin a und b reelle Größen) heißt der erste eine rein imaginäre, der zweite eine komplexe Zahl. Zwei komplexe Zahlen ($a+bi$ und $a-bi$), die sich nur durch die Vorzeichen ihrer imaginären Teile unterscheiden, heißen konjugierte komplexe Zahlen. Zwei komplexe Zahlen sind nur dann gleich, wenn sowohl ihre reellen als auch ihre imaginären Teile gleich sind. Die Gleichung $a+bi = c+di$ zerfällt daher in die beiden folgenden:

$a=c$, $b=d$. Es ist:

3) $(a+bi)+(c+di)=a+c+(b+d)i.$

4) $(a+bi)-(c+di)=a-c+(b-d)i.$

5) $(a+bi)(c+di)=ac-bd+(ad+bc)i.$

5′) $(a-bi)(c-di)=ac-bd-(ad+bc)i.$

5″) $(a+bi)(a-bi)=a^2+b^2.$

6) $$\frac{a+bi}{c+di}=\frac{(a+bi)(c-di)}{(c+di)(c-di)}=\frac{ac+bd}{c^2+d^2}+\frac{bc-ad}{c^2+d^2}i.$$

Das Produkt von 5) und 5′) giebt:

7) $$(a^2+b^2)(c^2+d^2)=(ac-bd)^2+(ad+bc)^2$$
$$=(ac+bd)^2+(ad-bc)^2.$$

Für $c=a$ und $d=b$ folgt hieraus:

8) $$(a^2+b^2)^2=(a^2-b^2)^2+(2ab)^2,$$

und hieraus, wenn b^2+c^2 statt b^2 geschrieben und dann noch a mit b und a mit c vertauscht wird:

9) $$(a^2+b^2+c^2)^2=(a^2-b^2-c^2)^2+(2ab)^2+(2ac)^2$$
$$=(a^2-b^2+c^2)^2+(2ab)^2+(2bc)^2$$
$$=(a^2+b^2-c^2)^2+(2ac)^2+(2bc)^2.$$

Vertauscht man in 7) b mit $ib\sqrt{n}$, d mit $-ib_1\sqrt{n}$ und c mit a_1, so giebt die zweite Form

$$(a^2-nb^2)(a_1^2-nb_1^2)=(aa_1+nbb_1)^2-n(ab_1+ba_1)^2,$$

und wenn $aa_1+nbb_1=\alpha$ und $ab_1+ba_1=\beta$ gesetzt und die Gleichung mit $a_2^2-nb_2^2$ multipliziert wird, so erhält man:

$$(a^2-nb^2)(a_1^2-nb_1^2)(a_2^2-nb_2^2)=(\alpha a_2+n\beta b_2)^2-n(\alpha b_2+\beta a_2)^2.$$

Also kann man ein Produkt einer beliebigen Anzahl Faktoren von der Gestalt x^2-ny^2 in die Gestalt bringen X^2-nY^2. Oder auch man kann $(x^2-ny^2)^m$ auf die Form bringen X^2-nY^2.

Aus der identischen Gleichung

$$(x-y)(x'-y')=(1+xx')(1+yy')-(1+xy')(1+yx')$$

folgt für

$$x=\frac{a+bi}{c+di},\quad x'=\frac{a'+b'i}{c'+d'i},\quad y=-\frac{c-di}{a-bi},\quad y'=-\frac{c'-d'i}{a'-b'i}:$$

$$(a^2+b^2+c^2+d^2)(a'^2+b'^2+c'^2+d'^2)$$
$$=(aa'-bb'+cc'-dd')^2+(ab'+ba'+cd'+dc')^2$$
$$+(ac'+bd'-ca'-db')^2+(ad'-bc'-cb'+da')^2.$$

Wenn a positiv, so ist:

10) $\sqrt{-a}=\sqrt{-1}\sqrt{a}=i\sqrt{a}$. 11) $\sqrt{a}=\frac{1}{\sqrt{-1}}\sqrt{-a}=-i\sqrt{-a}$.

Also, je nachdem $c<d$ oder $c>d$:

10') $\sqrt{c-d}=i\sqrt{d-c}$. 11') $\sqrt{c-d}=-i\sqrt{d-c}$.

Die Rechnung mit imaginären Wurzeln wird auf die mit reellen zurückgeführt, indem man $\sqrt{-a}$ und $\sqrt[n]{-a}$ (a pos.) durch $i\sqrt{a}$ und $\sqrt[n]{-1}\sqrt[n]{a}$ (vergl. § 139, β) ersetzt und die Gleichungen 1) benutzt. So ist z. B.

$$\sqrt{-a}\sqrt{-b}=i\sqrt{a}\,.\,i\sqrt{b}=i^2\sqrt{ab}=-\sqrt{ab}.$$

Die unmittelbare Anwendung der Formel 5) in § 127 würde hier das falsche Resultat ergeben:

$$\sqrt{-a}\sqrt{-b}=\sqrt{-a\cdot -b}=\sqrt{ab};$$

und Ähnliches findet in anderen Fällen statt.

IV. Umformung der Ausdrücke $\sqrt{a\pm\sqrt{b}}$ und $\sqrt{a\pm ib}$.

§ 130. Es sei $a>c>0$, so hat man:

$$\left(\sqrt{\frac{a+c}{2}}\pm\sqrt{\frac{a-c}{2}}\right)^2=\frac{a+c}{2}+\frac{a-c}{2}\pm 2\sqrt{\frac{a+c}{2}\cdot\frac{a-c}{2}}$$

$$=a\pm\sqrt{a^2-c^2},$$

also:

$$\sqrt{\frac{a+c}{2}}\pm\sqrt{\frac{a-c}{2}}=+\sqrt{a\pm\sqrt{a^2-c^2}}.$$

Setzt man hierin $a^2-c^2=b$, also $c^2=a^2-b$, $c=\sqrt{a^2-b}$ und vertauscht beide Seiten der Gleichung, so wird für $a>\sqrt{b}>0$:

1) $$\sqrt{a\pm\sqrt{b}}=\sqrt{\frac{a+\sqrt{a^2-b}}{2}}\pm\sqrt{\frac{a-\sqrt{a^2-b}}{2}}.$$

Verwandelt man b in $-b^2$, so erhält man:

2) $$\sqrt{a\pm bi}=\sqrt{\frac{\sqrt{a^2+b^2}+a}{2}}\pm i\sqrt{\frac{\sqrt{a^2+b^2}-a}{2}}.$$

Die Gültigkeit der letzten Formel für positive a und b wird bewiesen, indem man zeigt, daß die Quadrate ihrer beiden Seiten identisch sind, und daß sie auch für $b = 0$ richtig bleibt. — Wollte man in ihr a in $-a$ verwandeln, so würde man für $b = 0$ das zweideutige Resultat $\sqrt{-a} = \pm i\sqrt{a}$ erhalten.

V. Proportionen.

§ 131. Das Verhältnis zweier gleichartigen Größen a und b ist die Zahl, welche angiebt, wie oft b in a enthalten ist, oder es ist gleich dem Quotienten $a:b$ oder $\frac{a}{b}$. (Vergl. § 124, II.) — Zu unterscheiden sind folgende Fälle:

1) Ist die Größe b in a genau $m$mal enthalten ($a = b.m$) und m eine ganze Zahl, so ist das Verhältnis $a:b$ gleich der ganzen Zahl m, und es heißt a ein Vielfaches oder Multiplum von b und b ein aliquoter Teil oder ein Maß (im engeren Sinne des Wortes) von a. — In dem besonderen Falle, daß $m = 1$ oder $a = b$, kann jede der Größen a und b als ein Maß der anderen angesehen werden.

2) Ist der $n$te Teil von b in a genau $m$mal enthalten $\left(\text{also } a = \frac{b}{n} \cdot m = b \cdot \frac{m}{n}\right)$, so ist das Verhältnis $a:b$ gleich dem Bruche $\frac{m}{n}$. Die Größe $\frac{b}{n}$ oder die ihr gleiche $\frac{a}{m}$ ist in diesem Falle ein gemeinschaftliches Maß von a und b.

3) Ist kein aliquoter Teil von b zugleich ein aliquoter Teil von a, so ist das Verhältnis nur näherungsweise, aber mit jedem beliebigen Grade der Genauigkeit, durch Zahlen angebbar. Ist nämlich der $n$te Teil von b in a mehr als $m$mal, aber weniger als $m+1$mal enthalten, so wird das Verhältnis durch die Brüche $\frac{m}{n}$ und $\frac{m+1}{n}$ begrenzt $\left(\text{ist} > \frac{m}{n}, \text{ aber} < \frac{m+1}{n}\right)$; und wenn man n hinreichend groß wählt, so kann man den Unterschied $\left(\frac{1}{n}\right)$ der beiden Grenzen beliebig verringern, also dem wahren Werte des Verhältnisses beliebig nahe kommen.

Ein Verhältnis heißt **rational**, wenn es einer ganzen Zahl oder einem Bruche gleich ist, **irrational**, wenn dies nicht der Fall ist. — Zwei Größen heißen **kommensurabel** oder **inkommensurabel**, je nachdem ihr Verhältnis rational oder irrational ist (oder je nachdem sie ein gemeinschaftliches Maß haben oder nicht).

Um mehrere gleichartige Größen zu messen, kann man irgend eine Größe derselben Art als **Maßeinheit** oder **Maß** (im weiteren Sinne des Wortes) wählen. Das Verhältnis einer Größe zur Maßeinheit heißt ihre **Maßzahl**. Das Verhältnis zweier gleichartigen Größen ist gleich dem ihrer Maßzahlen.

§ 132a. 1) Zwei gleiche Verhältnisse $\frac{a}{b}$ und $\frac{c}{d}$ bilden eine **Proportion**:

$$\frac{a}{b} = \frac{c}{d}, \quad \text{oder} \quad a:b = c:d$$

(gesprochen: a durch b gleich c durch d, oder a verhält sich zu b wie c zu d). Es heißen a und d die **äußeren**, b und c die **inneren Glieder** der Proportion.

Enthält eine Proportion benannte Größen, so kann man sich dieselben durch ihre Maßzahlen ersetzt denken. In den folgenden Sätzen sollen daher unter a, b, c, d von vornherein Zahlen verstanden werden.

2) **Lehrsatz.** Das Produkt der äußeren Glieder einer Proportion ist gleich dem der inneren. — Denn aus $\frac{a}{b} = \frac{c}{d}$ folgt $\frac{a}{b} \cdot bd = \frac{c}{d} \cdot bd$ oder:

$$a.d = b.c.$$

Umgekehrt: Aus zwei gleichen Produkten von je zwei Faktoren bildet man eine Proportion, indem man die Faktoren des einen Produktes zu äußeren, die des anderen zu inneren Gliedern nimmt. (Aus $a.d = b.c$ bildet man $a:b = c:d$, oder $a:c = b:d$, oder $d:b = c:a$ u. s. w.)

3) Die inneren Glieder einer Proportion dürfen mit einander vertauscht werden, ebenso die äußeren.

Eine Proportion bleibt richtig, wenn man ein inneres und ein äußeres Glied mit derselben Zahl multipliziert oder durch dieselbe Zahl dividiert.

4) Es ist ferner:

$$\frac{a}{b} \pm 1 = \frac{c}{d} \pm 1 \quad \text{und} \quad 1 \pm \frac{b}{a} = 1 \pm \frac{d}{c},$$

also:

$$\frac{a+b}{b} = \frac{c+d}{d}. \qquad \frac{a-b}{b} = \frac{c-d}{d}.$$

$$\frac{a+b}{a} = \frac{c+d}{c}. \qquad \frac{a-b}{a} = \frac{c-d}{c}.$$

$$\frac{a+b}{a-b} = \frac{c+d}{c-d},$$

d. h. die Summe und die Differenz der beiden ersten Glieder einer Proportion verhalten sich zu einander wie die Summe und die Differenz der beiden letzten Glieder. Ähnlich sind die vier vorhergehenden Formeln in Worten auszusprechen.

§ 132b. Haben mehrere Verhältnisse (Brüche) denselben Wert, so hat auch das Verhältnis aus der Summe aller Dividenden (Zähler) und der Summe aller Divisoren (Nenner) denselben Wert.

Denn ist λ der gemeinschaftliche Wert der Verhältnisse $a : a'$, $b : b'$ u. s. w., also

$$\frac{a}{a'} = \frac{b}{b'} = \frac{c}{c'} = \cdots = \lambda,$$

so ist

$$a = \lambda . a', \quad b = \lambda . b', \quad c = \lambda . c',$$

also:

$$a + b + c + \cdots = \lambda .(a' + b' + c' + \cdots),$$

folglich:

$$1) \quad \frac{a+b+c+\cdots}{a'+b'+c'+\cdots} = \lambda = \frac{a}{a'} = \frac{b}{b'} = \cdots$$

Ferner ergiebt sich, wenn man die Gleichungen $a = \lambda a'$, $b = \lambda b'$,... mit den willkürlichen Faktoren α, β, . . . multipliziert:

$$a\alpha = \lambda . a'\alpha, \quad b\beta = \lambda . b'\beta, \quad c\gamma = \lambda . c'\gamma, \quad . \; . \; .$$

$$2) \quad \frac{a\alpha + b\beta + c\gamma + \cdots}{a'\alpha + b'\beta + c'\gamma + \cdots} = \lambda = \frac{a}{a'} = \frac{b}{b'} = \cdots.$$

Ähnlich findet man:

$$3) \quad \frac{\sqrt{a^2\alpha^2 + b^2\beta^2 + c^2\gamma^2 + \cdots}}{\sqrt{a'^2\alpha^2 + b'^2\beta^2 + c'^2\gamma^2 + \cdots}} = \lambda = \frac{a}{a'} = \frac{b}{b'} = \cdots.$$

§ 132c. Eine Proportion heißt stetig, wenn die inneren

Glieder gleich sind. Das innere Glied heißt das **geometrische Mittel** zu den beiden äußeren und ist gleich der Quadratwurzel aus dem Produkte der äußeren. (Aus $a:x=x:b$ folgt $x^2=a.b$, $x=\sqrt{a.b}$.)

Unter dem geometrischen Mittel x aus n Zahlen $a, b, c, \ldots$ versteht man die $n$te Wurzel aus ihrem Produkte ($x=\sqrt[n]{a.b.c\ldots}$).

Unter dem arithmetischen Mittel (z) aus n Zahlen versteht man den $n$ten Teil ihrer Summe $\left(z=\frac{a+b+c+\cdots}{n}\right)$.

VI. Gleichungen.

§ 133. a) Eine Gleichung heißt **identisch**, wenn ihre beiden Seiten entweder gleichlautend oder nur verschiedene Formen einer und derselben Größe sind. Eine Gleichung, deren beide Seiten nur unter der Bedingung gleiche Werte annehmen, daß einer aus ihr zu berechnenden (durch einen Buchstaben, z. B. x, bezeichneten) Größe bestimmte Werte erteilt werden, heißt eine **Bestimmungsgleichung**. Die aus einer solchen Gleichung zu berechnende Größe heißt die **Unbekannte**. Jeder Wert der Unbekannten, für welchen die Gleichung Gültigkeit hat, heißt eine **Wurzel** der Gleichung. Eine Gleichung **auflösen** heißt ihre Wurzeln bestimmen.

Aus jeder Gleichung kann man andere, mit ihr im allgemeinen gleichbedeutende ableiten, indem man ihre beiden Seiten denselben arithmetischen Operationen unterwirft. Man darf insbesondere auf beiden Seiten gleiche Größen addieren oder subtrahieren, oder beide mit derselben (von 0 und ∞ verschiedenen) Größe multiplizieren oder dadurch dividieren. — Die am häufigsten vorkommenden Umformungen bestehen in der Auflösung von Klammern, dem Fortschaffen von Nennern und Wurzelzeichen, der Zusammenstellung und Vereinigung solcher Glieder, welche gleich hohe Potenzen der Unbekannten enthalten. Die wichtigsten Regeln sind:

1) Man kann jedes Glied einer Gleichung von der einen Seite mit dem entgegengesetzten Vorzeichen auf die andere setzen.

2) Man kann einen Nenner (oder mehrere Nenner) fortschaffen, indem man sämtliche Glieder mit diesem Nenner (oder dem Haupt-

nenner, d. h. dem kleinsten gemeinschaftlichen Vielfachen der Nenner) multipliziert.

3) Man kann ein Wurzelzeichen durch Potenzierung fortschaffen, falls die Wurzelgröße für sich allein die eine Seite der Gleichung bildet.

Eine Gleichung heißt eine algebraische Gleichung des n ten Grades, wenn sie sich nach ganzen Potenzen von x ordnen läßt, und wenn die höchste in ihr vorkommende Potenz von x die $n$te ist.

b) Enthält eine Gleichung mehrere Unbekannte, so kann man sich für alle Unbekannte bis auf eine bestimmte (beliebig zu wählende) Werte eingesetzt denken und dann diese letzte Unbekannte als die einzige betrachten. Man kann also eine Gleichung mit mehreren Unbekannten nach einer Unbekannten auflösen, indem man die anderen wie bekannte Größen behandelt.

Zur wirklichen Berechnung von m Unbekannten ist ein System von m nicht identischen, von einander unabhängigen und einander nicht widersprechenden Gleichungen erforderlich.

Aus zwei Gleichungen eine Unbekannte eliminieren heißt aus ihnen eine dritte Gleichung ableiten, in welcher diese Unbekannte nicht vorkommt.

A. Gleichungen vom ersten Grade.
(Lineare Gleichungen.)

§ 134. Eine Gleichung ersten Grades mit einer Unbekannten läßt sich auf die Form bringen:

α) $ax = b$. Die Wurzel dieser Gleichung ist: $x = \frac{b}{a}$.

Die allgemeine Form zweier Gleichungen des ersten Grades mit zwei Unbekannten ist:

$$\beta) \quad \begin{aligned} ax + by &= c, \\ a_1x + b_1y &= c_1. \end{aligned}$$

Um eine Unbekannte zu berechnen, muß man die andere eliminieren. Die Elimination geschieht nach einer der folgenden drei Methoden.

1) Substitutionsmethode.

Man löst eine der Gleichungen nach der zu eliminierenden Unbekannten auf und setzt den gefundenen Ausdruck in die andere Gleichung ein (substituiert ihn in dieselbe).

$$y = \frac{c_1 - a_1 x}{b_1},$$

$$ax + b \cdot \frac{c_1 - a_1 x}{b_1} = c$$

$$ab_1 x + bc_1 - ba_1 x = cb_1$$

$$(ab_1 - ba_1)x = cb_1 - bc_1$$

$$x = \frac{cb_1 - bc_1}{ab_1 - ba_1}.$$

Nachdem so y eliminiert und x berechnet worden ist, kann y durch Einsetzung des für x erhaltenen Wertes in eine der gegebenen Gleichungen bestimmt werden:

$$b_1 y = c_1 - a_1 x = c_1 - a_1 \frac{cb_1 - bc_1}{ab_1 - ba_1} = \frac{ab_1 c_1 - ca_1 b_1}{ab_1 - ba_1},$$

$$y = \frac{ac_1 - ca_1}{ab_1 - ba_1}.$$

2) Kombinationsmethode.

Man löst beide Gleichungen nach der zu eliminierenden Unbekannten auf und setzt die gefundenen Ausdrücke einander gleich (kombiniert dieselben zu einer neuen Gleichung).

$$y = \frac{c_1 - a_1 x}{b_1}, \quad y = \frac{c - ax}{b},$$

$$\frac{c_1 - a_1 x}{b_1} = \frac{c - ax}{b},$$

$$bc_1 - ba_1 x = cb_1 - ab_1 x,$$

$$(ab_1 - ba_1)x = cb_1 - bc_1 \quad \text{u. s. w.}$$

3) Multiplikationsmethode.

Man multipliziert die Gleichungen mit solchen Zahlen, daß die zu eliminierende Unbekannte in beiden gleiche Koefficienten erhält, und addiert oder subtrahiert die entstandenen Gleichungen, je nachdem die gleichen Koefficienten verschiedene oder gleiche Vorzeichen haben.

$$\begin{array}{l} ab_1 x + bb_1 y = cb_1 \\ \underline{ba_1 x + bb_1 y = bc_1} \\ (ab_1 - ba_1)x = cb_1 - bc_1 \quad \text{u. s. w.} \end{array}$$

Aus den drei Gleichungen ersten Grades mit drei Unbekannten

$$\gamma) \quad \begin{cases} ax + by + cz = d, \\ a_1 x + b_1 y + c_1 z = d_1, \\ a_2 x + b_2 y + c_2 z = d_2 \end{cases}$$

verschafft man sich zwei Gleichungen mit nur zwei Unbekannten (x und y), indem man die dritte Unbekannte (z) aus der ersten und zweiten und aus der zweiten und dritten Gleichung nach einer der vorhergehenden Methoden (am besten nach der dritten) eliminiert. Man kann die Gleichungen auch lösen durch die

Methode der Multiplikatoren.

Man multipliziere die beiden letzten Gleichungen mit zwei neuen Unbekannten u und v und addiere sie zur ersten, so wird:

$$(a + a_1 u + a_2 v)x + (b + b_1 u + b_2 v)y + (c + c_1 u + c_2 v)z = d + d_1 u + d_2 v.$$

Diese Gleichung geht über in:

$$1) \quad (a + a_1 u + a_2 v)x = d + d_1 u + d_2 v,$$

wenn über u und v so bestimmt wird, daß:

$$b + b_1 u + b_2 v = 0,$$
$$c + c_1 u + c_2 v = 0.$$

Man erhält hieraus:

$$2) \quad u = \frac{b_2 c - b c_2}{b_1 c_2 - b_2 c_1}, \quad v = \frac{b c_1 - b_1 c}{b_1 c_2 - b_2 c_1},$$

folglich, wenn man diese Werte in 1) einsetzt:

$$\left(a + a_1 \cdot \frac{b_2 c - b c_2}{b_1 c_2 - b_2 c_1} + a_2 \cdot \frac{b c_1 - b_1 c}{b_1 c_2 - b_2 c_1}\right) x = d + d_1 \cdot \frac{b_2 c - b c_2}{b_1 c_2 - b_2 c_1} + d_2 \cdot \frac{b c_1 - b_1 c}{b_1 c_2 - b_2 c_1}.$$

$$3) \quad x = \frac{d(b_1 c_2 - b_2 c_1) + d_1 (b_2 c - b c_2) + d_2 (b c_1 - b_1 c)}{a(b_1 c_2 - b_2 c_1) + a_1 (b_2 c - b c_2) + a_2 (b c_1 - b_1 c)}.$$

Die Gleichungen γ) bleiben dieselben, wenn man gleichzeitig die Unbekannten und ihre Koefficienten cyklisch vertauscht, d. h. x, y, z in y, z, x und a, b, c in b, c, a u. s. w. verwandelt. Man erhält daher durch bloße Buchstabenvertauschung:

$$4) \quad y = \frac{d(c_1 a_2 - c_2 a_1) + d_1 (c_2 a - c a_2) + d_2 (c a_1 - c_1 a)}{b(c_1 a_2 - c_2 a_1) + b_1 (c_2 a - c a_2) + b_2 (c a_1 - c_1 a)}.$$

$$5) \quad z = \frac{d(a_1 b_2 - a_2 b_1) + d_1 (a_2 b - a b_2) + d_2 (a b_1 - a_1 b)}{c(a_1 b_2 - a_2 b_1) + c_1 (a_2 b - a b_2) + c_2 (a b_1 - a_1 b)}.$$

Es ist zu bemerken, daß die Nenner der Werte von x, y, z gleich sind.

B. Gleichungen vom zweiten Grade.
(Quadratische Gleichungen.)

§ 135. Die allgemeine Form derselben ist:

$$1)\quad fx^2+gx+h=0,$$

oder, wenn man durch f dividiert und $\frac{g}{f}=2a$, $\frac{h}{f}=b$ setzt:

$$2)\quad x^2+2ax+b=0.$$

Die Auffindung ihrer Wurzeln beruht auf der Zerlegung des Trinoms $x^2+2ax+b$ in Faktoren des ersten Grades. Es ist nämlich:

$$\begin{aligned} x^2+2ax+b &= x^2+2ax+a^2-a^2+b \\ &= x^2+2ax+a^2-(a^2-b) \\ &= (x+a)^2-(\sqrt{a^2-b})^2. \end{aligned}$$

$$3)\quad x^2+2ax+b=(x+a-\sqrt{a^2-b})(x+a+\sqrt{a^2-b}).$$

Setzt man zur Abkürzung

$$a-\sqrt{a^2-b}=-x_1,\quad a+\sqrt{a^2-b}=-x_2,$$

so wird:

$$3')\quad x^2+2ax+b=(x-x_1)(x-x_2).$$

Die Gleichung 2) geht also über in:

$$2')\quad x^2+2ax+b=(x-x_1)(x-x_2)=0,$$

und da ein Produkt nur verschwindet, wenn einer seiner Faktoren Null wird, so muß entweder $x-x_1=0$ oder $x-x_2=0$ sein, d. h. es ist

entweder: $4)\quad x=x_1=-a+\sqrt{a^2-b},$

oder: $5)\quad x=x_2=-a-\sqrt{a_2-b},$

also: $6)\quad x=-a\pm\sqrt{a^2-b}.$

§ 136. Es bestehen zwischen x_1 und x_2 die Relationen:

$$1)\quad x_1+x_2=-2a.$$

$$x_1x_2=(-a+\sqrt{a^2-b})(-a-\sqrt{a^2-b})=a^2-(a^2-b),$$

das heißt:

$$2)\quad x_1x_2=b.$$

In Worten: Die Summe der Wurzeln einer quadratischen Gleichung ist gleich dem Koefficienten von x mit entgegengesetztem Vorzeichen; das Produkt der Wurzeln ist gleich dem absoluten Gliede.

Umgekehrt können zwei Zahlen x und y, welche den Gleichungen

$$3)\quad \begin{cases} x+y=a \\ xy=b \end{cases}$$

genügen, angesehen werden als Wurzeln der quadratischen Gleichung:

$$4)\quad z^2-az+b=0,$$

und ihre Werte sind also:

$$x=\frac{a}{2}\pm\sqrt{\frac{a^2}{4}-b},\quad y=\frac{a}{2}\mp\sqrt{\frac{a^2}{4}-b},$$

oder:

$$5)\quad x=\frac{a\pm\sqrt{a^2-4b}}{2},\quad y=\frac{a\mp\sqrt{a^2-4b}}{2}.$$

Die Gleichungen vom vierten und $2n$ten Grade

$$6)\quad x^4+ax^2+b=0 \quad \text{und} \quad 7)\quad x^{2n}+ax^n+b=0$$

führen durch die Substitutionen $x^2=z$ und $x^n=z$ auf eine quadratische.

C. Reciproke Gleichungen.

§ 137a. Eine Gleichung heißt reciprok, wenn der reciproke Wert $\left(\frac{1}{r}\right)$ jeder ihrer Wurzeln (r) ebenfalls Wurzel der Gleichung ist. Eine reciproke Gleichung ändert ihre Form nicht, wenn man die Unbekannte x in $\frac{1}{x}$ verwandelt und nach Fortschaffung der Nenner wieder nach absteigenden Potenzen von x ordnet.

Die Auflösung einer reciproken Gleichung vom $2n$ten oder $2n+1$ten Grade wird auf die einer Gleichung vom $n$ten Grade zurückgeführt.

$$\alpha)\quad x^3+ax^2+ax+1=0.$$

Setzt man $x=y^2$, so wird:

$$y^6+ay^4+ay^2+1=0,$$

und wenn man jetzt durch y^3 dividiert:

$$1)\quad y^3+\frac{1}{y^3}+a\left(y+\frac{1}{y}\right)=0.$$

Es sei:

$$2)\quad \begin{cases} y+\dfrac{1}{y}=u, \text{ so findet man:} \\ y^2+\dfrac{1}{y^2}=u^2-2, \\ y^3+\dfrac{1}{y^3}=u^3-3u, \\ y^4+\dfrac{1}{y^4}=u^4-4u^2+2, \\ y^5+\dfrac{1}{y^5}=u^5-5u^3+5u, \\ \cdot\quad\cdot\quad\cdot\qquad\qquad\qquad\cdot\,; \end{cases}$$

indem man nämlich stets die letzte der bereits vorhandenen Gleichungen mit der ersten multipliziert und vom Produkte die vorletzte abzieht. Also geht 1) über in:

$$u^3-3u+au=0.$$

$$3)\quad u(u^2-3+a)=0,$$

d. h. es ist entweder:

$$4)\quad u=0,\quad \text{also:}\quad y+\frac{1}{y}=0,\quad y^2=-1,\quad x=-1,$$

oder: $$u^2-3+a=0,\quad u^2=3-a,\quad y^2+\frac{1}{y^2}=1-a,$$

$$x+\frac{1}{x}=1-a,\quad x^2-(1-a)x+1=0,$$

$$x=\frac{1-a}{2}\pm\sqrt{\left(\frac{1-a}{2}\right)^2-1},$$

oder: $$5)\quad x=\frac{1-a\pm\sqrt{(a-3)(a+1)}}{2}.$$

$$\beta)\quad x^4+ax^3+bx^2+ax+1=0.$$

$$x^2+\frac{1}{x^2}+a\left(x+\frac{1}{x}\right)+b=0.$$

Setzt man $x+\dfrac{1}{x}=u$, so findet man u durch eine quadratische Gleichung und alsdann x aus der Gleichung $x+\dfrac{1}{x}=u$.

$$\gamma)\quad x^5+ax^4+bx^3+bx^2+ax+1=0.$$

Setzt man $x = y^2$ und dividiert dann durch y^5, so findet man:

$$y^5 + \frac{1}{y^5} + a\left(y^3 + \frac{1}{y^3}\right) + b\left(y + \frac{1}{y}\right) = 0,$$

und wenn jetzt wiederum $y + \frac{1}{y} = u$ gesetzt wird, so folgt, daß

entweder: $u = 0, \quad x = -1,$

oder: $u^4 - 5u^2 + 5 + a(u^2 - 3) + b = 0.$

Man findet jetzt u^2 durch die Auflösung einer quadratischen Gleichung und alsdann x aus der Gleichung:

$$x + \frac{1}{x} = u^2 - 2.$$

§ 137 b. Die Gleichungen

$$\alpha')\quad x^3 + ax^2 - ax - 1 = 0,$$

$$\gamma')\quad x^5 + ax^4 + bx^3 - bx^2 - ax - 1 = 0,$$

welche für $x = -x'$ in die erste Art der reciproken übergehen würden, nehmen durch die Substitution $x = y^2$ die Formen an:

$$y^3 - \frac{1}{y^3} + a\left(y - \frac{1}{y}\right) = 0,$$

$$y^5 - \frac{1}{y^5} + a\left(y^3 - \frac{1}{y^3}\right) + b\left(y - \frac{1}{y}\right) = 0,$$

und sie werden dann gelöst, indem man setzt:

$$2')\quad \begin{cases} y - \frac{1}{y} = z, \quad \text{also:} \\ y^2 + \frac{1}{y^2} = z^2 + 2, \\ y^3 - \frac{1}{y^3} = z^3 + 3z, \\ y^4 + \frac{1}{y^4} = z^4 + 4z^2 + 2, \\ y^5 - \frac{1}{y^5} = z^5 + 5z^3 + 5z. \end{cases}$$

Diese Substitution führt auch zur Lösung von:

$$\delta)\quad y^4 + ay^3 + by^2 - ay + 1 = 0,$$

welche Gleichung zwar nicht reciprok ist, aber für $y = \sqrt{-1}\, y'$ in eine reciproke übergehen würde.

Man findet so für die Wurzeln der Gleichung

$$\varepsilon)\quad \varepsilon^3-1=0 \quad \text{oder} \quad \varepsilon^3=1:$$

$$\varepsilon_1=1,\quad \varepsilon_2=\frac{-1+i\sqrt{3}}{2},\quad \varepsilon_3=\frac{-1-i\sqrt{3}}{2},$$

und es ist:

$$\varepsilon_2\varepsilon_3=1,\quad \varepsilon_2=\frac{1}{\varepsilon_3}=\varepsilon_3^2;\quad \varepsilon_3=\frac{1}{\varepsilon_2}=\varepsilon_2^2;$$

ferner für die Wurzeln der Gleichung:

$$\varrho)\quad \varrho^5-1=0 \quad \text{oder} \quad \varrho^5=1:$$

$$\varrho_1=1,\qquad \varrho_2 \text{ und } \varrho_3=\frac{-1+\sqrt{5}\pm i\sqrt{2(5+\sqrt{5})}}{4},$$

$$\varrho_4 \text{ und } \varrho_5=\frac{-1-\sqrt{5}\pm i\sqrt{2(5-\sqrt{5})}}{4}.$$

Die Gleichungen ε) und ϱ) können auch in die Formen

$$(\varepsilon-1)(\varepsilon^2+\varepsilon+1)=0,$$
$$(\varrho-1)(\varrho^4+\varrho^3+\varrho^2+\varrho+1)=0$$

gebracht und ihre Wurzeln gefunden werden, indem man die Faktoren einzeln gleich Null setzt.

Anmerkung. Die Gleichungen

$$x^4+ax^3-ax-1=0,$$
$$x^6+ax^5+bx^4-bx^2-ax-1=0$$

lassen sich lösen, indem man sie umformt in:

$$(x^2-1)(x^2+ax+1)=0,$$
$$(x^2-1)[x^4+ax^3+(1+b)x^2+ax+1]=0.$$

D. Gleichungen von besonderer Form.

§ 138. Die Gleichung

$$\text{I.}\quad u^3-3u=2a$$

führt durch die Substitution $u=y+\frac{1}{y}$ vermöge § 137a, 2) auf:

$$y^3+\frac{1}{y^3}=2a,$$

woraus folgt:

$$y^3=a+\sqrt{a^2-1},\quad \frac{1}{y^3}=a-\sqrt{a^2-1},$$

$$y=\varepsilon\sqrt[3]{a+\sqrt{a^2-1}},\quad \frac{1}{y}=\frac{1}{\varepsilon}\sqrt[3]{a-\sqrt{a^2-1}},$$

wenn ε eine der drei Wurzeln von $\varepsilon^3 = 1$ bedeutet. Also sind die drei Wurzeln von I. enthalten in der Formel:

$$1)\quad u = \varepsilon\sqrt[3]{a + \sqrt{a^2 - 1}} + \frac{1}{\varepsilon}\sqrt[3]{a - \sqrt{a^2 - 1}}.$$

Durch dieselbe Substitution geht die Gleichung

$$\text{II.}\quad u^5 - 5u^3 + 5u = 2a$$

in

$$y^5 + \frac{1}{y^5} = 2a$$

über, also folgt:

$$2)\quad u = \varrho\sqrt[5]{a + \sqrt{a^2 - 1}} + \frac{1}{\varrho}\sqrt[5]{a - \sqrt{a^2 - 1}},$$

wenn ϱ eine der fünf Wurzeln der Gleichung $\varrho^5 = 1$. — Die Gleichungen

$$\text{III.}\quad z^3 + 3z = 2a.$$

$$\text{IV.}\quad z^5 + 5z^3 + 5z = 2a$$

werden mit Hülfe der Substitution $z = y - \frac{1}{y}$ (§ 137b, 2′) gelöst. Ihre Wurzeln sind:

$$3)\quad z = \varepsilon\sqrt[3]{\sqrt{a^2 + 1} + a} - \frac{1}{\varepsilon}\sqrt[3]{\sqrt{a^2 + 1} - a}.$$

$$4)\quad z = \varrho\sqrt[5]{\sqrt{a^2 + 1} + a} - \frac{1}{\varrho}\sqrt[5]{\sqrt{a^2 + 1} - a}.$$

E. Auflösung der quadratischen Gleichungen mit Hülfe der Kreisfunktionen.

§ 138a. Bezeichnen a und b positive Zahlen, so sind vier Formen quadratischer Gleichungen zu unterscheiden.

$$1)\quad x^2 + 2ax + b = 0;\quad x = -a \pm \sqrt{a^2 - b}.$$

Für $a = \frac{\sqrt{b}}{\sin\alpha}$ wird

$$x_1 = -\frac{\sqrt{b}}{\sin\alpha} + \frac{\sqrt{b}\cos\alpha}{\sin\alpha} = -\sqrt{b}\cdot\frac{1 - \cos\alpha}{\sin\alpha} = -\sqrt{b}\,\mathrm{tg}\tfrac{1}{2}\alpha.$$

Man berechnet also α, x_1, x_2 nach den Formeln:

$$\sin\alpha = \sqrt{b} : a;\quad x_1 = -\sqrt{b}\,\mathrm{tg}\tfrac{1}{2}\alpha;\quad x_2 = -\sqrt{b}\cot\tfrac{1}{2}\alpha.$$

$$2)\quad x^2 - 2ax + b = 0;\ \sin\alpha = \sqrt{b} : a;\ x_1 = \sqrt{b}\cot\tfrac{1}{2}\alpha;\ x_2 = \sqrt{b}\,\mathrm{tg}\tfrac{1}{2}\alpha.$$

$$3)\quad x^2 + 2ax - b = 0;\quad x = -a \pm \sqrt{a^2 + b}.$$

Für $a=\frac{\sqrt{b}}{\operatorname{tg}\alpha}$ wird

$$x_1=-\frac{\sqrt{b}}{\operatorname{tg}\alpha}+\frac{\sqrt{b}}{\sin\alpha}=\sqrt{b}\cdot\frac{1-\cos\alpha}{\sin\alpha}=\sqrt{b}\operatorname{tg}\tfrac{1}{2}\alpha. \quad \text{Also:}$$

$$\operatorname{tg}\alpha=\sqrt{b}:a;\quad x_1=\sqrt{b}\operatorname{tg}\tfrac{1}{2}\alpha;\quad x_2=-\sqrt{b}\cot\tfrac{1}{2}\alpha.$$

4) $x^2-2ax-b=0;\ \operatorname{tg}\alpha=\sqrt{b}:a;\ x_1=\sqrt{b}\cot\tfrac{1}{2}\alpha;\ x_2=-\sqrt{b}\operatorname{tg}\tfrac{1}{2}\alpha.$

F. Binomische Gleichungen des $n$ten Grades.

§ 139. α) $x^n=1$.

Es sei

$$x=\cos\varphi+i\sin\varphi,$$

so wird mit Rücksicht auf § 189:

$$(\cos\varphi+i\sin\varphi)^n=1,$$
$$\cos n\varphi+i\sin n\varphi=1,$$
$$\cos n\varphi=1,\ \sin n\varphi=0,$$

$n\varphi=2k\pi$ (k eine beliebige ganze Zahl), also:

$$\varphi=\frac{1}{n}2k\pi;$$

$$1)\quad x=\cos\frac{1}{n}2k\pi+i\sin\frac{1}{n}2k\pi.$$

Um alle n Wurzeln zu erhalten, hat man hierin n aufeinanderfolgende ganze Zahlen für k einzusetzen. Ist n gerade, so erhält man für

$$k=0,\ \pm1,\ \pm2,\ \ldots\pm\left(\frac{n}{2}-1\right),\ \frac{n}{2}$$

die Werte:

$$2)\quad \begin{cases} x=1,\quad \cos\frac{1}{n}2\pi\pm i\sin\frac{1}{n}2\pi,\quad \cos\frac{1}{n}4\pi\pm i\sin\frac{1}{n}4\pi,\\ \ldots\ldots\ldots\ldots\\ \cos\frac{1}{n}(n-2)\pi\pm i\sin\frac{1}{n}(n-2)\pi,\quad -1; \end{cases}$$

und ist n ungerade, so findet man für

$$k=0,\ \pm1,\ \pm2,\ \ldots\pm\frac{n-1}{2}:$$

$$3)\quad \begin{cases} x=1,\quad \cos\frac{1}{n}2\pi\pm i\sin\frac{1}{n}2\pi,\quad \cos\frac{1}{n}4\pi\pm i\sin\frac{1}{n}4\pi,\\ \ldots\ldots\ldots\ldots\\ \cos\frac{1}{n}(n-1)\pi\pm i\sin\frac{1}{n}(n-1)\pi. \end{cases}$$

Die Wurzeln der Gleichung

$$\beta)\quad x^n = -1$$

sind enthalten in der Formel:

$$4)\quad x = \cos\frac{1}{n}(2k+1)\pi + i\sin\frac{1}{n}(2k+1)\pi.$$

§ 140. $\gamma)\quad x^n = a \pm bi.$

Es sei

$$a = r\cos\varphi,\ b = r\sin\varphi,$$

so wird:

$$1)\quad \operatorname{tg}\varphi = \frac{b}{a} \quad \text{und} \quad r = \sqrt{a^2+b^2}.$$

$$x^n = r(\cos\varphi \pm i\sin\varphi),$$

$$x = r^{\frac{1}{n}}(\cos\varphi \pm i\sin\varphi)^{\frac{1}{n}}.1^{\frac{1}{n}},$$

$$x = r^{\frac{1}{n}}\left(\cos\frac{1}{n}\varphi \pm i\sin\frac{1}{n}\varphi\right)\left(\cos\frac{1}{n}2k\pi \pm i\sin\frac{1}{n}2k\pi\right),$$

$$2)\quad x = r^{\frac{1}{n}}\left\{\cos\frac{1}{n}(2k\pi+\varphi) \pm i\sin\frac{1}{n}(2k\pi+\varphi)\right\},$$

oder

$$2')\quad \sqrt[n]{a \pm bi} = \sqrt[2n]{a^2+b^2}\left\{\cos\frac{1}{n}\left(2k\pi + \operatorname{arc}\operatorname{tg}\frac{b}{a}\right)\right.$$

$$\left. \pm i\sin\frac{1}{n}\left(2k\pi + \operatorname{arc}\operatorname{tg}\frac{b}{a}\right)\right\}.$$

Unter a und b sind positive Zahlen, und unter φ oder $\operatorname{arc}\operatorname{tg}\frac{b}{a}$ ist der zwischen 0 und $\frac{1}{2}\pi$ liegende Bogen zu verstehen, dessen Tangente $=\frac{b}{a}$. — Der Ausdruck für $\sqrt[n]{-a \mp bi} = \sqrt[n]{-1}\sqrt[n]{a \pm bi}$ unterscheidet sich von dem vorhergehenden nur dadurch, daß $2k$ mit $2k+1$ vertauscht ist.

Anmerkung. Dieselbe Substitution für a und b führt zu der Auflösung der Gleichung $a\cos x + b\sin x = c$; man erhält durch sie:

$$\cos(x-\varphi) = \frac{c}{r}.$$

G. Gleichungen vom dritten Grade.
(Kubische Gleichungen.)

§ 141. Die Gleichung

$$1)\quad y^3+3\alpha y^2+3\beta y+\gamma=0$$

läßt sich in der Form schreiben:

$$(y+\alpha)^3-3\alpha^2 y-\alpha^3+3\beta y+\gamma=0.$$

Wenn man nun $y+\alpha=x$, d. h. $y=x-\alpha$ setzt, so erhält man für die neue Unbekannte x eine Gleichung, in welcher die zweite Potenz dieser Unbekannten nicht vorkommt. Die reduzierte kubische Gleichung nimmt die Form an:

$$2)\quad x^3-3ax=2b.$$

Setzt man $x=\sqrt{a}\,.\,u$ oder $x=\sqrt{-a}\,.\,z$, je nachdem a positiv oder negativ ist, so geht sie über in:

$$2')\quad u^3-3u=\frac{2b}{\sqrt{a^3}}\quad \text{oder in}\quad 2'')\quad z^3+3z=\frac{2b}{\sqrt{-a^3}},$$

welche Gleichungen in § 138 bereits gelöst sind.

Um die Gleichung 2) direkt zu lösen, geht man von der identischen Gleichung aus:

$$3)\quad (\alpha+\beta)^3-3\alpha\beta(\alpha+\beta)=\alpha^3+\beta^3.$$

Die Vergleichung derselben mit 2) zeigt, daß

$$x=\alpha+\beta$$

wird, wenn α und β aus den Gleichungen

$$\alpha\beta=a,\quad \alpha^3+\beta^3=2b$$

bestimmt werden. Nach § 136, 3) sind nun α^3 und β^3 die Wurzeln der quadratischen Gleichung $z^2-2bz+a^3=0$; also

$$\alpha^3=b+\sqrt{b^2-a^3},\quad \beta^3=b-\sqrt{b^2-a^3},$$

$$\alpha=\varepsilon\sqrt[3]{b+\sqrt{b^2-a^3}},\quad \beta=\frac{1}{\varepsilon}\sqrt[3]{b-\sqrt{b^2-a^3}}\left(=\frac{a}{\alpha}\right),$$

worin ε jeden der drei Werte von $\sqrt[3]{1}$ bedeuten kann. Setzt man nun

$$\sqrt[3]{b+\sqrt{b^2-a^3}}=p,\quad \sqrt[3]{b-\sqrt{b^2-a^3}}=q,$$

so ist $x=\varepsilon.p+\frac{1}{\varepsilon}\cdot q$. Nach § 137 b ist aber:

$$\varepsilon_1=1,\quad \varepsilon_2=-\tfrac{1}{2}+\tfrac{1}{2}i\sqrt{3}=\frac{1}{\varepsilon_3},\quad \varepsilon_3=-\tfrac{1}{2}-\tfrac{1}{2}i\sqrt{3}=\frac{1}{\varepsilon_2}.$$

Also sind die drei Wurzeln der Gleichung $x^3-3ax=2b$:

$$4)\quad \begin{cases} x_1 = \sqrt[3]{b+\sqrt{b^2-a^3}} + \sqrt[3]{b-\sqrt{b^2-a^3}} = p+q, \\ x_2 = \varepsilon_2 p + \varepsilon_3 q = -\frac{1}{2}(p+q) + i.\frac{1}{2}\sqrt{3}(p-q), \\ x_3 = \varepsilon_3 p + \varepsilon_2 q = -\frac{1}{2}(p+q) - i.\frac{1}{2}\sqrt{3}(p-q). \end{cases}$$

Der Ausdruck für x_1 heißt die Cardanische Formel. Für $b^2-a^3=0$ wird $x_1 = 2\sqrt[3]{b}$, $x_2 = x_3 = -\sqrt[3]{b}$; es sind dann also alle drei Wurzeln reell und zwei einander gleich. Ist $b^2-a^3>0$, so sind p und q reell und ungleich, also x_1 reell, x_2 und x_3 imaginär.

§ 141 a. Ist für diesen letzteren Fall ($b^2-a^3>0$) a positiv, so nimmt die reelle Wurzel der Gleichung $x^3-3ax=2b$ die Form an

$$x_1 = \sqrt{a}(\sqrt[3]{\cot\tfrac{1}{2}\varphi} + \sqrt[3]{\operatorname{tg}\tfrac{1}{2}\varphi}),$$

wenn man

$$\frac{\sqrt{a^3}}{b} = \sin\varphi$$

setzt. Hat aber a einen beliebigen negativen Wert, dann wird $-a$ positiv und

$$x_1 = \sqrt{-a}(\sqrt[3]{\cot\tfrac{1}{2}\varphi} - \sqrt[3]{\operatorname{tg}\tfrac{1}{2}\varphi})$$

für

$$\frac{\sqrt{-a^3}}{b} = \operatorname{tg}\varphi.$$

In beiden Fällen wird x_1 positiv, wenn b positiv ist. Ist aber b negativ, so muß auch φ negativ (zwischen 0° und −90°) gewählt werden, und x_1 wird negativ.

§ 142. Ist $b^2-a^3<0$, so erhält man x zunächst in der Form

$$x = \alpha+\beta = \sqrt[3]{b+i\sqrt{a^3-b^2}} + \sqrt[3]{b-i\sqrt{a^3-b^2}}.$$

Setzt man $b=\sqrt{a^3}\,.\cos\varphi$, so wird

$$x = \sqrt{a}(\cos\varphi + i\sin\varphi)^{\frac{1}{3}} + \sqrt{a}(\cos\varphi - i\sin\varphi)^{\frac{1}{3}};$$

$$x = \sqrt{a}(\cos\tfrac{1}{3}\varphi + i\sin\tfrac{1}{3}\varphi) + \sqrt{a}(\cos\tfrac{1}{3}\varphi - i\sin\tfrac{1}{3}\varphi) \quad (\S\ 189,\ 3);$$

$$x = 2\sqrt{a}\,.\cos\tfrac{1}{3}\varphi.$$

Berechnet man also aus der Gleichung

$$5)\quad \cos\varphi = \frac{b}{\sqrt{a^3}}$$

den zwischen 0° und 180° enthaltenen Wert des Winkels φ und beachtet, daß dann derselben Gleichung auch die Werte 360°—φ und

$360^\circ+\varphi$ genügen, so erhält man für die Wurzeln der Gleichung $x^3-3ax=2b$ die drei reellen und ungleichen Werte:

$$6)\quad \begin{cases} x_1=2\sqrt{a}.\cos\frac{1}{3}\varphi, \\ x_2=2\sqrt{a}.\cos\frac{1}{3}(360^\circ-\varphi)=-2\sqrt{a}.\cos(60^\circ+\frac{1}{3}\varphi), \\ x_3=2\sqrt{a}.\cos\frac{1}{3}(360^\circ+\varphi)=-2\sqrt{a}.\cos(60^\circ-\frac{1}{3}\varphi). \end{cases}$$

Ist $b>0$, so ist $\varphi<90^\circ$, und es sind x_1 positiv, x_2 und x_3 negativ. Ist $b<0$, so ist $\varphi>90^\circ$, x_1 und x_2 positiv, x_3 negativ.

§ 142a. Will man diese Werte von x nicht aus der algebraischen Form der Wurzeln, sondern nur mit Hülfe der Trigonometrie ableiten, so beachte man, daß nach § 175, 9) die identische Gleichung gilt

$$\cos\tfrac{1}{3}\varphi^3-\tfrac{3}{4}\cos\tfrac{1}{3}\varphi=\tfrac{1}{4}\cos\varphi,$$

daß also der Gleichung $y^3-\frac{3}{4}y=\frac{1}{4}n$ der Wert $y=\cos\frac{1}{3}\varphi$ genügt, wenn $n=\cos\varphi$ gesetzt wird. Da nun durch die Substitution $x=2\sqrt{a}.y$ die Gleichung

$$x^3-3ax=2b \quad \text{in} \quad y^3-\tfrac{3}{4}y=\tfrac{1}{4}\cdot\frac{b}{\sqrt{a^3}}$$

übergeht, so wird $x=2\sqrt{a}.\cos\frac{1}{3}\varphi$ für $b:\sqrt{a^3}=\cos\varphi$, welche Gleichung mit 5) übereinstimmt.

H. Gleichungen des vierten Grades.
(Biquadratische Gleichungen.)

143. Die Gleichung

$$1)\quad y^4+\alpha y^3+\beta y^2+\gamma y+\delta=0$$

läßt sich, indem man $y=x-\frac{1}{4}\alpha$ setzt, auf die Form bringen:

$$2)\quad x^4+ax^2+bx+c=0.$$

Es werde gesetzt:

$$3)\quad x^4+ax^2+bx+c=(x^2+px+q)(x^2-px+q').$$

Die rechte Seite dieser Gleichung ist

$$=x^4+(q+q'-p^2)x^2+p(q'-q)x+qq',$$

und ihre Vergleichung mit der linken ergiebt:

$$q+q'-p^2=a,\quad p(q'-q)=b,\quad qq'=c.$$

Es folgt hieraus:

$$q'+q=a+p^2,\quad q'-q=\frac{b}{p}\cdot$$

$$4)\quad q=\tfrac{1}{2}\left(a+p^2-\frac{b}{p}\right),$$

$$5)\quad q'=\tfrac{1}{2}\left(a+p^2+\frac{b}{p}\right),$$

also, da $qq'=c$ ist:

$$\tfrac{1}{4}\left\{(a+p^2)^2-\frac{b^2}{p^2}\right\}=c,$$

$$a^2+2ap^2+p^4-\frac{b^2}{p^2}=4c.$$

$$6)\quad p^6+2ap^4+(a^2-4c)p^2-b^2=0.$$

Diese Gleichung verwandelt sich, wenn $p^2=z$ gesetzt wird, in:

$$7)\quad z^3+2az^2+(a^2-4c)z-b^2=0.$$

Hieraus kann man z berechnen, und es sind daher auch p, q und q' als bekannt anzusehen. Da nun die gegebene Gleichung 2) identisch ist mit

$$(x^2+px+q)(x^2-px+q')=0,$$

so zerfällt sie in die beiden folgenden:

$$8)\quad \begin{cases} x^2+px+q'=0 \\ x^2-px+q\;=0 \end{cases}$$

und hat demnach die vier Wurzeln:

$$9)\quad \begin{cases} x=-\dfrac{p}{2}\pm\sqrt{\dfrac{p^2}{4}-q}, \\ x=\;\;\;\dfrac{p}{2}\pm\sqrt{\dfrac{p^2}{4}-q'}. \end{cases}$$

Anmerkung. Damit die Faktoren zweiten Grades x^2+px+q und x^2-px+q' nicht imaginär werden, muß p reell sein, d. h. z einen reellen positiven Wert haben. Sind nun z_1, z_2, z_3 die drei Werte von z, so ist die Gleichung 7) identisch mit

$$(z-z_1)(z-z_2)(z-z_3)=0,$$

oder

$$z^3-(z_1+z_2+z_3)z^2+(z_2z_3+z_3z_1+z_1z_2)z-z_1z_2z_3=0;$$

folglich ist:

$$z_1z_2z_3=b^2.$$

Wenn daher die Wurzeln z_1, z_2, z_3 alle drei reell sind, so sind sie entweder alle drei oder doch eine derselben positiv; im ersten Falle giebt es drei, im zweiten eine Zerlegung des Polynoms vierten Grades in reelle Faktoren zweiten Grades. Sind dagegen z_2 und z_3

imaginär, so haben sie die Form:

$$z_2 = \alpha + \beta i, \quad z_3 = \alpha - \beta i,$$

also ist

$$z_2 z_3 = \alpha^2 + \beta^2,$$

mithin z_1 positiv. Daher giebt es auch in diesem Falle eine Zerlegung in reelle Faktoren.

§ 144. Eine andere Methode, die Gleichung 2), oder auch unmittelbar die nicht reduzierte Gleichung 1) aufzulösen, ist folgende. Man setzt $y = \lambda z + \mu$ und verfügt über λ und μ so, daß der Koefficient von z^4 dem absoluten Gliede und der von z^3 dem von z gleich, die transformierte Gleichung also reciprok wird (137 a, β). Die Rechnung ergiebt für μ eine Gleichung dritten Grades.

VII. Kettenbrüche.

§ 145a (145, 146). Der Ausdruck $l + \frac{m}{n}$ kann für beliebige Werte von l, m, n als eine gemischte Zahl und n als ihr Nenner bezeichnet werden. Unter einem Kettenbruch versteht man eine gemischte Zahl, deren Nenner ebenfalls eine gemischte Zahl ist, deren Nenner wieder eine gemischte Zahl sein darf u. s. w. Die allgemeinste Form eines Kettenbruches ist hiernach

$$b + \cfrac{a_1}{b_1 + \cfrac{a_2}{b_2 + \cfrac{a_3}{b_3 + \cdots}}}$$

Im Folgenden werden nur solche Kettenbrüche betrachtet, in welchen die Größen $a_1, a_2, a_3, \ldots$ (die Teilzähler) sämtlich gleich 1 und die Größen $b_1, b_2, b_3, \ldots$ (die Teilnenner) positive ganze Zahlen sind. Die Zahl b sei entweder ganz und positiv oder gleich Null.

Bricht man den Kettenbruch

$$1)\quad b + \cfrac{1}{b_1 + \cfrac{1}{b_2 + \cfrac{1}{b_3 + \cdots + \cfrac{1}{b_m}}}}$$

nach dem $k$ten Teilnenner (b_k) ab, so erhält man den $k$ten Näherungswert des Kettenbruches. Der letzte Näherungswert fällt zusammen mit dem vollständigen Kettenbruche.

Zähler und Nenner des gemeinen Bruches, in den man sich den $k$ten Näherungswert verwandelt denken kann, mögen durch z_k und n_k bezeichnet werden.

Auch die Zahl b kann noch als Näherungswert betrachtet werden und wird als solcher durch $\frac{z_0}{n_0}$ bezeichnet. Es ist also:

$$\frac{z_0}{n_0} = b, \quad \frac{z_1}{n_1} = b + \frac{1}{b_1}, \quad \frac{z_2}{n_2} = b + \cfrac{1}{b_1 + \cfrac{1}{b_2}} \quad \text{u. s. w.};$$

folglich:

$$2) \quad \frac{z_0}{n_0} = \frac{b}{1}, \quad \frac{z_1}{n_1} = \frac{bb_1 + 1}{b_1}, \quad \frac{z_2}{n_2} = \frac{bb_1b_2 + b + b_2}{b_1b_2 + 1},$$

das heißt: $z_0 = b$, $n_0 = 1$, $z_1 = bb_1 + 1$, $n_1 = b_1$ u. s. w. Nun läßt sich $z_2 : n_2$ auch in der Form schreiben

$$\frac{z_2}{n_2} = \frac{b_2(bb_1 + 1) + b}{b_2b_1 + 1}; \quad \text{also ist} \quad 3) \quad \frac{z_2}{n_2} = \frac{b_2z_1 + z_0}{b_2n_1 + n_0}.$$

Allgemein gilt die Formel:

$$4) \quad \frac{z_k}{n_k} = \frac{b_kz_{k-1} + z_{k-2}}{b_kn_{k-1} + n_{k-2}} \qquad (k \geqq 2).$$

Um dies nachzuweisen, zeigt man, daß 4) auch für den $k+1$ten Näherungswert gilt, wenn sie für den $k$ten richtig ist. Nun entsteht der $k+1$te Näherungswert aus dem $k$ten durch Verwandlung von b_k in $b_k + \frac{1}{b_{k+1}}$; demnach wird

$$\frac{z_{k+1}}{n_{k+1}} = \frac{\left(b_k + \frac{1}{b_{k+1}}\right)z_{k-1} + z_{k-2}}{\left(b_k + \frac{1}{b_{k+1}}\right)n_{k-1} + n_{k-2}} = \frac{z_k + \frac{z_{k-1}}{b_{k+1}}}{n_k + \frac{n_{k-1}}{b_{k+1}}}, \quad \text{also:}$$

$$\frac{z_{k+1}}{n_{k+1}} = \frac{b_{k+1}z_k + z_{k-1}}{b_{k+1}n_k + n_{k-1}}.$$

Wenn also 4) für einen bestimmten Wert von k gilt, so gilt sie in der That auch für den um 1 größeren Wert. Nach 3) gilt sie nun für $k = 2$; folglich gilt sie auch für $k = 3$, mithin auch für $k = 4$ u. s. w. Sie gilt also (von $k = 2$ ab) allgemein, und zwar ist:

$$5) \quad z_k = b_kz_{k-1} + z_{k-2} \quad \text{und} \quad n_k = b_kn_{k-1} + n_{k-2}.$$

Nach diesen letzten Formeln kann man nun, nachdem man z_0, n_0, z_1, n_1 gebildet hat, die Zähler und Nenner aller Näherungswerte nach und nach sehr leicht berechnen, und dadurch wird zuletzt der ganze Kettenbruch in einen gemeinen Bruch verwandelt.

§ 145b (147). Aus 2) und 3) folgt:

$$6)\quad \frac{z_0}{n_0}-\frac{z_1}{n_1}=-\frac{1}{b_1}=-\frac{1}{n_0 n_1};\qquad 6')\quad z_0 n_1 - z_1 n_0 = -1.$$

$$7)\quad \frac{z_1}{n_1}-\frac{z_2}{n_2}=\frac{1}{n_1 n_2};\qquad 7')\quad z_1 n_2 - z_2 n_1 = +1.$$

Allgemein ist:

$$8)\quad \frac{z_{k-1}}{n_{k-1}}-\frac{z_k}{n_k}=\frac{(-1)^k}{n_{k-1}n_k};\qquad 8')\quad z_{k-1}n_k - z_k n_{k-1} = (-1)^k.$$

Dieser Satz wird bewiesen, indem man b_k aus den Gleichungen 5) eliminiert, in der so erhaltenen Gleichung

$$z_{k-1}n_k - z_k n_{k-1} = (-1)(z_{k-2}n_{k-1} - z_{k-1}n_{k-2})$$

$k=3, 4, 5, \ldots k$ setzt und die $k-2$ neuen Gleichungen mit einander multipliziert.

§ 145c (148). Um das Verhältnis zweier Größen a und b zu bestimmen, sucht man die größte in $a:b$ enthaltene ganze Zahl q und den Rest r, dann die größte in $b:r$ enthaltene ganze Zahl q_1 und den Rest r_1 u. s. w.; und man erhält so eine Reihe von Gleichungen, die zu der Darstellung von $a:b$ durch einen Kettenbruch führt:

$$\frac{a}{b}=q+\frac{r}{b}=q+\frac{1}{\left(\frac{b}{r}\right)}$$

$$\frac{b}{r}=q_1+\frac{r_1}{r}=q_1+\frac{1}{\left(\frac{r}{r_1}\right)}\qquad \frac{a}{b}=q+\cfrac{1}{q_1+\cfrac{1}{q_2+\cfrac{1}{q_3+\cfrac{1}{\left(\frac{r_2}{r_3}\right)}}}}$$

$$\frac{r}{r_1}=q_2+\frac{r_2}{r_1}=q_2+\frac{1}{\left(\frac{r_1}{r_2}\right)}$$

$$\frac{r_1}{r_2}=q_3+\frac{r_3}{r_2}=q_3+\frac{1}{\left(\frac{r_2}{r_3}\right)}$$

u. s. w.

Wenn a und b ganze positive Zahlen sind, so bilden die Reste r, r_1, r_2, . . eine Reihe von immer kleiner werdenden ganzen positiven Zahlen, also eine notwendig abbrechende Reihe. Es muß also ein Rest der letzte sein, oder es muß das Verhältnis $r_{k-1}:r_k$ schließlich gleich einer ganzen Zahl werden. Folglich läßt sich jeder gemeine Bruch $a:b$ in einen Kettenbruch von der Form 1) verwandeln.

Ferner hat man, wenn z. B. r_3 der letzte Rest, also $r_2:r_3$ eine ganze Zahl q_4 ist:

$$a = bq + r, \quad b = rq_1 + r_1, \quad r = r_1 q_2 + r_2, \quad r_1 = r_2 q_3 + r_3,$$
$$r_2 = r_3 q_4.$$

Hieraus folgt leicht, daß dann r_3 der größte gemeinschaftliche Teiler der Zahlen a und b ist. Denn jede in a und b aufgehende Zahl muß nach der ersten Gleichung auch in r, nach der zweiten auch in r_1, nach der dritten in r_2, nach der vierten in r_3 aufgehen, kann also höchstens gleich r_3 sein. Nach der fünften Gleichung geht aber r_3 wirklich in r_2 auf, und vermöge der vorhergehenden Gleichungen auch in r_1, r, b, a. Es ist daher stets der letzte Rest der größte gemeinschaftliche Teiler der Zahlen a und b, und wenn diese Zahlen relativen Primzahlen sind (d. h. außer der Einheit keinen gemeinschaftlichen Teiler haben), so muß der letzte Rest gleich 1 sein.

Beispiel. Verwandlung von 134 : 59 in einen Kettenbruch.

```
59|134|2
   118
   ---
    16|59|3
       48
       --
       11|16|1
          11
          --
           5|11|2
             10
             --
              1|5|5
                5
                -
```

$$\frac{134}{59} = 2 + \cfrac{1}{3 + \cfrac{1}{1 + \cfrac{1}{2 + \cfrac{1}{5}}}}$$

Hätte man dasselbe Verfahren auf den Bruch 2278 : 1003 angewandt, so würde man dieselben Quotienten 2, 3, 1, 2, 5, aber die Reste 272, 187, 85, 17 erhalten und hieraus ersehen haben, daß 17 der größte gemeinschaftliche Teiler von 2278 und 1003, und daß 2278 : 1003 = 134 : 59 ist.

Nach den Formeln 5) $z_k = b_k z_{k-1} + z_{k-2}$, $n_k = b_k n_{k-1} + n_{k-2}$ sind für das gegebene Beispiel die Näherungswerte:

$$\left(\frac{2}{1}\right), \quad \underset{\text{I}}{\frac{7}{3}}, \quad \underset{\text{II}}{\frac{9}{4}}, \quad \underset{\text{III}}{\frac{25}{11}}, \quad \underset{\text{IV.}}{\frac{134}{59}}.$$

(mit den Teilnennern 1, 2, 5 über den Übergängen I–II, II–III, III–IV)

§ 146a (149). Zähler und Nenner jedes Näherungswertes sind relative Primzahlen.

Beweis. Nach 8′) ist

$$z_{k-1} n_k - z_k n_{k-1} = (-1)^k.$$

Hätten nun n_k und z_k einen gemeinschaftlichen Teiler, so müßte derselbe auch ein Teiler von $(-1)^k$ sein, was unmöglich ist.

§ 146b (150). Die Näherungswerte sind gegen den wahren Wert des Kettenbruches abwechselnd zu groß und zu klein, aber jeder kommt dem wahren Werte näher als alle vorangehenden.

Beweis. Da von zwei Brüchen mit gleichem Zähler derjenige der größere ist, welcher den kleineren Nenner hat, so ist:

$$\text{I)} \quad b + \frac{1}{b_1} > b + \cfrac{1}{b_1 + \cfrac{1}{b_2 + \cdots}}$$

Da auch $b_1 + \frac{1}{b_2} > b_1 + \cfrac{1}{b_2 + \cfrac{1}{b_3 + \cdots}}$,

so folgt weiter:

$$\text{II)} \quad b + \cfrac{1}{b_1 + \cfrac{1}{b_2}} < b + \cfrac{1}{b_1 + \cfrac{1}{b_2 + \cfrac{1}{b_3 + \cdots}}}$$

u. s. w.

Jeder ungerade Näherungswert ist also größer und jeder gerade kleiner als alle ihm folgenden und auch als der ganze Kettenbruch, dessen Wert demnach stets zwischen zwei benachbarten Näherungswerten liegt. Nach der Formel 8) in § 145b ist:

$$\frac{z_{k-1}}{n_{k-1}} - \frac{z_k}{n_k} = \frac{(-1)^k}{n_{k-1} n_k}, \quad \frac{z_k}{n_k} - \frac{z_{k+1}}{n_{k+1}} = \frac{(-1)^{k+1}}{n_k n_{k+1}}.$$

Da nun nach 5) $n_{k+1} = b_{k+1} n_k + n_{k-1}$, b_{k+1} aber eine ganze Zahl und, wenn $k > 1$, stets $n_k > n_{k-1}$ ist, so ist $n_{k+1} > 2n_{k-1}$. Die zweite

Differenz ist also kleiner als die Hälfte der ersten, d. h. der $k+1$te Näherungswert, und folglich der ganze Kettenbruch, liegt dem $k$ten Näherungswert näher als dem $k-1$ten.

§ 146c (151). Es giebt keinen Bruch, der dem wahren Werte des Kettenbruches näher käme als ein Näherungswert und dabei mit kleineren Zahlen geschrieben würde.

Beweis. Da der Kettenbruch K nach § 146b zwischen dem $k-1$ten und $k$ten Näherungswerte, und zwar näher an letzterem liegt, so muß jeder Bruch $\frac{p}{q}$, der dem K noch näher als $\frac{z_k}{n_k}$ kommt, zwischen denselben Werten enthalten sein. Es müssen also die Differenzen

$$\frac{z_{k-1}}{n_{k-1}} - \frac{p}{q} \text{ und } \frac{p}{q} - \frac{z_k}{n_k}$$

einerlei Vorzeichen haben, nämlich das positive oder negative, je nachdem k gerade oder ungerade ist. Setzt man also:

$$qz_{k-1} - pn_{k-1} = (-1)^k \alpha, \quad pn_k - qz_k = (-1)^k \beta,$$

so sind α und β notwendig beide ganze positive Zahlen. Durch Auflösung dieser Gleichungen erhält man mit Rücksicht auf 8') für p und q die Ausdrücke:

$$p = \alpha z_k + \beta z_{k-1}, \quad q = \alpha n_k + \beta n_{k-1}.$$

Mithin ist $p > z_k$ und $q > n_k$.

Anmerkung. Wenn der Kettenbruch $b + \cfrac{1}{b_1 + \cdots}$ unendlich viele Teilnenner enthält, so besitzt er, weil dann nach 8) in § 145b die Differenz zweier aufeinanderfolgenden Näherungswerte bei wachsendem k schließlich verschwindend klein wird, gleichwohl einen bestimmten endlichen Wert. Aber dieser Wert ist irrational; denn nach § 145c ist für jeden Bruch, den man in einen Kettenbruch verwandelt, die Anzahl der Teilnenner eine endliche.

§ 146d (152). Der vorhergehende Satz wird benutzt, um den Wert eines Bruches oder einer Irrationalzahl auf möglichst vorteilhafte Weise in kleineren Zahlen angenähert auszudrücken. Der Fehler, den man begeht, wenn man statt des wahren Wertes den $k$ten Näherungswert setzt, beträgt nach § 146b weniger als der Bruch $1 : (n_k \, . \, n_{k+1})$, jedoch mehr als die Hälfte dieses Bruches.

Beispiel. $\pi = 3{,}141592653589\ldots$

$$\frac{3{,}14159265359}{1{,}00000000000} = 3 + \cfrac{1}{7 + \cfrac{1}{15 + \cfrac{1}{1 + \cfrac{1}{292 + \cdots}}}}$$

Näherungswerte:

$$\left(\frac{3}{1}\right), \quad \frac{22}{7}, \quad \frac{333}{106}, \quad \frac{355}{113}, \quad \frac{103993}{33102}, \quad \ldots$$

Leicht zu merken (nach dem Schema 113|355) ist der Bruch:

$$\frac{355}{113} = 3{,}14159292\ldots$$

§ 147a (153). Gleichungen, deren Anzahl kleiner als die Anzahl der in ihnen vorkommenden Unbekannten ist, und aus denen für die letzteren ganzzahlige Werte gesucht werden, heißen **unbestimmte** oder **diophantische Gleichungen.**

Die diophantische Gleichung ersten Grades mit zwei Unbekannten

$$1)\quad ax + by = c,$$

worin a, b, c ganze Zahlen, die nicht alle drei durch eine und dieselbe Zahl teilbar sind, ist durch ganze Werte von x und y nur auflösbar, wenn a und b relative Primzahlen sind. Dies vorausgesetzt, seien $x = \xi$, $y = \eta$ zwei besondere Werte, die ihr genügen, also $a\xi + b\eta = c$; dann folgt durch Subtraktion:

$$a(x-\xi) + b(y-\eta) = 0 \quad \text{oder} \quad b(y-\eta) = -a(x-\xi).$$

Es muß also $x - \xi$ dividiert durch b eine ganze Zahl m sein; d. h. die allgemeinen Werte von x und y sind:

$$2)\quad x = \xi + bm, \quad y = \eta - am.$$

§ 147b (154). Die Gleichung

$$3)\quad ax - by = \pm 1$$

wird gelöst, indem man $\frac{b}{a}$ in einen Kettenbruch verwandelt und den vorletzten Näherungswert $\left(\frac{\beta}{\alpha}\right)$ berechnet. Dann ist nach 8'):

$$4)\quad a\beta - b\alpha = \pm 1,$$

also

$$5)\quad x = \pm\beta + bm, \quad y = \pm\alpha + am,$$

worin m eine ganze Zahl, und vor β und α das obere oder untere Zeichen zu nehmen ist, je nachdem die rechten Seiten von 3) und 4) gleiche oder entgegengesetzte Vorzeichen haben.

Die Auflösungen der Gleichungen

$$6)\quad ax - by = \pm c \quad \text{und} \quad 7)\quad ax + by = \pm c$$

sind, wenn β und α wieder der Gleichung 4) genügen:

$$6')\quad \begin{matrix} x = \pm\beta c + bm \\ y = \pm\alpha c + am \end{matrix} \quad \text{und} \quad 7')\quad \begin{matrix} x = \pm\beta c + bm \\ y = \mp\alpha c - am. \end{matrix}$$

Beispiel. Den Bruch $\frac{69}{77}$ als die Summe oder Differenz zweier Brüche mit den Nennern 7 und 11 darzustellen.

$$\frac{69}{77} = \frac{x}{7} + \frac{y}{11}, \quad 11x + 7y = 69.$$

$$\frac{7}{11} = \cfrac{1}{1 + \cfrac{1}{1 + \cfrac{1}{1 + \cfrac{1}{3}}}} \qquad \text{Näherungswerte:} \quad \frac{1}{1}, \quad \frac{1}{2}, \quad \frac{2}{3}, \quad \frac{7}{11}.$$

$$11.2 - 7.3 = 1,$$
$$11.x + 7.y = 69.$$
$$x = 2.69 + 7m = 138 + 7m,$$
$$y = -3.69 - 11m = -207 - 11m.$$

Für $m = -20$ wird $x = -2$, $y = 13$. Also ist:

$$x = \cdots, \quad -2, \quad 5, \quad 12, \quad 19, \quad 26, \ldots .$$
$$y = \cdots, \quad 13, \quad 2, \quad -9, \quad -20, \quad -31, \ldots .$$

$$\frac{69}{77} = \frac{5}{7} + \frac{2}{11} = \frac{12}{7} - \frac{9}{11} = \frac{13}{11} - \frac{2}{7} \text{ u. s. w.}$$

Anmerkung. Um mit kleineren Zahlen zu rechnen, hätte man die Gleichung $11x + 7y = 69$ in der Form $11x + 7(y - 10) = -1$ schreiben können und würde dann durch Vergleichung mit $11.(-2) + 7.3 = -1$ die speciellen Werte $x = -2$ und $y - 10 = 3$, also $y = 13$ erhalten haben. — Eine andere Methode der Auflösung diophantischer Gleichungen des ersten Grades besteht darin, daß man die Unbekannte, welche den kleinsten Koefficienten hat, entwickelt, den noch in Bruchform erscheinenden Teil gleich einer neuen Unbekannten setzt u. s. w. Z. B.:

$$11x+7y=69,$$

$$y=\frac{69-11x}{7}=10-\frac{1}{7}-2x+\frac{3x}{7}=10-2x+\frac{3x-1}{7},$$

$$\frac{3x-1}{7}=z,\quad x=\frac{7z+1}{3}=2z+\frac{z+1}{3}.$$

Hieraus ergiebt sich eine specielle ganzzahlige Lösung, indem man $z=-1$ setzt; nämlich $x=-2$ und $y=13$.

§ 148 (155). Berechnung der Quadratwurzeln durch Kettenbrüche.

1) Es sei z. B. $\sqrt{28}$ in einen Kettenbruch zu entwickeln.

$$\sqrt{28}=5+\frac{1}{x_1},$$

$$x_1=\frac{1}{\sqrt{28}-5}=\frac{\sqrt{28}+5}{3}=3+\frac{1}{x_2},$$

$$x_2=\frac{3}{\sqrt{28}-4}=\frac{\sqrt{28}+4}{4}=2+\frac{1}{x_3},$$

$$x_3=\frac{4}{\sqrt{28}-4}=\frac{\sqrt{28}+4}{3}=3+\frac{1}{x_4},$$

$$x_4=\frac{3}{\sqrt{28}-5}=\frac{\sqrt{28}+5}{1}=5+\sqrt{28}.$$

Also ist:

$$\sqrt{28}=5+\cfrac{1}{3+\cfrac{1}{2+\cfrac{1}{3+\cfrac{1}{5+\sqrt{28}.}}}}$$

Wendet man diese Gleichung wiederholt an, indem man den für $\sqrt{28}$ gefundenen Ausdruck auf der rechten Seite immer wieder von neuem einsetzt, so erhält man $\sqrt{28}$ durch einen unendlichen, periodischen Kettenbruch dargestellt, dessen Periode aus den Teilnennern 3, 2, 3, 10 besteht. Die zu den drei ersten Teilnennern gehörigen Näherungswerte sind:

$$\frac{16}{3},\quad \frac{37}{7},\quad \frac{127}{24}.$$

VIII. Logarithmen.

§ 149 (156). Aus der Gleichung $a = b^c$ folgt $b = a^{\frac{1}{c}}$. Die Bestimmung des Exponenten c durch a und b erfordert eine neue, von der Potenzierung und Wurzelausziehung wesentlich verschiedene Operation. Man nennt in der Gleichung

$$b^c = a$$

c den **Logarithmus** von a für die **Grundzahl** oder **Basis** b und bezeichnet:

$$c = \log a \text{ (Basis } b\text{), oder kürzer: } c = {}^b\log a.$$

Der Logarithmus einer Zahl für eine gegebene Basis ist also derjenige Potenzexponent, mit welchem die Basis potenziert die Zahl giebt.

In der Gleichung

$$10^\alpha = a$$

nennt man α den **gemeinen** oder **Briggischen Logarithmus** von a und schreibt:

$$\alpha = \log a.$$

Der gemeine Logarithmus einer Zahl ist also der Exponent derjenigen Potenz von 10, welche der Zahl gleich ist ($10^{\log a} = a$).

Die Gleichungen $x = b^c$, $a = x^c$, $a = b^x$ sind sämtlich nur durch Näherung zu lösen, wenn a, b, c beliebige reelle Zahlen sind.

§ 150 (157). Auflösung der Gleichung $10^x = 2$.

$10^x = 2$	$0 < x < 1$
$10^{2x} = 4$	$0 < x < \frac{1}{2}$
$10^{4x} = 16$	$\frac{1}{4} < x < \frac{2}{4}$
$10^{8x} = 256$	$\frac{2}{8} < x < \frac{3}{8}$
$10^{16x} = 65536 = 655(2)$	$\frac{4}{16} < x < \frac{5}{16}$
$10^{32x} = 429(7)$	$\frac{9}{32} < x < \frac{10}{32}$
$10^{64x} = 184(17)$	$\frac{19}{64} < x < \frac{20}{64}$
$10^{128x} = 339(36)$	$\frac{38}{128} < x < \frac{39}{128}$
$10^{256x} = 115(75)$	$\frac{77}{256} < x < \frac{78}{256}$
$10^{512x} = 132(152)$	$\frac{154}{512} < x < \frac{155}{512}$
$10^{1024x} = 174(306)$	$\frac{308}{1024} < x < \frac{309}{1024}$
$10^{2048x} = 303(614)$	$\frac{616}{2048} < x < \frac{617}{2048}$.

Man erkennt aus der letzten Zeile, daß $\log 2$ zwischen $\frac{616}{2048}$ und $\frac{617}{2048}$ oder zwischen 0,30078 und 0,30127 liegt.

Nach dieser Methode läßt sich der Logarithmus einer jeden Zahl auf beliebig viele Decimalstellen berechnen, wenn man am Anfang der Rechnung die gehörige Anzahl von Ziffern beibehält.

Bemerkung. In den letzten drei Gleichungen sind die Anfangsziffern 132, 174, 303 ungenau. Hätte man vier Ziffern in der Rechnung beibehalten, so würden die Anfangsziffern richtig (134, 179, 323) geworden sein.

§ 151 (158). Es seien a und b positive Größen, und man setze:

$$10^\alpha = a, \quad \text{also} \quad \alpha = \log a,$$
$$10^\beta = b, \quad \text{also} \quad \beta = \log b.$$

Dann ist:

$$10^{\alpha+\beta} = ab, \quad \text{also} \quad \alpha+\beta = \log ab,$$

oder:

$$1) \quad \log ab = \log a + \log b.$$
$$10^{\alpha-\beta} = a:b, \quad \text{also} \quad \alpha-\beta = \log(a:b),$$

oder:

$$2) \quad \log\frac{a}{b} = \log a - \log b.$$
$$10^{n\alpha} = a^n, \quad \text{also} \quad n\alpha = \log a^n,$$

oder:

$$3) \quad \log a^n = n \log a.$$

Es ist $\sqrt[n]{a} = a^{\frac{1}{n}}$ und nach 3): $\log a^{\frac{1}{n}} = \frac{1}{n}\log a$, also:

$$4) \quad \log\sqrt[n]{a} = \frac{1}{n}\log a.$$

Hiernach ist: 1) Der Logarithmus eines Produktes gleich der Summe der Logarithmen der Faktoren; 2) der Logarithmus eines Bruches gleich der Differenz des Logarithmus des Zählers und des Logarithmus des Nenners; 3) der Logarithmus einer Potenz gleich dem Produkt des Exponenten und des Logarithmus der Basis; 4) der Logarithmus einer Wurzel gleich dem Produkt des reciproken Wurzelexponenten und des Logarithmus des Radikanden.

Diese Sätze gelten unverändert, wenn statt 10 irgend eine andere positive und von 1 verschiedene Zahl als Basis gewählt wird.

§ 152 (159). Der Logarithmus der Zahl a für die Basis b wird auch kurz durch $\overset{a}{\underset{b}{\times}}$ (gesprochen: a für b) bezeichnet. Aus der Gleichung

$$c^\alpha = a \quad \text{folgt also:} \quad \alpha = \overset{a}{\underset{c}{\times}}.$$

Nimmt man von beiden Seiten der Gleichung die Logarithmen für die Basis b, so erhält man:

$$a \cdot \overset{c}{\underset{b}{\times}} = \overset{a}{\underset{b}{\times}},$$

das heißt: 1) $\overset{a}{\underset{c}{\times}} \cdot \overset{c}{\underset{b}{\times}} = \overset{a}{\underset{b}{\times}}$ oder 2) $\overset{a}{\underset{c}{\times}} = \overset{a}{\underset{b}{\times}} : \overset{c}{\underset{b}{\times}}$.

(Satz vom Modulus der Logarithmen.) Mit Hülfe dieses Satzes kann man die Logarithmen eines Systems in die eines anderen verwandeln. (Vergl. § 191.)

IX. Zinseszins- und Rentenrechnung.

§ 153 (160). Das ursprüngliche Kapital betrage c Mark, die jährlichen Zinsen einer Mark seien p Mark, und n sei die Anzahl der Jahre, nach welchen das Kapital zu der Größe von k Mark anwächst, wenn die Zinsen am Ende jedes Jahres zum Kapital hinzugefügt und von da ab mitverzinst werden; dann ist:

$$1)\quad k = c(1+p)^n.$$

Denn da jede Mark nach einem Jahre zu $1+p$ Mark anwächst, so ist der Wert des Kapitals am Ende jedes Jahres $1+p$ mal so groß als am Anfange desselben. Also ist er nach einem Jahre $c(1+p)$, nach dem zweiten $c(1+p).(1+p) = c(1+p)^2$ Mark u. s. w. Aus 1) folgt:

$$2)\quad \log k = \log c + n \log(1+p).$$

$$3)\quad \log c = \log k - n \log(1+p).$$

$$4)\quad \log(1+p) = \frac{1}{n}(\log k - \log c).$$

$$5)\quad n = \frac{\log k - \log c}{\log(1+p)}.$$

Trägt das Kapital P Prozent jährliche Zinsen, so ist $p = \frac{P}{100}$.

(Z. B. Für $P = 4\frac{1}{2} = 4{,}5$ ist $p = 0{,}045$; $1+p = 1{,}045$.)

§ 154 (161). Eine Schuld von c Mark wächst nach n Jahren an zu $c(1+p)^n$ Mark. Man tilgt sie dadurch, daß am Ende jedes der n Jahre r Mark gezahlt werden. Der Wert derselben nach Verlauf der n Jahre beträgt:

$$r(1+p)^{n-1},\quad r(1+p)^{n-2},\quad \ldots\quad r(1+p),\quad r \text{ Mark.}$$

Also hat man die Gleichung:

$$c(1+p)^n = r(1+p)^{n-1} + r(1+p)^{n-2} + \cdots + r(1+p) + r,$$

oder vermöge § 182:

$$c(1+p)^n = r \cdot \frac{(1+p)^n - 1}{p}.$$

Zur Berechnung der Rente r, bezw. ihres gegenwärtigen Wertes c und ihrer Dauer n dienen also die Formeln:

$$1) \quad r = \frac{cp}{1-(1+p)^{-n}}.$$

$$2) \quad c = \frac{r}{p} - \frac{r}{p(1+p)^n}.$$

$$3) \quad n = \frac{\log r - \log(r - cp)}{\log(1+p)}.$$

Um p zu finden, muß $1+p = x$ gesetzt und x aus der Gleichung bestimmt werden:

$$cx^n(x-1) = rx^n - r,$$

oder, wenn $\frac{1}{x} = y$ gesetzt wird, y aus der Gleichung:

$$y^{n+1} - \left(1 + \frac{c}{r}\right)y + \frac{c}{r} = 0.$$

Die Wurzel $x = 1$ oder $y = 1$ dieser Gleichungen ist jedoch unbrauchbar.

Trigonometrie.

I. Die trigonometrischen Funktionen spitzer und stumpfer Winkel und die Auflösung ebener Dreiecke.

A. Rechtwinklige Dreiecke.

§ 155. Alle rechtwinkligen Dreiecke, die in einem spitzen Winkel übereinstimmen, sind einander ähnlich, stimmen also auch überein in den Verhältnissen entsprechender Seitenpaare. (Ist $\angle C = C' = 1R$ und $\angle A = A' = \alpha$, so ist $CB : AB = C'B' : A'B'$, $AC : AB = A'C' : A'B'$ u. s. w.) Im rechtwinkligen Dreieck sind also durch einen seiner spitzen

Winkel die Verhältnisse von je zwei seiner Seiten vollständig bestimmt. Ändert sich die Größe des Winkels, so ändern sich auch die Werte der Verhältnisse in völlig bestimmter Weise. Man drückt dies kurz so aus: Im rechtwinkligen Dreieck sind die Seitenverhältnisse Funktionen eines seiner spitzen Winkel.

Im Dreieck *ABC* sei nun a die dem Winkel α gegenüberliegende, b die ihm anliegende Kathete und c die Hypotenuse. Man kann dann die sechs Verhältnisse $\frac{a}{c}$ und $\frac{b}{c}$, $\frac{c}{b}$ und $\frac{c}{a}$, $\frac{a}{b}$ und $\frac{b}{a}$ bilden und erhält auf diese Weise sechs trigonometrische (oder goniometrische) Funktionen. Die beiden ersten Verhältnisse heißen der Sinus und Cosinus, die beiden mittleren die Sekante und Cosekante, die beiden letzten die Tangente und Cotangente des Winkels α. Die abgekürzten Bezeichnungen für diese Funktionen sind:

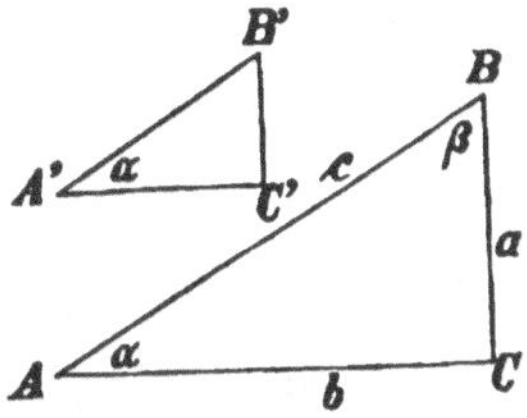

$$\sin\alpha \text{ und } \cos\alpha, \quad \sec\alpha \text{ und } \operatorname{cosec}\alpha, \quad \operatorname{tg}\alpha \text{ und } \cot\alpha.$$

§ 156. Vom Sinus und Cosinus.

1) I. $\sin\alpha = \frac{a}{c}$. II. $\cos\alpha = \frac{b}{c}$.

In Worten: Im rechtwinkligen Dreieck ist der Sinus eines spitzen Winkels gleich dem Verhältnis der gegenüberliegenden Kathete zur Hypotenuse.

Der Cosinus eines spitzen Winkels ist gleich dem Verhältnis der anliegenden Kathete zur Hypotenuse.

2) Wendet man diese Definitionen auf den der Kathete b gegenüberliegenden Winkel β an, so ergiebt sich: $\sin\beta = b:c$ und $\cos\beta = a:c$. Also ist $\sin\beta = \cos\alpha$ und $\cos\beta = \sin\alpha$. Nun ist $\beta = 90^\circ - \alpha$, mithin

$$\sin(90^\circ - \alpha) = \cos\alpha, \quad \cos(90^\circ - \alpha) = \sin\alpha.$$

Nach der ersten dieser Gleichungen ist also der Cosinus von α gleich dem Sinus des Komplementes von α. (Das Wort cosinus ist entstanden durch Abkürzung von complementi sinus.)

Eine Tafel, welche die Sinus der Winkel von 0° bis 90° enthält, giebt also auch die Cosinus dieser Winkel. (Z. B. $\cos 3^\circ = \sin 87^\circ$.

Vergl. die Tafel der natürlichen Sinus.) Oder auch: Die Tafeln, welche die Werte beider Funktionen angeben, brauchen nur das Intervall von 0° bis 45° zu umfassen.

3) Nach § 67 ist $a^2+b^2=c^2$, also $\left(\frac{a}{c}\right)^2+\left(\frac{b}{c}\right)^2=1$, oder $(\sin\alpha)^2+(\cos\alpha)^2=1$. Die Summe der Quadrate von $\sin\alpha$ und $\cos\alpha$ ist also gleich 1. Die Klammern in der letzten Gleichung läßt man der Einfachheit halber fort und schreibt daher:

$$\sin\alpha^2+\cos\alpha^2=1;\quad \cos\alpha=\sqrt{1-\sin\alpha^2};\quad \sin\alpha=\sqrt{1-\cos\alpha^2}.$$

Durch die zweite Formel kann man die Cosinus der Winkel von 0° bis 45° berechnen, wenn man ihre Sinus bereits kennt.

4) Für $\alpha=45°$ ist $a=b$, also $2a^2=c^2$, $a=c\sqrt{\frac{1}{2}}$; also

$$\sin 45°=\sqrt{\tfrac{1}{2}}\ (=0{,}7071\,..);\quad \cos 45°=\sqrt{\tfrac{1}{2}}.$$

Für $\alpha=30°$ ist $a=\frac{1}{2}c$, $b=\frac{1}{2}\sqrt{3}.c$. (Zum Beweise halbiere man einen Winkel eines gleichseitigen Dreiecks.) Folglich ist:

$$\sin 30°=\tfrac{1}{2}\ (=0{,}5);\qquad \cos 30°=\tfrac{1}{2}\sqrt{3}.$$
$$\sin 60°=\tfrac{1}{2}\sqrt{3}\ (=0{,}8660\,..);\qquad \cos 60°=\tfrac{1}{2}.$$

5) Alle rechtwinkligen Dreiecke über derselben Hypotenuse AB sind dem Halbkreise über dem Durchmesser AB eingeschrieben. Wählt man nun den Durchmesser zur Längeneinheit, so wird $\sin\angle BAC=BC:1=BC$ und $\cos\angle BAC=AC:1=AC$. Die Sinus der Winkel BAC, BAD, BAE, .. sind also gleich den Maßzahlen der Sehnen BC, BD, BE, . . ., die Cosinus dieser Winkel gleich den Maßzahlen der Sehnen AC, AD, AE . . . Da zum größeren (spitzen) Peripheriewinkel auch die größere Sehne gehört, so nimmt mit wachsendem α auch $\sin\alpha$ beständig zu, aber $\cos\alpha$ beständig ab. Für $\alpha=0°$ und $\alpha=90°$ gelten die Grenzwerte:

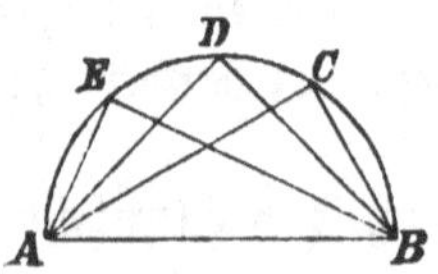

$$\sin 0°=0,\quad \cos 0°=1;\quad \sin 90°=1,\quad \cos 90°=0.$$

Nach § 102 lassen sich aus der Sehne eines Bogens auch die Sehnen aller durch wiederholte Halbierung entstehenden Bogen berechnen. Aus $\sin 45°$ lassen sich also $\sin 22°30'$, $\sin 11°15'$, . . und aus $\sin 30°$ auch $\sin 15°$, $\sin 7°30'$, . . . ableiten.

6) Aus I. $\sin\alpha = \frac{a}{c}$, II. $\cos\alpha = \frac{b}{c}$ folgt:

I'. $a = c.\sin\alpha$, II'. $b = c.\cos\alpha$.

I''. $c = \frac{a}{\sin\alpha}$, II''. $c = \frac{b}{\cos\alpha}$.

Jede Kathete ist also gleich dem Produkte aus der Hypotenuse und dem Sinus des der Kathete gegenüberliegenden oder dem Cosinus des ihr anliegenden Winkels.

Die Hypotenuse ist gleich dem Quotienten einer Kathete und des Sinus des gegenüberliegenden oder des Cosinus des anliegenden Winkels.

7) Aus zwei gegebenen Stücken eines rechtwinkligen Dreiecks lassen sich nach 6) und 3) die übrigen folgendermaßen berechnen:

Aufg. 1. Geg. c und α. Aufl. $a = c.\sin\alpha$, $b = c.\cos\alpha$.
Aufg. 2. Geg. c und a. Aufl. $\sin\alpha = a : c$, $b = c.\cos\alpha$.
Aufg. 3. Geg. a und α. Aufl. $c = a : \sin\alpha$, $b = c.\cos\alpha$.
Aufg. 4. Geg. α und b. Aufl. $c = b : \cos\alpha$, $a = c.\sin\alpha$.
Aufg. 5. Geg. a und b. Aufl. $c = \sqrt{a^2 + b^2}$, $\sin\alpha = a : c$.

Hierzu ist jedoch zu bemerken, daß Aufg. 5 (und zum Teil auch 3 und 4) im allgemeinen zweckmäßiger mit Benutzung der Funktion tangens oder cotangens gelöst werden. (Vergl. § 158, 6.)

§ 157. Von der Sekante und Cosekante.

Es ist $\sec\alpha = \frac{c}{b}$ und $\operatorname{cosec}\alpha = \frac{c}{a}$. Hieraus folgt:

$$\sec\alpha = \frac{1}{\cos\alpha}; \quad \operatorname{cosec}\alpha = \frac{1}{\sin\alpha} = \sec(90^\circ - \alpha).$$

(Die Sekante und Cosekante können beim Unterricht übergangen werden, falls die Tafel der natürlichen Sekanten nicht benutzt wird. — Über den Ursprung der Namen secans und tangens vergl. § 178.)

§ 158. Von der Tangente und Cotangente.

1) III. $\operatorname{tg}\alpha = \frac{a}{b}$. IV. $\cot\alpha = \frac{b}{a}$.

In Worten: Die Tangente eines spitzen Winkels ist gleich dem Verhältnis der gegenüberliegenden Kathete zur anliegenden.

Die Cotangente eines spitzen Winkels ist gleich dem Verhältnis der anliegenden Kathete zur gegenüberliegenden.

$$\text{III}'.\quad a = b \,.\, \text{tg}\,\alpha. \qquad \text{IV}'.\quad b = a \,.\, \cot\alpha.$$

Eine Kathete ist gleich dem Produkte aus der anderen Kathete und der Tangente des der ersten gegenüberliegenden oder der Cotangente des der ersten anliegenden Winkels.

2) Da $\text{tg}\,\beta = b : a$, $\cot\beta = a : b$ und $\beta = 90^\circ - \alpha$, so ist

$$\text{tg}(90^\circ - \alpha) = \cot\alpha, \qquad \cot(90^\circ - \alpha) = \text{tg}\,\alpha.$$

3) Aus III und IV folgt durch Multiplikation:

$\text{tg}\,\alpha . \cot\alpha = 1$. Also ist $\cot\alpha = 1 : \text{tg}\,\alpha$ und $\text{tg}\,\alpha = 1 : \cot\alpha$.

4) Da $\frac{a}{b} = \frac{a}{c} : \frac{b}{c}$ ist, so ergiebt sich

$$\text{tg}\,\alpha = \frac{\sin\alpha}{\cos\alpha}, \quad \cot\alpha = \frac{\cos\alpha}{\sin\alpha}.$$

5) Es ist: $\text{tg}\,0^\circ = 0$, $\text{tg}\,45^\circ = 1$, $\text{tg}\,90^\circ = \infty$.
$\cot 0^\circ = \infty$, $\cot 45^\circ = 1$, $\cot 90^\circ = 0$.

6) Für die Aufg. 3—5 in § 156, 7) ergeben sich jetzt die Lösungen:

Aufg. 3. Geg. α und a. Aufl. $b = a . \cot\alpha$, $c = a : \sin\alpha$.
Aufg. 4. Geg. α und b. Aufl. $a = b . \text{tg}\,\alpha$, $c = b : \cos\alpha$.
Aufg. 5. Geg. a und b. Aufl. $\text{tg}\,\alpha = a : b$, $c = a : \sin\alpha$.

7) Der Inhalt ($\triangle$) des rechtwinkligen Dreiecks ABC ist $= \frac{1}{2}ab$. Hieraus folgt leicht, daß auch

$$\triangle = \tfrac{1}{2}c^2 \sin\alpha\cos\alpha = \tfrac{1}{2}a^2 \cot\alpha = \tfrac{1}{2}b^2\,\text{tg}\,\alpha.$$

B. Gleichschenklige Dreiecke und regelmäßige Vielecke.

§ 159. 1) In dem gleichschenkligen Dreieck ABC sei die Grundlinie $AB = c$, der Winkel an der Spitze $= \gamma$, jeder Basiswinkel $= \alpha$, jeder Schenkel $= a$. Die Aufgaben über das gleichschenklige Dreieck lassen sich leicht dadurch lösen, daß man es durch die Höhe CD in zwei kongruente rechtwinklige zerlegt. (Im $\triangle ADC$ ist $AD = \frac{1}{2}c$, $\angle ACD = \frac{1}{2}\gamma$, also $\alpha + \frac{1}{2}\gamma = 90^\circ$ u. s. w.)

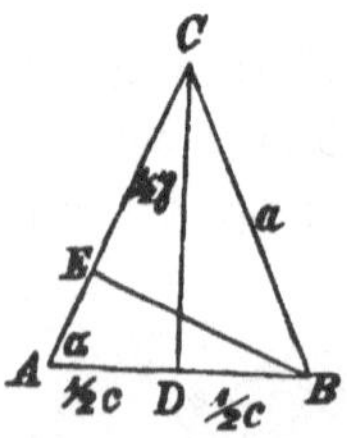

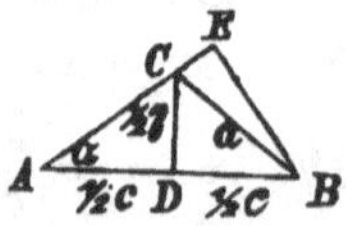

2) Ein regelmäßiges n-Eck läßt sich vom Mittelpunkte des umgeschriebenen Kreises aus in n kongruente gleichschenklige Dreiecke

zerlegen. In jedem derselben ist der Winkel an der Spitze $= \frac{1}{n} \cdot 360^\circ$ und jeder Basiswinkel $= \left(1 - \frac{2}{n}\right) \cdot 90^\circ$. Bezeichnet c die Seite, r den Radius des umgeschriebenen, ϱ den des eingeschriebenen Kreises und J den Inhalt des n-Ecks, so ist:

$$c = 2r \sin \frac{180^\circ}{n}; \quad c = 2\varrho \operatorname{tg} \frac{180^\circ}{n}; \quad \varrho = r \cos \frac{180^\circ}{n}.$$

$$J = \tfrac{1}{2} nc . \varrho = n\varrho^2 \operatorname{tg} \frac{180^\circ}{n} = \tfrac{1}{4} nc^2 \cot \frac{180^\circ}{n}.$$

C. Die Funktionen stumpfer Winkel. — Sätze über $\sin\gamma$ und $1 \mp \cos\gamma$.

§ 160. 1) Fällt man auf den Schenkel AC eines spitz- oder stumpfwinkligen gleichschenkligen Dreiecks ABC (§ 159, 1) die Höhe BE, so ist der Inhalt $\triangle = \frac{1}{2} a . BE$. Nun ist $BE = a . \sin\gamma$, wenn $\gamma < 90^\circ$, und $BE = a . \sin(180^\circ - \gamma)$, wenn $\gamma > 90^\circ$, folglich

$$\triangle = \tfrac{1}{2} a^2 \sin\gamma \quad (\gamma < 90^\circ); \qquad \triangle = \tfrac{1}{2} a^2 \sin(180^\circ - \gamma) \quad (\gamma > 90^\circ).$$

Am rechtwinkligen Dreieck konnte der Sinus nur für spitze Winkel definiert werden. Unter dem Sinus eines stumpfen Winkels versteht man den Sinus seines Nebenwinkels; man definiert also, wenn $\gamma > 90^\circ$ ist, $\sin\gamma$ durch die Gleichung

$$\sin\gamma = \sin(180^\circ - \gamma).$$

Dieselbe Gleichung gilt dann auch für einen spitzen Winkel γ, da sie nichts anderes aussagt, als daß zwei Nebenwinkel gleiche Sinus haben. Infolge dieser Festsetzung gilt die Gleichung $\triangle = \frac{1}{2} a^2 \sin\gamma$ allgemein.

Folgerung. Andererseits ist $\triangle = 2ACD$, also nach § 158,7)

$$\triangle = a^2 \sin \tfrac{1}{2}\gamma \cos \tfrac{1}{2}\gamma.$$

Durch Vergleichung der beiden Inhaltsformeln ergiebt sich:

$$\text{I.} \quad \sin\gamma = 2 \sin \tfrac{1}{2}\gamma \cos \tfrac{1}{2}\gamma.$$

2) Für die Projektion AE der Grundlinie AB auf den Schenkel AC ergiebt sich,

wenn $\gamma < 90^\circ: AE = AC - CE = a - a\cos\gamma = a(1 - \cos\gamma)$;

wenn $\gamma > 90^\circ: AE = AC + CE = a + a\cos(180^\circ - \gamma)$
$= a(1 + \cos(180^\circ - \gamma))$.

Unter dem Cosinus eines stumpfen Winkels versteht man den negativ genommenen Cosinus seines Nebenwinkels. Folglich ist:

$\cos\gamma = -\cos(180^\circ - \gamma)$, also auch $\cos(180^\circ - \gamma) = -\cos\gamma$. Die Gleichung $AE = a(1-\cos\gamma)$ gilt infolgedessen allgemein.

Folgerungen. Ferner ist sowohl im spitzwinkligen als auch im stumpfwinkligen gleichschenkligen Dreieck $AE = AB\sin\angle ABE = c\sin\frac{1}{2}\gamma = 2a\sin\frac{1}{2}\gamma^2$. Folglich gilt, ebenfalls allgemein, die Formel:

$$\text{II.} \quad 1-\cos\gamma = 2\sin\tfrac{1}{2}\gamma^2.$$

Setzt man hierin $\gamma = 180^\circ - \gamma'$, also $\frac{1}{2}\gamma = 90^\circ - \frac{1}{2}\gamma'$, so wird $1+\cos\gamma' = 2\cos\frac{1}{2}\gamma'^2$, also, wenn man den Accent fortläßt:

$$\text{III.} \quad 1+\cos\gamma = 2\cos\tfrac{1}{2}\gamma^2.$$

3) Für $\alpha > 90^\circ$ mögen $\operatorname{tg}\alpha$ und $\cot\alpha$ durch die Gleichungen $\operatorname{tg}\alpha = \sin\alpha : \cos\alpha$ und $\cot\alpha = \cos\alpha : \sin\alpha$ definiert werden. Durch Division der Gleichungen

$\sin(180^\circ - \alpha) = \sin\alpha, \quad \cos(180^\circ - \alpha) = -\cos\alpha$ folgt also:

$\operatorname{tg}(180^\circ - \alpha) = -\operatorname{tg}\alpha, \quad \cot(180^\circ - \alpha) = -\cot\alpha.$

Zu erwähnen sind noch die häufig gebrauchten Formeln

$$\sin(90^\circ+\alpha) = \cos\alpha, \quad \cos(90^\circ+\alpha) = -\sin\alpha. \quad (\alpha < 90^\circ.)$$

$$\sin\alpha = \cos(\alpha - 90^\circ), \quad \cos\alpha = -\sin(\alpha - 90^\circ). \quad (\alpha > 90^\circ.)$$

Die beiden ersten folgen leicht daraus, daß $90^\circ + \alpha$ und $90^\circ - \alpha$ sich zu 180° ergänzen, also $\sin(90^\circ+\alpha) = \sin(90^\circ - \alpha)$ ist u. s. w. Die beiden letzten entstehen aus den ersten, indem man $90^\circ + \alpha = \alpha'$, also $\alpha = \alpha' - 90^\circ$ setzt.

D. Auflösung beliebiger schiefwinkliger Dreiecke.

§ 161 (177). Im Dreieck ABC seien a, b, c die den Winkeln α, β, γ gegenüberliegenden Seiten und d der Durchmesser des umgeschriebenen Kreises.

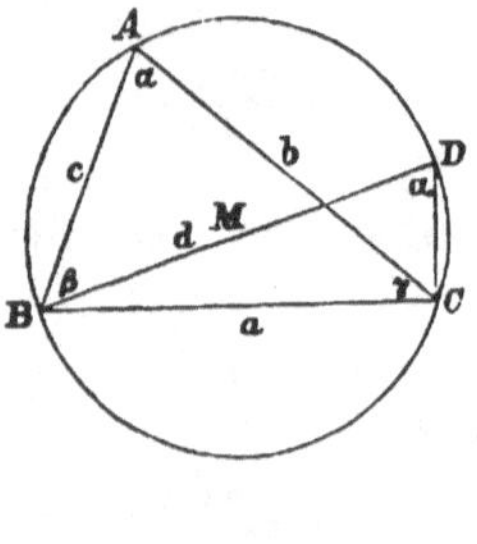

Zieht man den Durchmesser BD und die Sehne CD, so ist $\angle BCD = 1R$ und, wenn α spitz ist, $\angle BDC = \alpha$, folglich $\sin\alpha = a:d$. Zeichnet man aber ein Dreieck mit einem stumpfen Winkel α, so wird $\angle BDC = 180^\circ - \alpha$ (§ 55, 1), und man erhält zunächst

$$\sin(180^\circ - \alpha) = a : d.$$

Nun ist aber nach § 160, 1) $\sin(180^\circ - \alpha) = \sin\alpha$, folglich gilt auch im zweiten Falle die Gleichung $\sin\alpha = a:d$. Hiernach ist $d = a:\sin\alpha$,

$d = b : \sin\beta$, $d = c : \sin\gamma$, also:

$$1)\quad \frac{a}{\sin\alpha} = \frac{b}{\sin\beta} = \frac{c}{\sin\gamma} = d. \quad \text{(Sinussatz.)}$$

§ 162 (178). Fällt man die Höhe $AD(h)$, so ist $h = b\sin\gamma$, $BD = BC - DC = a - b\cos\gamma$. (Ist γ stumpf, so findet man zunächst $h = b\sin(180^\circ - \gamma)$, $BD = a + b\cos(180^\circ - \gamma)$, also schließlich ebenfalls: $h = b\sin\gamma$, $BD = a - b\cos\gamma$.) Aus $\triangle ABD$ folgt nun:

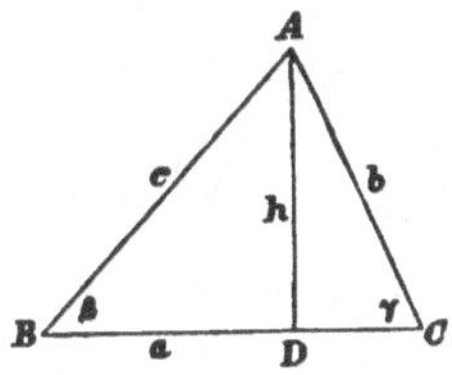

$$c^2 = (a - b\cos\gamma)^2 + (b\sin\gamma)^2,$$
$$c^2 = a^2 - 2ab\cos\gamma + b^2\cos\gamma^2 + b^2\sin\gamma^2,$$

$$2)\quad c^2 = a^2 + b^2 - 2ab\cos\gamma. \quad \text{(Cosinussatz. Vergl. § 68, 2.)}$$

Ferner ist $\operatorname{tg}\beta = AD : BD$, folglich:

$$\operatorname{tg}\beta = \frac{b\sin\gamma}{a - b\cos\gamma}.$$

Zu derselben Formel gelangt man für ein Dreieck, in dem γ oder β stumpf ist. Vertauscht man β mit α, also b mit a, so wird:

$$3)\quad \operatorname{tg}\alpha = \frac{a\sin\gamma}{b - a\cos\gamma}.$$

(Formel für vier aufeinanderfolgende Stücke (a, γ, b, α).)

Der Inhalt ($\triangle$) des Dreiecks ist $= \frac{1}{2}ah$ und $h = b\sin\gamma$, also

$$4)\quad \triangle = \tfrac{1}{2}ab\sin\gamma.$$

§ 163. Die vier Hauptaufgaben der Dreiecksberechnung lassen sich durch die erhaltenen vier Formeln in Verbindung mit $\alpha + \beta + \gamma = 180^\circ$ vollständig lösen. In Betreff der dem zweiten und vierten Kongruenzsatze entsprechenden Aufgaben vergl. § 166, 1) und 2). — Sind die drei Seiten gegeben, so kann man so verfahren, daß man einen Winkel nach dem Cosinussatz, dann den zweiten nach dem Sinussatz, den dritten als Supplement zur Summe des ersten und zweiten berechnet, also z. B. die Formeln anwendet:

$$\cos\gamma = \frac{a^2 + b^2 - c^2}{2ab}; \quad \sin\beta = \frac{b\sin\gamma}{c}; \quad \alpha = 180^\circ - (\beta + \gamma).$$

(Man vermeide es, durch den Sinus den größten Winkel zu bestimmen, da derselbe möglicherweise stumpf ist, also nicht gleich dem aus den Tafeln sich ergebenden Werte, sondern gleich dessen Supplement.)

Sind zwei Seiten und der eingeschlossene Winkel (a, b, γ) gegeben, so berechnet man z. B. zuerst α nach 3), dann $\beta = 180^\circ - (\alpha + \gamma)$ und zuletzt $c = a \sin\gamma : \sin\alpha$. Man kann auch zuerst c nach 2) und dann α oder β nach dem Sinussatz berechnen. — Der Inhalt ist $= \frac{1}{2} ab \sin\gamma$.

Kürzer wird die Lösung der Aufgaben (a, b, c) und (a, b, γ) im allgemeinen nach den in § 166,3) und 4) zusammengestellten Berechnungsformeln. Die **geometrische** Ableitung derselben ist in § 164a und § 165 enthalten.

§ 164 (179). Die Gleichung 2) nimmt, wenn man statt $\cos\gamma$ (nach § 160 III und II) $2\cos\frac{1}{2}\gamma^2 - 1$ oder $1 - 2\sin\frac{1}{2}\gamma^2$ setzt, die Formen an:

$$2') \quad c^2 = (a+b)^2 - 4ab\cos\tfrac{1}{2}\gamma^2,$$
$$2'') \quad c^2 = (a-b)^2 + 4ab\sin\tfrac{1}{2}\gamma^2,$$

und durch Elimination von $4ab$ ergiebt sich hieraus:

$$2''') \quad c^2 = (a+b)^2\sin\tfrac{1}{2}\gamma^2 + (a-b)^2\cos\tfrac{1}{2}\gamma^2.$$

Durch Auflösung der Gleichungen 2') und 2'') nach $\cos\frac{1}{2}\gamma$ und $\sin\frac{1}{2}\gamma$ erhält man:

$$\cos\tfrac{1}{2}\gamma = \sqrt{\frac{(a+b)^2 - c^2}{4ab}} = \sqrt{\frac{(a+b+c)(a+b-c)}{4ab}},$$
$$\sin\tfrac{1}{2}\gamma = \sqrt{\frac{c^2 - (a-b)^2}{4ab}} = \sqrt{\frac{(-a+b+c)(a-b+c)}{4ab}}.$$

Bezeichnet man den halben Umfang des Dreiecks durch s, so ist

$$a+b+c = 2s; \quad a+b-c = 2s - 2c = 2(s-c), \quad \text{also:}$$

$$5) \quad \cos\tfrac{1}{2}\gamma = \sqrt{\frac{s(s-c)}{ab}}.$$

$$6) \quad \sin\tfrac{1}{2}\gamma = \sqrt{\frac{(s-a)(s-b)}{ab}}.$$

$$7) \quad \operatorname{tg}\tfrac{1}{2}\gamma = \sqrt{\frac{(s-a)(s-b)}{s(s-c)}}.$$

Nach § 162, 4) und § 160, I. ist $\triangle = ab\sin\frac{1}{2}\gamma\cos\frac{1}{2}\gamma$, also

$$8) \quad \triangle = \sqrt{s(s-a)(s-b)(s-c)}.$$

$$9) \quad \triangle = \tfrac{1}{4}\sqrt{(a+b+c)(-a+b+c)(a-b+c)(a+b-c)}.$$

§ 164a (179a). Bezeichnet man den Radius des eingeschriebenen Kreises durch ϱ und die Abschnitte der Seiten durch x, y, z, so ist
$\operatorname{tg}\frac{1}{2}\alpha = \varrho : x$, $\operatorname{tg}\frac{1}{2}\beta = \varrho : y$, $\operatorname{tg}\frac{1}{2}\gamma = \varrho : z$,
und mit Rücksicht auf § 120a ergiebt sich:

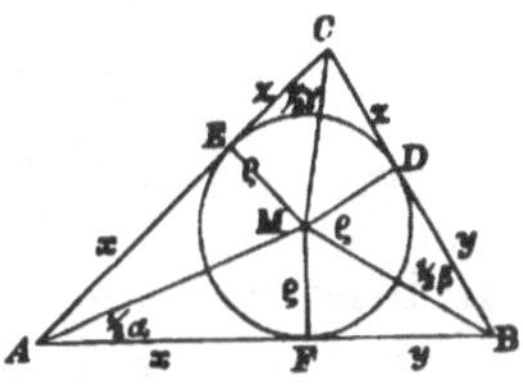

10) $\operatorname{tg}\frac{1}{2}\alpha = \frac{\varrho}{s-a}$. 11) $\triangle = \varrho . s$.

§ 165 (180, Anm.). Macht man $CD = CE = CA$ und zieht AD und AE, so wird $\angle DAE = 1R$, und es ist 1) im Dreieck BDA Seite $BD = a+b$, $\angle BDA = \frac{1}{2}\gamma$, $DAB = \alpha + \frac{1}{2}\gamma = 90^\circ + \frac{1}{2}(\alpha-\beta)$; 2) im Dreieck BEA Seite $BE = a-b$, $\angle AEB = 90^\circ + \frac{1}{2}\gamma$, $EAB = DAB - 90^\circ = \frac{1}{2}(\alpha-\beta)$. Nach dem Sinussatz erhält man also

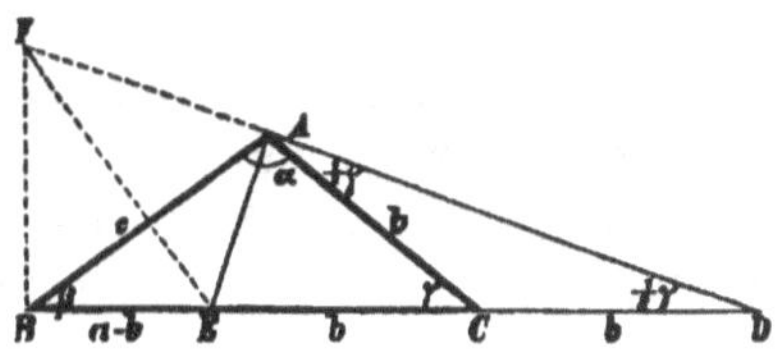

$$\frac{c}{\sin\frac{1}{2}\gamma} = \frac{a+b}{\sin(90^\circ+\frac{1}{2}(\alpha-\beta))}; \quad \frac{c}{\sin(90^\circ+\frac{1}{2}\gamma)} = \frac{a-b}{\sin\frac{1}{2}(\alpha-\beta)}.$$

Nach § 160, 3) ist $\sin(90^\circ+x) = \cos x$, folglich wird:

12) $c\sin\frac{1}{2}(\alpha-\beta) = (a-b)\cos\frac{1}{2}\gamma$. ⎛Gaußischer⎞
13) $c\cos\frac{1}{2}(\alpha-\beta) = (a+b)\sin\frac{1}{2}\gamma$. ⎝Doppelsatz.⎠

14) $$\operatorname{tg}\frac{1}{2}(\alpha-\beta) = \frac{a-b}{a+b}\cdot\cot\frac{1}{2}\gamma.$$

Nun ist $\cot\frac{1}{2}\gamma = \operatorname{tg}(90^\circ-\frac{1}{2}\gamma) = \operatorname{tg}\frac{1}{2}(\alpha+\beta)$; folglich nimmt 14) die Form an:

14′) $$\frac{\operatorname{tg}\frac{1}{2}(\alpha-\beta)}{\operatorname{tg}\frac{1}{2}(\alpha+\beta)} = \frac{a-b}{a+b}.$$ (Tangentensatz.)

Um diesen Satz unabhängig von dem Doppelsatze abzuleiten, errichte man auf BD das Lot BF und ziehe EF; dann ist $\angle BFD = \frac{1}{2}(\alpha+\beta)$ und (zufolge § 55, 2 und § 54, 1) $\angle BFE = BAE = \frac{1}{2}(\alpha-\beta)$. Aus den Dreiecken BFE und BFD ergiebt sich nun $\operatorname{tg}\frac{1}{2}(\alpha-\beta) = (a-b) : BF$ und $\operatorname{tg}\frac{1}{2}(\alpha+\beta) = (a+b) : BF$ und hieraus durch Division die Gleichung 14′).

§ 166 (181). Die vier Hauptfälle.

1) Sind von einem Dreiecke eine Seite c und zwei Winkel gegeben, so berechnet man den dritten Winkel durch die Gleichung

$\alpha+\beta+\gamma=180°$ und dann d, a, b, $\triangle$ durch die Formeln

$$d=\frac{c}{\sin\gamma}, \quad a=d\sin\alpha, \quad b=d\sin\beta, \quad \triangle=\tfrac{1}{2}ab\sin\gamma.$$

Auch kann man eine der Formeln

$$\triangle=\frac{c^2\sin\alpha\sin\beta}{2\sin\gamma}, \quad \triangle=\tfrac{1}{2}d^2\sin\alpha\sin\beta\sin\gamma$$

zur Berechnung von $\triangle$ anwenden.

2) Sind zwei Seiten und ein gegenüberliegender Winkel (a, b, α) gegeben, so berechnet man β, γ, c durch

$$\sin\beta=\frac{b\sin\alpha}{a}, \quad \gamma=180°-(\alpha+\beta), \quad c=\frac{a\sin\gamma}{\sin\alpha}$$

und den Inhalt durch $\triangle=\tfrac{1}{2}ab\sin\gamma$. — Ist $a>b$, so muß $\beta<90°$ sein, und man erhält nur ein Dreieck. Ist dagegen $a<b$, so ergeben sich für β zwei sich zu 180° ergänzende Werte oder der Wert 90° oder kein reeller Wert, je nachdem $b\sin\alpha$ kleiner, ebenso groß oder größer als a ist. In dem ersten dieser drei Fälle erhält man also zwei verschiedene Dreiecke.

3) Aus den drei Seiten a, b, c berechnet man die übrigen Stücke durch

$$\varrho=\sqrt{\frac{(s-a)(s-b)(s-c)}{s}} \quad (\S\ 120\text{a}, 2),$$

$$\operatorname{tg}\tfrac{1}{2}\alpha=\frac{\varrho}{s-a}, \quad \operatorname{tg}\tfrac{1}{2}\beta=\frac{\varrho}{s-b}, \quad \operatorname{tg}\tfrac{1}{2}\gamma=\frac{\varrho}{s-c}, \quad \triangle=s.\varrho.$$

Soll nur ein einzelner Winkel berechnet werden, so wendet man die Formel 7) des § 164 an.

4) Aus zwei Seiten und dem eingeschlossenen Winkel (a, b, γ) findet man die beiden anderen Winkel und die dritte Seite durch die Formeln

$$\tfrac{1}{2}(\alpha+\beta)=90°-\tfrac{1}{2}\gamma, \quad \operatorname{tg}\tfrac{1}{2}(\alpha-\beta)=\frac{a-b}{a+b}\cdot\operatorname{tg}\tfrac{1}{2}(\alpha+\beta),$$

$$\alpha=\tfrac{1}{2}(\alpha+\beta)+\tfrac{1}{2}(\alpha-\beta), \quad \beta=\tfrac{1}{2}(\alpha+\beta)-\tfrac{1}{2}(\alpha-\beta),$$

$$c=\frac{a\sin\gamma}{\sin\alpha} \quad \text{oder} \quad c=\frac{b\sin\gamma}{\sin\beta}.$$

Noch etwas kürzer führt die folgende Methode zum Ziel. Durch die Gleichungen 12) und 13)

$$c\sin\tfrac{1}{2}(\alpha-\beta)=(a-b)\cos\tfrac{1}{2}\gamma$$

$$c\cos\tfrac{1}{2}(\alpha-\beta)=(a+b)\sin\tfrac{1}{2}\gamma$$

berechnet man $\log c \sin \frac{1}{2}(\alpha-\beta)$ und $\log c \cos \frac{1}{2}(\alpha-\beta)$, indem man von den (genau unter einander zu stellenden) Logarithmen der Größen $a-b$, $a+b$, $\cos \frac{1}{2}\gamma$, $\sin \frac{1}{2}\gamma$ den ersten und dritten und den zweiten und vierten addiert, erhält hieraus durch Subtraktion $\log tg \frac{1}{2}(\alpha-\beta)$, also auch $\frac{1}{2}(\alpha-\beta)$ selbst, und findet alsdann $\log c$ auf zweierlei Weise, indem man $\log \sin \frac{1}{2}(\alpha-\beta)$ von $\log c \sin \frac{1}{2}(\alpha-\beta)$ und $\log \cos \frac{1}{2}(\alpha-\beta)$ von $\log c \cos \frac{1}{2}(\alpha-\beta)$ subtrahiert. Hierbei dient die doppelte Berechnung von c als ein wichtiges Prüfungsmittel der Rechnung. — Der Inhalt wird bei dieser Aufgabe durch $\triangle = \frac{1}{2}ab \sin\gamma$, bezw. $\triangle = ab \sin \frac{1}{2}\gamma \cos \frac{1}{2}\gamma$ bestimmt.

Beispiel.

$a = 1213{,}5$; $b = 818{,}3$; $\gamma = 44^\circ 33',2$; $\frac{1}{2}\gamma = 22^\circ 16',6$.

$a-b = 395{,}2$; $a+b = 2031{,}8$; $\frac{1}{2}(\alpha+\beta) = 67^\circ 43',4$.

$$\begin{array}{rlrl}
\log(a-b) &= 2{,}59682 & & \\
\log(a+b) &= 3{,}30788 & & \\
\log\cos\frac{1}{2}\gamma &= 9{,}96631 & \log a &= 3{,}08404 \\
\log\sin\frac{1}{2}\gamma &= 9{,}57873 & \log b &= 2{,}91291 \\
\log c\sin\frac{1}{2}(\alpha-\beta) &= 2{,}56313 & \log\triangle &= 5{,}54199 \\
\log c\cos\frac{1}{2}(\alpha-\beta) &= 2{,}88661 & \triangle &= 348331 \\
\log tg\frac{1}{2}(\alpha-\beta) &= 9{,}67652 & \frac{1}{2}(\alpha-\beta) &= 25^\circ 23',94 \\
\log\sin\frac{1}{2}(\alpha-\beta) &= 9{,}63237 & \frac{1}{2}(\alpha+\beta) &= 67^\circ 43',4 \\
\log\cos\frac{1}{2}(\alpha-\beta) &= 9{,}95585 & \alpha &= 93^\circ\ 7',34 \\
\log c &= 2{,}93076 & \beta &= 42^\circ 19',46 \\
\log c &= 2{,}93076 & c &= 852{,}62.
\end{array}$$

Bemerkung. Die Additionstheoreme und ihre wichtigsten Folgerungen sind im folgenden Abschnitt entwickelt. (Vergl. insbesondere die §§ 174, 175, 177, 180, 181b.)

II. Die Kreisfunktionen (Goniometrie).

§ 167 (162). Ein Kreis sei durch zwei auf einander senkrechte Durchmesser *AB* und *CD* in vier Quadranten (*AMC, CMB, BMD, DMA*) geteilt. Für jeden Centriwinkel ist das Verhältnis der Länge des zugehörigen Bogens zu der des Radius eine bestimmte Zahl; diese Zahl wird der Wert (oder der Arcus) des Winkels genannt. Der Winkel vom Werte 1 ist also derjenige, dessen Bogen gleich dem Radius ist.

Es sei nun die Länge des Radius $= 1$ (d. h. der Radius diene als Längeneinheit und zugleich zur Veranschaulichung der Zahl 1); dann ist der Wert jedes Centriwinkels, wie AME oder AME_2, gleich der Länge des zugehörigen Bogens, AE oder ACE_2.

Die Länge eines Bogens von 180° ist $= \pi$, die eines Bogens von 1°

$$= \frac{\pi}{180} = \frac{3{,}14159265}{180} = 0{,}017453.$$

Also ist auch der Wert des gestreckten Winkels $= \pi$ und der eines Winkels von $1^\circ = 0{,}017453$.

Ein Bogen, dessen Länge $= 1 =$ dem Radius, beträgt in Graden (Minuten, Sekunden):

$$\frac{180^\circ}{\pi} = 57^\circ{,}2957795 = 57^\circ 17' 44''{,}81 = 206264''{,}81.$$

Demnach ist z. B. der Radius des Äquators der Erde gleich einem 206264,81 Sekunden zählenden Bogen des Äquators; nun ist 1° des Äquators = 15 geographischen Meilen oder, die Meile zu 24000 Fuß gerechnet, = 360000 Fuß, also $1'' = 100$ Fuß, und der Erdradius beträgt daher 20626481 Fuß (oder nahezu 860 geogr. Ml.). Da ferner von der Sonne aus beobachtet der Erdradius unter einem Winkel von nahezu $8''{,}60$, also eine Meile auf der Erde unter einem Winkel von $\frac{1}{100}''$ erscheint, das heißt ebenso groß wie 1 Fuß vom Mittelpunkte der Erde aus gesehen, so würde hiernach die Entfernung der Sonne von der Erde 20626481 Meilen betragen. (Dieser Wert ist jedoch etwas zu groß, da nach neueren Bestimmungen für den obigen Winkel nicht 8,6, sondern 8,8 Sekunden anzunehmen sind. Vergl. die Tabelle der astronomischen Konstanten.) — Ist die jährliche Parallaxe eines Fixsterns 1'', d. h. erscheint von ihm aus gesehen der Radius der Erdbahn unter einem Winkel von 1'', so ist er 206265 Sonnenweiten von uns entfernt.

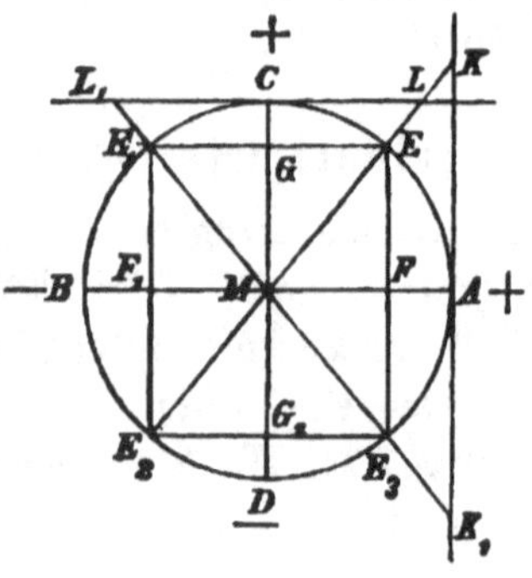

Die folgende Tafel kann dazu dienen, aus der im Gradmaße ausgedrückten Größe eines Winkels den Wert desselben zu berechnen, und umgekehrt (oder auch einen nach Graden, Minuten, Sekunden gegebenen Bogen in Teilen des Radius auszudrücken, und umgekehrt).

$1^0 = 0{,}017453$	$1' = 0{,}0002909$	$1'' = 0{,}00000485$
$2^0 = 0{,}034907$	$2' = 0{,}0005818$	$2'' = 0{,}00000970$
$3^0 = 0{,}052360$	$3' = 0{,}0008727$	$3'' = 0{,}00001454$
$4^0 = 0{,}069813$	$4' = 0{,}0011636$	$4'' = 0{,}00001939$
$5^0 = 0{,}087266$	$5' = 0{,}0014544$	$5'' = 0{,}00002424$
$6^0 = 0{,}104720$	$6' = 0{,}0017453$	$6'' = 0{,}00002909$
$7^0 = 0{,}122173$	$7' = 0{,}0020362$	$7'' = 0{,}00003394$
$8^0 = 0{,}139626$	$8' = 0{,}0023271$	$8'' = 0{,}00003879$
$9^0 = 0{,}157080$	$9' = 0{,}0026180$	$9'' = 0{,}00004363$
$1 = 57^0{,}29578$	$4 = 229^0{,}18312$	$7 = 401^0{,}07046$
$2 = 114^0{,}59156$	$5 = 286^0{,}47890$	$8 = 458^0{,}36624$
$3 = 171^0{,}88734$	$6 = 343^0{,}77468$	$9 = 515^0{,}66202$

§ 168 (163). Verbindet man die Endpunkte eines Bogens *AE* (α) mit dem Mittelpunkte *M* und projiziert den Radius *ME* auf *MA* und auf den auf *MA* senkrechten Radius *MC*, so heißt die erste Projektion, *MF*, der Cosinus und die zweite Projektion *MG* (oder das Lot *FE*) der Sinus des Bogens α oder des zugehörigen Winkels *AME*, und man bedient sich der Bezeichnung:

$$MF = \cos\alpha, \quad MG = \sin\alpha.$$

Für einen spitzen Winkel *AME* (α) stimmen diese Definitionen mit den früheren überein; denn im $\triangle EMF$ ist dann nach § 156, 1) $\cos\alpha = MF : ME = MF : 1 = MF$ und $\sin\alpha = FE : ME = FE : 1 = FE$.

Der Cosinus ist positiv, wenn der Punkt *F* auf *MA*, negativ, wenn *F* auf *MB*, der Verlängerung von *MA*, liegt. Der Sinus ist positiv, wenn *G* auf *MC*, negativ, wenn *G* auf *MD* liegt. Der Cosinus ist also positiv im ersten und vierten, negativ im zweiten und dritten Quadranten; der Sinus ist positiv in den beiden ersten, negativ im dritten und vierten Quadranten. Bewegt sich ein Punkt von *A* über *C* auf dem Kreise, dann ist sein jedesmaliger Standpunkt *E* bestimmt durch die Abscisse $MF = \cos\alpha$ und die Ordinate *FE* (oder *MG*) $= \sin\alpha$. Durchläuft nun *E*, von *A* ausgehend, die ganze Peripherie, so durchlaufen *F* und *G* die Wege *AMBMA* und *MCMDM*, und es nimmt $\cos\alpha$ alle Werte an zwischen 1 und -1, -1 und 1, und $\sin\alpha$ alle Werte zwischen 0 und 1, 1 und -1, -1 und 0.

Nimmt der Bogen α um 2π oder ein Vielfaches von 2π zu, so nehmen die Funktionen $\cos\alpha$ und $\sin\alpha$ wieder dieselben Werte an; sie sind periodische Funktionen des Bogens α.

§ 169 (164). An den Grenzen der Quadranten gelten die Werte:

1) $\cos 0 = 1$, $\cos\frac{1}{2}\pi = 0$, $\cos\pi = -1$, $\cos\frac{3}{2}\pi = 0$, $\cos 2\pi = 1$.

2) $\sin 0 = 0$, $\sin\frac{1}{2}\pi = 1$, $\sin\pi = 0$, $\sin\frac{3}{2}\pi = -1$, $\sin 2\pi = 0$.

Es bezeichne α einen Bogen AE, der kleiner ist als $\frac{1}{2}\pi$. — Da

$$MG = \cos\widehat{CE} = \cos(\tfrac{1}{2}\pi - \alpha) \quad \text{und}$$

$$MF = \sin\widehat{CE} = \sin(\tfrac{1}{2}\pi - \alpha), \quad \text{so ist:}$$

3) $\cos(\frac{1}{2}\pi - \alpha) = \sin\alpha$, 4) $\sin(\frac{1}{2}\pi - \alpha) = \cos\alpha$.

Es ist ferner, wenn Bogen $BE_1 = AE$:

$$MF_1 = \cos\widehat{ACE_1} = -\cos\widehat{BE_1} = -\cos\widehat{AE},$$

$$MG = \sin\widehat{ACE_1} = \sin\widehat{AE}, \quad \text{d. h.:}$$

5) $\cos(\pi - \alpha) = -\cos\alpha$, 6) $\sin(\pi - \alpha) = \sin\alpha$.

(Vergl. § 160, 1 u. 2.) Ähnlich ergiebt sich:

7) $\cos(\frac{1}{2}\pi + \alpha) = -\sin\alpha$, 8) $\sin(\frac{1}{2}\pi + \alpha) = \cos\alpha$,

9) $\cos(\pi + \alpha) = -\cos\alpha$, 10) $\sin(\pi + \alpha) = -\sin\alpha$,

11) $\cos(2\pi - \alpha) = \cos\alpha$, 12) $\sin(2\pi - \alpha) = -\sin\alpha$.

§ 170 (165). Rechnet man den Bogen AE positiv, so muß man einen in entgegengesetztem Sinne abgetragenen Bogen negativ nehmen. Ist nun $AE = \alpha$, $AE_2 = -\alpha$, so haben diese Bogen denselben Cosinus, MF, und gleiche, aber entgegengesetzte Sinus, MG und MG_2, d. h. es ist:

1) $\cos(-\alpha) = \cos\alpha$, 2) $\sin(-\alpha) = -\sin\alpha$.

Die Formeln gelten für jeden Wert von α.

§ 171 (166). Es werde ein Bogen x gesucht aus der Gleichung:

$$1) \quad \cos x = a,$$

und es sei gesetzt $a = \cos\alpha$, während α zwischen 0 und π liegt; dann findet man:

$$x = \alpha, \quad \pm 2\pi + \alpha, \quad \pm 4\pi + \alpha,$$
$$-\alpha, \quad \pm 2\pi - \alpha, \quad \pm 4\pi - \alpha,$$

oder, wenn k irgend eine ganze Zahl bedeutet:

$$x = 2k\pi \pm \alpha.$$

Ebenso hat die Gleichung

$$2)\quad \sin x = a = \sin\alpha,$$

worin α zwischen $-\frac{1}{2}\pi$ und $\frac{1}{2}\pi$ liegt, die Auflösungen:

$$x = \alpha,\quad \pm 2\pi+\alpha,\quad \pm 4\pi+\alpha,\quad \ldots\ldots$$
$$\pm\pi-\alpha,\quad \pm 3\pi-\alpha,\quad \pm 5\pi-\alpha,\quad \ldots\ldots$$

das heißt: $x = 2k\pi+\alpha$ und $x=(2k+1)\pi-\alpha$,

oder: $$x = k\pi+(-1)^k\alpha.$$

§ 172 (167). Es ist $MF^2+FE^2=ME^2$, d. h.:

$$1)\quad \cos\alpha^2+\sin\alpha^2=1,$$

$$2)\quad \cos\alpha=\sqrt{1-\sin\alpha^2},\qquad 3)\quad \sin\alpha=\sqrt{1-\cos\alpha^2}.$$

Gehört α einem anderen als dem ersten Quadranten an, so gilt die Formel 1) unverändert, während in 2) und 3) die Vorzeichen der Quadratwurzeln nach § 168 bestimmt werden müssen.

§ 173 (168). 1) In einem rechtwinkligen Dreiecke, dessen Hypotenuse $=1$, ist jede Kathete der Sinus des ihr gegenüberliegenden und der Cosinus des ihr anliegenden spitzen Winkels. (§ 156, 5.)

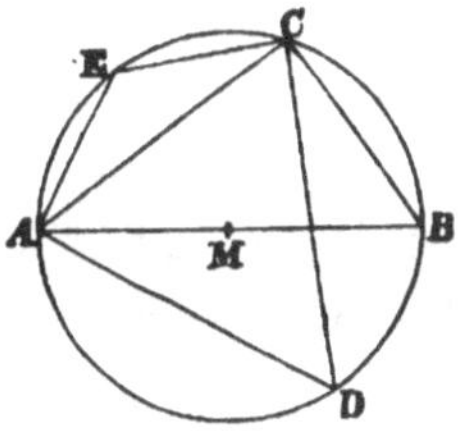

2) In einem Kreise, dessen Durchmesser $(AB)=1$, ist jede Sehne (AC) der Sinus eines jeden zu ihr gehörigen Peripheriewinkels. Denn da $\angle ACB = 1\,R$, so ist nach 1):

$$\text{Sehne } AC = \sin\angle ABC.$$

Da aber $\angle ADC = ABC$ und $\angle AEC = 180^\circ - ADC$ und $\sin(180^\circ - ADC) = \sin ADC$ ist, so ist auch:

$$\text{Sehne } AC = \sin\angle ADC = \sin\angle AEC.$$

§ 174 (169). Nimmt man wiederum den Durchmesser AB als Längeneinheit und trägt an denselben in B nach entgegengesetzten Seiten $\angle ABC=\alpha$ und $\angle ABD=\beta$ an und zieht die Sehnen AC, AD und CD, so ist nach dem Ptolemäischen Lehrsatze:

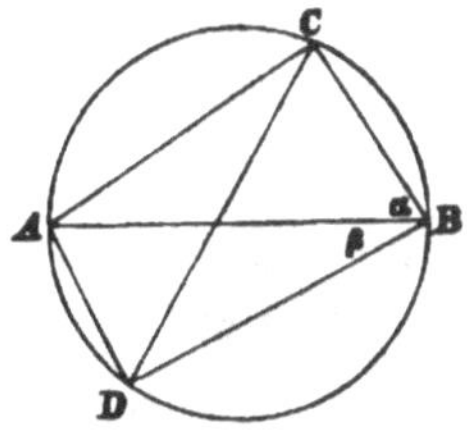

$$AB.CD = AC.BD + BC.AD,$$

also zufolge § 173:

$$1.\ \sin(\alpha+\beta)=\sin\alpha.\cos\beta+\cos\alpha.\sin\beta.$$

Trägt man dagegen α und β in B an derselben Seite des Durchmessers an, so ist $AB.CD = AC.BD - BC.AD$, also

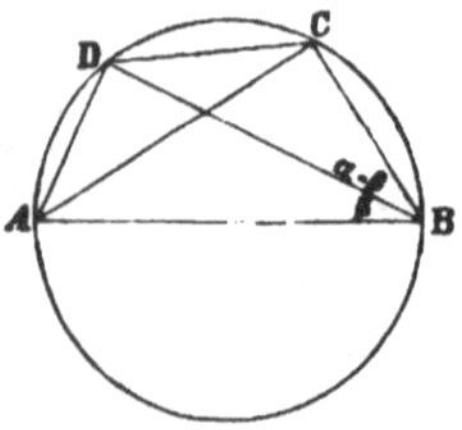

1. $\sin(\alpha-\beta)=\sin\alpha\cos\beta-\cos\alpha\sin\beta$, wenn $\alpha>\beta$. Ist $\alpha<\beta$, so muß man in der erhaltenen Formel α mit β vertauschen; da aber $\sin(\beta-\alpha)=-\sin(\alpha-\beta)$ ist, so erhält man für $\sin(\alpha-\beta)$ schließlich dieselbe Formel. Verwandelt man nun noch in den für $\sin(\alpha+\beta)$ und $\sin(\alpha-\beta)$ gefundenen Gleichungen α in $90^\circ-\alpha$, so hat man folgende vier Formeln (die **Additionstheoreme** für die Funktionen Sinus und Cosinus):

1) $\sin(\alpha+\beta)=\sin\alpha\cos\beta+\cos\alpha\sin\beta$.
2) $\sin(\alpha-\beta)=\sin\alpha\cos\beta-\cos\alpha\sin\beta$.
3) $\cos(\alpha+\beta)=\cos\alpha\cos\beta-\sin\alpha\sin\beta$.
4) $\cos(\alpha-\beta)=\cos\alpha\cos\beta+\sin\alpha\sin\beta$.

Bei der Ableitung dieser Formeln ist vorausgesetzt, daß α und β zwischen 0° und 90° liegen. Da nun $\cos\beta=\cos(-\beta)$ und $-\sin\beta=\sin(-\beta)$ ist, so läßt sich die zweite Formel auch so schreiben:

$$\sin(\alpha+(-\beta))=\sin\alpha\cos(-\beta)+\cos\alpha\sin(-\beta).$$

Folglich ist es gestattet, in Gl. 1) an Stelle von β einen gleich großen negativen Wert zu setzen. Wegen der Symmetrie von 1) in Bezug auf α und β gilt dasselbe für α. Multipliziert man Gl. 1) mit -1, so wird:

$$-\sin(\alpha+\beta)=\sin(-\alpha)\cos\beta+\cos\alpha\sin(-\beta);\text{ oder:}$$
$$\sin(-\alpha-\beta)=\sin(-\alpha)\cos(-\beta)+\cos(-\alpha)\sin(-\beta).$$

Es ist somit auch gestattet, in 1) α und β gleichzeitig durch negative Werte von gleichem Betrage zu ersetzen. Es gilt also Gleichung 1) für alle zwischen -90° und 90° enthaltenen Werte von α und β. Da nun

$$\sin x=-\sin(180^\circ+x),\quad \cos x=-\cos(180^\circ+x),$$
$$\sin x=\sin(360^\circ+x)$$

ist, so läßt sich 1) auch in die folgenden beiden Formen bringen:

$$-\sin(180^\circ+\alpha+\beta)=-\sin(180^\circ+\alpha)\cos\beta-\cos(180^\circ+\alpha)\sin\beta,$$
$$\sin(360^\circ+\alpha+\beta)=\sin(180^\circ+\alpha)\cos(180^\circ+\beta)+\cos(180^\circ+\alpha)\sin(180^\circ+\beta).$$

Es bleibt also Gl. 1) richtig, wenn man $180^\circ+\alpha$ an Stelle von α, oder auch außerdem noch $180^\circ + \beta$ an Stelle von β setzt; sie gilt also nicht nur, wenn α und β zwischen -90° und 90°, sondern auch, wenn sie zwischen 90° und 270° liegen. Die Gültigkeit erstreckt sich also auf das 360° umfassende Intervall von -90° bis 270°. Bei einer Vergrößerung oder Verkleinerung der Winkel um 360° oder ein Vielfaches von 360° bleiben die Werte aller in 1) vorkommenden Funktionen ungeändert. Es gilt daher Gl. 1) für beliebige positive und negative Winkel. Ganz ebenso läßt sich offenbar die allgemeine Gültigkeit von 3) darthun, und für 2) und 4) ergiebt sie sich jetzt einfach dadurch, daß man in 1) und 3) β in $-\beta$ verwandelt.

§ 175 (170). Für $\beta = \alpha$ folgt aus 1) und 3):

1) $\sin 2\alpha = 2\sin\alpha\cos\alpha$ oder 1') $\sin\alpha = 2\sin\frac{1}{2}\alpha\cos\frac{1}{2}\alpha$.

2) $\cos 2\alpha = \cos\alpha^2 - \sin\alpha^2$, 2') $\cos\alpha = \cos\frac{1}{2}\alpha^2 - \sin\frac{1}{2}\alpha^2$.

Ersetzt man in den letzten Formeln entweder $\sin\alpha^2$ durch $1-\cos\alpha^2$ oder $\cos\alpha^2$ durch $1-\sin\alpha^2$, so gehen sie über in:

3) $\cos 2\alpha = 2\cos\alpha^2 - 1$, 3') $\cos\alpha = 2\cos\frac{1}{2}\alpha^2 - 1$.

4) $\cos 2\alpha = 1 - 2\sin\alpha^2$, 4') $\cos\alpha = 1 - 2\sin\frac{1}{2}\alpha^2$.

Aus 3') und 4') folgt weiter:

$$2\cos\tfrac{1}{2}\alpha^2 = 1 + \cos\alpha, \quad 2\sin\tfrac{1}{2}\alpha^2 = 1 - \cos\alpha.$$

Liegt α zwischen 0° und 180°, so sind $\cos\frac{1}{2}\alpha$ und $\sin\frac{1}{2}\alpha$ beide positiv, und man erhält, indem man durch 2 dividiert und die Quadratwurzel auszieht:

5) $\cos\frac{1}{2}\alpha = \sqrt{\frac{1+\cos\alpha}{2}}$. 6) $\sin\frac{1}{2}\alpha = \sqrt{\frac{1-\cos\alpha}{2}}$.

Mit Rücksicht auf § 172, 1) und § 175, 1') ergiebt sich:

$$(\cos\tfrac{1}{2}\alpha \pm \sin\tfrac{1}{2}\alpha)^2 = \cos\tfrac{1}{2}\alpha^2 + \sin\tfrac{1}{2}\alpha^2 \pm 2\sin\tfrac{1}{2}\alpha\cos\tfrac{1}{2}\alpha = 1 \pm \sin\alpha.$$

Liegt α zwischen -90° und 90°, so sind die Größen $\cos\frac{1}{2}\alpha + \sin\frac{1}{2}\alpha$ und $\cos\frac{1}{2}\alpha - \sin\frac{1}{2}\alpha$ beide positiv, und man findet:

$$\cos\tfrac{1}{2}\alpha + \sin\tfrac{1}{2}\alpha = \sqrt{1+\sin\alpha}, \quad \cos\tfrac{1}{2}\alpha - \sin\tfrac{1}{2}\alpha = \sqrt{1-\sin\alpha}.$$

7) $\cos\frac{1}{2}\alpha = \frac{1}{2}\sqrt{1+\sin\alpha} + \frac{1}{2}\sqrt{1-\sin\alpha}$.

8) $\sin\frac{1}{2}\alpha = \frac{1}{2}\sqrt{1+\sin\alpha} - \frac{1}{2}\sqrt{1-\sin\alpha}$.

Für $\beta = 2\alpha$ ergiebt sich aus 3) in § 174:

$$\begin{aligned}\cos 3\alpha &= \cos\alpha\cos 2\alpha - \sin\alpha\sin 2\alpha \\ &= \cos\alpha(2\cos\alpha^2 - 1) - \sin\alpha . 2\sin\alpha\cos\alpha \\ &= \cos\alpha(2\cos\alpha^2 - 1) - 2\cos\alpha(1 - \cos\alpha^2).\end{aligned}$$

9) $\cos 3\alpha = 4\cos\alpha^3 - 3\cos\alpha$. Ähnlich folgt:
10) $\sin 3\alpha = 3\sin\alpha - 4\sin\alpha^3$.
11) $\cos 5\alpha = 5\cos\alpha - 20\cos\alpha^3 + 16\cos\alpha^5$.
12) $\sin 5\alpha = 5\sin\alpha - 20\sin\alpha^3 + 16\sin\alpha^5$.

§ 176 (171). Aus 5) und 6) ergiebt sich für $\frac{1}{2}\alpha = \frac{1}{4}\pi = 45^0$:

1) $\cos\frac{1}{4}\pi = \sin\frac{1}{4}\pi = \sqrt{\frac{1}{2}}$;

aus 9) und 10) für $\alpha = \frac{1}{6}\pi = 30^0$ und $\alpha = \frac{1}{3}\pi = 60^0$:

2) $\cos\frac{1}{6}\pi = \sin\frac{1}{3}\pi = \frac{1}{2}\sqrt{3}$,

und hieraus vermöge der Formeln 3) und 2) in § 172:

3) $\sin\frac{1}{6}\pi = \cos\frac{1}{3}\pi = \frac{1}{2}$;

ferner aus 11) und 12) für $\alpha = \frac{1}{10}\pi = 18^0$ und $\alpha = \frac{1}{5}\pi = 36^0$:

4) $\cos\frac{1}{10}\pi = \sqrt{\frac{5+\sqrt{5}}{8}}$, 5) $\sin\frac{1}{5}\pi = \sqrt{\frac{5-\sqrt{5}}{8}}$,

wenn man die gehörigen Wurzeln der Gleichungen nimmt; und hieraus mit Rücksicht auf § 175, Nr. 3) und 4):

6) $\cos\frac{1}{5}\pi = \frac{\sqrt{5}+1}{4}$, 7) $\cos\frac{2}{5}\pi = \sin\frac{1}{10}\pi = \frac{\sqrt{5}-1}{4}$.

Die Formel 7) folgt auch aus §99, Anm. 2; für 1)—3) vergl. § 156, 4).

§ 177 (172). Ersetzt man in den vier Formeln des § 174 α und β durch x und y, so erhält man durch Addition und Subtraktion:

$\sin(x+y) + \sin(x-y) = 2\sin x\cos y$.
$\sin(x+y) - \sin(x-y) = 2\cos x\sin y$.
$\cos(x+y) + \cos(x-y) = 2\cos x\cos y$.
$\cos(x+y) - \cos(x-y) = -2\sin x\sin y = 2\sin x\sin(-y)$.

Setzt man $x+y=\alpha$ und $x-y=\beta$, so wird $x=\frac{1}{2}(\alpha+\beta)$ und $y=\frac{1}{2}(\alpha-\beta)$, also:

1) $\sin\alpha + \sin\beta = 2\sin\frac{1}{2}(\alpha+\beta)\cos\frac{1}{2}(\alpha-\beta)$.
2) $\sin\alpha - \sin\beta = 2\cos\frac{1}{2}(\alpha+\beta)\sin\frac{1}{2}(\alpha-\beta)$.
3) $\cos\alpha + \cos\beta = 2\cos\frac{1}{2}(\alpha+\beta)\cos\frac{1}{2}(\alpha-\beta)$.
4) $\cos\alpha - \cos\beta = 2\sin\frac{1}{2}(\alpha+\beta)\sin\frac{1}{2}(\beta-\alpha)$.

Anmerkung. Für $x=30^0$, $y=\alpha$ wird, weil $\sin 30^0 = \frac{1}{2}$ ist:

$\sin(30^0+\alpha) + \sin(30^0-\alpha) = \cos\alpha$,
$\cos(30^0+\alpha) - \cos(30^0-\alpha) = -\sin\alpha$; also:
$\sin(30^0+\alpha) = \cos\alpha - \sin(30^0-\alpha)$,
$\cos(30^0+\alpha) = \cos(30^0-\alpha) - \sin\alpha$.

Daher sind die Sinus und Cosinus nur von 0° bis 30° zu berechnen, nicht von 0° bis 45°, um alle von 0° bis 90° zu erhalten.

§ 177a (180). **Analytischer Beweis des Gaußischen Doppelsatzes.** Nach § 161 ist $a\sin\gamma = c\sin\alpha$, $b\sin\gamma = c\sin\beta$, also:

$$(a-b)\sin\gamma = c(\sin\alpha - \sin\beta) = c.2\cos\tfrac{1}{2}(\alpha+\beta)\sin\tfrac{1}{2}(\alpha-\beta),$$
$$(a+b)\sin\gamma = c(\sin\alpha + \sin\beta) = c.2\sin\tfrac{1}{2}(\alpha+\beta)\cos\tfrac{1}{2}(\alpha-\beta).$$

Nun ist $\sin\gamma = 2\sin\frac{1}{2}\gamma\cos\frac{1}{2}\gamma$, $\cos\frac{1}{2}(\alpha+\beta) = \sin\frac{1}{2}\gamma$, $\sin\frac{1}{2}(\alpha+\beta) = \cos\frac{1}{2}\gamma$. Durch Division mit $2\sin\frac{1}{2}\gamma$, bezw. $2\cos\frac{1}{2}\gamma$, und Vertauschung der beiden Seiten der Gleichungen folgt also:

$$c\sin\tfrac{1}{2}(\alpha-\beta) = (a-b)\cos\tfrac{1}{2}\gamma,$$
$$c\cos\tfrac{1}{2}(\alpha-\beta) = (a+b)\sin\tfrac{1}{2}\gamma.$$

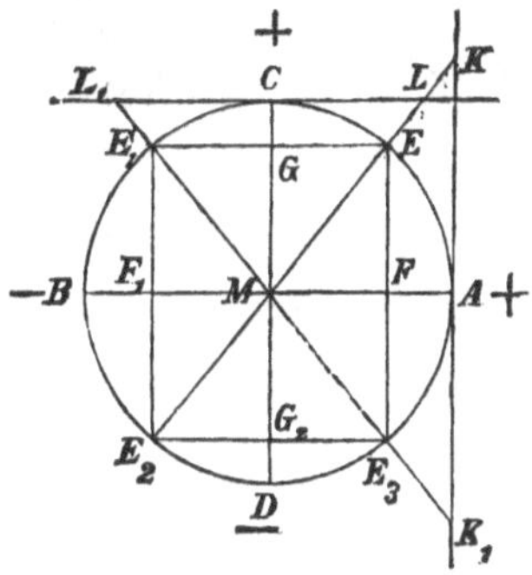

§ 178 (173). Zieht man durch *A* und *C* Tangenten an den Kreis und bezeichnet die Punkte, in welchen dieselben durch die Verlängerung von *ME* geschnitten werden, durch *K* und *L*, so nennt man *AK* die **Tangente** (tg), *CL* die **Cotangente** (cot), *MK* die **Sekante** (sec) und *ML* die **Cosekante** (cosec) des Bogens *AE* (α). Es gelten die Proportionen:

$$\frac{AK}{MA} = \frac{FE}{MF}, \quad \text{also:} \quad 1) \quad \mathrm{tg}\,\alpha = \frac{\sin\alpha}{\cos\alpha},$$
$$\frac{CL}{MC} = \frac{GE}{MG}, \quad \text{also:} \quad 2) \quad \cot\alpha = \frac{\cos\alpha}{\sin\alpha},$$
$$\frac{MK}{MA} = \frac{ME}{MF}, \quad \text{also:} \quad 3) \quad \sec\alpha = \frac{1}{\cos\alpha},$$
$$\frac{ML}{MC} = \frac{ME}{MG}, \quad \text{also:} \quad 4) \quad \mathrm{cosec}\,\alpha = \frac{1}{\sin\alpha}.$$

Die Tangente und Cotangente sind positiv im ersten und dritten, negativ im zweiten und vierten Quadranten; die Sekante und Cosekante haben bezw. gleiches Vorzeichen mit dem Cosinus und Sinus.

§ 179 (174). Es gelten die Formeln:

1) $\mathrm{tg}\,0 = 0$, $\mathrm{tg}\,\frac{1}{2}\pi = \pm\infty$, $\mathrm{tg}\,\pi = 0$, $\mathrm{tg}\,\frac{3}{2}\pi = \pm\infty$, $\mathrm{tg}\,2\pi = 0$.

2) $\cot 0 = \pm\infty$, $\cot\frac{1}{2}\pi = 0$, $\cot\pi = \pm\infty$, $\cot\frac{3}{2}\pi = 0$, $\cot 2\pi = \pm\infty$.

$$3)\quad \operatorname{tg}\tfrac{1}{4}\pi = \cot\tfrac{1}{4}\pi = 1.$$

$$4)\quad \operatorname{tg}(\tfrac{1}{2}\pi - \alpha) = \cot\alpha. \qquad 5)\quad \cot(\tfrac{1}{2}\pi - \alpha) = \operatorname{tg}\alpha.$$

$$6)\quad \operatorname{tg}(\pi - \alpha) = -\operatorname{tg}\alpha. \qquad 7)\quad \cot(\pi - \alpha) = -\cot\alpha.$$

$$8)\quad \operatorname{tg}(\pi + \alpha) = \operatorname{tg}\alpha. \qquad 9)\quad \cot(\pi + \alpha) = \cot\alpha.$$

$$10)\quad \operatorname{tg}\alpha . \cot\alpha = 1. \quad 10')\quad \operatorname{tg}\alpha = \frac{1}{\cot\alpha}. \quad 10'')\quad \cot\alpha = \frac{1}{\operatorname{tg}\alpha}.$$

$$\frac{1}{\cos\alpha^2} = \frac{\cos\alpha^2 + \sin\alpha^2}{\cos\alpha^2} = \frac{\cos\alpha^2}{\cos\alpha^2} + \frac{\sin\alpha^2}{\cos\alpha^2} = 1 + \operatorname{tg}\alpha^2,$$

also: $11)\quad \cos\alpha = \dfrac{1}{\sqrt{1+\operatorname{tg}\alpha^2}}. \qquad 12)\quad \sin\alpha = \dfrac{\operatorname{tg}\alpha}{\sqrt{1+\operatorname{tg}\alpha^2}}.$

Aus 2′) und 1′) in § 175 ergiebt sich:

$$\cos\alpha = \frac{\cos\tfrac{1}{2}\alpha^2 - \sin\tfrac{1}{2}\alpha^2}{\cos\tfrac{1}{2}\alpha^2 + \sin\tfrac{1}{2}\alpha^2}, \quad \sin\alpha = \frac{2\sin\tfrac{1}{2}\alpha\cos\tfrac{1}{2}\alpha}{\cos\tfrac{1}{2}\alpha^2 + \sin\tfrac{1}{2}\alpha^2},$$

folglich, wenn man Zähler und Nenner der Brüche durch $\cos\tfrac{1}{2}\alpha^2$ dividiert:

$$13)\quad \cos\alpha = \frac{1 - \operatorname{tg}\tfrac{1}{2}\alpha^2}{1 + \operatorname{tg}\tfrac{1}{2}\alpha^2}. \qquad 14)\quad \sin\alpha = \frac{2\operatorname{tg}\tfrac{1}{2}\alpha}{1 + \operatorname{tg}\tfrac{1}{2}\alpha^2}.$$

§ 180 (175). Es ist:

$$\operatorname{tg}(\alpha+\beta) = \frac{\sin(\alpha+\beta)}{\cos(\alpha+\beta)} = \frac{\sin\alpha\cos\beta + \cos\alpha\sin\beta}{\cos\alpha\cos\beta - \sin\alpha\sin\beta}$$

$$= \frac{\dfrac{\sin\alpha}{\cos\alpha}\cdot\dfrac{\cos\beta}{\cos\beta} + \dfrac{\cos\alpha}{\cos\alpha}\cdot\dfrac{\sin\beta}{\cos\beta}}{\dfrac{\cos\alpha}{\cos\alpha}\cdot\dfrac{\cos\beta}{\cos\beta} - \dfrac{\sin\alpha}{\cos\alpha}\cdot\dfrac{\sin\beta}{\cos\beta}}.$$

$$1)\quad \operatorname{tg}(\alpha+\beta) = \frac{\operatorname{tg}\alpha + \operatorname{tg}\beta}{1 - \operatorname{tg}\alpha\operatorname{tg}\beta}.$$

$$2)\quad \operatorname{tg}(\alpha-\beta) = \frac{\operatorname{tg}\alpha - \operatorname{tg}\beta}{1 + \operatorname{tg}\alpha\operatorname{tg}\beta}.$$

Für $\beta = \alpha$ folgt aus 1):

$$3)\quad \operatorname{tg}2\alpha = \frac{2\operatorname{tg}\alpha}{1 - \operatorname{tg}\alpha^2},$$

und aus 1) und 2), wenn zuerst $\alpha = 45^0$ gesetzt und darauf β in α verwandelt wird:

$$4)\quad \operatorname{tg}(45^0 + \alpha) = \frac{1 + \operatorname{tg}\alpha}{1 - \operatorname{tg}\alpha}.$$

$$5)\quad \operatorname{tg}(45^0 - \alpha) = \frac{1 - \operatorname{tg}\alpha}{1 + \operatorname{tg}\alpha}.$$

§ 181a (175a). Unter der Voraussetzung, daß $\alpha+\beta+\gamma=180^0$ ist, wird $\operatorname{tg}(\alpha+\beta)=-\operatorname{tg}\gamma$, also nach § 180, 1):

$$\frac{\operatorname{tg}\alpha+\operatorname{tg}\beta}{1-\operatorname{tg}\alpha\operatorname{tg}\beta}=-\operatorname{tg}\gamma, \quad \text{oder:}$$

$$1)\quad \operatorname{tg}\alpha+\operatorname{tg}\beta+\operatorname{tg}\gamma=\operatorname{tg}\alpha\operatorname{tg}\beta\operatorname{tg}\gamma.$$

Hierin darf man α, β, γ in $90^0-\frac{1}{2}\alpha$, $90^0-\frac{1}{2}\beta$, $90^0-\frac{1}{2}\gamma$ verwandeln, weil die Summe der drei neuen Winkel ebenfalls 180^0 beträgt. Daher ist:

$$2)\quad \cot\tfrac{1}{2}\alpha+\cot\tfrac{1}{2}\beta+\cot\tfrac{1}{2}\gamma=\cot\tfrac{1}{2}\alpha\cot\tfrac{1}{2}\beta\cot\tfrac{1}{2}\gamma.$$

§ 181b (181a). Unter derselben Voraussetzung wird

$$\begin{aligned}\sin\alpha+\sin\beta+\sin\gamma &= \sin\alpha+\sin\beta+\sin(\alpha+\beta)\\ &= 2\sin\tfrac{1}{2}(\alpha+\beta)\cos\tfrac{1}{2}(\alpha-\beta)+2\sin\tfrac{1}{2}(\alpha+\beta)\cos\tfrac{1}{2}(\alpha+\beta)\\ &= 2\sin\tfrac{1}{2}(\alpha+\beta).(\cos\tfrac{1}{2}(\alpha-\beta)+\cos\tfrac{1}{2}(\alpha+\beta))\\ &= 2\cos\tfrac{1}{2}\gamma.2\cos\tfrac{1}{2}\alpha\cos\tfrac{1}{2}\beta.\end{aligned}$$

$$1)\quad \sin\alpha+\sin\beta+\sin\gamma=4\cos\tfrac{1}{2}\alpha\cos\tfrac{1}{2}\beta\cos\tfrac{1}{2}\gamma.$$

Ebenso folgt:

$$2)\quad \sin\alpha+\sin\beta-\sin\gamma=4\sin\tfrac{1}{2}\alpha\sin\tfrac{1}{2}\beta\cos\tfrac{1}{2}\gamma.$$

In jedem Dreieck ist nun

$$s=\tfrac{1}{2}(a+b+c)=\tfrac{1}{2}d(\sin\alpha+\sin\beta+\sin\gamma),$$
$$s-c=\tfrac{1}{2}(a+b-c)=\tfrac{1}{2}d(\sin\alpha+\sin\beta-\sin\gamma),$$

also:

$$3)\quad s=2d\cos\tfrac{1}{2}\alpha\cos\tfrac{1}{2}\beta\cos\tfrac{1}{2}\gamma.$$
$$4)\quad s-c=2d\sin\tfrac{1}{2}\alpha\sin\tfrac{1}{2}\beta\cos\tfrac{1}{2}\gamma.$$

Ferner ergiebt sich aus § 164a und aus $\triangle CE'N'$ in § 120a:

$$\varrho=(s-c)\operatorname{tg}\tfrac{1}{2}\gamma, \quad \varrho_c=s\operatorname{tg}\tfrac{1}{2}\gamma;$$

also ist:

$$5)\quad \varrho=2d\sin\tfrac{1}{2}\alpha\sin\tfrac{1}{2}\beta\sin\tfrac{1}{2}\gamma,$$
$$6)\quad \varrho_c=2d\cos\tfrac{1}{2}\alpha\cos\tfrac{1}{2}\beta\sin\tfrac{1}{2}\gamma.$$

Anhang zur Trigonometrie.

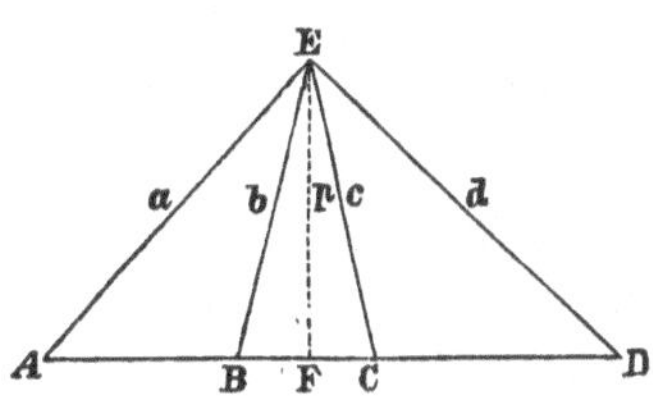

Von einem Punkte E sind nach den in gerader Linie liegenden Punkten A, B, C, D die Strahlen a, b, c, d gezogen. Der doppelte Flächeninhalt des Dreiecks EAB ist $=AB.p$ und $=ab\sin(ab)$, wenn die Höhe EF

durch p und der Winkel AEB durch (ab) bezeichnet wird. Daher ist:

$$AB.p = ab\sin(ab), \quad \text{ebenso} \quad CD.p = cd\sin(cd) \quad \text{u. s. w.},$$

also:

$$\frac{abcd}{p^2} = \frac{AB.CD}{\sin(ab)\sin(cd)} = \frac{AC.BD}{\sin(ac)\sin(bd)} = \frac{AD.BC}{\sin(ad)\sin(bc)}.$$

Bemerkung. Man überzeugt sich leicht, daß $AC.BD = AB.CD + AD.BC$ ist. Daraus ergiebt sich dann, daß auch

$$\sin(ac)\sin(bd) = \sin(ab)\sin(cd) + \sin(ad)\sin(bc),$$

also, wenn (ab), (bc), (cd) durch α, β, γ bezeichnet werden:

$$\sin(\alpha+\beta)\sin(\beta+\gamma) = \sin\alpha\sin\gamma + \sin(\alpha+\beta+\gamma)\sin\beta.$$

Beispiele.

1) Man kennt die Strecken $AB = q$, $BC = r$, $CD = s$ und soll den Punkt E finden, von dem aus diese Strecken gleich groß erscheinen. Man hat dann

$$\frac{qs}{\sin x \sin x} = \frac{(q+r)(r+s)}{\sin 2x \sin 2x}, \quad \text{also:} \quad \cos x = \sqrt{\frac{(q+r)(r+s)}{4qs}}.$$

Setzt man Winkel $EBC = z$, so findet man

$$b\sin x = q\sin(z-x) = r\sin(z+x)$$

und hieraus leicht z und die Strecken a, b, c, d; nämlich:

$$\operatorname{tg} z = \frac{q+r}{q-r}\operatorname{tg} x, \quad a = \frac{q\sin z}{\sin x}, \quad b = \frac{q\sin(z-x)}{\sin x} \quad \text{u. s. w.}$$

Ebenso läßt sich die Aufgabe lösen, wenn die Winkel bei E sich wie $1:2:3$ verhalten oder andere Bedingungen erfüllen müßten.

2) Die Winkel $AEB = \alpha$, $BEC = \beta$, $CED = \gamma$ sind gemessen, und aus den Strecken q und s soll die mittelste $r = x$ bestimmt werden. Man erhält x aus der Formel:

$$\frac{(q+x)(s+x)}{\sin(\alpha+\beta)\sin(\beta+\gamma)} = \frac{qs}{\sin\alpha\sin\gamma}.$$

3) Der Kanal $ABCD$ schneidet die Straße ED. Von E aus wird der Mastbaum eines Schiffes, welches mit der Geschwindigkeit g nach D hin segelt, zuerst in A beobachtet; nach t Sekunden wird er in B und nach Verlauf von weiteren t' Sekunden in C erblickt. Die Winkel α, β, γ werden gemessen. Man soll die Strecken $CD = x$, $ED = z$ und den Winkel $ECB = y$ bestimmen. — Es ist

$AB = gt$, $BC = gt'$, also:

$$\frac{gt.x}{\sin\alpha\sin\gamma} = \frac{g(t+t')(gt'+x)}{\sin(\alpha+\beta)\sin(\beta+\gamma)}.$$

Hieraus ergiebt sich x und dann

$$z = \frac{x\sin y}{\sin\gamma} = \frac{(x+gt')\sin(\beta+y)}{\sin(\beta+\gamma)}, \quad \text{also:}$$

$$\frac{\sin(\beta+y)}{\sin y} = \frac{x\sin(\beta+\gamma)}{(x+gt')\sin\gamma},$$

woraus y und dann z gefunden wird.

Reihen und binomischer Satz.

I. Geometrische Reihen.

§ 182. Eine Reihe, in welcher der Quotient je zweier aufeinanderfolgenden Glieder einen konstanten Wert hat, heißt eine geometrische Reihe. Die Form derselben ist, wenn a ihr Anfangsglied und e den konstanten Quotienten jedes Gliedes und des vorhergehenden bezeichnet:

$$a,\quad ae,\quad ae^2,\quad ae^3,\quad ae^4,\quad \ldots.$$

Es sei t das $n$te Glied und s die Summe der n ersten Glieder der Reihe, so ist:

$$1)\quad t = ae^{n-1},$$

und für s und se gelten die Gleichungen:

$$s = a + ae + ae^2 + ae^3 + \cdots + ae^{n-1}$$

$$se = \phantom{a+{}} ae + ae^2 + ae^3 + \cdots + ae^{n-1} + ae^n.$$

Hieraus erhält man, je nachdem man die zweite Gleichung von der ersten oder die erste von der zweiten abzieht:

$$s(1-e) = a - ae^n, \quad \text{oder} \quad s(e-1) = ae^n - a,$$

folglich: $\quad 2)\quad s = a\cdot\dfrac{1-e^n}{1-e}, \quad$ oder $\quad 2')\quad s = a\cdot\dfrac{e^n-1}{e-1},$

das heißt: $\quad a + ae + ae^2 + \cdots + ae^{n-1} = a\,\dfrac{1-e^n}{1-e} = a\,\dfrac{e^n-1}{e-1}.$

Für $a = 1$ und $e = x$ wird hiernach:

3) $1+x+x^2+x^3+\cdots+x^{n-2}+x^{n-1}=\frac{1-x^n}{1-x}=\frac{x^n-1}{x-1}$.

Setzt man in 3) $x=\frac{b}{a}$, so wird:

$$1+\frac{b}{a}+\frac{b^2}{a^2}+\frac{b^3}{a^3}+\cdots+\frac{b^{n-2}}{a^{n-2}}+\frac{b^{n-1}}{a^{n-1}}=\frac{1-\frac{b^n}{a^n}}{1-\frac{b}{a}}$$

$$=\frac{a^n-b^n}{a^{n-1}(a-b)},$$

und wenn man diese Gleichung mit a^{n-1} multipliziert:

4) $\frac{a^n-b^n}{a-b}=a^{n-1}+a^{n-2}b+a^{n-3}b^2+a^{n-4}b^3+\cdots+ab^{n-2}+b^{n-1}$.

Specielle Fälle dieser Formel sind:

5) $\frac{x^3-y^3}{x-y}=x^2+xy+y^2$.

6) $\frac{x^4-y^4}{x-y}=x^3+x^2y+xy^2+y^3$.

7) $\frac{x^5-y^5}{x-y}=x^4+x^3y+x^2y^2+xy^3+y^4$.

8) $\frac{x^3+y^3}{x+y}=x^2-xy+y^2$.

9) $\frac{x^4-y^4}{x+y}=x^3-x^2y+xy^2-y^3$.

10) $\frac{x^5+y^5}{x+y}=x^4-x^3y+x^2y^2-xy^3+y^4$.

Bezeichnet ε eine positive Größe, so ist

$$(1+\varepsilon)^2>1+2\varepsilon,\quad (1+\varepsilon)^3>1+3\varepsilon,\quad \ldots \quad (1+\varepsilon)^n>1+n\varepsilon.$$

Also nimmt für $n=\infty$ die $n$te Potenz jedes gegebenen unechten Bruches einen unendlich großen und folglich die jedes gegebenen echten Bruches einen unendlich kleinen Wert an. Setzt man daher in 3) $n=\infty$, wodurch die linke Seite der Gleichung eine unendlich große Anzahl von Gliedern erhält, so wird unter der Voraussetzung, daß $-1<x<1$ ist, $x^n=0$ und:

3') $1+x+x^2+x^3+x^4+\cdots=\frac{1}{1-x}$.

II. Arithmetische Reihen.

A. Arithmetische Reihen erster Ordnung.

§ 183. Eine arithmetische Reihe erster Ordnung ist eine Reihe, in welcher die Differenz je zweier aufeinanderfolgenden Glieder konstant ist. Die Form derselben ist, wenn a ihr Anfangsglied und b die konstante Differenz jedes Gliedes und des vorhergehenden bezeichnet:

$$a, \quad a+b, \quad a+2b, \quad a+3b, \quad a+4b, \quad \ldots .$$

Es sei t das $n$te Glied und s die Summe der n ersten Glieder der Reihe, so ist:

$$1) \quad t = a+(n-1)b,$$

und für s hat man die beiden Ausdrücke:

$$s = a+(a+b)+(a+2b)+\cdots+(t-b)+t,$$

$$s = t+(t-b)+(t-2b)+\cdots+(a+b)+a,$$

folglich, wenn man addiert:

$$2s = (a+t)+(a+t)+(a+t)+\cdots+(a+t)+(a+t),$$

$$2s = n(a+t).$$

$$2) \quad s = \frac{n}{2}(a+t);$$

oder auch, wenn für t sein Wert eingesetzt wird:

$$3) \quad s = na + \frac{n(n-1)}{1.2}b.$$

B. Arithmetische Reihen höherer Ordnung.

§ 184. Es gilt die identische Gleichung:

$$\frac{x(x+1)}{1.2} - \frac{(x-1)x}{1.2} = x.$$

Setzt man hierin x der Reihe nach $= 1, 2, 3, \ldots n-1, n$, so erhält man:

$$\frac{1.2}{1.2} - 0 \quad = 1,$$

$$\frac{2.3}{1.2} - \frac{1.2}{1.2} = 2,$$

$$\frac{3.4}{1.2} - \frac{2.3}{1.2} = 3,$$

$$\cdots\cdots\cdots\cdots$$

$$\frac{(n-1)n}{1.2} - \frac{(n-2)(n-1)}{1.2} = n-1,$$

$$\frac{n(n+1)}{1.2} - \frac{(n-1)n}{1.2} = n,$$

und hieraus, indem man addiert und in der entstehenden Gleichung die beiden Seiten vertauscht:

$$1)\quad 1+2+3+\cdots+(n-1)+n=\frac{n(n+1)}{1.2}.$$

Es ist ferner identisch:

$$\frac{x(x+1)(x+2)}{1.2.3}-\frac{(x-1)x(x+1)}{1.2.3}=\frac{x(x+1)}{1.2},$$

und es folgt hieraus für $x=1, 2, 3, \ldots n$:

$$\frac{1.2.3}{1.2.3}-0=\frac{1.2}{1.2},$$

$$\frac{2.3.4}{1.2.3}-\frac{1.2.3}{1.2.3}=\frac{2.3}{1.2},$$

$$\frac{3.4.5}{1.2.3}-\frac{2.3.4}{1.2.3}=\frac{3.4}{1.2},$$

$$\ldots\ldots\ldots\ldots$$

$$\frac{n(n+1)(n+2)}{1.2.3}-\frac{(n-1)n(n+1)}{1.2.3}=\frac{n(n+1)}{1.2}.$$

Durch Addition dieser Gleichungen ergiebt sich:

$$2)\quad \frac{1.2}{1.2}+\frac{2.3}{1.2}+\frac{3.4}{1.2}+\cdots+\frac{n(n+1)}{1.2}=\frac{n(n+1)(n+2)}{1.2.3}.$$

Ähnlich findet man:

$$3)\quad \frac{1.2.3}{1.2.3}+\frac{2.3.4}{1.2.3}+\frac{3.4.5}{1.2.3}+\cdots+\frac{n(n+1)(n+2)}{1.2.3}$$

$$=\frac{n(n+1)(n+2)(n+3)}{1.2.3.4},\quad \text{u. s. w.}$$

Die Reihen, welche die Ausdrücke

$$\frac{n}{1},\quad \frac{n(n+1)}{1.2},\quad \frac{n(n+1)(n+2)}{1.2.3},\quad \ldots$$

zu allgemeinen Gliedern haben, werden die figurierten Zahlen der ersten, zweiten, dritten, ... Ordnung genannt. Nach 1), 2), 3) ist die Summe der n ersten Glieder jeder Ordnung gleich dem $n$ten Gliede der nächst höheren Ordnung.

§ 185. Es ist für jeden Wert von n:

$$(2n-1)2n+2n(2n+1)=8n^2,$$

also für $n=1, 2, 3, \ldots n$:

$$1.2+2.3=8.1^2,$$
$$3.4+4.5=8.2^2,$$
$$\cdots\cdots\cdots$$
$$(2n-1)2n+2n(2n+1)=8.n^2.$$

Addiert man diese Gleichungen, so folgt nach § 184, 2):

$$\tfrac{1}{3}.2n(2n+1)(2n+2)=8(1^2+2^2+\cdots+n^2).$$

Also ist:

$$1)\quad 1^2+2^2+3^2+\cdots+n^2=\tfrac{1}{6}n(n+1)(2n+1).$$

Es ist ferner identisch

$$\left(\frac{n(n+1)}{1.2}\right)^2-\left(\frac{(n-1)n}{1.2}\right)^2=n^3,$$

folglich:

$$2)\quad 1^3+2^3+3^3+\cdots+n^3=\left(\frac{n(n+1)}{1.2}\right)^2=(1+2+3+\cdots+n)^2.$$

§ 186. Bildet man die Differenzen je zweier aufeinanderfolgenden Glieder einer Reihe, so heißt die neue Reihe die erste **Differenzenreihe** der gegebenen; bildet man wiederum die erste Differenzenreihe zu der neuen Reihe, so erhält man die **zweite Differenzenreihe** der gegebenen Reihe u. s. w. Eine **arithmetische Reihe** m**ter Ordnung** ist eine Reihe, deren $m$te Differenzenreihe aus lauter gleichen Gliedern besteht. — Die Quadrat- und Kubikzahlen bilden bezw. eine Reihe der zweiten und dritten Ordnung, wie aus folgendem Schema ersichtlich ist:

$$\begin{array}{llll}
1,\ 4,\ \ 9,\ 16,\ \ldots & n^2,\ (n+1)^2,\ (n+2)^2,\ \ldots \\
\quad 3,\ \ 5,\ \ 7,\ \ldots & \quad 2n+1,\ \ 2n+3,\ \ldots \\
\qquad 2,\ \ 2,\ \ldots & \qquad\quad 2,\ \ldots
\end{array}$$

$$\begin{array}{llll}
1,\ 8,\ 27,\ 64,\ 125,\ \ldots & n^3,\ (n+1)^3,\ (n+2)^3,\ (n+3)^3,\ \ldots \\
\quad 7,\ 19,\ 37,\ \ 61,\ \ldots & 3n^2+3n+1,\ 3n^2+9n+7,\ 3n^2+15n+19,\ldots \\
\qquad 12,\ 18,\ \ 24,\ \ldots & \qquad 6n+6,\qquad 6n+12,\ \ldots \\
\qquad\quad 6,\ \ \ 6,\ \ldots & \qquad\qquad\qquad 6,\ \ldots
\end{array}$$

Das $n$te Glied einer arithmetischen Reihe beliebiger Ordnung ist gleich ihrem Anfangsgliede vermehrt um die Summe der $n-1$ ersten Glieder ihrer ersten Differenzenreihe, und diese ist eine arithmetische Reihe von einer um eine Einheit niedrigeren Ordnung. Daher ist z. B. das $n$te Glied t einer Reihe **zweiter Ordnung**, deren erstes Glied a_0 ist, und deren Differenzenreihen a_1 und a_2 zu ersten Gliedern haben, gleich a_0 vermehrt um die Summe einer aus $n-1$ Gliedern bestehenden Reihe erster Ordnung, deren Anfangsglied a_1 und deren Differenz a_2 ist, also mit Rücksicht auf § 183, 3):

$$t = a_0 + \frac{n-1}{1} a_1 + \frac{(n-1)(n-2)}{1.2} a_2.$$

Setzt man hierin $n = 1, 2, 3, \ldots n$ und addiert die entstehenden n Gleichungen, so ergiebt sich zufolge § 184, 1) und 2) für die Summe der n ersten Glieder der Reihe:

$$s = \frac{n}{1} a_0 + \frac{n(n-1)}{1.2} a_1 + \frac{n(n-1)(n-2)}{1.2.3} a_2.$$

Für die Reihen höherer Ordnung gelten ähnliche Formeln.

C. Anwendungen.

(Elementare Entwicklung der einfachsten transcendenten Funktionen.)

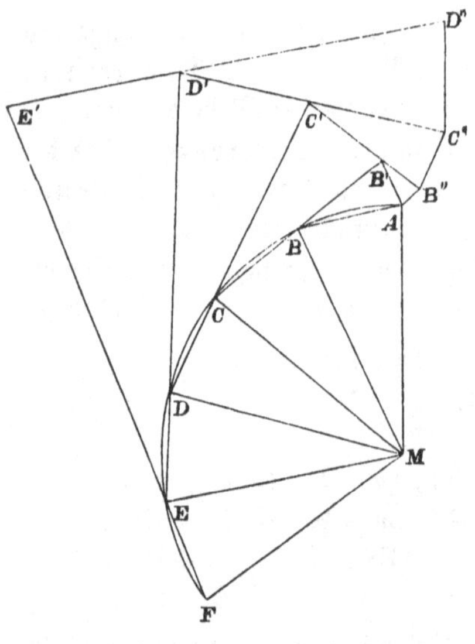

In den Kreisbogen $ABCDEF$ dessen Mittelpunkt M ist, und dessen Radius $MA = 1$ sein soll, sind die gleichen Sehnen $AB = BC = CD = DE = EF = p$ eingetragen. Die Sehne CB ist um $BB' = BA$ verlängert; ebenso ist DC um $CC' = CB'$ verlängert, dann ED um $DD' = DC'$ und endlich FE um $EE' = ED'$. Auf diese Weise ist das (offene) Polygon $AB'C'D'E'$ entstanden. Auf ganz ähnliche Art kann aus diesem Polygon das Polygon $AB''C''D''$ abgeleitet werden. Wären in den Kreisbogen AF nicht nur 5, sondern n gleiche Sehnen eingeschrieben, so würde das erste abgeleitete Polygon $n-1$ Seiten enthalten, das zweite $n-2$, das dritte $n-3$ u. s. w., bis das letzte nur noch aus einer Seite bestünde. Aus der Ähnlichkeit der Dreiecke ABB' und AMB ergiebt sich $AB' = p^2$; ebenso folgt aus der der Dreiecke $AB'B''$ und ABB' leicht $AB'' = p^3$, und so sind offenbar $p^4, p^5, p^6, \ldots p^n$

die ersten Seiten der folgenden Polygone. Nun lassen sich aber nicht nur diese Seiten, sondern auch die Längen der verschiedenen Polygone mit Hülfe der Formeln des § 184 sehr leicht berechnen. Denn es ist offenbar, da die Seite $AB' = p^2$ ist, $B'C' = 2p^2$, $C'D' = 3p^2$ und die letzte oder $n-1$te gleich $(n-1)p^2$, also die Summe S aller Seiten gleich $\frac{n(n-1)}{1.2}p^2$.

Schon dieses erste Resultat hat ein nicht geringes geometrisches Interesse. Denn wären in den Kreisbogen $AF = \alpha$ die n gleichen Sehnen $AB, BC, CD, \ldots = p$ eingeschrieben, so könnte jede mit um so größerer Annäherung $= \frac{\alpha}{n}$ gesetzt werden, je größer die Zahl n angenommen wird. Die Länge S des Polygons AE' würde dann angenähert gleich $\frac{\left(1-\frac{1}{n}\right)}{1.2}\alpha^2$, und für ein unendlich großes n genau:

$$S = \frac{\alpha^2}{1.2}.$$

So wie sich jetzt unter den gemachten Annahmen das in den Kreisbogen beschriebene Polygon in den Kreisbogen selbst verwandelt hat, so ist auch das abgeleitete Polygon zu einer gekrümmten Linie geworden. Diese Kurve hat den Namen „Kreisevolvente" erhalten, weil man sie dadurch vom Kreise ableiten könnte, daß man um einen Kreiscylinder einen Faden $ABCF$ legte und den Anfang desselben A durch Abwickeln allmählich durch die Punkte $B'C'D'E'$ führte; ein im Punkte A befestigter Zeichenstift beschriebe dann die Kreisevolvente. Wäre also der Radius des Kreises r Meter lang, so würde der Kreisbogen AF die Länge von $r\alpha$ und die Kreisevolvente von $\frac{r\alpha^2}{1.2}$ Meter besitzen.

Wenn der Flächeninhalt der Dreiecke $MAB, MBC, \ldots$ mit $\triangle$ bezeichnet wird, so ist der Inhalt des Dreiecks $BAB' = \triangle . p^2 = \delta$, der des Dreiecks $CB'C' = 2^2\delta$, des Dreiecks $DC'D' = 3^2\delta$ u. s. w., also der Inhalt des von den Polygonen ABE und $AB'E'$ und der Verlängerung EE' der letzten ($n$ten) Kreissehne FE begrenzten Flächenstücks:

$$s = \delta(1^2+2^2+3^2+\cdots+(n-1)^2) = \frac{1}{6}\delta.(n-1)n(2n-1).$$

Wird nun wiederum die Anzahl n der einzelnen Kreissehnen p unendlich groß angenommen, also $p = \alpha : n$ und $\delta = \triangle \alpha^2 : n^2$ gesetzt, so stellt s den Inhalt des von dem Kreisbogen AF, der Evolvente AE' und der Tangente FE' des Kreisbogens begrenzten Flächenstücks dar und nimmt den Wert an:

$$s = \tfrac{1}{6} n \triangle . \alpha^2 \left(1 - \frac{1}{n}\right)\left(2 - \frac{1}{n}\right) = \sigma . \tfrac{1}{3} \alpha^2,$$

falls $\sigma = n \triangle$ die Fläche des Kreissektors AMF bezeichnet. Da hierbei der Radius $MA = 1$ angenommen ist, so wird $\sigma = \frac{1}{2}\alpha$, also:

$$s = \frac{\alpha^3}{1.2.3},$$

und für den Radius $MA = r$ erhielte man natürlich $s = \frac{1}{6} r^2 \alpha^3$. Die Fläche s würde der Fläche σ gleich werden für einen Winkel $\alpha = \sqrt{3} = 1{,}7320508 = 99^0 14' 21''$.

Man kann nun offenbar auch die Längen aller der übrigen Polygone berechnen, die sich aus dem vorangehenden ableiten lassen. Denn für das nächste ist

$$AB'' = p^3; \quad B''C'' = (1+2)p^3 = \frac{2.3}{1.2} p^3;$$

$$C''D'' = (1+2+3)p^3 = \frac{3.4}{1.2} p^3; \text{ u. s. w.},$$

bis die letzte Seite sein wird

$$= (1+2+3+\cdots+(n-2))p^3 = \frac{(n-2)(n-1)}{1.2} p^3,$$

also die Summe aller Seiten

$$= \left(\frac{1.2}{1.2} + \frac{2.3}{1.2} + \frac{3.4}{1.2} + \cdots + \frac{(n-2)(n-1)}{1.2}\right) p^3$$

$$= \frac{n(n-1)(n-2)}{1.2.3} p^3.$$

Für das nächstfolgende Polygon sind die einzelnen Seiten

$$p^4; \quad \left(\frac{1.2}{1.2} + \frac{2.3}{1.2}\right) p^4 = \frac{2.3.4}{1.2.3} p^4;$$

$$\left(\frac{1.2}{1.2} + \frac{2.3}{1.2} + \frac{3.4}{1.2}\right) p^4 = \frac{3.4.5}{1.2.3} p^4; \; \ldots$$

also ist die Länge dieses Polygons:

$$\left(\frac{1.2.3}{1.2.3}+\frac{2.3.4}{1.2.3}+\cdots+\frac{(n-3)(n-2)(n-1)}{1.2.3}\right)p^4$$
$$=\frac{n(n-1)(n-2)(n-3)}{1.2.3.4}p^4.$$

Auf diese Weise überzeugt man sich, daß die Summe S_n des Radius und der Längen des Kreispolygons und sämtlicher daraus nach einander abgeleiteten Polygone den Wert hat:

$$S_n=1+np+\frac{n(n-1)}{1.2}p^2+\frac{n(n-1)(n-2)}{1.2.3}p^3+\cdots+np^{n-1}+p^n.$$

Addiert man zu dieser Gleichung die durch Multiplikation mit p daraus entstehende, so wird

$$(1+p)S_n=1+(n+1)p+\left(\frac{n(n-1)}{1.2}+\frac{n}{1}\right)p^2$$
$$+\left(\frac{n(n-1)(n-2)}{1.2.3}+\frac{n(n-1)}{1.2}\right)p^3+\cdots$$
$$=1+(n+1)p+\frac{(n+1)n}{1.2}p^2$$
$$+\frac{(n+1)n(n-1)}{1.2.3}p^3+\cdots+p^{n+1},$$

das heißt $=S_{n+1}$. Hiernach ist also auch $S_n=(1+p)S_{n-1}$. Nun ist offenbar $S_1=1+p$, also $S_2=(1+p)(1+p)=(1+p)^2$, $S_3=(1+p)^3$, ... und $S_n=(1+p)^n$.

Nimmt man nun wieder die Seitenzahl n des dem Kreisbogen α eingeschriebenen Polygons unendlich groß an und setzt demnach $p=\alpha:n$, so erhält man einerseits

$$S_n=1+\alpha+\frac{1.\left(1-\frac{1}{n}\right)}{1.2}\alpha^2+\cdots=1+\frac{\alpha}{1}+\frac{\alpha^2}{1.2}+\cdots$$

und andererseits

$$S_n=\left(1+\frac{\alpha}{n}\right)^n=\left(\left(1+\frac{\alpha}{n}\right)^{\frac{n}{\alpha}}\right)^\alpha=\left(\left(1+\frac{1}{m}\right)^m\right)^\alpha=e^\alpha.$$

Dabei ist

$$\frac{n}{\alpha}=m \quad \text{und} \quad e=\left(1+\frac{1}{m}\right)^m \quad (\text{für } m=\infty)$$

gesetzt worden, und man wird sich m als unendlich große ganze Zahl denken dürfen, indem man die ganze Zahl n als teilbar durch den

Zähler der gebrochenen Zahl α annimmt. Man erhält jetzt durch Gleichstellung der beiden Ausdrücke von S_n:

$$e^{\alpha} = 1 + \frac{\alpha}{1} + \frac{\alpha^2}{1.2} + \frac{\alpha^3}{1.2.3} + \frac{\alpha^4}{1.2.3.4} + \cdots$$

und für $\alpha = 1$:

$$e = 1 + \frac{1}{1} + \frac{1}{1.2} + \frac{1}{1.2.3} + \frac{1}{1.2.3.4} + \cdots$$

Auf diese Weise wird die Größe der Zahl e veranschaulicht durch die Gesamtlänge des Radius 1, des Bogens 1, der Evolvente dieses Bogens, der Evolvente dieser Evolvente u. s. w., und ebenso bedeutet e^{α} die entsprechende Gesamtlänge für den Bogen α.

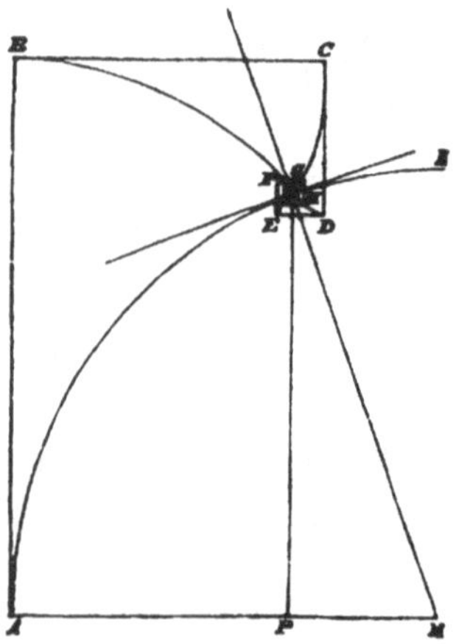

Man kann aber die Sache auch auf eine andere Weise auffassen. Da in Fig. 1 die Polygonseiten FE, $E'D'$, $D''C''$, ... schließlich als unendlich klein zu denken sind und dann auf den Linien MF, FE', $E'D''$, ... senkrecht stehen, so stehen in Fig. 2, welche die verschiedenen aus dem Punkte O beschriebenen Evolventen darstellen soll, die Linien MA, AB, BC, CD, DE, ... wechselseitig auf einander senkrecht, und es ist offenbar, wenn der Bogen $OA = \alpha$ angenommen und auf MA das Lot OP gefällt wird:

$$\cos\alpha = MP = MA - BC + DE - FG + \cdots$$
$$\sin\alpha = OP = AB - CD + EF - GH + \cdots$$

Nach dem Vorhergehenden gelten aber die Gleichungen

$$MA = 1,\ AB = \alpha,\ BC = \frac{\alpha^2}{1.2},\ CD = \frac{\alpha^3}{1.2.3},\ DE = \frac{\alpha^4}{1.2.3.4}, \cdots$$

und demgemäß ergeben sich für $\cos\alpha$ und $\sin\alpha$ die Reihenentwicklungen:

$$\cos\alpha = 1 - \frac{\alpha^2}{1.2} + \frac{\alpha^4}{1.2.3.4} - \frac{\alpha^6}{1.2.3.4.5.6} + \cdots$$

$$\sin\alpha = \alpha - \frac{\alpha^3}{1.2.3} + \frac{\alpha^5}{1.2.3.4.5} - \frac{\alpha^7}{1.2.3\ldots7} + \cdots$$

III. Kombinationen.

§ 187. 1) Die Anzahl aller möglichen Verbindungen von n Elementen zu je m ist:

$$n^m.$$

Denn wird jedes Element mit jedem einmal verbunden, so entstehen $n.n = n^2$ Verbindungen zu je zwei. Verbindet man dann jedes der n Elemente mit jeder dieser n^2 Verbindungen, so erhält man $n.n^2 = n^3$ Verbindungen zu je drei, und so fort. — Z. B. vier Elemente 1, 2, 3, 4 geben $4^3 = 64$ Verbindungen zu je drei:

111	131	211	231	311	331	411	431
112	132	212	232	312	332	412	432
113	133	213	233	313	333	413	433
114	134	214	234	314	334	414	434
121	141	221	241	321	341	421	441
122	142	222	242	322	342	422	442
123	143	223	243	323	343	423	443
124	144	224	244	324	344	424	444.

Man unterscheidet unter diesen Verbindungen **Permutationen** (d. h. Verbindungen derselben Elemente in veränderter Reihenfolge), **Variationen** (d. h. alle möglichen Verbindungen ohne Wiederholungen desselben Elements in einer Verbindung) und **Kombinationen** (d. h. Verbindungen, welche durch die darin enthaltenen Elemente selbst und nicht bloß durch deren Reihenfolge verschieden sind). Jede einzelne Verbindung nennt man auch eine **Komplexion**, und je nach der Zahl der darin vorkommenden Elemente entweder **Union**, oder **Binion**, **Ternion**, **Quaternion** u. s. w.

2) Die Anzahl der Permutationen von n verschiedenen Elementen ist:

$$1.2.3.4\ldots n = n!$$

(gesprochen: **Faktorielle** n).

Denn es kann jedes der n Elemente so oft die erste Stelle einnehmen, als die übrigen $n-1$ Elemente sich permutieren lassen. Die Anzahl der Permutationen ist also für n Elemente n mal so groß als für $n-1$ Elemente. Nun ist dieselbe für zwei Elemente $= 2$ oder 1.2, für drei Elemente dreimal so groß, also $= 1.2.3$, u. s. w. — Beispiel. Vier

Elemente geben die folgenden 1.2.3.4 = 24 Permutationen:

1234	2134	3124	4123
1243	2143	3142	4132
1324	2314	3214	4213
1342	2341	3241	4231
1423	2413	3412	4312
1432	2431	3421	4321.

3) Sind unter den n Elementen α gleiche einer Art, β gleiche einer anderen, γ gleiche einer dritten Art u. s. w., so ist die Anzahl der Permutationen:

$$\frac{n!}{\alpha!\beta!\gamma!\ldots}.$$

Denn n verschiedene Elemente, die hier durch $a_1a_2..a_\alpha b_1b_2..b_\beta c_1c_2..c_\gamma\ldots$ bezeichnet werden mögen, geben $n!$ Permutationen. Werden nun überall zunächst die Indices der α Elemente a fortgelassen, so werden je $\alpha!$ Permutationen einander gleich; die Anzahl der wirklich verschiedenen Permutationen ist also nur noch $\frac{n!}{\alpha!}$. Durch Fortlassung der Indices der β Elemente b wird diese Anzahl wiederum $\beta!$ mal geringer, und so fort. — Beispiel. Die Elemente 1123 geben $\frac{4!}{2!} = 12$ Permutationen:

1123	1231	2113	3112
1132	1312	2131	3121
1213	1321	2311	3211.

4) Die Anzahl der Variationen von n Elementen zur $m$ten Klasse ist:

$$n(n-1)(n-2)\ \ldots\ (n-m+1).$$

Denn die Zahl der Unionen ist $= n$. Durch Verbindung jeder der n Unionen mit den $n-1$ davon verschiedenen Elementen entstehen $n(n-1)$ Binionen, durch Verbindung jeder derselben mit den $n-2$ darin nicht enthaltenen Elementen $n(n-1)(n-2)$ Ternionen u. s. w. — Beispiel. Vier Elemente geben 4.3 = 12 Variationen zweiter Klasse:

12	21	31	41
13	23	32	42
14	24	34	43.

5) Die Anzahl der Kombinationen ohne Wiederholungen von n Elementen zur $m$ten Klasse ist:

$$\frac{n(n-1)(n-2)\ \ldots\ (n-m+1)}{1.2.3\ \ldots\ m}.$$

Denn dieselben entstehen aus den Variationen der $m$ten Klasse, wenn alle nur durch Permutation derselben m Elemente sich unterscheidenden Verbindungen nur als eine einzige Verbindung gezählt werden.

Beispiel. Fünf Elemente geben $\frac{5.4.3}{1.2.3} = 10$ Ternionen:

123	124	125	134	135	145
			234	235	245
					345.

6) Die Anzahl der Kombinationen mit Wiederholungen von n Elementen zur $m$ten Klasse ist:

$$\frac{n(n+1)(n+2)\ldots(n+m-1)}{1.2.3\ldots m}.$$

Denn die zweite Klasse entsteht, wenn das Element 1 mit allen n Unionen (1, 2, 3, 4, . . . n) verbunden wird, das Element 2 dagegen nur mit 2, 3, 4, . . . n, das Element 3 nur mit 3, 4, . . . n u. s. w. Die Anzahl der Binionen ist also:

$$n+(n-1)+(n-2)+\cdots+2+1=\frac{n(n+1)}{1.2}. \quad (\S\ 184,\ 1.)$$

Die Anzahl der Ternionen ist

$$\frac{n(n+1)}{1.2}+\frac{(n-1)n}{1.2}+\cdots+\frac{2.3}{1.2}+\frac{1.2}{1.2}=\frac{n(n+1)(n+2)}{1.2.3},$$

weil das erste Element mit allen Binionen der n Elemente kombiniert werden muß, das zweite nur mit denjenigen, die das erste Element nicht enthalten, d. h. mit den Binionen von nur $n-1$ Elementen u. s. w. — Beispiel. Die Elemente 123 zu je drei kombiniert geben $\frac{3.4.5}{1.2.3} = 10$ Verbindungen:

111	112	113	122	123	133
			222	223	233
					333.

IV. Binomischer Satz.

A. Der binomische Satz für positive ganze Exponenten.

§ 188a. Bildet man ein Produkt von z. B. vier binomischen Faktoren von der Form $a+b$, indem man immer jeden rechts folgenden Buchstaben an das bereits gebildete Produkt (z. B. $aa+ba$

$+ab+bb)$ anschiebt, so erhält man folgendes Schema:

$$\begin{aligned}(a+b)(a+b)(a+b)(a+b) &= \\ aaaa+baaa+abaa+bbaa \\ +aaba+baba+abba+bbba \\ +aaab+baab+abab+bbab \\ +aabb+babb+abbb+bbbb.\end{aligned}$$

Faßt man die Glieder, welche die nämlichen Elemente in verschiedener Reihenfolge enthalten, zusammen, so erhält man:

$$(a+b)^4 = a^4 + \frac{4!}{3!\,1!}a^3b^1 + \frac{4!}{2!\,2!}a^2b^2 + \frac{4!}{1!\,3!}a^1b^3 + b^4.$$

Es kommt nämlich z. B. das Glied a^3b^1 so oft vor, als sich vier Elemente $aaab$, unter denen drei gleiche, permutieren lassen; das Glied a^2b^2 so oft, als sich vier Elemente $aabb$, unter denen zwei gleiche einer und zwei gleiche einer zweiten Art, permutieren lassen, u. s. w. — Dividiert man durch 4!, so wird:

$$\frac{(a+b)^4}{4!} = \frac{a^4}{4!} + \frac{a^3}{3!}\,\frac{b^1}{1!} + \frac{a^2}{2!}\,\frac{b^2}{2!} + \frac{a^1}{1!}\,\frac{b^3}{3!} + \frac{b^4}{4!}.$$

Es ist $n! = 1.2.3\ldots n$ und $(n-1)! = 1.2.3\ldots(n-1)$, also

$$(n-1)! = \frac{n!}{n}, \text{ also } 0! = \frac{1!}{1} = \frac{1}{1} = 1.$$

Daher läßt sich die vorangehende Gleichung so schreiben:

$$\frac{(a+b)^4}{4!} = \frac{a^4}{4!}\,\frac{b^0}{0!} + \frac{a^3}{3!}\,\frac{b^1}{1!} + \frac{a^2}{2!}\,\frac{b^2}{2!} + \frac{a^1}{1!}\,\frac{b^3}{3!} + \frac{a^0}{0!}\,\frac{b^4}{4!}.$$

Allgemein gilt die Formel:

$$1)\quad \frac{(a+b)^n}{n!} = \sum_{s=0}^{s=n} \frac{a^{n-s}}{(n-s)!}\cdot\frac{b^s}{s!}.$$

Multipliziert man wieder mit $n!$ und berücksichtigt, daß

$$\begin{aligned}\frac{n!}{(n-s)!\,s!} &= \frac{1.2.3\ldots(n-s)(n-s+1)\ldots n}{1.2.3\ldots(n-s)1.2.3\ldots s} \\ &= \frac{n(n-1)(n-2)\ldots(n-s+1)}{1.2.3\ldots s},\end{aligned}$$

so nimmt die Formel 1) folgende Gestalt an:

$$\begin{aligned}2)\quad (a+b)^n = a^n + \frac{n}{1}a^{n-1}b + \frac{n(n-1)}{1.2}a^{n-2}b^2 \\ + \frac{n(n-1)(n-2)}{1.2.3}a^{n-3}b^3 + \cdots + b^n.\end{aligned}$$

Für $a=1$, $b=x$ entsteht hieraus:

$$3)\ (1+x)^n = 1 + \frac{n}{1}x + \frac{n(n-1)}{1.2}x^2 + \frac{n(n-1)(n-2)}{1.2.3}x^3 + \cdots + x^n.$$

Für die Entwicklung der $n$ten Potenz eines Polynoms $a+b+c+\cdots$ erhält man, analog dem Vorhergehenden, den folgenden Ausdruck:

$$4)\quad \frac{(a+b+c+\cdots)^{\alpha+\beta+\gamma+\cdots}}{(\alpha+\beta+\gamma+\cdots)!} = \Sigma \frac{a^\alpha}{\alpha!}\cdot\frac{b^\beta}{\beta!}\cdot\frac{c^\gamma}{\gamma!}\cdots,$$

worin für $\alpha, \beta, \gamma, \ldots$ alle Zahlen aus der Reihe $0, 1, 2, 3, \ldots n$ zu setzen sind, während beständig die Summe $\alpha+\beta+\gamma+\cdots = n$ sein muß.

In der Entwicklung von $(a+b+c+d)^{51}$ z. B. ist

$$\frac{51!}{30!\,10!\,3!\,8!}$$

der Koefficient von $a^{30}b^{10}c^3d^8$.

B. Bemerkungen über die Konvergenz und Divergenz unendlicher Reihen.

§ 188b. 1) Eine unendliche Reihe (d. h. eine aus unendlich vielen Gliedern bestehende Reihe) heißt **konvergent**, wenn die Summe ihrer ersten m Glieder bei beständig wachsendem m einem endlichen und bestimmten Werte sich unbegrenzt nähert. Dieser Wert heißt die Summe der unendlichen Reihe. Eine Reihe, welche nicht konvergent ist, heißt **divergent**.

2) Hiernach ist z. B. die unendliche Reihe

$$\frac{1}{1.2} + \frac{1}{2.3} + \frac{1}{3.4} + \cdots + \frac{1}{m(m+1)} + \cdots$$

konvergent. Denn schreibt man sie in der Form

$$\left(1-\frac{1}{2}\right) + \left(\frac{1}{2}-\frac{1}{3}\right) + \left(\frac{1}{3}-\frac{1}{4}\right) + \cdots + \left(\frac{1}{m}-\frac{1}{m+1}\right) + \cdots,$$

so sieht man, daß die Summe ihrer ersten m Glieder $= 1 - \frac{1}{m+1}$ ist, also bei hinreichend groß gewähltem m dem Werte 1 beliebig nahe gebracht werden kann.

3) Dagegen ist die Reihe $1 + \frac{1}{2} + \frac{1}{3} + \frac{1}{4} + \cdots$, obgleich ihre Glieder zuletzt verschwindend klein werden, dennoch divergent.

Denn schreibt man sie in der Form

$$1+\frac{1}{2}+\left(\frac{1}{3}+\frac{1}{4}\right)+\left(\frac{1}{5}+\frac{1}{6}+\frac{1}{7}+\frac{1}{8}\right)+\left(\frac{1}{9}+\frac{1}{10}+\cdots+\frac{1}{16}\right)+\cdots$$

und beachtet, daß jede der eingeklammerten Größen $>\frac{1}{2}$ ist, so sieht man, daß durch Addition einer hinreichend großen Zahl von Gliedern eine Zahl erhalten werden kann, die größer ist als ein beliebig großes Vielfaches von $\frac{1}{2}$, also größer als jede gegebene Zahl.

4) Die Reihe $1-\frac{1}{2}+\frac{1}{3}-\frac{1}{4}+\cdots$ aber ist konvergent. Denn bezeichnet S_m die Summe ihrer ersten m Glieder, so ist

$$S_1=1,\ S_3=\left(1-\frac{1}{2}\right)+\frac{1}{3},\ S_5=\left(1-\frac{1}{2}\right)+\left(\frac{1}{3}-\frac{1}{4}\right)+\frac{1}{5},\ldots$$

Die Größen S_1, S_3, S_5, ... sind also sämtlich positiv. Es ist aber auch

$$S_1=1,\ S_3=1-\left(\frac{1}{2}-\frac{1}{3}\right),\ S_5=1-\left(\frac{1}{2}-\frac{1}{3}\right)-\left(\frac{1}{4}-\frac{1}{5}\right),\ldots$$

Es bilden also S_1, S_3, S_5, ... eine Reihe immer kleiner werdender Zahlen, und da diese Zahlen positiv bleiben, so nähert sich S_{2n+1}, wenn die ungerade Zahl $2n+1$ unendlich groß wird, einem bestimmten Grenzwert. Nun ist $S_{2n}=S_{2n+1}-\frac{1}{2n+1}$; folglich nähert sich S_{2n} demselben Grenzwerte wie S_{2n+1}. Die Reihe ist also konvergent.

Ebenso ist jede Reihe $a-b+c-d+\cdots$ konvergent, wenn $a>b>c>d\ldots>0$ und die Glieder zuletzt verschwindend klein werden.

5) Die geometrische Reihe $a+a\varepsilon+a\varepsilon^2+a\varepsilon^3+\cdots$ ist konvergent, wenn $-1<\varepsilon<1$ (§ 182, 3′). Für $\varepsilon\geqq 1$ und $\varepsilon\leqq -1$ ist sie divergent.

6) Eine unendliche Reihe ist sicher dann konvergent, wenn (von irgend einer bestimmten Stelle an) der Zahlenwert des Quotienten jedes Gliedes und des vorhergehenden stets kleiner als 1 bleibt. (Ist der Grenzwert des Quotienten >1, so ist die Reihe divergent; ist er $=1$, so bedarf es einer besonderen Untersuchung, ob die Reihe konvergiert oder divergiert.)

7) Die binomische Reihe

$$1+\frac{n}{1}x+\frac{n(n-1)}{1.2}x^2+\cdots+\frac{n(n-1)\ldots(n-m+1)}{1.2\ldots m}x^m+\cdots$$

bricht, wenn n eine positive ganze Zahl ist, mit dem Gliede x^n ab, da dann die Koefficienten von x^{n+1}, x^{n+2} ... sämtlich Null werden. Ist aber n eine negative oder gebrochene Zahl, so ist die Reihe eine unendliche, und sie ist dann für $-1 < x < 1$ sicher konvergent. Denn der Quotient des $m+1$ ten und m ten Gliedes ist

$$=\frac{n-m+1}{m}x=-x+\frac{(n+1)x}{m},$$

nähert sich also bei wachsendem m dem Grenzwerte $-x$, der nach der Voraussetzung ein echter Bruch ist. Für $x > 1$ und $x < -1$ ist die binomische Reihe divergent.

C. Der binomische Satz für negative und gebrochene Exponenten.

§ 188c. Bezeichnet man, indem man $-1 < x < 1$ voraussetzt, die Summe der binomischen Reihe durch $B(n)$ und die Binomialkoefficienten

$$\frac{n}{1},\quad \frac{n(n-1)}{1.2},\quad \frac{n(n-1)(n-2)}{1.2.3},\quad \ldots$$

durch $n_1, n_2, n_3, \ldots$, so ist:

$$B(n)=1+n_1x+n_2x^2+n_3x^3+\cdots$$

Multipliziert man nun zwei binomische Reihen

$$B(\alpha)=1+\alpha_1x+\alpha_2x^2+\alpha_3x^3+\cdots$$
$$B(\beta)=1+\beta_1x+\beta_2x^2+\beta_3x^3+\cdots$$

mit einander, so entsteht die Gleichung

$$1)\quad B(\alpha).B(\beta)=1+(\alpha_1+\beta_1)x+(\alpha_2+\alpha_1\beta_1+\beta_2)x^2 +(\alpha_3+\alpha_2\beta_1+\alpha_1\beta_2+\beta_3)x^3+\cdots$$

In dem speciellen Falle, daß α und β positive ganze Zahlen sind, ist nach § 188a, 3): $B(\alpha)=(1+x)^\alpha$, $B(\beta)=(1+x)^\beta$, also $B(\alpha).B(\beta)=(1+x)^{\alpha+\beta}=1+(\alpha+\beta)_1x+(\alpha+\beta)_2x^2+(\alpha+\beta)_3x^3+\cdots$ Folglich ist dann:

$$2)\quad \alpha_1+\beta_1=(\alpha+\beta)_1;\quad \alpha_2+\alpha_1\beta_1+\beta_2=(\alpha+\beta)_2;\quad \alpha_3+\alpha_2\beta_1+\alpha_1\beta_2+\beta_3=(\alpha+\beta)_3;\quad \ldots$$

das heißt:

$$\frac{\alpha}{1}+\frac{\beta}{1}=\frac{\alpha+\beta}{1};\quad \frac{\alpha(\alpha-1)}{1.2}+\frac{\alpha}{1}\frac{\beta}{1}+\frac{\beta(\beta-1)}{1.2}=\frac{(\alpha+\beta)(\alpha+\beta-1)}{1.2};\ \ldots$$

Die Gleichungen 2) sind identische; sie gelten auch für negative und gebrochene Werte von α und β. Die Gleichung 1) geht hiernach für beliebige Werte von α und β über in

$$B(\alpha).B(\beta) = 1 + (\alpha+\beta)_1 x + (\alpha+\beta)_2 x^2 + (\alpha+\beta)_3 x^3 + \cdots,$$

das heißt in

$$3) \quad B(\alpha).B(\beta) = B(\alpha+\beta).$$

Hieraus folgt weiter, daß

$$B(\alpha).B(\beta).B(\gamma)\ldots = B(\alpha+\beta+\gamma+\cdots),$$

und für $\beta=\gamma=\cdots=\alpha$, wenn die Anzahl der Faktoren n ist:

$$(B(\alpha))^n = B(n\alpha).$$

Setzt man hierin $\alpha = \frac{1}{n} m$ (wo m eine positive ganze Zahl), so wird:

$$\left(B\left(\frac{m}{n}\right)\right)^n = B(m) = (1+x)^m,$$

und folglich ist:

$$4) \quad B\left(\frac{m}{n}\right) = (1+x)^{\frac{m}{n}}.$$

Nimmt man α positiv und setzt in 3) $\beta = -\alpha$, so folgt $B(\alpha)B(-\alpha) = B(0) = 1$, also $B(-\alpha) = 1:B(\alpha) = 1:(1+x)^\alpha$, oder

$$5) \quad B(-\alpha) = (1+x)^{-\alpha}.$$

Die Gleichungen 4) und 5) zeigen, daß (für $-1 < x < 1$) die binomische Reihe $B(n)$ auch dann den Wert $(1+x)^n$ darstellt, wenn n gebrochen oder negativ ist.

V. Anwendungen des binomischen Satzes.

§ 189. Wird $\sqrt{-1}$ durch i bezeichnet, so ist:

$$(\cos\alpha + i\sin\alpha)(\cos\beta + i\sin\beta) =$$
$$\cos\alpha\cos\beta - \sin\alpha\sin\beta + i(\sin\alpha\cos\beta + \cos\alpha\sin\beta);$$

also:

$$1) \quad (\cos\alpha + i\sin\alpha)(\cos\beta + i\sin\beta) = \cos(\alpha+\beta) + i\sin(\alpha+\beta),$$

und allgemein:

$$1') \quad (\cos\alpha + i\sin\alpha)(\cos\beta + i\sin\beta)(\cos\gamma + i\sin\gamma)\cdots =$$
$$\cos(\alpha+\beta+\gamma+\cdots) + i\sin(\alpha+\beta+\gamma+\cdots).$$

Für $\beta=\gamma=\cdots=\alpha$ ergiebt sich hieraus, wenn n die Anzahl der Faktoren bedeutet:

$$2) \quad (\cos\alpha + i\sin\alpha)^n = \cos n\alpha + i\sin n\alpha.$$

Die Formeln bleiben richtig, wenn man überall $+i$ durch $-i$ ersetzt.

Man erhält jetzt weiter:

$$\left(\cos\frac{1}{n}m\alpha+i\sin\frac{1}{n}m\alpha\right)^n=\cos m\alpha+i\sin m\alpha=(\cos\alpha+i\sin\alpha)^m,$$

also, wenn man auf beiden Seiten die $n$te Wurzel auszieht:

$$3)\quad (\cos\alpha+i\sin\alpha)^{\frac{m}{n}}=\cos\tfrac{m}{n}\alpha+i\sin\tfrac{m}{n}\alpha.$$

Es ist, wenn man in 1) $\beta=-\alpha$ setzt:

$$(\cos\alpha+i\sin\alpha)(\cos\alpha-i\sin\alpha)=1,$$

folglich:

$$4)\quad \frac{1}{\cos\alpha+i\sin\alpha}=\cos\alpha-i\sin\alpha.$$

Erhebt man diese Gleichung zur $n$ten Potenz, so folgt:

$$(\cos\alpha+i\sin\alpha)^{-n}=(\cos\alpha-i\sin\alpha)^n=\cos n\alpha-i\sin n\alpha.$$

$$5)\quad (\cos\alpha+i\sin\alpha)^{-n}=\cos(-n\alpha)+i\sin(-n\alpha).$$

Aus 3) und 5) sieht man, daß die Formel 2) auch für gebrochene und negative Exponenten gilt.

Wenn in der Formel $\cos n\alpha+i\sin n\alpha=(\cos\alpha+i\sin\alpha)^n$ die rechte Seite nach § 188a, 2) entwickelt wird, so ergiebt sich (für jeden Wert von α, falls n eine positive ganze Zahl ist):

$$\cos n\alpha+i\sin n\alpha=\cos\alpha^n+in_1\cos\alpha^{n-1}\sin\alpha-n_2\cos\alpha^{n-2}\sin\alpha^2-\cdots$$

$$6)\quad \cos n\alpha=\cos\alpha^n-n_2\cos\alpha^{n-2}\sin\alpha^2+n_4\cos\alpha^{n-4}\sin\alpha^4-\cdots$$

$$7)\quad \sin n\alpha=n_1\cos\alpha^{n-1}\sin\alpha-n_3\cos\alpha^{n-3}\sin\alpha^3+n_5\cos\alpha^{n-5}\sin\alpha^5-\cdots$$

Verwandelt man α in $\frac{1}{n}\alpha$, so wird:

$$\cos\alpha=\cos\tfrac{1}{n}\alpha^n-n_2\cos\tfrac{1}{n}\alpha^{n-2}\sin\tfrac{1}{n}\alpha^2+\cdots$$

$$\sin\alpha=n_1\cos\tfrac{1}{n}\alpha^{n-1}\sin\tfrac{1}{n}\alpha-n_3\cos\tfrac{1}{n}\alpha^{n-3}\sin\tfrac{1}{n}\alpha^3+\cdots$$

Läßt man nun n unendlich groß werden, so ist $\frac{1}{n}\alpha$ statt $\sin\frac{1}{n}\alpha$ zu setzen, und es wird:

$$n_1\cdot\tfrac{1}{n}=\frac{1}{1!},\ n_2\cdot\tfrac{1}{n^2}=\frac{1.\left(1-\frac{1}{n}\right)}{1.2}=\frac{1}{2!},\ n_3\cdot\tfrac{1}{n^3}=\frac{1.\left(1-\frac{1}{n}\right)\left(1-\frac{2}{n}\right)}{1.2.3}=\frac{1}{3!},\cdots$$

$$\cos\tfrac{1}{n}\alpha^n=\left(1-\sin\tfrac{1}{n}\alpha^2\right)^{\frac{n}{2}}=1-\tfrac{n}{2}\sin\tfrac{1}{n}\alpha^2+\cdots=1-\frac{n}{2}\cdot\frac{\alpha^2}{n^2}+\cdots,$$

d. h. $\cos\frac{1}{n}\alpha^n=1,\quad \cos\frac{1}{n}\alpha^{n-1}=1,\quad$ u. s. w.;

also:

$$8)\quad \cos\alpha = 1 - \frac{\alpha^2}{2!} + \frac{\alpha^4}{4!} - \frac{\alpha^6}{6!} + \cdots$$

$$9)\quad \sin\alpha = \frac{\alpha}{1!} - \frac{\alpha^3}{3!} + \frac{\alpha^5}{5!} - \frac{\alpha^7}{7!} + \cdots$$

§ 190. Verwandelt man in der binomischen Reihe x in $\frac{x}{n}$, so ist nach § 188c für jeden gegebenen Wert von n, falls x zwischen den Grenzen $-n$ und n enthalten ist:

$$\left(1+\frac{x}{n}\right)^n = 1 + n_1\frac{x}{n} + n_2\frac{x^2}{n^2} + n_3\frac{x^3}{n_3} + \cdots$$

Erteilt man x einen beliebigen endlichen Wert und läßt dann n in $+\infty$ oder in $-\infty$ übergehen, so erhält man:

$$\left(1+\frac{x}{n}\right)^n = 1 + \frac{x}{1!} + \frac{x^2}{2!} + \frac{x^3}{3!} + \cdots$$

Der hieraus für $x=1$ sich ergebende Wert möge durch e bezeichnet werden, so daß:

$$1)\quad e = \left(1+\frac{1}{n}\right)^n = 1 + \frac{1}{1!} + \frac{1}{2!} + \frac{1}{3!} + \cdots = 2{,}718281828459\ldots$$

Aus $e = \left(1+\frac{1}{n}\right)^n$ folgt aber, wenn n in $\frac{n}{x}$ verwandelt wird:

$$e = \left(1+\frac{x}{n}\right)^{\frac{n}{x}}, \quad \text{also} \quad e^x = \left(1+\frac{x}{n}\right)^n,$$

$$2)\quad e^x = 1 + \frac{x}{1!} + \frac{x^2}{2!} + \frac{x^3}{3!} + \cdots$$

Aus der Vergleichung dieser Reihe mit den Reihen 8) und 9) in § 189 ist nun leicht ersichtlich, daß:

$$3)\quad \cos\alpha + i\sin\alpha = e^{i\alpha},$$

$$4)\quad \cos\alpha - i\sin\alpha = e^{-i\alpha},$$

$$5)\quad \cos\alpha = \frac{e^{i\alpha}+e^{-i\alpha}}{2},$$

$$6)\quad \sin\alpha = \frac{e^{i\alpha}-e^{-i\alpha}}{2i}.$$

§ 191. In der Gleichung $e^x = y$ heißt x der natürliche

Logarithmus von y und wird bezeichnet durch:

$$x = \overset{y}{\underset{e}{\times}} = \log \text{nat}(y) = \mathrm{l}(y).$$

Da nun die Gleichung $e^x = y$ identisch ist mit $\left(1+\frac{x}{n}\right)^n = y$, so folgt:

$$1+\frac{x}{n} = y^{\frac{1}{n}}, \quad x = \frac{y^{\frac{1}{n}}-1}{\frac{1}{n}},$$

$$1) \quad \mathrm{l}(y) = \frac{y^{\frac{1}{n}}-1}{\frac{1}{n}},$$

oder, wenn $\frac{1}{n} = \delta$ gesetzt wird, also δ unendlich klein ist:

$$1') \quad \mathrm{l}(y) = \frac{y^{\delta}-1}{\delta}.$$

Schreibt man hierin $1+x$ an Stelle von y und wendet dann, unter der Voraussetzung, daß x zwischen -1 und $+1$ liegt, den binomischen Satz an, so ergiebt sich:

$$\mathrm{l}(1+x) = \frac{(1+x)^{\delta}-1}{\delta},$$

$$\mathrm{l}(1+x) = x + \frac{(\delta-1)}{1.2}x^2 + \frac{(\delta-1)(\delta-2)}{1.2.3}x^3 + \cdots$$

Läßt man jetzt δ in Null übergehen, so erhält man:

$$2) \quad \mathrm{l}(1+x) = \quad x - \frac{x^2}{2} + \frac{x^3}{3} - \frac{x^4}{4} + \cdots$$

$$\mathrm{l}(1-x) = -x - \frac{x^2}{2} - \frac{x^3}{3} - \frac{x^4}{4} - \cdots$$

$$3) \quad \mathrm{l}\left(\frac{1+x}{1-x}\right) = 2\left(x + \frac{x^3}{3} + \frac{x^5}{5} + \frac{x^7}{7} + \cdots\right).$$

Für $\frac{1+x}{1-x} = 1+z$ wird $x = \frac{z}{2+z}$, also, wenn z zwischen -1 und $+\infty$ liegt:

$$\mathrm{l}(1+z) = 2\left\{\frac{z}{2+z} + \frac{1}{3}\frac{z^3}{(2+z)^3} + \frac{1}{5}\frac{z^5}{(2+z)^5} + \cdots\right\},$$

und hieraus folgt für $z=\frac{y}{x}$:

$$4)\quad l(x+y)=l(x)+2\left\{\frac{y}{2x+y}+\tfrac{1}{3}\frac{y^3}{(2x+y)^3}+\tfrac{1}{5}\frac{y^5}{(2x+y)^5}+\cdots\right\}.$$

Nach § 152 ist:

$$5)\quad \overset{a}{\underset{10}{\times}}=\overset{a}{\underset{e}{\times}}\;\overset{e}{\underset{10}{\times}}=\overset{a}{\underset{e}{\times}}:\overset{10}{\underset{e}{\times}}.$$

Nun ist:

$$\overset{10}{\underset{e}{\times}}=2{,}302585092994,\ \text{also}$$

$$\overset{e}{\underset{10}{\times}}=0{,}434294481903.$$

Man findet also den Briggischen Logarithmus irgend einer Zahl, wenn man ihren natürlichen Logarithmus mit der Zahl 0,4342944819 (dem Modulus des Briggischen Systems) multipliziert.

§ 192. Durch die Division der Gleichungen 3) und 4) in § 190 erhält man:

$$e^{2ia}=\frac{\cos\alpha+i\sin\alpha}{\cos\alpha-i\sin\alpha}=\frac{1+i\,\mathrm{tg}\,\alpha}{1-i\,\mathrm{tg}\,\alpha},$$

und wenn man von beiden Seiten die Logarithmen nimmt:

$$1)\quad \alpha=\frac{1}{2i}\,l\left(\frac{1+i\,\mathrm{tg}\,\alpha}{1-i\,\mathrm{tg}\,\alpha}\right).$$

Wird nun in der Formel 3) in § 191 x in $i\,\mathrm{tg}\,\alpha$ verwandelt, so geht sie über in:

$$\frac{1}{2i}\,l\left(\frac{1+i\,\mathrm{tg}\,\alpha}{1-i\,\mathrm{tg}\,\alpha}\right)=\mathrm{tg}\,\alpha-\tfrac{1}{3}\mathrm{tg}\,\alpha^3+\tfrac{1}{5}\mathrm{tg}\,\alpha^5-\cdots,$$

folglich ist:

$$2)\quad \alpha=\mathrm{tg}\,\alpha-\tfrac{1}{3}\mathrm{tg}\,\alpha^3+\tfrac{1}{5}\mathrm{tg}\,\alpha^5-\tfrac{1}{7}\mathrm{tg}\,\alpha^7+\cdots.$$

Für $\alpha=\frac{1}{4}\pi$ ergiebt sich hieraus die Leibnitzische Reihe:

$$3)\quad \tfrac{1}{4}\pi=1-\tfrac{1}{3}+\tfrac{1}{5}-\tfrac{1}{7}+\cdots.$$

Wenn $\alpha>\frac{1}{4}\pi$ oder $<-\frac{1}{4}\pi$, so verliert die Reihe 2) ihre Gültigkeit. Für $\mathrm{tg}\,\alpha=x$, also $\alpha=\mathrm{arc\,tg}\,x$ nimmt sie die Form an:

$$2')\quad \mathrm{arc\,tg}\,x=\frac{x}{1}-\frac{x^3}{3}+\frac{x^5}{5}-\frac{x^7}{7}+\cdots\quad(-1\leqq x\leqq 1).$$

Die aus 1) folgende Gleichung

$$\frac{\pi}{4}=\frac{1}{2i}\,\mathrm{l}\,\frac{1+i}{1-i}\qquad\left(\text{oder: }\ \pi=\frac{2}{i}\,\mathrm{l}\,i\right)$$

kann benutzt werden, um stark konvergierende Reihen für die Zahl π zu gewinnen. Es ist:

$$\frac{a+i}{a-i}=\frac{b+i}{b-i}\cdot\left(\frac{a+i}{a-i}\cdot\frac{b-i}{b+i}\right),$$

$$\frac{a+i}{a-i}=\frac{b+i}{b-i}\cdot\frac{ab+1+(b-a)i}{ab+1-(b-a)i}.$$

Folglich ist für $a=1$, $b=2$: $\dfrac{1+i}{1-i}=\dfrac{2+i}{2-i}\cdot\dfrac{3+i}{3-i}$,

$$\frac{\pi}{4}=\frac{1}{2i}\,\mathrm{l}\left(\frac{2+i}{2-i}\cdot\frac{3+i}{3-i}\right)=\frac{1}{2i}\,\mathrm{l}\,\frac{1+\frac{1}{2}i}{1-\frac{1}{2}i}+\frac{1}{2i}\,\mathrm{l}\,\frac{1+\frac{1}{3}i}{1-\frac{1}{3}i}.$$

$$\frac{\pi}{4}=\left(\frac{1}{2}-\frac{1}{3.2^3}+\frac{1}{5.2^5}-\cdots\right)+\left(\frac{1}{3}-\frac{1}{3.3^3}+\frac{1}{5.3^5}-\cdots\right).$$

Ferner ist für $a=2$, $b=3$:

$$\frac{2+i}{2-i}=\frac{3+i}{3-i}\cdot\frac{7+i}{7-i},\quad\text{also:}\quad\frac{1+i}{1-i}=\left(\frac{3+i}{3-i}\right)^2\cdot\left(\frac{7+i}{7-i}\right).$$

$$\frac{\pi}{4}=2\left(\frac{1}{3}-\frac{1}{3.3^3}+\frac{1}{5.3^5}-\cdots\right)+\left(\frac{1}{7}-\frac{1}{3.7^3}+\frac{1}{5.7^5}-\cdots\right).$$

Man findet: $(5+i)^2=2(12+5i)$, $(5+i)^4=4(119+120i)$; also ist:

$$\left(\frac{5+i}{5-i}\right)^4=\frac{119+120i}{119-120i}=\frac{1+i}{1-i}\cdot\frac{239+i}{239-i};$$

daher:

$$\frac{1+i}{1-i}=\left(\frac{5+i}{5-i}\right)^4:\frac{239+i}{239-i}.$$

Weiter ergiebt sich: $(10+i)^2=99+20i$,

$$\left(\frac{10+i}{10-i}\right)^2=\frac{99+20i}{99-20i}=\frac{5+i}{5-i}\cdot\frac{515+i}{515-i},$$

$$\frac{5+i}{5-i}=\left(\frac{10+i}{10-i}\right)^2:\frac{515+i}{515-i},$$

$$\frac{1+i}{1-i}=\left(\frac{10+i}{10-i}\right)^8:\left\{\left(\frac{515+i}{515-i}\right)^4\cdot\left(\frac{239+i}{239-i}\right)\right\}.$$

Durch Benutzung des letzten Ausdrucks erhält man:

$$\frac{\pi}{4}=8\cdot\frac{1}{2i}\,\mathrm{l}\,\frac{10+i}{10-i}-4\cdot\frac{1}{2i}\,\mathrm{l}\,\frac{515+i}{515-i}-\frac{1}{2i}\,\mathrm{l}\,\frac{239+i}{239-i},$$

$$\pi = 32\left(\frac{1}{10} - \frac{1}{3.10^3} + \frac{1}{5.10^5} - \cdots\right)$$
$$-16\left(\frac{1}{515} - \frac{1}{3.515^3} + \frac{1}{5.515^5} - \cdots\right)$$
$$-4\left(\frac{1}{239} - \frac{1}{3.239^3} + \frac{1}{5.239^5} - \cdots\right).$$

Beispiel zu den Reihenentwicklungen.

Projiziert man (vgl. § 162) die Seiten b und c eines Dreiecks auf die Seite a, so sieht man leicht, daß

$$a = b\cos\gamma + c\cos\beta \quad \text{und} \quad 0 = b\sin\gamma - c\sin\beta.$$

Die mit i multiplizierte zweite Gleichung giebt, zur ersten addiert: $a = be^{i\gamma} + ce^{-i\beta}$, also

$$1 - \frac{b}{a}e^{i\gamma} = \frac{c}{a}e^{-i\beta} \quad \text{und auch} \quad 1 - \frac{b}{a}e^{-i\gamma} = \frac{c}{a}e^{i\beta},$$

$$e^{2i\beta} = \frac{1 - \frac{b}{a}e^{-i\gamma}}{1 - \frac{b}{a}e^{i\gamma}} \quad \text{und} \quad \frac{c^2}{a^2} = \left(1 - \frac{b}{a}e^{i\gamma}\right)\left(1 - \frac{b}{a}e^{-i\gamma}\right);$$

$$2i\beta = l\left(1 - \frac{b}{a}e^{-i\gamma}\right) - l\left(1 - \frac{b}{a}e^{i\gamma}\right),$$

$$2l(c) - 2l(a) = l\left(1 - \frac{b}{a}e^{i\gamma}\right) + l\left(1 - \frac{b}{a}e^{-i\gamma}\right).$$

Man hat daher für β und $l(c)$ die Reihenentwicklungen:

$$\beta = \frac{b}{a}\sin\gamma + \tfrac{1}{2}\frac{b^2}{a^2}\sin 2\gamma + \tfrac{1}{3}\frac{b^3}{a^3}\sin 3\gamma + \cdots$$

$$l(c) = l(a) - \frac{b}{a}\cos\gamma - \tfrac{1}{2}\frac{b^2}{a^2}\cos 2\gamma - \tfrac{1}{3}\frac{b^3}{a^3}\cos 3\gamma - \cdots$$

Vorausgesetzt ist, daß b kleiner als a ist.

Stereometrie.

Erster Abschnitt.

Von der Lage der Ebenen und Geraden im Raume.

§ 193. Eine Gerade, die zwei Punkte einer Ebene verbindet, liegt ganz in der Ebene. Eine Gerade schneidet eine Ebene in nur einem Punkte, schneidet sie dieselbe nicht, so heißt sie der Ebene parallel.

Eine Ebene ist bestimmt durch drei Punkte, die nicht in derselben Geraden liegen. Eine Ebene ist also auch bestimmt durch eine Gerade und einen außerhalb derselben liegenden Punkt, oder durch zwei sich schneidende Gerade.

Zwei parallele Gerade liegen in einer und derselben Ebene. Jede durch eine von zwei parallelen Geraden gelegte Ebene, die mit der Ebene der beiden Geraden nicht zusammenfällt, ist der anderen parallel.

Schneiden sich zwei Ebenen, so ist die Durchschnittslinie eine einzige Gerade, schneiden sie sich nicht, so heißen die Ebenen parallel.

§ 194. Lehrsatz. Der Ort aller Punkte, die von zwei festen Punkten A und A' gleiche Entfernung haben, ist eine Ebene.

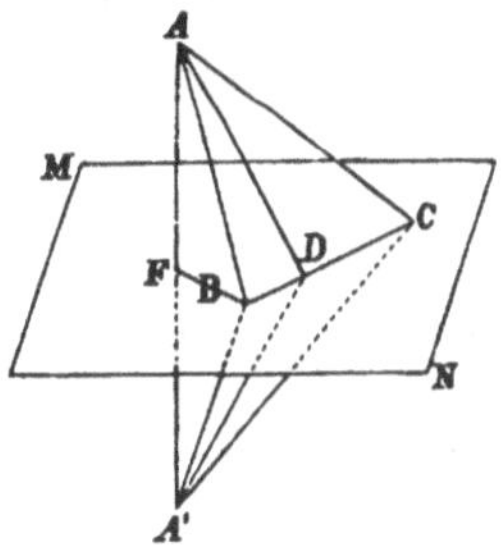

Beweis. Man ziehe durch irgend zwei Punkte B und C des Ortes eine Gerade, und D sei ein beliebiger Punkt derselben. Dann ist $\triangle ABC \cong A'BC$, und deshalb $AD = A'D$. Der Punkt D gehört also dem Orte an; jede Gerade, die zwei Punkte des Ortes verbindet, liegt also ganz in dem Orte, d. h. der Ort ist eine Ebene.

§ 195. Lehrsatz. Der Ort aller Geraden, die auf einer gegebenen Geraden in einem Punkte F senkrecht stehen, ist eine Ebene. (Siehe die vorige Figur.)

Beweis. Trägt man auf der gegebenen Geraden von F aus gleiche Strecken FA und FA' ab und verbindet irgend einen Punkt B des Ortes mit A und A', so folgt aus der Kongruenz der rechtwinkligen Dreiecke AFB und $A'FB$, daß $AB = A'B$; folglich ist der Ort eine Ebene nach § 194.

Zusatz. Steht eine Gerade auf zwei sich schneidenden Geraden einer Ebene im Schnittpunkte derselben senkrecht, so steht sie auf allen durch den Schnittpunkt gehenden Geraden der Ebene senkrecht.

Erklärung. Man nennt die Ebene, welche alle Lote enthält, die auf einer Geraden in einem ihrer Punkte möglich sind, eine Perpendikularebene der Geraden; und man nennt eine Gerade, die auf allen Geraden einer Ebene, die durch den Durchschnittspunkt gehen, senkrecht steht, ein Perpendikel oder Lot oder eine Normale oder Senkrechte der Ebene.

§ 196. Aufgabe. Eine Ebene zu konstruieren, welche auf einer Geraden in einem gegebenen Punkte senkrecht steht.

Auflösung. Man errichte in dem gegebenen Punkte auf der Geraden zwei Lote und lege durch beide eine Ebene.

§ 197. Aufgabe. Auf einer Ebene in einem gegebenen Punkte ein Lot zu errichten.

Auflösung. Man ziehe in der Ebene durch den gegebenen Punkt eine beliebige Gerade, lege durch denselben die Perpendikularebene zu der Geraden und errichte in dieser auf ihrer Durchschnittskante mit der Ebene eine Senkrechte, so ist diese das gesuchte Lot; denn sie steht auf zwei Geraden der gegebenen Ebene senkrecht.

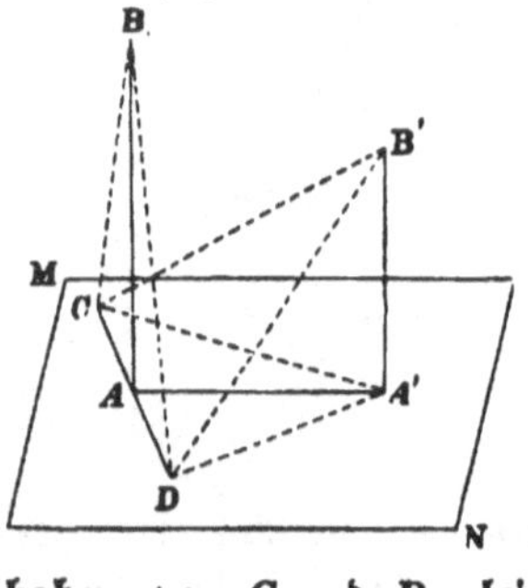

§ 198. Lehrsatz. Lote auf derselben Ebene sind parallel.

Beweis. Es seien AB und $A'B'$ zwei Lote auf MN. Es werde A mit A' verbunden, durch A in MN die Gerade $CD \perp AA'$ gezogen und $AC = AD$ gemacht. Dann folgt leicht, daß auch $BC = BD$, $A'C = A'D$, $B'C = B'D$, d. h. die vier Punkte A, B, A', B' haben von C und D gleiche Entfernung. Die Lote AB und $A'B'$ liegen also nach § 194 in einer und derselben Ebene, und da sie in dieser beide auf AA' senkrecht stehen, so sind sie parallel.

§ 199. Zusatz. Steht eine von zwei parallelen Geraden auf einer Ebene senkrecht, so steht auch die andere auf der Ebene senkrecht.

§ 200. Aufgabe. Auf die Ebene MN von einem außerhalb gelegenen Punkte A ein Lot zu fällen.

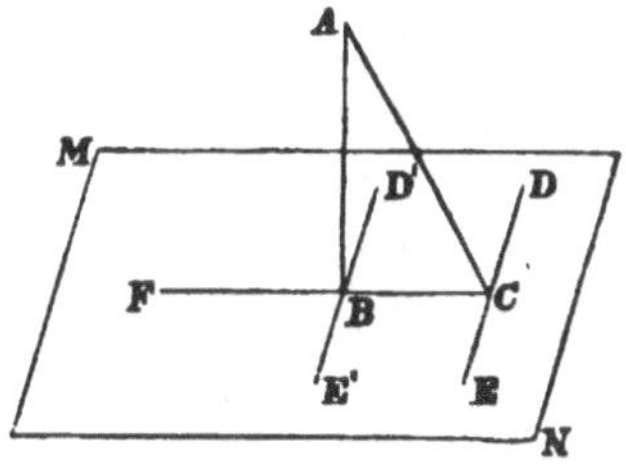

Auflösung. Man ziehe in MN eine Gerade DE, ziehe ferner $AC \perp DE$, errichte in MN $CF \perp DE$ und ziehe $AB \perp CF$, so ist AB das verlangte Lot.

Beweis. Denkt man sich durch B die Gerade $D'E' \parallel DE$ gezogen, so ist, weil DE ein Lot auf der Ebene ABC, nach § 199 auch $D'E'$ ein solches. Also ist $AB \perp D'E'$. Aber es ist auch $AB \perp CF$, mithin $AB \perp MN$.

Anmerkung. Das von einem Punkte auf eine Ebene gefällte Lot ist die kürzeste Verbindungslinie zwischen beiden ($AB < AC$) und wird die Entfernung des Punktes und der Ebene genannt.

§ 201. Lehrsatz. Sind zwei Gerade einer dritten parallel, so sind sie einander parallel.

Beweis. Man errichte auf der dritten Geraden eine Perpendikularebene, so sind nach § 199 die beiden anderen Geraden Lote auf dieser Ebene und folglich nach § 198 einander parallel.

§ 202. Lehrsatz. Winkel mit parallelen Schenkeln sind gleich.

Beweis. Man trage auf den parallelen Schenkeln gleiche Strecken ab, so daß $AB \parallel$ und $= A'B'$, $AC \parallel$ und $= A'C'$, und ziehe AA', BB', CC'. Dann folgt, daß $BB' \parallel$ und $= AA'$, $CC' \parallel$ und $= AA'$ (§ 42); also ist auch $BB' \parallel$ und $= CC'$, und folglich $BC = B'C'$. Daher ist $\triangle\, BAC \cong B'A'C'$, mithin $\angle\, BAC = B'A'C'$.

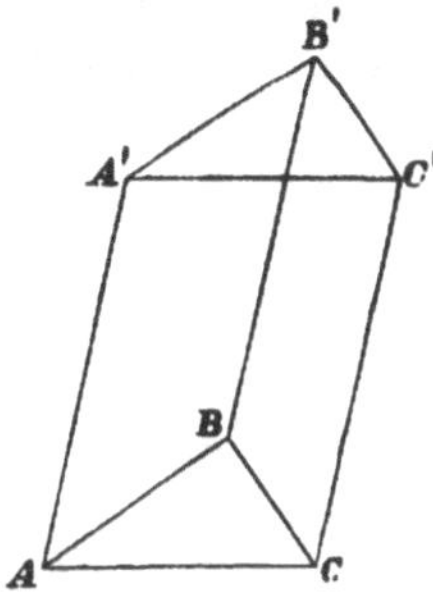

Anmerkung. Die Neigung zweier sich kreuzenden (d. h. weder parallelen noch sich schneidenden) Geraden wird gemessen durch den Winkel, den zwei durch irgend einen Punkt des Raumes mit ihnen parallel gezogene Gerade bilden.

§ 203. 1) Neigungswinkel zweier Ebenen heißt der Winkel, den zwei in diesen Ebenen auf ihrer Durchschnittskante in einem beliebigen Punkte errichtete Lote mit einander bilden. Der Winkel, den zwei auf den Ebenen errichtete Normalen bilden, ist dem Neigungswinkel der Ebenen gleich, wenn die eine Normale nach außen, die andere nach innen, und er ist das Supplement des Neigungswinkels, wenn beide Normalen nach außen oder beide nach innen gerichtet sind.

2) Zwei Ebenen stehen auf einander **senkrecht**, wenn ihr Neigungswinkel ein Rechter ist.

3) Jede durch eine Senkrechte einer Ebene gelegte Ebene steht auf der Ebene senkrecht. — Von zwei auf einander senkrecht stehenden Ebenen ist jede der geometrische Ort der Lote, die in den Punkten der Durchschnittslinie auf der anderen errichtet werden.

4) Stehen zwei Ebenen auf einer dritten senkrecht, so steht auch ihre Durchschnittslinie auf derselben senkrecht.

5) Durch eine Gerade, die auf einer gegebenen Ebene nicht senkrecht steht, läßt sich nur **eine** auf der gegebenen senkrechte Ebene legen.

6) **Projektion** eines Punktes auf eine Ebene heißt der Fußpunkt des von dem Punkte auf die Ebene gefällten Lotes. Die Projektion einer Linie auf eine Ebene geht durch die Projektionen ihrer sämtlichen Punkte.

Die Projektion einer Geraden auf eine Ebene ist im allgemeinen ebenfalls eine Gerade; nur die Projektion einer Senkrechten einer Ebene auf dieselbe ist ein Punkt.

7) Der Winkel einer Geraden mit ihrer Projektion auf eine Ebene ist kleiner als der Winkel der Geraden mit irgend einer anderen durch den Schnittpunkt gehenden Geraden der Ebene.

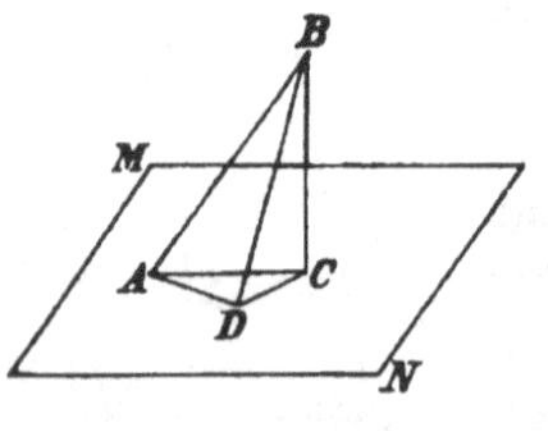

Beweis. Es sei AC die Projektion von AB auf MN. Auf einer anderen durch A in MN gezogenen Geraden trage man $AD = AC$ ab und verbinde D mit B und C. Dann ist $BC < BD$ (§ 25, 2), und aus den Dreiecken ABC und ABD ergiebt sich nach § 29, Umk., daß $\angle BAC < BAD$.

8) Der Winkel, den eine Gerade mit ihrer Projektion auf eine Ebene bildet, heißt der **Neigungswinkel der Geraden und der Ebene**. — Dieser Winkel ist dem Komplemente des Winkels gleich, den die Gerade mit einer Senkrechten der Ebene bildet.

9) Sind eine Gerade und eine Ebene einander **parallel**, so versteht man unter ihrer **Entfernung** das von einem beliebigen Punkte der Geraden auf die Ebene gefällte Lot.

10) Entfernung zweier parallelen Ebenen heißt das Lot, welches von einem beliebigen Punkte der einen auf die andere gefällt wird.

§ 204. Aufgaben. 1) Durch eine von zwei sich kreuzenden Geraden eine Ebene zu legen, die der anderen parallel ist.

Auflösung. Man ziehe durch einen Punkt der ersten Geraden eine der zweiten parallele Gerade und lege durch diese und die erste eine Ebene.

2) Das gemeinschaftliche Perpendikel zweier sich kreuzenden Geraden zu konstruieren.

Auflösung. Man lege durch die eine Gerade, AB, die der anderen, CD, parallele Ebene MN, konstruiere die Projektion $C'D'$ von CD auf MN und ziehe durch den Schnittpunkt E von $C'D'$ und AB die Gerade $EF \perp MN$ (d. h. $\parallel C'C$ oder $D'D$), dann ist EF das gesuchte Lot.

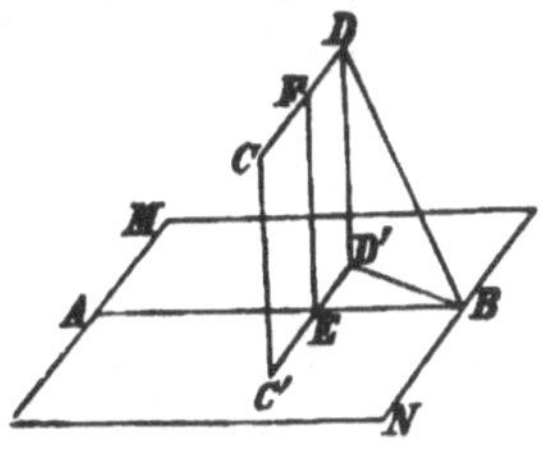

Dieses Lot ist kleiner als jede andere die sich kreuzenden Geraden verbindende Strecke (z. B. als BD, denn BD ist größer als $D'D$, und $D'D$ ist $= EF$) und heißt die Entfernung der beiden Geraden.

Zweiter Abschnitt.

Von den körperlichen Ecken.

§ 205. Zieht man aus einem Punkte des Raumes drei Gerade und legt durch je zwei derselben Ebenen, dann bilden dieselben eine dreiseitige körperliche Ecke. Werden n von einem Punkte ausgehende Gerade in bestimmter Reihenfolge durch n Ebenen paarweise verbunden, so entsteht eine n seitige körperliche Ecke. Der Ausgangspunkt der Geraden heißt der Scheitel, die Geraden selbst heißen die Kanten, die von den Kanten eingeschlossenen Winkel die Seiten (Kantenwinkel) und die Neigungswinkel der Ebenen die Winkel (Flächenwinkel oder auch Ebenenwinkel) der Ecke. — Es werden hier nur konvexe Ecken betrachtet, d. h. solche, in denen jede Seite und jeder Winkel weniger als zwei Rechte beträgt, und welche durch keine Gerade in mehr als zwei Punkten geschnitten werden können.

§ 206. Die Lote, welche man auf den Seitenflächen einer Ecke in ihrem Scheitel nach außen errichtet, bestimmen eine neue Ecke, welche die Supplementar- oder Polarecke der gegebenen heißt. Weil je zwei aufeinanderfolgende Kanten der zweiten Ecke auf der Durchschnittskante der zugehörigen Ebenen der ersten senkrecht stehen, so steht auch umgekehrt jede Kante der ersten Ecke auf zwei Kanten, also auf einer Ebene der zweiten senkrecht; d. h. die gegebene Ecke ist die Polarecke ihrer Polarecke. Aus § 203, 1) folgt nun, daß die Seiten einer jeden der beiden Ecken die Supplemente der Winkel der anderen, und daß folglich auch umgekehrt die Winkel einer jeden die Supplemente der Seiten der anderen sind.

§ 207. **Lehrsatz.** In jeder dreiseitigen Ecke ist jede Seite kleiner als die Summe der beiden anderen Seiten.

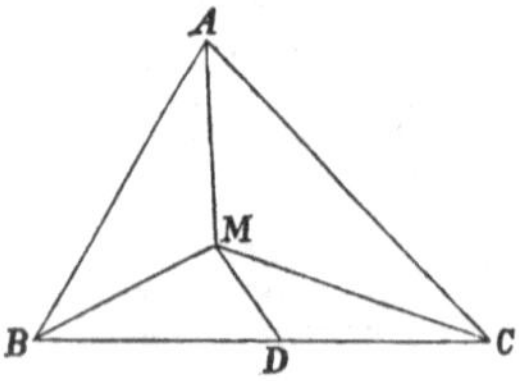

Beweis. Eines Beweises bedarf dieser Satz nur für die größte Seite der Ecke $M(ABC)$; sie sei BMC. Es sei $\angle BMD = BMA$ und $MD = MA$ gemacht und die Ecke durch eine Ebene $ABDC$ geschnitten, so ist $\triangle BMD \cong BMA$, also $DB = AB$ und folglich $CD = CB - AB$. Da nun $CB - AB < CA$ (§ 14, 2), so ist auch $CD < CA$; folglich $\angle CMD < CMA$ (§ 29, Umk.), und daher auch:

$$\angle CMB < CMA + BMA.$$

Zusatz. In jeder n seitigen Ecke ist jede Seite kleiner als die Summe aller übrigen.

§ 208. **Lehrsatz.** In jeder n seitigen Ecke ist 1) die Summe aller Seiten (S) kleiner als $4R$, und 2) die Summe aller Winkel (W) größer als $(2n-4)R$.

Beweis. 1) Man schneide die Ecke M durch eine Ebene. An den Eckpunkten des entstandenen Polygons liegen n dreiseitige Ecken. In jeder derselben ist nach § 207 der Polygonwinkel kleiner als die Summe der beiden anliegenden Dreieckswinkel (z. B. $\angle DAB < DAM + BAM$). Daher ist auch die Summe aller Polygonwinkel kleiner als die Summe aller anliegenden Dreieckswinkel, d. h. es ist (§ 47):

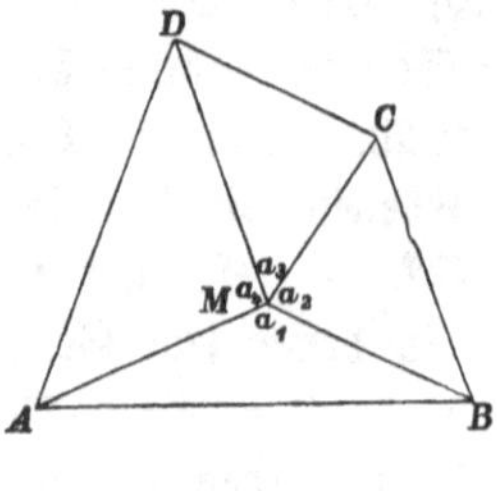

$$(2n-4)R < (2R-a_1)+(2R-a_2)+(2R-a_3)+\cdots,$$
$$2nR-4R < 2nR-(a_1+a_2+a_3+\cdots),$$
$$2nR-4R < 2nR-S; \quad \text{mithin:} \quad S < 4R.$$

2) Es seien $\alpha_1, \alpha_2, \ldots$ die Winkel der gegebenen Ecke, $a'_1, a'_2, \ldots$ die Seiten ihrer Polarecke; dann ist nach § 206:

$$\alpha_1 + a'_1 = \pi (= 2R),$$
$$\alpha_2 + a'_2 = \pi,$$
$$\cdot \quad \cdot \quad \cdot \quad \cdot \quad \cdot$$

also:

$$\Sigma\alpha + \Sigma a' = n\pi.$$

Aber nach 1) ist $\Sigma a' < 2\pi$, also $\Sigma\alpha > n\pi - 2\pi$, oder $W > (2n-4)R$.

Zusatz. Es liegt S zwischen 0 und $4R$, und W zwischen $(2n-4)R$ und $2nR$.

§ 209. Man nennt zwei Ecken Scheitelecken, wenn die Kanten der einen die Verlängerungen der Kanten der anderen sind. Scheitelecken enthalten dieselben Seiten und Winkel in derselben Reihenfolge, lassen sich aber, weil diese Stücke in beiden nach entgegengesetzter Richtung geordnet sind, im allgemeinen nicht zur Deckung bringen, sind also nicht kongruent. Solche räumlichen Gebilde, die sich einzig und allein durch die in entgegengesetztem Sinne fortschreitende Aneinanderreihung ihrer Bestandteile unterscheiden, nennt man symmetrisch. Also sind Scheitelecken symmetrisch.

Zwei dreiseitige Ecken sind entweder kongruent oder symmetrisch (also die eine der Scheitelecke der anderen kongruent):

1) wenn sie in zwei Seiten und dem eingeschlossenen Winkel,

2) wenn sie in einer Seite und den beiden anliegenden Winkeln,

3) wenn sie in den drei Seiten,

4) wenn sie in den drei Winkeln

übereinstimmen.

1), 2) und 3) werden ähnlich wie die entsprechenden Kongruenzsätze für ebene Dreiecke bewiesen; 4) folgt aus 3) durch Benutzung der Polarecke.

Durch zwei Seiten und einen gegenüberliegenden Winkel, sowie durch zwei Winkel und eine gegenüberliegende Seite sind die übrigen Stücke der Ecke im allgemeinen nicht eindeutig bestimmt.

Dritter Abschnitt.

Von den Polyedern.

§ 210. **Erklärungen.** Ein von Ebenen begrenzter Körper heißt ein **Polyeder**; die begrenzenden Polygone heißen die **Flächen**, die Grenzlinien von je zwei benachbarten Flächen die **Kanten** und die Grenzpunkte der Kanten die **Ecken** des Polyeders.

Ein zwischen zwei parallelen Ebenen enthaltener und von n Ebenen mit parallelen Durchschnittslinien umschlossener Körper heißt ein n**seitiges Prisma**; dasselbe ist begrenzt von zwei kongruenten n-Ecken, die seine **Grundflächen**, und n Parallelogrammen, die seine **Seitenflächen** heißen. Die Entfernung der beiden Grundflächen (also das von einem Punkte der einen auf die andere gefällte Lot) nennt man die **Höhe** des Prismas, die in den parallelen Ebenen liegenden Kanten die **Grundkanten**, die zwischen ihnen liegenden die **Seitenkanten**. Ein Prisma heißt **gerade** oder **schief**, je nachdem die Seitenkanten auf den Grundflächen senkrecht stehen oder nicht.

Ein Prisma, in dem auch die Grundflächen Parallelogramme sind, heißt ein **Parallelepipedon**; ein Parallelepipedon heißt **rechtwinklig**, wenn die an einer Ecke zusammenstoßenden drei Kanten auf einander senkrecht stehen, und es heißt **Würfel**, wenn diese Kanten außerdem einander gleich sind.

Ein rechtwinkliges Parallelepipedon ist also ein von sechs Rechtecken, ein Würfel ein von sechs Quadraten begrenzter Körper. Ein Würfel, dessen Kanten der Längeneinheit gleich sind, dient als **Volumeneinheit**, d. h. als Maßeinheit des **Volumens** oder **Rauminhaltes** der Körper.

Ein von vier Dreiecken begrenzter Körper heißt ein **Tetraeder**, oder auch, wenn man eine seiner Flächen als Grundfläche und die drei anderen als Seitenflächen betrachtet, eine **dreiseitige Pyramide**. Eine n**seitige Pyramide** ist begrenzt von einem n-Eck als **Grundfläche** oder **Basis** und n Dreiecken, die seine Seiten mit einem und demselben außerhalb gelegenen Punkte verbinden, als **Seitenflächen**. Die der Basis gegenüberliegende Ecke heißt die **Spitze** und das von der Spitze auf die Basis gefällte Lot die **Höhe** der

Pyramide; die die Grundfläche begrenzenden Kanten nennt man **Grundkanten**, die von der Spitze ausgehenden **Seitenkanten**.

§ 211. **Eulerscher Satz.**

Bezeichnet E die Anzahl der Ecken, F die der Flächen und K die der Kanten eines Polyeders, so ist:

$$E+F=K+2.$$

Beweis. Die das Polyeder begrenzenden Polygone mögen bezüglich $n_1, n_2, \ldots n_F$ Seiten haben; die Winkelsummen in denselben seien $w_1, w_2, \ldots w_F$, die Summe sämtlicher Polygonwinkel W. Es ist dann (§ 47):

$$w_1 = n_1\pi - 2\pi,$$
$$w_2 = n_2\pi - 2\pi,$$
$$\cdot\ \cdot\ \cdot\ \cdot\ \cdot\ \cdot\ \cdot$$
$$w_F = n_F\pi - 2\pi, \text{ also:}$$
$$\Sigma w = \pi\Sigma n - 2\pi F.$$

Da aber $\Sigma n = 2K$, so ist $\Sigma w = 2\pi K - 2\pi F$, oder:

$$\text{I)}\quad W=(K-F)2\pi.$$

Man nehme nun außerhalb des Polyeders einen Punkt so an, daß seine Verbindungslinien mit den Eckpunkten des Polyeders sämtlich eine Polyederfläche schneiden; z. B. die Fläche f_1, deren Seitenzahl n_1 ist. Dadurch wird auf f_1 ein Netz von Polygonen bestimmt, die mit den entsprechenden des Polyeders bezüglich gleiche Seitenzahl haben. Die Summe ihrer Winkel und derjenigen von f_1 ist also $= W$. Nun läßt sich aber W auch aus folgenden Bestandteilen zusammensetzen:

1) den Winkeln des Polygons f_1 $(= n_1\pi - 2\pi)$,

2) den Winkeln des Netzes an den n_1 Ecken von f_1 $(= n_1\pi - 2\pi)$,

3) den Winkeln um die $E - n_1$ inneren Punkte des Netzes $(= (E-n_1)2\pi)$.

Also ist:

$$W = n_1\pi - 2\pi + n_1\pi - 2\pi + 2E\pi - 2n_1\pi = 2E\pi - 4\pi,$$

oder:

$$\text{II)}\quad W=(E-2)2\pi.$$

Aus II) und I) folgt: $E-2=K-F$; also ist: $E+F=K+2$.

Dieser Beweis setzt im allgemeinen voraus, daß das Polyeder konvex ist, weil sonst die Polygone des Netzes sich zum Teil überdecken könnten.

§ 212. **Anwendung.** Das Polyeder sei von p Polygonen begrenzt, welche sämtlich gleich viel Seiten s haben sollen; an jeder Ecke desselben mögen k Kanten zusammentreffen; dann ist:

$$F = p, \quad K = \frac{ps}{2}, \quad Ek = 2K = ps,$$

also nach dem Eulerschen Satze:

$$\frac{ps}{k} + p = \frac{ps}{2} + 2,$$

folglich:

$$k = 2 + \frac{4p - 8}{p(s-2) + 4}.$$

Nun muß p stets $\geqq 4$ sein und der Bruch eine ganze Zahl werden. Demnach ergeben sich folgende Fälle:

1) $s = 3$, dann ist: $k = 6 - \frac{24}{p+4}$, oder $p = \frac{24}{6-k} - 4$.

Daher kann sein:

$k = 3$,	$k = 4$,	$k = 5$,
$p = 4$,	$p = 8$,	$p = 20$,
Tetraeder.	Oktaeder.	Ikosaeder.

2) $s = 4$, dann ist: $k = 4 - \frac{8}{p+2}$,

daher $p = 6$ und $k = 3$. Hexaeder.

3) $s = 5$, dann ist: $k = 3 + \frac{p - 12}{3p + 4}$,

daher $p = 12$ und $k = 3$. Dodekaeder.

Sobald $s = 6$ oder > 6 wird, ist der Nenner $p(s-2)+4$ stets größer als der Zähler $4p - 8$. Daher kann es, wenigstens unter denjenigen Polyedern, die von konvexen und an konvexen Ecken zusammenstoßenden Polygonen begrenzt sind, nur fünf geben, das Tetraeder, Oktaeder, Ikosaeder, Hexaeder und Dodekaeder, welche den Grad von Regelmäßigkeit besitzen, daß sie lauter gleichartige Polygone zu Grenzflächen haben, und daß an jeder Ecke gleich viel Kanten zusammenstoßen.

Sind außerdem die Grenzflächen regelmäßige Polygone, so heißt das Polyeder ein **regelmäßiges**. Daß es, unter der gemachten Einschränkung, nicht mehr als fünf regelmäßige Polyeder geben könne, geht auch daraus hervor, daß schon regelmäßige Sechsecke keine konvexe Ecke bilden können, weil drei Winkel derselben vier Rechte betragen, und daß aus ähnlichen Gründen keine konvexe Ecke möglich ist, welche von mehr als fünf gleichseitigen Dreiecken oder mehr als drei Quadraten oder regelmäßigen Fünfecken gebildet würde.

§ 213. Das Cavalierische Princip.

Wenn zwei Körper sich zwischen zwei parallelen Ebenen befinden, und wenn sowohl in diesen als auch in allen dazwischen liegenden, mit den beiden ersten parallelen Ebenen die Querschnitte des einen Körpers denen des andern an Flächeninhalt gleich sind, so haben die Körper gleichen Rauminhalt.

Von dem Prisma.

§ 214. Lehrsatz. Das Volumen (V) eines rechtwinkligen Parallelepipedons ist gleich dem Produkte aus drei zusammenstoßenden Kanten.

Beweis. Sind die drei Kanten Vielfache der Längeneinheit, ihre Maßzahlen a, b, c also ganze Zahlen, so trage man die Längeneinheit auf diesen Kanten bezw. a, b, c mal ab und lege durch die Teilpunkte Ebenen, die auf den betreffenden Kanten senkrecht stehen. Dadurch wird das Parallelepipedon in $a.b.c$ Würfel von der Kante 1, also in $a.b.c$ Volumeneinheiten zerlegt.

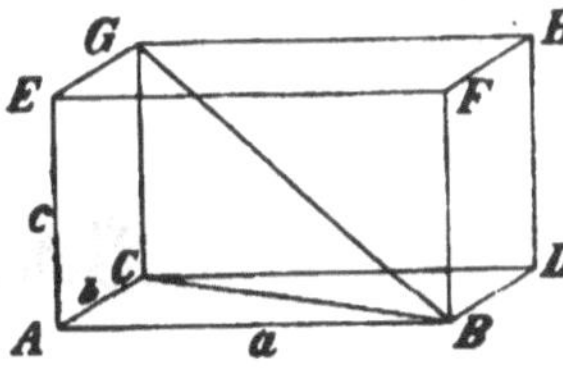

Sind aber a, b, c gebrochene Zahlen, so kann man sie auf denselben Nenner bringen, also $a = \frac{\alpha}{n}$, $b = \frac{\beta}{n}$, $c = \frac{\gamma}{n}$ setzen, wo α, β, γ, n ganze Zahlen sind. Es läßt sich dann die Strecke $\frac{1}{n}$ auf drei anstoßenden Kanten des Parallelepipedons bezw. α, β, γ mal und auf jeder von drei anstoßenden Kanten der Volumeneinheit n mal abtragen, und durch Ebenen, die man durch die Teilpunkte senkrecht zu den zugehörigen Kanten legt, wird das Parallelepipedon in $\alpha.\beta.\gamma$ und die Volumeneinheit in $n.n.n$ Würfel von der Kante $\frac{1}{n}$ zerlegt. Das Verhältnis des Parallelepipedons zur Volumeneinheit ist also

$$=\frac{\alpha.\beta.\gamma}{n.n.n}=\frac{\alpha}{n}.\frac{\beta}{n}.\frac{\gamma}{n}=a.b.c,$$ das heißt es ist:

$$1)\quad V=abc.$$

Auch ist $V=(ab).c=$ dem Produkte aus Grundfläche und Höhe.

Anmerkung. Die Gesamtoberfläche des rechtwinkligen Parallelepipedons ist $=2ab+2ac+2bc$. Jede Diagonale (d. h. Verbindungslinie zweier gegenüberliegenden Ecken) ist $=\sqrt{a^2+b^2+c^2}$.

§ 215. Lehrsatz. Das Volumen (V) eines jeden Prismas ist gleich dem Produkte aus der Grundfläche (g) und Höhe (h):

$$2)\quad V=gh.$$

Denn zufolge des Cavalierischen Princips hat jedes Prisma gleiches Volumen mit einem rechtwinkligen Parallelepipedon von ebenso großer Grundfläche und Höhe.

Anmerkung. Der Mantel (d. h. die Summe der Seitenflächen) eines Prismas ist gleich dem Produkt aus einer Seitenkante und dem Umfang des auf den Seitenkanten senkrechten Querschnitts.

Von der Pyramide.

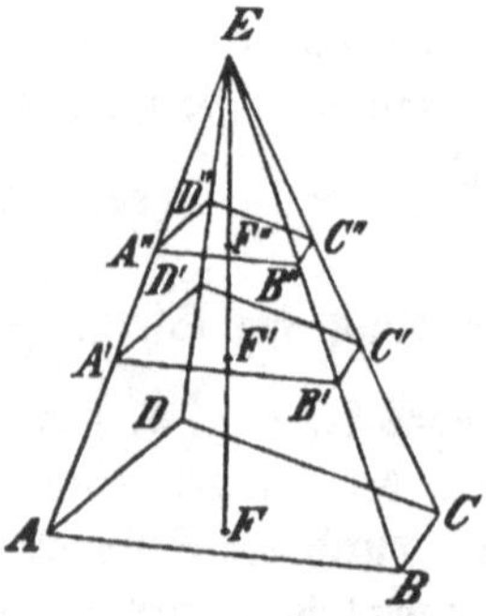

§ 216. Zwei ebene der Basis parallele Schnitte der Pyramide verhalten sich wie die Quadrate der zugehörigen Höhen, was leicht daraus folgt, daß diese Schnitte ähnliche Figuren sind und die Inhalte ähnlicher Figuren sich wie die Quadrate homologer Seiten verhalten. Pyramiden von gleicher Basis und Höhe geben also, von Ebenen durchschnitten, die der Basis parallel sind und von ihr gleichen Abstand haben, gleiche Querschnitte, haben also nach § 213 gleichen Rauminhalt.

§ 217. Lehrsatz. Der Inhalt einer Pyramide ist gleich dem dritten Teile des Produktes aus ihrer Basis (g) und ihrer Höhe (h).

Beweis. Schneidet man das dreiseitige Prisma $ABCDEF$ durch die Ebenen BCD und CDE, so entstehen drei dreiseitige Pyramiden,

$$ABCD, \quad DEFC, \quad BCED,$$

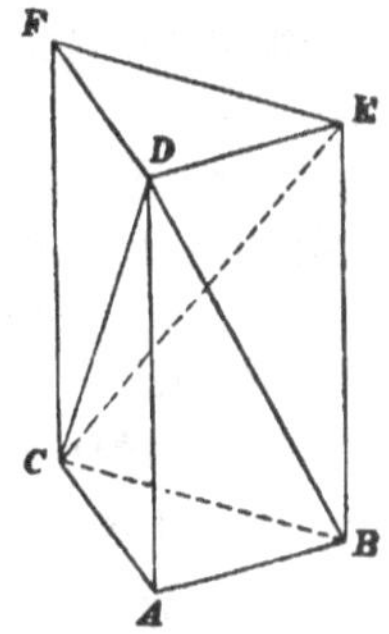

die inhaltsgleich sind, weil die erste und zweite die gleichen Grundflächen ABC und DEF und gleiche Höhen, und die zweite und dritte die gleichen Glundflächen FEC und BCE und dieselbe Höhe haben. Jede dreiseitige Pyramide ist somit gleich dem dritten Teile eines Prismas, mit dem sie gleiche Grundfläche und gleiche Höhe hat, also ihr Inhalt $= \frac{1}{3}gh$, wenn g die Grundfläche, h die Höhe der Pyramide bezeichnet. Nach dem vorigen § ist nun auch leicht einzusehen, daß

3) der Inhalt einer jeden Pyramide $= \frac{1}{3}gh$ ist.

Von den Körperstumpfen.

§ 218. Ein Körper, dessen Endpunkte sämtlich in zwei parallelen Ebenen enthalten, und dessen Seitenflächen Dreiecke sind, heißt ein Körperstumpf. (Zwei benachbarte Dreiecke können ein Parallelogramm oder ein Paralleltrapez bilden.) Die in den parallelen Ebenen liegenden Polygone heißen die Grundflächen, ihr senkrechter Abstand die Höhe und der die Höhe halbierende Parallelschnitt die Mittelfigur des Stumpfes.

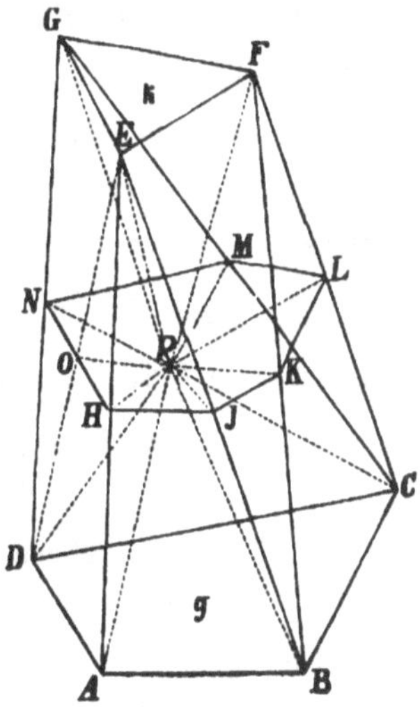

§ 219. Lehrsatz. Der Inhalt eines Körperstumpfes wird gefunden, wenn man die Summe der Grundflächen (g und k) und des Vierfachen der Mittelfigur (m) mit dem sechsten Teile der Höhe (h) multipliziert.

Beweis. Die Grundflächen g und k seien bezw. ein n-Eck und ein p-Eck; der Körper hat dann $n+p$

Dreiecke zu Seitenflächen. (In der Figur bilden die Dreiecke ADE und DEG das Parallelogramm $ADGE$.) Legt man durch einen Punkt P im Innern der Mittelfigur und durch jede Kante des Körpers Ebenen, so zerfällt der Körper in folgende Bestandteile:

1) eine Pyramide ($ABCDP$) mit der Basis g und Höhe $\frac{1}{2}h (= \frac{1}{6}hg)$;

2) eine Pyramide ($EFGP$) mit der Basis k und Höhe $\frac{1}{2}h (= \frac{1}{6}hk)$;

3) $n+p$ dreiseitige Pyramiden, deren Basen die erwähnten $n+p$ Dreiecke sind.

Von jeder derselben (z. B. $BCFP$) wird durch die Mittelfigur eine dreiseitige Pyramide ($KLFP$) abgeschnitten, welche dem vierten Teil der ganzen gleich ist, weil das abgeschnittene Dreieck (KLF) ein Viertel der ganzen Basis (BCF) beträgt. Diese Pyramiden haben, wenn man die in der Mittelfigur liegenden Dreiecke (z. B. KLP) als Basen betrachtet, ihre Spitze teils in g, teils in k, ihre Höhe ist $\frac{1}{2}h$, ihre Grundflächen füllen die Mittelfigur ($HJKLMNO$) aus; ihr Inhalt ist also $= \frac{1}{6}hm$, und der der ganzen Pyramiden $= \frac{1}{6}h.4m$.

Faßt man die Bestandteile zusammen, so wird:

4) der Inhalt des Körperstumpfes $= \frac{1}{6}h(g+k+4m)$.

Anmerkung. Der Umfang der Mittelfigur ist gleich der halben Summe der Umfänge der beiden Grundflächen.

§ 220. Die parallel mit der Basis abgestumpfte Pyramide.

Die Figuren g, k, m sind in diesem Falle einander ähnliche Polygone. Sind γ, $\varkappa$, μ drei homologe Seiten derselben, so ist:

$$\frac{\gamma}{\sqrt{g}} = \frac{\varkappa}{\sqrt{k}} = \frac{\mu}{\sqrt{m}},$$

also, wenn C den gemeinsamen Wert dieser Brüche bezeichnet:

$$\mu = C.\sqrt{m}, \quad \gamma = C.\sqrt{g}, \quad \varkappa = C.\sqrt{k}.$$

Aber es ist nach § 46 $2\mu = \gamma + \varkappa$, also $2C.\sqrt{m} = C.\sqrt{g} + C.\sqrt{k}$,

$$2\sqrt{m} = \sqrt{g} + \sqrt{k}, \quad 4m = g + k + 2\sqrt{gk}.$$

Setzt man diesen Wert in 4) ein, so wird:

5) der Inhalt der abgestumpften Pyramide $= \frac{1}{3}h(g+k+\sqrt{gk})$.

§ 221. Das schief abgestumpfte dreiseitige Prisma.

Zwei der parallelen Kanten (a, b) mögen in g, die dritte (c) in k liegen; γ sei der Abstand von a und b; dann ist $g = \frac{1}{2}\gamma(a+b)$,

$k = 0$ und:

$$4m = \gamma\left(\frac{a+c}{2} + \frac{b+c}{2}\right) = \tfrac{1}{2}\gamma(a+b+2c).$$

Setzt man diese Werte in 4) ein und bemerkt, daß der senkrechte Querschnitt $q = \frac{1}{2}\gamma h$ ist, so ergiebt sich:

6) der Inhalt des schief abgestumpften Prismas $= q \cdot \dfrac{a+b+c}{3}$.

§ 222. Die durch 4) ausgedrückte Regel gilt auch für die Berechnung des Inhaltes V eines Körpers, der zwischen zwei parallelen ebenen Figuren liegt, und dessen parallele Durchschnittsfigur f in der Höhe x bestimmt ist durch die Formel

$$f = a + bx + cx^2 + dx^3,$$

in welcher a, b, c, d beliebige Konstanten sind. — Teilt man die ganze Höhe h des Körpers in n gleiche Teile und legt durch die Teilpunkte parallele Ebenen mit den Grundflächen, so erhält man n—1 Durchschnittsfiguren. Diese und die obere Fläche des Körpers sollen als die oberen Endflächen von n Prismen betrachtet werden, von denen jedes die Höhe $\dfrac{h}{n}$ hat. Die Summe dieser Prismen ist:

$$\begin{aligned}
&\left\{a + b\,\frac{h}{n} + c\left(\frac{h}{n}\right)^2 + d\left(\frac{h}{n}\right)^3\right\}\frac{h}{n}\\
+&\left\{a + b\,\frac{2h}{n} + c\left(\frac{2h}{n}\right)^2 + d\left(\frac{2h}{n}\right)^3\right\}\frac{h}{n}\\
+&\left\{a + b\,\frac{3h}{n} + c\left(\frac{3h}{n}\right)^2 + d\left(\frac{3h}{n}\right)^3\right\}\frac{h}{n}\\
+&\ \cdot\ \cdot\ \cdot\ \cdot\ \quad \cdot\ \cdot\ \cdot\ \quad \cdot\ \cdot\ \cdot\ \cdot\\
+&\left\{a + b\,\frac{nh}{n} + c\left(\frac{nh}{n}\right)^2 + d\left(\frac{nh}{n}\right)^3\right\}\frac{h}{n},
\end{aligned}$$

also mit Rücksicht auf § 184, 1) und § 185, 1) und 2):

$$= ah + \frac{bh^2}{2}\left(1+\frac{1}{n}\right) + \frac{ch^3}{6}\left(1+\frac{1}{n}\right)\left(2+\frac{1}{n}\right) + \frac{dh^4}{4}\left(1+\frac{1}{n}\right)^2.$$

Nimmt man n unendlich groß an, so erhält man den Inhalt des gegebenen Körpers:

$$7)\quad V = ah + \tfrac{1}{2}bh^2 + \tfrac{1}{3}ch^3 + \tfrac{1}{4}dh^4.$$

Nun ist aber, wenn man die Grundflächen mit g und k bezeichnet:

$$\begin{aligned}
g &= a,\\
k &= a + bh + ch^2 + dh^3,\\
m &= a + \tfrac{1}{2}bh + \tfrac{1}{4}ch^2 + \tfrac{1}{8}dh^3,
\end{aligned}$$

also:

$$g+k+4m=6a+3bh+2ch^2+\tfrac{3}{2}dh^3,$$
$$\tfrac{1}{6}h(g+k+4m)=ah+\tfrac{1}{2}bh^2+\tfrac{1}{3}ch^3+\tfrac{1}{4}dh^4,$$

folglich:

$$7')\quad V=\tfrac{1}{6}h(g+k+4m).$$

Dieser Satz wird am häufigsten angewandt, wenn die Konstante $d=0$ ist; auch die in §§ 223—229 auf anderem Wege abgeleiteten Formeln, welche sich auf den Rauminhalt der Körper beziehen, sind als specielle Fälle in demselben enthalten.

Anmerkung. Für $d=0$ kann man 7) in die Form bringen:

$$V=\tfrac{1}{4}h[a+3(a+b\cdot\tfrac{2}{3}h+c(\tfrac{2}{3}h)^2)],$$

also ist, wenn z den im Abstande $\tfrac{2}{3}h$ parallel mit a gelegten Schnitt bezeichnet:

$$8)\quad V=\tfrac{1}{4}h(a+3z).$$

Vierter Abschnitt.

Von dem Cylinder, dem Kegel und der Kugel.

Von dem Cylinder.

§ 223. Ein gerader Cylinder entsteht, wenn ein Rechteck ($ABDC$) um eine seiner Seiten (BD) als feste Achse herumgedreht wird. Die gegenüberstehende Seite (AC) beschreibt den Mantel, und die beiden anderen Seiten (BA und DC) beschreiben die Grundkreise des Cylinders. — Wird der Cylinder als ein Prisma mit unendlich vielen und unendlich schmalen Seitenflächen betrachtet, und bezeichnet r den Radius der Grundkreise und h die Länge der Achse oder die Höhe, so ergiebt sich:

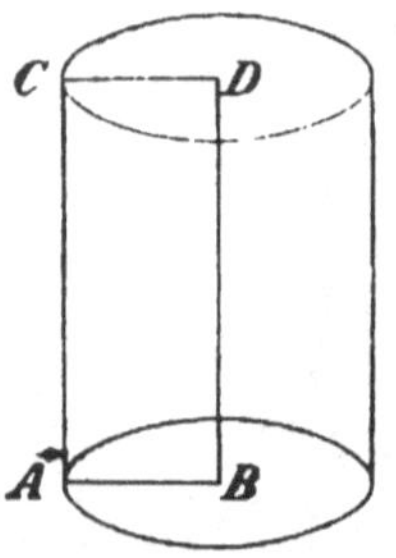

1) der Rauminhalt des Cylinders $=\pi r^2 h$,
2) der Flächeninhalt des Cylindermantels $=2\pi rh$.

Von dem Kegel.

§ 224. Ein gerader Kegel entsteht, wenn ein rechtwinkliges Dreieck (ABC) um eine Kathete (BC) als feste Achse herumgedreht wird. Die Achse nennt man auch die Höhe des Kegels, den festen

Punkt (C) der Hypotenuse die **Spitze** desselben; die Hypotenuse (AC) beschreibt den **Kegelmantel** und die andere Kathete (BA) den **Grundkreis** oder die **Basis**. Die von der Spitze nach dem Umfange des Grundkreises gezogenen geraden Linien heißen **Seitenlinien** oder auch nur **Seiten** des Kegels.

Betrachtet man den Kegel als eine Pyramide, deren Basis ein regelmäßiges Polygon von unendlich vielen und unendlich kleinen Seiten ist, und seinen Mantel also als aus unendlich vielen gleichschenkligen Dreiecken von unendlich kleiner Basis zusammengesetzt, so ergiebt sich, wenn r den Radius des Grundkreises, h die Höhe und s die Seitenlinie bezeichnet:

3) der Inhalt des Kegels $= \frac{1}{3}\pi r^2 h$,

4) der Kegelmantel $= \pi r s$.

Ferner ist:

5) der Inhalt eines abgestumpften Kegels $= \frac{1}{3}\pi h(r^2 + r\varrho + \varrho^2)$,

6) der Mantel des abgestumpften Kegels $= \pi s(r + \varrho)$

(worin r und ϱ die Radien der Grundkreise, h die Höhe und s die Seitenlinie), wie man findet, wenn man sich den abgestumpften Kegel als eine abgestumpfte Pyramide und seinen Mantel als aus unendlich schmalen Paralleltrapezen zusammengesetzt vorstellt.

§ 225. **Anmerkung.** Erweiterung des Begriffs des Cylinders und Kegels.

Von der Kugel.

§ 226. Eine **Kugel** entsteht, wenn ein Halbkreis um den ihn begrenzenden Durchmesser herumgedreht wird. Die Kugel ist also umschlossen von einer einzigen krummen Fläche, der **Kugelfläche**, deren Punkte von einem und demselben festen Punkte, dem **Mittelpunkte**, gleichen Abstand haben.

Jede der einander gleichen Strecken, die den Mittelpunkt der Kugel mit einem Punkte der Oberfläche verbinden, heißt ein **Radius** der Kugel.

Jede Ebene schneidet die Kugel in einem Kreise, der von dem Lote, das vom Kugelmittelpunkte auf ihn gefällt wird, in seinem

Mittelpunkte getroffen wird. Wird der Durchschnittskreis unendlich klein, so heißt die Ebene eine Tangentialebene; das vom Kugelmittelpunkte auf eine solche Ebene gefällte Lot trifft sie in ihrem Berührungspunkte.

Durch vier Punkte, die nicht in einer Ebene liegen, läßt sich stets eine und nur eine Kugel legen.

Ein Kreis, dessen Ebene durch den Kugelmittelpunkt geht, heißt ein größter Kreis der Kugel, jeder andere Kreis dagegen, in welchem eine Ebene die Kugel schneidet, ein kleiner Kreis der Kugel. Eine körperliche Ecke, die ihren Scheitel im Mittelpunkt der Kugel hat, bestimmt auf der Kugeloberfläche ein durch Bogen größter Kreise umschlossenes sphärisches Polygon. Jede Seite eines konvexen sphärischen Polygons ist kleiner als die Summe aller übrigen (§ 207, Zus.), und da jede beliebige krumme Linie auf der Kugel als aus unendlich kleinen Bogen größter Kreise zusammengesetzt gedacht werden kann, so ist jeder Bogen eines größten Kreises, der kleiner als der halbe Umfang des Kreises ist, auch kürzer als jede andere auf der Kugel mögliche Verbindung seiner beiden Endpunkte.

§ 227. Erklärungen.

Schneidet man eine Kugel durch eine Ebene, so nennt man jeden der beiden Teile Kugelabschnitt oder Kugelsegment; den Teil der Kugelfläche, welcher dasselbe begrenzt, nennt man Kalotte. Einen Teil der Kugel, der zwischen zwei parallelen Ebenen liegt, nennt man körperliche Kugelzone, den begrenzenden Teil der Kugelfläche Kugelzone. Dreht sich ein Kreissektor um einen seiner Radien, dann heißt der so entstandene Körper ein Kugelsektor.

§ 228. Berechnung des Inhaltes einer Kugel.

Man lasse das Quadrat $ACDB$ mit der Diagonale AD und dem Kreisquadranten BC um die Achse CD rotieren. Der durch Rotation des Dreiecks ABD entstandene Körper ist gleich dem Unterschied des Cylinders und Kegels und möge Restkörper heißen. Es sei nun $EH \perp CD$, so ist $EG^2 = DG^2 - DE^2$, $DG = DB = EH$, $DE = EF$, also:

$$\pi EG^2 = \pi EH^2 - \pi EF^2.$$

Die Halbkugel und der Restkörper geben also in gleichen Höhen durchschnitten gleiche Querschnitte, haben also nach § 213 gleiches Volumen. Nun ist aber der Kegel ein Drittel, also der Restkörper und somit die Halbkugel zwei Drittel des Cylinders.

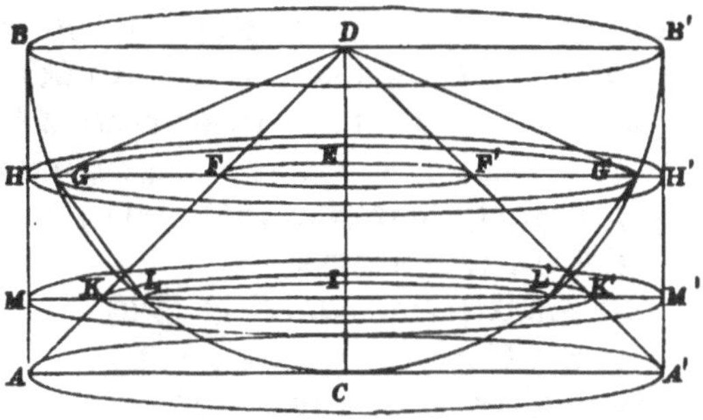

Ist also r der Radius der Kugel, so ist der Inhalt der Halbkugel $= \frac{2}{3}\pi r^3$, und folglich:

7) der Inhalt der ganzen Kugel $= \frac{4}{3}\pi r^3$.

Anmerkung. Konstruiert man einen Kegel und Cylinder, deren Höhen gleich den Durchmessern der Grundflächen $= 2r$ sind, und eine Kugel, deren Durchmesser ebenfalls $= 2r$ ist, dann verhält sich der Kegel zur Kugel zum Cylinder wie $1:2:3$.

§ 229. Das durch die Ebene GG' abgeschnittene **Kugelsegment**, dessen **Höhe** $EC = h$ sei, ist gleich dem entsprechenden Teile des Restkörpers, also

$= \text{dem Cylinder } AHH'A' - \text{dem abgestumpften Kegel } AFF'A'$

$= \pi r^2 h - \frac{1}{3}\pi h\{r^2 + r(r-h) + (r-h)^2\}$; also:

8) das Kugelsegment $= \frac{1}{3}\pi h^2(3r - h)$.

Die zwischen den parallelen Ebenen GG' und LL' enthaltene **körperliche Kugelzone**, deren Höhe $EJ = h$ sei, und deren Grundkreise die Radien $EG = a$ und $JL = b$ haben, ist

$= \text{dem Cylinder } MHH'M' - \text{dem abgestumpften Kegel } KFF'K'$

$= \pi r^2 h - \frac{1}{3}\pi h(DJ^2 + DJ.DE + DE^2)$

$= \pi r^2 h - \frac{1}{6}\pi h\{3DJ^2 + 3DE^2 - (DJ - DE)^2\}$; aber:

$DJ^2 = r^2 - b^2,\ DE^2 = r^2 - a^2,\ DJ - DE = h$, also:

9) die körperliche Kugelzone $= \frac{1}{6}\pi h(3a^2 + 3b^2 + h^2)$.

Nimmt man hiervon den Kegelstumpf

$$GLL'G' = \frac{1}{6}\pi h(2a^2 + 2ab + 2b^2)$$

fort, so erhält man den Inhalt (S) des Körpers, der durch **Rotation des Kreissegments** entsteht, das zur Sehne GL $(= s)$ gehört, nämlich $S = \frac{1}{6}\pi h\{(a-b)^2 + h^2\}$, d. h.

10) $S = \frac{1}{6}\pi h s^2$.

Die Formel 8) gilt auch für ein Segment, das größer als die Halbkugel ist, und auch die Formeln 9) und 10) haben allgemeine Gültigkeit. Für $s = h$, also für den ringförmigen Körper, der den Mantel eines einer Kugel vom Radius r eingeschriebenen Cylinders von der Höhe h umgiebt, wird $S = \frac{1}{6}\pi h^3$, also von r unabhängig und gleich einer Kugel vom Durchmesser h.

§ 230. Der Kugelsektor $GDG'C$ ist gleich dem Kugelsegment $GG'C$ + dem Kegel $GG'D$, also, wenn $EC = h$:

$$= \frac{1}{3}\pi h^2(3r - h) + \frac{1}{3}\pi a^2(r - h)$$
$$= \frac{1}{3}\pi h^2(3r - h) + \frac{1}{3}\pi(r - h)\{r^2 - (r - h)^2\},$$

wodurch man die (auch für $h > r$ gültige) Formel erhält:

11) Kugelsektor $= \frac{2}{3}\pi r^2 h$.

§ 231. Zerlegt man den Sektor in unendlich viele Pyramiden, die ihre Spitze in D und ihre unendlich kleinen Grundflächen in der Kalotte GCG' haben, so sieht man, daß der Inhalt

$\frac{2}{3}\pi r^2 h = \frac{1}{3} r$ mal der Oberfläche der Kalotte

ist; mithin ist:

12) die Fläche der Kalotte $= 2\pi r h$.

Bildet man den Unterschied zweier Kalotten, so ergiebt sich:

13) die Oberfläche der Kugelzone $= 2\pi r h$,

wenn h ihre Höhe, d. h. den Abstand der beiden parallelen Grenzebenen bedeutet. Für $h = r$ wird die Kalotte eine Halbkugel, also ist die Oberfläche der Halbkugel $= 2\pi r^2$ und folglich:

14) die Oberfläche der ganzen Kugel $= 4\pi r^2 = \frac{p^2}{\pi}$, wo p die Peripherie eines größten Kreises ist.

§ 232. Anmerkung. Die Formel 13) kann auch leicht dadurch hergeleitet werden, daß man die Zone durch Parallelebenen in unendlich schmale Zonen zerlegt und diese als die Mäntel abgestumpfter Kegel betrachtet.

§ 233. Ein von zwei größten Halbkreisen begrenzter Teil der Kugeloberfläche heißt ein Kugelzweieck. Bezeichnet H die Fläche der Halbkugel und α den Winkel des Zweiecks (d. h. den Winkel der Tangenten an die Halbkreise in dem einen ihrer Schnittpunkte, oder den Neigungswinkel der Ebenen dieser Halbkreise), so ist:

15) die Fläche des Kugelzweiecks $= \frac{\alpha}{\pi} H$.

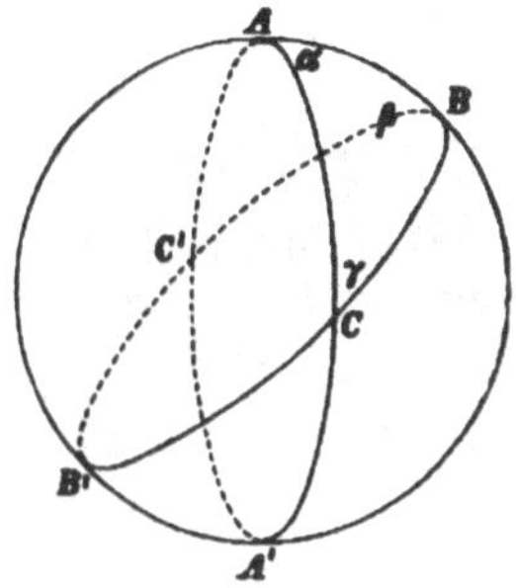

Es sei ABC ein Kugeldreieck, α, β, γ seine Winkel, $\triangle$ sein Flächeninhalt, so ist die Summe der drei Kugelzweiecke:

$$ABA'CA + BCB'AB + CAC'BC$$
$$= 2\triangle + H - A'B'C + ABC',$$

also mit Rücksicht auf 15), und weil die Scheiteldreiecke $A'B'C$ und ABC' gleichen Flächeninhalt haben:

$$16) \quad \triangle = \frac{\alpha+\beta+\gamma-\pi}{2\pi} H.$$

§ 233a. Aus der Oberfläche einer Kugel seien vier Stücke durch zwei Cylinderflächen herausgeschnitten, welche auf der Ebene des größten Kreises $ACBD$ senkrecht stehen und sie in den einander in M berührenden Kreisen von den Durchmessern AM und BM durchdringen. Es soll der übrigbleibende Teil der Kugelfläche berechnet werden.

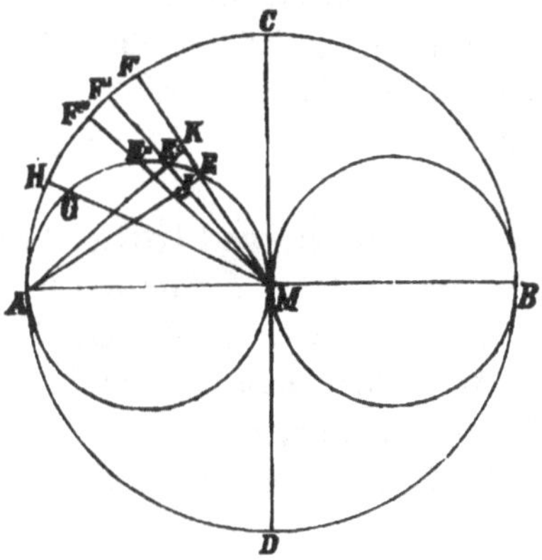

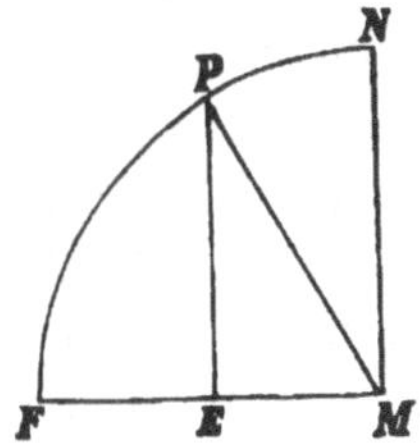

Die zweite Figur stellt den Durchschnitt des Kugeloktanten über ACM und des Halbcylinders über AEM mit einer auf AMC senkrechten Ebene dar. Da $\triangle PME \cong AME$, so ist $\angle EMP = EMA$, also Bogen $FP = AF$, wonach die Grenzkurve auf dem Oktanten leicht konstruiert werden kann, und ferner ergiebt sich, daß $PE = AE$ ist. Zunächst soll nun der Kugelflächenteil $PQHF$ bestimmt werden, welcher senkrecht über dem ebenen Flächenstück $EGHF$ liegt. Letzteres werde in die schließlich als unendlich schmal vorzustellenden Streifen $EE'F'F$, $E'E''F''F'$, ..., ersterer in die entsprechenden $PP'F'F$, $P'P''F''F'$, ...

zerlegt. Denkt man sich um M mit ME' einen Kreis beschrieben, der MF in K schneiden möge, und durch diesen eine gerade Cylinderfläche gelegt, so entsteht auf der oberen Halbkugel eine Zone von der Höhe $P'E'$, also dem Flächeninhalte $2\pi.r.P'E'$. Wenn also $\angle FMF'$ den Wert δ hat, so ist der über $KE'F'F$ liegende Teil der Zone $= \delta.r.P'E'$, also auch $= \delta.r.AE'$. Nimmt man δ unendlich klein, so darf auch die über $EE'F'F$ liegende sphärische Fläche $PP'F'F = \delta.r.AE'$ gesetzt werden. Da $\angle AEM = AE'M = \frac{1}{2}\pi$ und $\angle EAE' = EME' = \delta$ ist, so wird dann, wenn J den Schnittpunkt von AE und ME' bezeichnet, $\delta.AE' = E'J = ME' - MJ = ME' - ME$, folglich die unendlich schmale Fläche $PP'F'F = r(ME' - ME)$, und ebenso $P'P''F''F' = r(ME'' - ME')$, also die Summe beider $PP''F''F = r(ME'' - ME)$. Daher ist offenbar die endliche Fläche $PQHF = r(MG - ME)$. Läßt man E nach M und G nach A rücken, so erhält man $r(r - 0) = r^2$ als Inhalt der auf dem Kugeloktanten den Halbcylinder umgebenden Fläche. Die ganze zu berechnende Fläche ist also $= 8r^2$.

Uebrigens ist leicht einzusehen, daß jede der beiden von der Kugeloberfläche begrenzten Cylinderflächen den Inhalt $4r^2$ hat; denn da der Bogen $EE' = \delta.r$ ist, weil der zugehörige Centriwinkel $= 2\delta$ und der Radius $= \frac{1}{2}r$, so ist der cylindrische Flächenteil $EE'P'P = \delta.r.P'E'$, also $=$ dem sphärischen $PP'F'F$.

Schließlich möge nur diejenige Hälfte der Kugel betrachtet werden, welche aus den vier um MC herum liegenden Oktanten zusammengesetzt ist. Es entsteht dann ein halbkugelförmiges Gewölbe, von vier Fenstern rings um die Basis so durchbrochen, daß der übrigbleibende Teil der sphärischen Oberfläche geometrisch quadrierbar (und zwar dem Quadrat des Durchmessers gleich) ist. (Florentiner Problem.)

§ 234. Guldinsche Regel.

1) Der Inhalt einer Rotationsfläche (d. h. einer Fläche, die durch Rotation einer Linie um eine derselben Ebene angehörige sie nicht durchschneidende Achse entsteht) ist gleich dem Produkt der erzeugenden Linie und des Weges, den ihr Schwerpunkt beschreibt.

2) Der Rauminhalt eines Rotationskörpers (d. h. eines Körpers, der durch Rotation einer ebenen Fläche um eine derselben Ebene angehörige sie nicht schneidende Achse entsteht) ist gleich dem Produkt der erzeugenden Fläche und des Weges, den ihr Schwerpunkt beschreibt.

Beweis. Aus den Elementen der Mechanik sind folgende Sätze bekannt:

a) Der Schwerpunkt einer (gleichförmig dichten) geraden Linie ist der Halbierungspunkt derselben.

b) Der Schwerpunkt eines (gleichförmig mit Masse belegten) Dreiecks ist der Schnittpunkt seiner Mittellinien.

c) Ist eine Linie (oder Fläche) aus den Teilen $m, m', m'', \ldots$ zusammengesetzt, sind ferner $x, x', x'', \ldots$ die Entfernungen der Schwerpunkte der Teile und s die Entfernung des Schwerpunktes der ganzen Linie (oder Fläche) von einer in derselben Ebene liegenden Achse, so ist:

$$s = \frac{mx + m'x' + m''x'' + \cdots}{m + m' + m'' + \cdots}.$$

1) Wenn eine einzelne Strecke m um eine von ihren Endpunkten um r und ϱ entfernte Achse sich dreht, so ist die erzeugte Fläche der Mantel eines abgestumpften Kegels und ihr Inhalt $= \pi m(r + \varrho)$. Der Schwerpunkt von m ist von der Achse um $x = \frac{1}{2}(r + \varrho)$ entfernt; also ist der Inhalt der Fläche $= m.2\pi x$.

Rotiert also eine aus $m, m', m'', \ldots$ zusammengesetzte gebrochene (oder, im Grenzfalle, krumme) Linie um eine Achse, so ist die erzeugte Fläche $f = m.2\pi x + m'.2\pi x' + m''.2\pi x'' + \cdots = 2\pi(mx + m'x' + m''x'' + \cdots)$, also nach c) $f = 2\pi s(m + m' + m'' + \cdots)$, oder wenn l die ganze Länge $m + m' + m'' + \cdots$ der erzeugenden Linie bezeichnet, $f = l.2\pi s$.

2) Zunächst werde ein Dreieck ABC betrachtet, das um die auf der Verlängerung der Seite AB senkrechte Achse RR' sich dreht. Sind die Abstände AD, BD, CE gleich a, b, c, und die Strecke $DE = h$, so ist das Volumen des Rotationskörpers nach § 224, 5)
$= \frac{1}{3}\pi h(a^2 + ac + c^2) - \frac{1}{3}\pi h(b^2 + bc + c^2)$
$= \frac{1}{3}\pi h(a - b)(a + b + c) = \frac{2}{3}\pi \triangle (a + b + c)$,
wenn $\triangle$ der Inhalt des Dreiecks ABC ist.

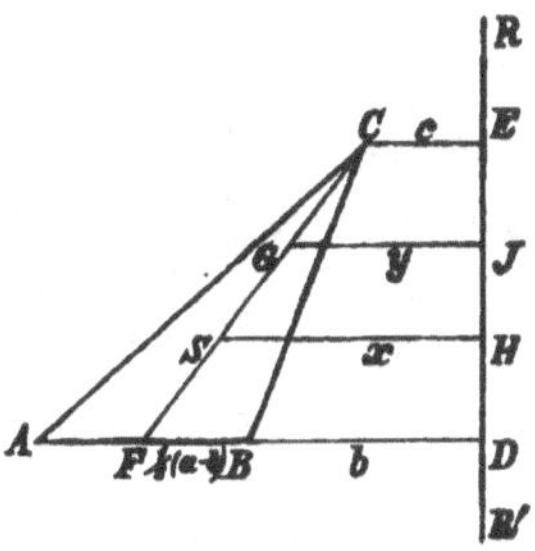

Der Schwerpunkt des Dreiecks sei S, CS werde in G halbiert, die auf RR' gefällten Lote SH und GJ seien gleich x und y. Dann ist (§ 46) $2x = \frac{1}{2}(a + b) + y$ und $2y = x + c$, und man erhält, wenn man die zweite Gleichung zu der mit 2 multiplizierten ersten addiert, $3x = a + b + c$. Der Inhalt des Körpers ist also $= \triangle.2\pi x$.

Jetzt werde ein beliebiges Polygon betrachtet, das um RR' rotiert.

Zieht man in seiner Fläche durch seine Ecken gerade Linien, deren Verlängerungen RR' rechtwinklig schneiden, und in jedem der so entstehenden Paralleltrapeze eine Diagonale, so ist das Polygon in Dreiecke zerlegt, und in jedem dieser Dreiecke ($\triangle$, $\triangle'$, ...) steht eine Seite auf RR' senkrecht. Es ist also das Volumen v des durch Rotation des Polygons entstehenden Körpers $= \triangle . 2\pi x + \triangle' . 2\pi x' + \cdots = 2\pi(\triangle x + \triangle' x' + \cdots)$, also nach c) $= 2\pi s(\triangle + \triangle' + \cdots)$, wenn s den Abstand des Schwerpunktes des Polygons von RR' bezeichnet. Nennt man noch F den Flächeninhalt des Polygons, so erhält man für das Volumen des Rotationskörpers die Formel $v = F . 2\pi s$, und diese bleibt auch dann noch gültig, wenn die rotierende Fläche statt von einer gebrochenen von einer krummen Linie begrenzt wird.

Beispiel. Der Rauminhalt des ringförmigen Körpers, der durch Rotation eines Kreises vom Radius a um eine in seiner Ebene gelegene, vom Mittelpunkte um die Strecke b entfernte Achse entsteht, ist $= 2\pi^2 a^2 b$, und die Oberfläche dieses Körpers ist $= 4\pi^2 ab$.

Fünfter Abschnitt.

Sphärische Trigonometrie.

§ 235. Eine dreiseitige konvexe Ecke habe ihren Scheitel M im Mittelpunkte einer Kugel vom Halbmesser 1, so daß:

$$MA = MB = MC = 1,$$

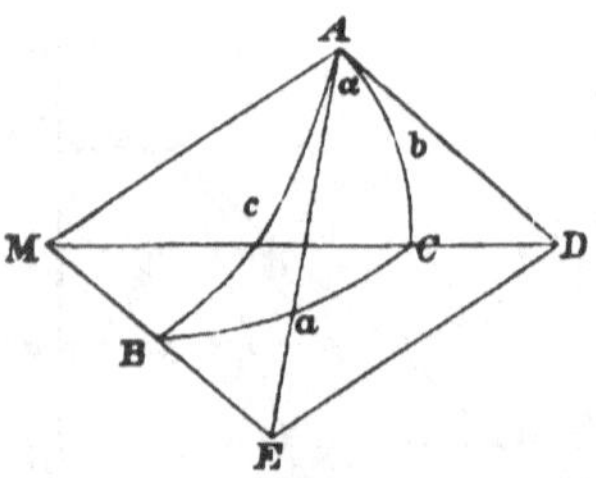

und es werde bezeichnet:

$$\text{arc } BC = a, \quad \text{arc } CA = b,$$
$$\text{arc } AB = c.$$
$$\angle A = \alpha, \quad \angle B = \beta, \quad \angle C = \gamma.$$

Errichtet man in den Ebenen AMC und AMB auf dem Radius MA die Lote AD und AE, so ist $\angle EAD = \alpha$,

$$AD = \operatorname{tg} b, \quad MD = \sec b, \quad AE = \operatorname{tg} c, \quad ME = \sec c.$$

Aus den Dreiecken MDE und ADE ergiebt sich:

$$DE^2 = \sec b^2 + \sec c^2 - 2 \sec b \sec c \cos \alpha,$$
$$DE^2 = \operatorname{tg} b^2 + \operatorname{tg} c^2 - 2 \operatorname{tg} b \operatorname{tg} c \cos \alpha.$$

Hieraus folgt durch Subtraktion:

$$0 = 1 + 1 + 2(\operatorname{tg} b \operatorname{tg} c \cos \alpha - \sec b \sec c \cos a).$$

$$1) \quad \cos a = \cos b \cos c + \sin b \sin c \cos \alpha.$$

Die für diese Formel gegebene Ableitung setzt voraus, daß b und c beide spitz sind; denn nur in diesem Falle liegen D und E auf den Verlängerungen von MC und MB über C und B hinaus. Ist $b > \frac{1}{2}\pi$, $c < \frac{1}{2}\pi$, so denke man sich die Bogen CA und CB bis zum zweiten Durchschnittspunkte C' verlängert; dann ist die Formel 1) auf das Dreieck ABC' anwendbar und ergiebt:

$$\cos BC' = \cos AC' \cos AB + \sin AC' \sin AB \cos BAC',$$

das heißt:

$$\cos(\pi - a) = \cos(\pi - b)\cos c + \sin(\pi - b)\sin c \cos(\pi - \alpha)$$

oder:

$$-\cos a = -\cos b \cos c - \sin b \sin c \cos \alpha.$$

Sind b und c beide stumpf, also $\pi - b$ und $\pi - c$ beide spitz, so erhält man aus dem Dreieck BCA', durch welches BCA zu einem Kugelzweieck ergänzt wird:

$$\cos a = \cos(\pi - b)\cos(\pi - c) + \sin(\pi - b)\sin(\pi - c)\cos \alpha;$$

also wiederum $\cos a = \cos b \cos c + \sin b \sin c \cos \alpha$. Die Formel 1) gilt demnach für beliebige spitze oder stumpfe b und c, auch für solche, die dem Werte $\frac{1}{2}\pi$ beliebig nahe kommen, also offenbar auch dann, wenn b oder c oder beide $= \frac{1}{2}\pi$.

Ersetzt man in 1) $\cos \alpha$ durch $2\cos\frac{1}{2}\alpha^2 - 1$, bezw. $1 - 2\sin\frac{1}{2}\alpha^2$, so folgt:

$$\cos a = \cos(b + c) + 2\sin b \sin c \cos\tfrac{1}{2}\alpha^2,$$
$$\cos a = \cos(b - c) - 2\sin b \sin c \sin\tfrac{1}{2}\alpha^2;$$

also:

$$\cos\tfrac{1}{2}\alpha = \sqrt{\frac{\cos a - \cos(b + c)}{2\sin b \sin c}} = \sqrt{\frac{\sin\frac{1}{2}(a + b + c)\sin\frac{1}{2}(b + c - a)}{\sin b \sin c}},$$

$$\sin\tfrac{1}{2}\alpha = \sqrt{\frac{\cos(b - c) - \cos a}{2\sin b \sin c}} = \sqrt{\frac{\sin\frac{1}{2}(a - b + c)\sin\frac{1}{2}(a + b - c)}{\sin b \sin c}},$$

folglich für $a + b + c = 2s$:

$$2)\qquad \cos\tfrac{1}{2}\alpha = \sqrt{\frac{\sin s \sin(s - a)}{\sin b \sin c}},$$

$$3)\qquad \sin\tfrac{1}{2}\alpha = \sqrt{\frac{\sin(s - b)\sin(s - c)}{\sin b \sin c}}.$$

Da die dreiseitige Ecke als konvex (§ 205) vorausgesetzt wurde, so sind die Wurzeln positiv zu nehmen. Auch die unter den Wurzelzeichen enthaltenen Sinus sind sämtlich positive Größen. (§ 208, 1) und § 207.)

Dividiert man 3) durch 2), so erhält man:

$$\operatorname{tg}\tfrac{1}{2}\alpha = \sqrt{\frac{\sin(s-b)\sin(s-c)}{\sin s \sin(s-a)}}.$$

Man benutzt diese Formel und die entsprechenden für $\operatorname{tg}\frac{1}{2}\beta$ und $\operatorname{tg}\frac{1}{2}\gamma$, um aus den drei Seiten eines sphärischen Dreiecks die drei Winkel zu berechnen.

§ 236. Nach 2) und 3) gelten die sechs Gleichungen:

$$\cos\tfrac{1}{2}\alpha = \sqrt{\frac{\sin s \sin(s-a)}{\sin b \sin c}}, \quad \sin\tfrac{1}{2}\alpha = \sqrt{\frac{\sin(s-b)\sin(s-c)}{\sin b \sin c}},$$

$$\cos\tfrac{1}{2}\beta = \sqrt{\frac{\sin s \sin(s-b)}{\sin a \sin c}}, \quad \sin\tfrac{1}{2}\beta = \sqrt{\frac{\sin(s-a)\sin(s-c)}{\sin a \sin c}},$$

$$\cos\tfrac{1}{2}\gamma = \sqrt{\frac{\sin s \sin(s-c)}{\sin a \sin b}}, \quad \sin\tfrac{1}{2}\gamma = \sqrt{\frac{\sin(s-a)\sin(s-b)}{\sin a \sin b}}.$$

Man erhält nun sofort:

$$\cos\tfrac{1}{2}\alpha\cos\tfrac{1}{2}\beta = \frac{\sin s}{\sin c}\sin\tfrac{1}{2}\gamma,$$

$$\sin\tfrac{1}{2}\alpha\sin\tfrac{1}{2}\beta = \frac{\sin(s-c)}{\sin c}\sin\tfrac{1}{2}\gamma,$$

$$\sin\tfrac{1}{2}\alpha\cos\tfrac{1}{2}\beta = \frac{\sin(s-b)}{\sin c}\cos\tfrac{1}{2}\gamma,$$

$$\cos\tfrac{1}{2}\alpha\sin\tfrac{1}{2}\beta = \frac{\sin(s-a)}{\sin c}\cos\tfrac{1}{2}\gamma,$$

und hieraus:

$$\cos\tfrac{1}{2}(\alpha+\beta) = \frac{\sin s - \sin(s-c)}{\sin c}\sin\tfrac{1}{2}\gamma = \frac{\cos\frac{1}{2}(a+b)}{\cos\frac{1}{2}c}\sin\tfrac{1}{2}\gamma,$$

$$\cos\tfrac{1}{2}(\alpha-\beta) = \frac{\sin s + \sin(s-c)}{\sin c}\sin\tfrac{1}{2}\gamma = \frac{\sin\frac{1}{2}(a+b)}{\sin\frac{1}{2}c}\sin\tfrac{1}{2}\gamma,$$

$$\sin\tfrac{1}{2}(\alpha+\beta) = \frac{\sin(s-b)+\sin(s-a)}{\sin c}\cos\tfrac{1}{2}\gamma = \frac{\cos\frac{1}{2}(a-b)}{\cos\frac{1}{2}c}\cos\tfrac{1}{2}\gamma,$$

$$\sin\tfrac{1}{2}(\alpha-\beta) = \frac{\sin(s-b)-\sin(s-a)}{\sin c}\cos\tfrac{1}{2}\gamma = \frac{\sin\frac{1}{2}(a-b)}{\sin\frac{1}{2}c}\cos\tfrac{1}{2}\gamma.$$

Die gewonnenen Formeln sind die Gaußischen und können in folgender Form geschrieben werden:

$$4)\quad \frac{\cos\frac{1}{2}(a+b)}{\cos\frac{1}{2}c}=\frac{\cos\frac{1}{2}(\alpha+\beta)}{\sin\frac{1}{2}\gamma}.$$

$$5)\quad \frac{\cos\frac{1}{2}(a-b)}{\cos\frac{1}{2}c}=\frac{\sin\frac{1}{2}(\alpha+\beta)}{\cos\frac{1}{2}\gamma}.$$

$$6)\quad \frac{\sin\frac{1}{2}(a+b)}{\sin\frac{1}{2}c}=\frac{\cos\frac{1}{2}(\alpha-\beta)}{\sin\frac{1}{2}\gamma}.$$

$$7)\quad \frac{\sin\frac{1}{2}(a-b)}{\sin\frac{1}{2}c}=\frac{\sin\frac{1}{2}(\alpha-\beta)}{\cos\frac{1}{2}\gamma}.$$

Wenn man die erste derselben kennt, so erhält man die übrigen drei, indem man auf der einen Seite das Zeichen + in — verwandelt und auf der anderen die Zeichen cos und sin mit einander vertauscht.

Die aus 4) bis 7) durch Division sich ergebenden Gleichungen

$$\frac{\operatorname{tg}\frac{1}{2}(\alpha+\beta)}{\cot\frac{1}{2}\gamma}=\frac{\cos\frac{1}{2}(a-b)}{\cos\frac{1}{2}(a+b)},\qquad \frac{\operatorname{tg}\frac{1}{2}(a+b)}{\operatorname{tg}\frac{1}{2}c}=\frac{\cos\frac{1}{2}(\alpha-\beta)}{\cos\frac{1}{2}(\alpha+\beta)},$$

$$\frac{\operatorname{tg}\frac{1}{2}(\alpha-\beta)}{\cot\frac{1}{2}\gamma}=\frac{\sin\frac{1}{2}(a-b)}{\sin\frac{1}{2}(a+b)},\qquad \frac{\operatorname{tg}\frac{1}{2}(a-b)}{\operatorname{tg}\frac{1}{2}c}=\frac{\sin\frac{1}{2}(\alpha-\beta)}{\sin\frac{1}{2}(\alpha+\beta)}$$

sind die Neperschen Analogien.

Die Gaußischen Formeln, oder auch die Neperschen Analogien, können angewandt werden, um aus zwei Seiten und dem eingeschlossenen Winkel (a, b, γ) oder aus zwei Winkeln und der anliegenden Seite (α, β, c) die übrigen Stücke zu berechnen.

§ 236a. Dividiert man das doppelte Produkt von 2) und 3) durch $\sin\alpha$, so wird:

$$\frac{\sin\alpha}{\sin a}=\frac{2\sqrt{\sin s\sin(s-a)\sin(s-b)\sin(s-c)}}{\sin a\sin b\sin c},$$

also:

$$8)\quad \frac{\sin\alpha}{\sin a}=\frac{\sin\beta}{\sin b}=\frac{\sin\gamma}{\sin c}.$$

Hiernach kann man β aus a, b, α, sowie auch b aus α, β, a berechnen und die dann noch fehlenden Stücke c und γ durch die Neperschen Analogien finden. Im allgemeinen ist das Dreieck durch die drei Stücke a, b, α (bezw. α, β, a) nicht eindeutig bestimmt. Man beachte, daß nach 7) die Differenzen $a-b$ und $\alpha-\beta$ einerlei Zeichen haben müssen, und daß nach 4) die Summen $a+b$ und $\alpha+\beta$ entweder beide $<180^\circ$ oder beide $=180^\circ$ oder beide $>180^\circ$ sind.

§ 237. Die Gaußischen Formeln gehen in einander über, wenn man setzt:

$$a+\alpha'=\pi,\quad \alpha+a'=\pi,$$
$$b+\beta'=\pi,\quad \beta+b'=\pi,$$
$$c+\gamma'=\pi,\quad \gamma+c'=\pi.$$

Daher lassen sich diese Substitutionen in allen Formeln vornehmen. Dasselbe geht auch aus den Eigenschaften der Polarecken hervor. Aus 1), 2) und 3) erhält man auf diese Weise, wenn man die Accente fortläßt und $\alpha+\beta+\gamma=2\sigma$ setzt:

$$9)\quad \cos\alpha=-\cos\beta\cos\gamma+\sin\beta\sin\gamma\cos a.$$

$$10)\quad \sin\tfrac{1}{2}a=\sqrt{\frac{-\cos\sigma\cos(\sigma-\alpha)}{\sin\beta\sin\gamma}}.$$

$$11)\quad \cos\tfrac{1}{2}a=\sqrt{\frac{\cos(\sigma-\beta)\cos(\sigma-\gamma)}{\sin\beta\sin\gamma}}.$$

Hieraus folgt noch

$$\cot\tfrac{1}{2}a=\sqrt{\frac{\cos(\sigma-\beta)\cos(\sigma-\gamma)}{\cos(\pi-\sigma)\cos(\sigma-\alpha)}},$$

welche Formel, nebst den für $\cot\frac{1}{2}b$ und $\cot\frac{1}{2}c$ geltenden, zur Berechnung der drei Seiten aus den drei Winkeln benutzt wird.

§ 238. Nach 1) ist:

$$\cos a=\cos b\cos c+\sin b\sin c\cos\alpha,$$
$$\cos b=\cos a\cos c+\sin a\sin c\cos\beta.$$

Um hieraus eine Formel für vier aufeinanderfolgende Stücke a, β, c, α zu erhalten, multipliziere man die zweite Gleichung mit $\cos c$ und addiere sie zur ersten, so wird:

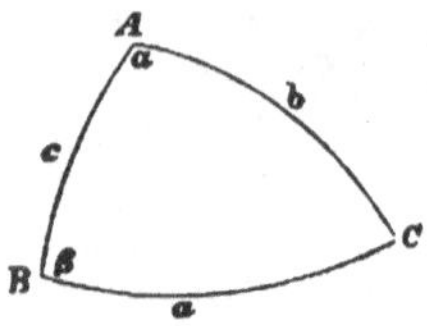

$$\cos a=\cos a\cos c^2+\sin b\sin c\cos\alpha$$
$$+\sin a\sin c\cos c\cos\beta,$$

oder wenn man durch $\sin c$ dividiert:

$$\cos a\sin c=\sin b\cos\alpha+\sin a\cos c\cos\beta,$$

oder, da $\sin b=\dfrac{\sin a}{\sin\alpha}\sin\beta$ ist,

$$\cos a\sin c=\sin a\cot\alpha\sin\beta+\sin a\cos c\cos\beta.$$

$$12)\quad \cot a\sin c=\cot\alpha\sin\beta+\cos c\cos\beta.$$

§ 239. Hülfsformeln.

Um β aus a, c, α zu berechnen, setze man:

$$\cot\alpha=r\cos\varphi,\quad \cos c=r\sin\varphi;$$

dann ist:

$$\operatorname{tg}\varphi = \cos c \operatorname{tg}\alpha, \quad r = \frac{\cos c}{\sin\varphi},$$

und es wird:

$$\cot a \sin c = r(\sin\beta\cos\varphi + \cos\beta\sin\varphi) = \frac{\cos c \sin(\beta+\varphi)}{\sin\varphi},$$

$$\sin(\beta+\varphi) = \cot a \operatorname{tg} c \sin\varphi.$$

Zur Berechnung von a hat man unter Beibehaltung desselben Hülfswinkels φ die Formel:

$$\operatorname{tg} a = \frac{\operatorname{tg} c \sin\varphi}{\sin(\beta+\varphi)}.$$

Auch α und c werden durch ähnliche Formeln berechnet.

Rechtwinklige Dreiecke.

§ 240. Für $\alpha = \frac{1}{2}\pi$ ergiebt sich aus 1) und 8):

(I.) $\cos a = \cos b \cos c.$

(II.) $\sin b = \sin a \sin\beta.$

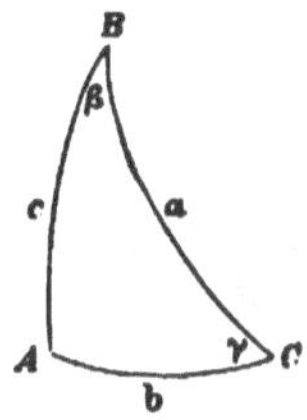

Aus 9) folgt für $\alpha = \frac{1}{2}\pi$:

(III.) $\cos a = \cot\beta \cot\gamma,$

und für $\beta = \frac{1}{2}\pi$:

$$\cos\alpha = \sin\gamma \cos a,$$

oder wenn α in β, also a in b verwandelt wird:

(IV.) $\cos\beta = \sin\gamma \cos b.$

Aus 12) erhält man für $\alpha = \frac{1}{2}\pi$:

(V.) $\cos\beta = \cot a \operatorname{tg} c,$

und für $\beta = \frac{1}{2}\pi$:

$$\sin c = \cot\alpha \operatorname{tg} a,$$

oder, wenn man a mit b und in der gewonnenen Formel b mit c vertauscht:

(VI.) $\sin b = \cot\gamma \operatorname{tg} c.$

Man hat also:

1) $\cos a = \sin(\frac{1}{2}\pi - b)\sin(\frac{1}{2}\pi - c) = \cot\beta\cot\gamma.$

2) $\cos(\frac{1}{2}\pi - b) = \sin a \sin\beta = \cot\gamma\cot(\frac{1}{2}\pi - c).$

3) $\cos\beta = \sin\gamma\sin(\frac{1}{2}\pi - b) = \cot a \cot(\frac{1}{2}\pi - c).$

Also ist in jedem rechtwinkligen Kugeldreieck der Cosinus eines jeden Stückes gleich dem Produkte der Sinus der abgesonderten und gleich dem Produkte der Cotangenten der anliegenden Stücke, wenn man den rechten Winkel nicht mitzählt und statt der Katheten ihre Komplemente setzt. (Nepersche Regel.)

Formeln für den Inhalt sphärischer Dreiecke.

§ 241. Durch Subtraktion und Addition der Gaußischen Formeln 4) und 5) folgt sehr leicht:

$$-\frac{\sin\frac{1}{2}a\sin\frac{1}{2}b}{\cos\frac{1}{2}c}=\frac{\cos\frac{1}{2}(\alpha+\beta+\gamma)}{\sin\gamma};\quad \frac{\cos\frac{1}{2}a\cos\frac{1}{2}b}{\cos\frac{1}{2}c}=\frac{\cos\frac{1}{2}(\alpha+\beta-\gamma)}{\sin\gamma}.$$

Für den Inhalt $\triangle=\alpha+\beta+\gamma-\pi$ des sphärischen Dreiecks erhält man daher:

$$\sin\tfrac{1}{2}\triangle=\frac{\sin\frac{1}{2}a\sin\frac{1}{2}b\sin\gamma}{\cos\frac{1}{2}c};\quad -\sin(\tfrac{1}{2}\triangle-\gamma)=\frac{\cos\frac{1}{2}a\cos\frac{1}{2}b\sin\gamma}{\cos\frac{1}{2}c},$$

also, wenn man die letzte dieser beiden Gleichungen durch die erste dividiert:

$$\cot\tfrac{1}{2}\triangle=\frac{\cot\frac{1}{2}a\cot\frac{1}{2}b+\cos\gamma}{\sin\gamma};$$

und für das rechtwinklige Dreieck:

$$\mathrm{tg}\tfrac{1}{2}\triangle=\mathrm{tg}\tfrac{1}{2}a\,\mathrm{tg}\tfrac{1}{2}b.$$

Schreibt man die Gleichungen 4) und 5) in der Form

$$\frac{\cos\frac{1}{2}(a+b)}{\cos\frac{1}{2}c}=-\frac{\sin(\frac{1}{2}\triangle-\frac{1}{2}\gamma)}{\sin\frac{1}{2}\gamma};\quad \frac{\cos\frac{1}{2}(a-b)}{\cos\frac{1}{2}c}=\frac{\cos(\frac{1}{2}\triangle-\frac{1}{2}\gamma)}{\cos\frac{1}{2}\gamma}$$

und subtrahiert bei beiden auf jeder Seite 1, so folgt:

$$\frac{\sin\frac{1}{2}s\sin\frac{1}{2}(s-c)}{\cos\frac{1}{2}c}=\frac{\sin\frac{1}{4}\triangle\cos(\frac{1}{4}\triangle-\frac{1}{2}\gamma)}{\sin\frac{1}{2}\gamma},$$

$$\frac{\sin\frac{1}{2}(s-a)\sin\frac{1}{2}(s-b)}{\cos\frac{1}{2}c}=-\frac{\sin\frac{1}{4}\triangle\sin(\frac{1}{4}\triangle-\frac{1}{2}\gamma)}{\cos\frac{1}{2}\gamma},$$

und hieraus durch Multiplikation:

$$\sin\tfrac{1}{4}\triangle=\sqrt{\frac{\sin\frac{1}{2}s\sin\frac{1}{2}(s-a)\sin\frac{1}{2}(s-b)\sin\frac{1}{2}(s-c)}{\cos\frac{1}{2}a\cos\frac{1}{2}b\cos\frac{1}{2}c}}.$$

Addiert man dagegen in jenen Gleichungen auf beiden Seiten 1, so findet man:

$$\cos\tfrac{1}{4}\triangle=\sqrt{\frac{\cos\frac{1}{2}s\cos\frac{1}{2}(s-a)\cos\frac{1}{2}(s-b)\cos\frac{1}{2}(s-c)}{\cos\frac{1}{2}a\cos\frac{1}{2}b\cos\frac{1}{2}c}}.$$

Daher ist:

$$\mathrm{tg}\tfrac{1}{4}\triangle=\sqrt{\mathrm{tg}\tfrac{1}{2}s\,\mathrm{tg}\tfrac{1}{2}(s-a)\,\mathrm{tg}\tfrac{1}{2}(s-b)\,\mathrm{tg}\tfrac{1}{2}(s-c)}.$$

§ 242. **Aufgabe.**

An zwei Orten A und B (z. B. Aachen und Berlin), deren geographische Breiten ($AA_1=\varphi$, $BB_1=\psi$) und Längen ($QA_1=\lambda$, $QB_1=\mu$) bekannt sind, seien zu einer und derselben Zeit die Azimute α_1 und β_1 des Mondes M und in B auch noch die Zenithdistanz z

des Mondes ($=\angle MBB'$) gemessen. Aus diesen sieben Größen (φ, ψ, λ, μ, α_1, β_1, z) soll die Entfernung des Mondmittelpunktes M vom Erdmittelpunkte O berechnet werden. Der Erdradius wird als Längeneinheit genommen.

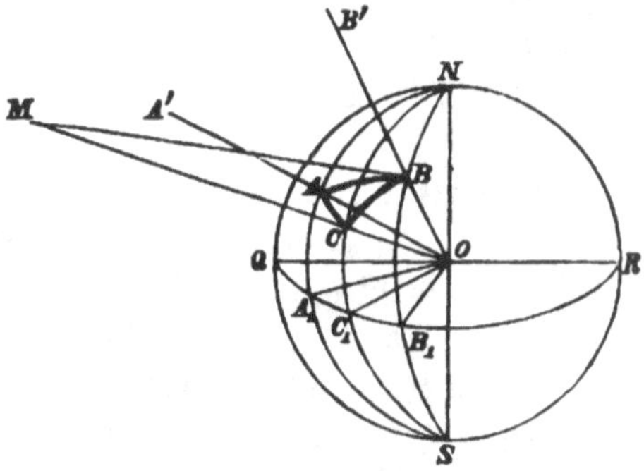

Man verbinde die Punkte A und B und den Punkt C, in welchem MO die Erdoberfläche schneidet, durch Bogen größter Kreise. Es ist dann:

$\angle A_1AC = \alpha_1$, $B_1BC = \beta_1$. Ferner sei:

$\angle BAC = \alpha$, $ABC = \beta$; $AB = c$, $AC = b$, $BC = a$,

$\angle BAN = \alpha'$, $ABN = \beta'$, $ANB = \nu$; $AN = b'$, $BN = a'$.

In der Figur liegt C östlich von A und westlich von B, und es wird das Azimut α_1 nach Ost, β_1 nach West gezählt.

Zunächst berechnet man aus dem Dreieck ANB die Seite c und die Winkel β' und α' durch die Gaußischen Formeln (§ 236; 7, 6, 5, 4):

$$\sin\tfrac{1}{2}c\sin\tfrac{1}{2}(\beta'-\alpha') = \sin\tfrac{1}{2}(b'-a')\cos\tfrac{1}{2}\nu$$
$$\sin\tfrac{1}{2}c\cos\tfrac{1}{2}(\beta'-\alpha') = \sin\tfrac{1}{2}(b'+a')\sin\tfrac{1}{2}\nu$$
$$\cos\tfrac{1}{2}c\sin\tfrac{1}{2}(\beta'+\alpha') = \cos\tfrac{1}{2}(b'-a')\cos\tfrac{1}{2}\nu$$
$$\cos\tfrac{1}{2}c\cos\tfrac{1}{2}(\beta'+\alpha') = \cos\tfrac{1}{2}(b'+a')\sin\tfrac{1}{2}\nu.$$

Darauf bestimmt man im Dreieck ABC, worin jetzt c, $\alpha = 180^\circ - \alpha' - \alpha_1$, $\beta = 180^\circ - \beta' - \beta_1$ bekannt sind, die Seite a nach § 239 durch die Gleichungen:

$$\operatorname{tg}\vartheta = \cos c \operatorname{tg}\alpha, \quad \operatorname{tg}a = \frac{\operatorname{tg}c\sin\vartheta}{\sin(\beta+\vartheta)}.$$

Schließlich erhält man die gesuchte Entfernung MO ($=x$) aus dem Dreieck MBO, worin man jetzt $BO = 1$, $\angle MBO = 180^\circ - z$ und $\angle BMO = MBB' - BOM = z - a$ kennt, durch den Sinussatz:

$$x = \frac{\sin z}{\sin(z-a)}.$$

Das folgende Beispiel, worin statt des Mondes ein willkürlich gewählter Punkt M außerhalb der Erde gesetzt ist, zeigt, wie die Rechnung auszuführen ist. — Gegeben:

	Aachen.	Berlin.
Breite:	$\varphi = 50°46',5$	$\psi = 52°30',3$
Länge:	$\lambda = 23°44',2$	$\mu = 31°\ 3',5$
Azimut:	$\alpha_1 = 40°\ 3',5$ östl.	$\beta_1 = 59°58',2$ westl.
Zenithdistanz:	—	$z = 5°\ 6',2$.

Im Dreieck ANB ist $b' = 90° - \varphi = 39°13',5$; $a' = 90° - \psi = 37°29',7$; $\nu = \mu - \lambda = 7°19',3$; folglich:

$\frac{1}{2}(b'-a') = 0°51',9$; $\frac{1}{2}(b'+a') = 38°21',6$; $\frac{1}{2}\nu = 3°39',65$.

1)	$\log\sin\frac{1}{2}(b'-a') = 8,17888$	$\log tg\frac{1}{2}(\beta'-\alpha') = 9,58001$
2)	$\log\cos\frac{1}{2}(b'-a') = 9,99995$	$\log tg\frac{1}{2}(\beta'+\alpha') = 1,29951$
3)	$\log\sin\frac{1}{2}(b'+a') = 9,79282$	$\frac{1}{2}(\beta'-\alpha') = 20°49',00$
4)	$\log\cos\frac{1}{2}(b'+a') = 9,89439$	$\frac{1}{2}(\beta'+\alpha') = 87°\ 7',65$
5)	$\log\sin\frac{1}{2}\nu = 8,80516$	$\beta' = 107°56',65$
6)	$\log\cos\frac{1}{2}\nu = 9,99911$	$\alpha' = 66°18',65$

$\log\sin\frac{1}{2}c\sin\frac{1}{2}(\beta'-\alpha') = 8,17799$ $\qquad$ $\log\sin\frac{1}{2}(\beta'-\alpha') = 9,55069$

$\log\sin\frac{1}{2}c\cos\frac{1}{2}(\beta'-\alpha') = 8,59798$ $\qquad$ $\log\sin\frac{1}{2}c = 8,62730$

$\log\cos\frac{1}{2}c\sin\frac{1}{2}(\beta'+\alpha') = 9,99906$ $\qquad$ $\frac{1}{2}c = 2°25',78$

$\log\cos\frac{1}{2}c\cos\frac{1}{2}(\beta'+\alpha') = 8,69955$ $\qquad$ $c = 4°51',56$.

(Die vier letzten Gleichungen links sind durch Addition von 1) und 6), 3) und 5), 2) und 6), 4) und 5) entstanden.)

Im Dreieck ABC ist jetzt $c = 4°51',56$

$$\alpha = 180° - 66°18',65 - 40°\ 3',5 = 73°37',85$$
$$\beta = 180° - 107°56',65 - 59°58',2 = 12°\ 5',15$$
$$tg\,\vartheta = \cos c\,ctg\,\alpha;\quad tg\,a = tg\,c\sin\vartheta : \sin(\beta+\vartheta).$$

$\log\cos c = 9,99843$	$\log tg\,c = 8,92950$
$\log tg\,\alpha = 10,53205$	$\log\sin\vartheta = 9,98190$
$\log tg\,\vartheta = 10,53048$	$\log tg\,c\sin\vartheta = 8,91140$
$\vartheta = 73°34',49$	$\log\sin(\beta+\vartheta) = 9,99876$
$\beta+\vartheta = 85°39',64$	$\log tg\,a = 8,91264.$

Also ist jetzt im Dreieck MBO: $a = 4°40',51$; demnach

$$z - a = 5°6',2 - 4°40',51 = 0°25',69;$$
$$\log\sin z = 8,94915$$
$$\log\sin(z-a) = 7,87349$$
$$\log x = 1,07566$$
$$MO = x = 11,903 \text{ (Erdradien).}$$

Über den Koordinatenbegriff und einige Grundlehren von den Kegelschnitten.

I. Bestimmung der Lage von Punkten in einer Ebene.

§ 1. Die Lage eines Punktes auf einer Geraden kann dadurch in bestimmter Weise bezeichnet werden, daß man seine Entfernung von einem festen Punkte O der Geraden angiebt und hinzufügt, auf welchem der beiden in O begrenzten Teile der Geraden er liegt. Beide Angaben lassen sich durch eine einzige ersetzen, wenn man Strecken, die auf der Geraden in einer der beiden Richtungen (z. B. OX) gemessen werden, als positiv, und Strecken, die in der entgegengesetzten Richtung (OX') gemessen werden, als negativ betrachtet. Unter der **Abscisse** eines Punktes P der Geraden versteht man seinen Abstand vom festen Punkte O, dem **Anfangspunkte**, positiv genommen, wenn P auf OX (in der Figur rechts von O), negativ, wenn P auf OX' (in der Figur links von O) liegt. Bezeichnet man also durch x die Abscisse irgend eines Punktes und durch a ihre absolute (d. h. ohne Vorzeichen genommene) Länge, so liegt der Punkt, dessen Abscisse $x = +a$ ist, rechts von O in der Entfernung a, und der Punkt, dessen Abscisse $x = -a$ ist, links von O in der Entfernung a.

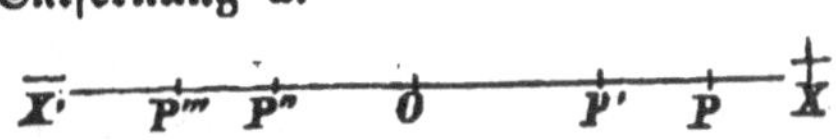

Man pflegt die Abscisse des Punktes, der um eine Längeneinheit rechts von O liegt, kurz durch $+1$ zu bezeichnen und dem entsprechend die Abscissen sämtlicher Punkte durch ihre mit dem erforderlichen Vorzeichen versehenen Maßzahlen zu ersetzen. Dadurch wird es möglich, mit den Abscissen beliebige Rechenoperationen nach den für algebraische Zahlen geltenden Gesetzen vorzunehmen.

§ 2. Die positiv genommene Entfernung zweier Punkte voneinander ist gleich der Differenz der algebraisch größeren und der algebraisch kleineren Abscisse.

Denn sind x, x', x'', x''' die Abscissen der Punkte P, P', P'', P''', und ist $x > x' > 0 > x'' > x'''$, so ist, wenn a und b die absoluten Längen von x'' und x''' bezeichnen, also $a = -x''$, $b = -x'''$ ist:

1) $P'P = OP - OP' = x - x'$,

2) $P''P = P''O + OP = a + x = x - x''$,

3) $P'''P'' = P'''O - P''O = b - a = x'' - x'''$.

§ 3. Aufgaben. Aus den Abscissen x_1 und x_2 der Punkte P_1 und P_2 zu berechnen:

1) Die Abscisse h des Halbierungspunktes H der Strecke P_1P_2. Aufl. $P_1H = HP_2$, $h - x_1 = x_2 - h$, also: $h = \frac{1}{2}(x_1 + x_2)$.

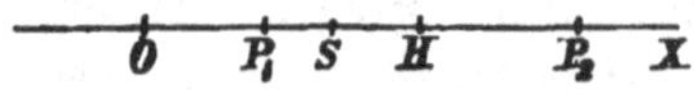

2) Die Abscisse s des Punktes S, der P_1P_2 so teilt, daß P_1S und SP_2 sich wie zwei gegebene positive Zahlen m_2 und m_1 verhalten.

Aufl. $(s - x_1):(x_2 - s) = m_2 : m_1$, also $s = \dfrac{m_1x_1 + m_2x_2}{m_1 + m_2}$.

(Der Punkt S ist der Schwerpunkt zweier in P_1 und P_2 konzentriert gedachten Massen, die sich wie die Zahlen m_1 und m_2 verhalten.)

§ 4. Rechtwinklige Koordinaten eines Punktes in der Ebene. Es seien in der Ebene zwei einander rechtwinklig in O schneidende Gerade $X'X$ und $Y'Y$ gegeben, und OX und OY seien ihre positiven Richtungen. Durch Projektion eines beliebigen Punktes P der Ebene auf die beiden Geraden $X'X$ und $Y'Y$ entstehen auf diesen die Abschnitte $OQ(x)$ und $OR(y)$, welche die rechtwinkligen Koordinaten des Punktes P genannt werden. Der Schnitt-

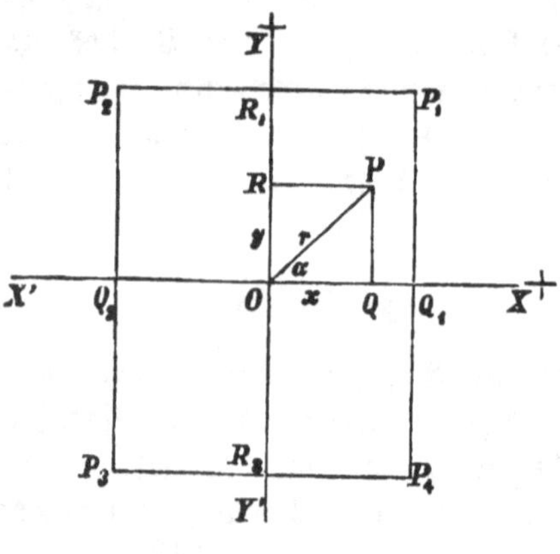

punkt O der Geraden heißt der **Anfangspunkt** der Koordinaten, die Geraden die **Koordinatenachsen**.

Man unterscheidet die Koordinaten (x und y) als **Abscisse** (x) und **Ordinate** (y) und nennt $X'X$ oder die X-Achse die **Abscissenachse** und $Y'Y$ oder die Y-Achse die **Ordinatenachse**. Die Abscisse x ist positiv oder negativ, je nachdem Q auf OX oder OX' (in der Figur rechts oder links von O) liegt; die Ordinate y ist positiv oder negativ, je nachdem R auf OY oder OY' (in der Figur oberhalb oder unterhalb O) liegt. Bezeichnet man die Ebenenstücke XOY, YOX', $X'OY'$, $Y'OX$ als den ersten, zweiten, dritten, vierten Quadranten der Ebene, so ist also x positiv für Punkte des ersten und vierten, negativ für solche des zweiten und dritten Quadranten, während y positiv für Punkte der beiden ersten, negativ für solche der beiden letzten Quadranten ist. (Vergl. Trigon. § 168.)

Um den Punkt (x, y), d. h. den Punkt, dessen Abscisse $= x$ und dessen Ordinate $= y$ ist, zu konstruieren, trägt man x und y von O aus in den ihren Vorzeichen entsprechenden Richtungen auf den zugehörigen Achsen ab und errichtet in den erhaltenen Punkten Lote auf den Achsen; der Schnittpunkt der Lote ist der gesuchte Punkt P oder (x, y). Man erhält P etwas einfacher mittels des Abschnittes OQ $(= x)$ und des Lotes QP $(= y)$. Häufig nennt man das Lot QP (statt des Abschnittes OR) die Ordinate des Punktes P; und ebenso kann auch das Lot RP als Abscisse des Punktes P bezeichnet werden. Sind zur Konstruktion eines Punktes nur die absoluten Längen a und b der Abscisse und Ordinate gegeben, so erhält man vier der Aufgabe genügende Punkte (P_1, P_2, P_3, P_4), die bezeichnet werden können als die Punkte:

$$(+a, +b);\ (-a, +b);\ (-a, -b);\ (+a, -b).$$

§ 5. **Aufgabe.** Aus den Koordinaten eines Punktes P seine Entfernung (r) vom Anfangspunkte O und die Größe des Winkels XOP (α) zu berechnen.

Auflösung. Es werde r positiv genommen und α von 0° bis 360° gemessen im Sinne der Drehung einer Geraden von OX aus über OY, OX', OY'. Diese der Reihenfolge der Quadranten entsprechende Drehung wird kurz als **positive Drehung** bezeichnet. Für die in den Figuren gewählte Stellung der Achsen erfolgt dieselbe entgegengesetzt der Drehung des Uhrzeigers. Nach dem Pythagoras und § 168 der Trigon. ist nun:

$$r = \sqrt{x^2+y^2};\quad \cos\alpha = \frac{x}{r};\quad \sin\alpha = \frac{y}{r}.$$

§ 6. Ebenso wie durch seine rechtwinkligen Koordinaten x und y ist die Lage des Punktes P durch die Größen r und α eindeutig bestimmt. Man nennt r und α die **Polarkoordinaten** des Punktes P; der feste Punkt O heißt der **Pol**, die Entfernung r der **Radiusvektor**.

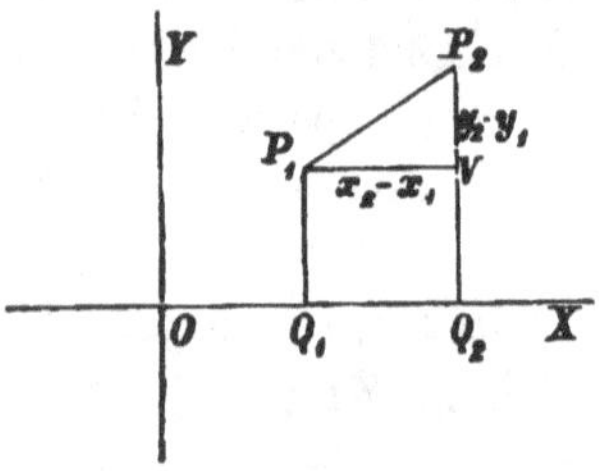

§ 7. **Aufgabe.** Die Entfernung zweier Punkte P_1 und P_2 durch ihre rechtwinkligen Koordinaten x_1, y_1 und x_2, y_2 auszudrücken.

Auflösung. Aus dem Dreieck P_1P_2V folgt:

$$P_1P_2 = \sqrt{(x_2-x_1)^2+(y_2-y_1)^2}.$$

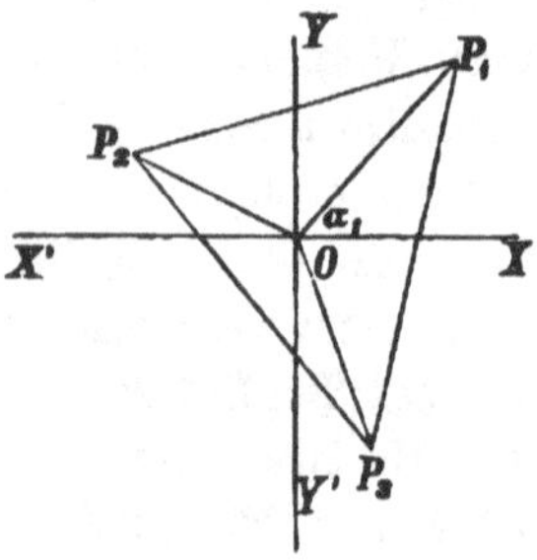

§ 8. **Aufgabe.** Den Flächeninhalt eines Dreiecks aus den Koordinaten seiner Ecken zu berechnen.

Auflösung. 1) Zunächst soll $\triangle OP_1P_2$ berechnet werden, dessen eine Ecke in den Anfangspunkt fällt. Setzt man $OP_1 = r_1$, $OP_2 = r_2$, $\angle XOP_1 = \alpha_1$, $\angle XOP_2 = \alpha_2$, so ist (unter der Voraussetzung, daß $\alpha_1 < \alpha_2$ und $\alpha_2 - \alpha_1 < 180^\circ$):

$$\triangle OP_1P_2 = \tfrac{1}{2}r_1r_2\sin(\alpha_2-\alpha_1) = \tfrac{1}{2}r_1r_2(\sin\alpha_2\cos\alpha_1 - \cos\alpha_2\sin\alpha_1),$$

folglich, da $r_1\cos\alpha_1 = x_1$, $r_2\sin\alpha_2 = y_2$, u. s. w.:

$$1)\quad \triangle OP_1P_2 = \tfrac{1}{2}(x_1y_2 - x_2y_1).$$

Ist aber der zweite Teil der Voraussetzung nicht erfüllt, sondern $\alpha_2 - \alpha_1 > 180^\circ$, so ist der Dreieckswinkel P_1OP_2 nicht $= \alpha_2 - \alpha_1$, sondern $= 360^\circ - (\alpha_2 - \alpha_1)$, sein Sinus also $= -\sin(\alpha_2-\alpha_1)$, und folglich in diesem Falle:

$$1')\quad \triangle OP_1P_2 = -\tfrac{1}{2}(x_1y_2 - x_2y_1).$$

Es gilt also die erste oder zweite Formel, je nachdem die Dreiecksfläche durch positive oder negative Drehung der Geraden OP_1 in die Lage OP_2 beschrieben wird. Für $\alpha_1 > \alpha_2$ gelangt man zu demselben Resultat.

2) Der Inhalt eines beliebigen Dreiecks wird durch die Formel gefunden:

$$2) \quad \Delta = \pm \tfrac{1}{2}(x_1 y_2 - x_2 y_1 + x_2 y_3 - x_3 y_2 + x_3 y_1 - x_1 y_3).$$

Für das in der Figur gezeichnete Dreieck $P_1 P_2 P_3$ ist vor der Klammer das Zeichen + zu wählen.

Liegen die drei Punkte (x_1, y_1), (x_2, y_2), (x_3, y_3) in derselben Geraden, so wird der von der Klammer eingeschlossene Ausdruck $= 0$, und umgekehrt.

§ 9. **Aufgabe.** Die Koordinaten ξ und η des Schwerpunktes der in den Punkten (x_1, y_1) und (x_2, y_2) konzentrierten Massen m_1 und m_2 zu berechnen.

Auflösung. Der Schwerpunkt S teilt $P_1 P_2$ so, daß $P_1 S : SP_2 = m_2 : m_1$. Nach demselben Verhältnis werden die Projektionen der Strecke $P_1 P_2$ auf die Achsen durch die Projektionen des Punktes S geteilt. Nach § 3, 2) ist also:

$$\xi = \frac{m_1 x_1 + m_2 x_2}{m_1 + m_2}, \quad \eta = \frac{m_1 y_1 + m_2 y_2}{m_1 + m_2}.$$

Für $m_1 = m_2$ erhält man die Koordinaten des Halbierungspunktes von $P_1 P_2$ $(\tfrac{1}{2}(x_1 + x_2)$ und $\tfrac{1}{2}(y_1 + y_2))$.

II. Darstellung von Linien durch Gleichungen. Gleichungsformen der Geraden und des Kreises.

§ 10. Durch x und y mögen die Koordinaten eines beliebigen Punktes der Ebene bezeichnet werden. Soll der Punkt (x, y) mit einem gegebenen Punkte (a, b) zusammenfallen, so läßt sich dies durch **zwei** Gleichungen, $x = a$ und $y = b$, ausdrücken. Wird aber z. B. die Bedingung gestellt, der Punkt (x, y) solle auf der Ordinatenachse liegen, so muß seine Abscisse x den bestimmten Wert 0 haben, während seine Ordinate jeden beliebigen Wert annehmen kann. Die **eine** Gleichung $x = 0$ stellt also keinen bestimmten Punkt dar, sondern sämtliche der Ordinatenachse angehörigen Punkte und nur diese; oder kürzer ausgedrückt: die Gleichung $x = 0$ ist die Gleichung der Ordinatenachse. Ebenso ist $y = 0$ die Gleichung der Abscissenachse, $x = a$ die Gleichung einer der Y-Achse parallelen Geraden, die auf der X-Achse die Abscisse a begrenzt, und $y = b$ die Gleichung einer der X-Achse parallelen Geraden, die auf der Y-Achse die Ordinate b abschneidet.

Die Gerade, welche die Winkel XOY und $X'OY'$ halbiert, kann als der geometrische Ort eines Punktes betrachtet werden, dessen Abscisse und Ordinate einander gleich sind; ihr entspricht also die Gleichung $x = y$.

Für jeden Punkt (x, y) des um O mit dem gegebenen Radius r beschriebenen Kreises ist nach § 5

$$x^2 + y^2 = r^2.$$

Dies ist also die Gleichungsform des Kreises, wenn sein Mittelpunkt mit dem Anfangspunkt der Koordinaten zusammenfällt.

Ebenso kann man für jede nach einem bestimmten geometrischen Gesetze konstruierte Linie sich die Aufgabe stellen, ihre Gleichung, d. h. die Gleichung zwischen den Koordinaten eines jeden ihrer Punkte, zu finden. Umgekehrt stellt eine gegebene Gleichung zwischen den Koordinaten x und y (im allgemeinen) eine Linie dar, nämlich den geometrischen Ort des Punktes, dessen Koordinaten der durch die Gleichung ausgedrückten Bedingung genügen. Berechnet man aus der Gleichung zu einer Reihe von Werten von x die zugehörigen Werte von y und konstruiert die entsprechenden Punkte (x, y), so gelangt man zu einer Vorstellung von der Gestalt der Ortslinie. Auch die geometrischen Eigenschaften einer solchen Linie lassen sich durch Untersuchung ihrer Gleichung herleiten.

Beispiel. Aus der Gleichung $y = 2x - x^2$ ergeben sich z. B. folgende zusammengehörigen Werte von x und y:

$$x = -\tfrac{1}{2};\quad 0;\quad \tfrac{1}{2};\quad 1;\quad 1\tfrac{1}{2};\quad 2;\quad 2\tfrac{1}{2}.$$
$$y = -1\tfrac{1}{4};\quad 0;\quad \tfrac{3}{4};\quad 1;\quad \tfrac{3}{4};\quad 0;\quad -1\tfrac{1}{4}.$$

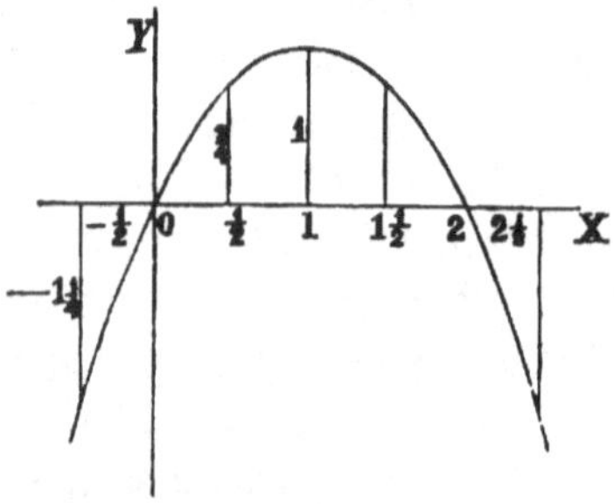

Die durch die Gleichung dargestellte Kurve geht also durch die Punkte $(-\tfrac{1}{2}, -1\tfrac{1}{4})$; $(0, 0)$; $(\tfrac{1}{2}, \tfrac{3}{4})$; ... Aus der Form der Gleichung ist z. B. auch leicht zu ersehen, daß die Kurve im dritten und vierten Quadranten sich bis ins Unendliche erstreckt.

§ 11. Aufgaben. 1) Die Gleichung der Geraden (CD), welche

auf den Achsen die Abschnitte a und b begrenzt, aufzustellen. (a und b seien von 0 verschieden.)

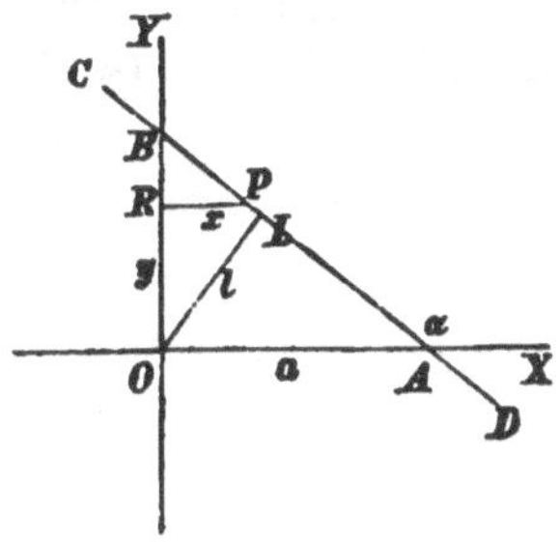

Auflösung. P sei ein beliebiger Punkt der Geraden, $OA = a$ und $OB = b$. Fällt man auf OY das Lot PR, so ist $RP = x$, $OR = y$, $RB = b - y$, und es ergiebt sich $x : a = (b-y) : b$, also:

$$1)\quad \frac{x}{a} + \frac{y}{b} = 1.$$

2) Die Entfernung OL (l) dieser Geraden vom Anfangspunkte zu bestimmen. — Aufl. Es ist der doppelte Inhalt des Dreiecks ABO

$$= l.AB = l\sqrt{a^2+b^2} \text{ und } = \pm ab, \text{ also:}$$

$$2)\quad l = \pm \frac{ab}{\sqrt{a^2+b^2}}.$$

Je nachdem a und b gleiche oder entgegengesetzte Vorzeichen haben, ist rechts das Zeichen + oder — zu wählen.

3) Die Gleichung der Geraden aufzustellen, welche auf der Y-Achse den Abschnitt b begrenzt und mit der positiven X-Achse oberhalb derselben den Winkel α bildet.

Auflösung. Im Dreieck PBR ist $b - y = x \operatorname{tg}(180^\circ - \alpha) = -x \operatorname{tg}\alpha$, also:

$$3)\quad y = x \operatorname{tg}\alpha + b.$$

Für Punkte außerhalb der Geraden CD (z. B. für Punkte auf der Verlängerung von RP) ist die Gl. 1) (oder 3)) nicht erfüllt. Ist also die Gl. 1) oder 3) gegeben, so entspricht ihr eine bestimmte (aus a und b oder b und α sofort konstruierbare) Gerade.

§ 12. Lehrsatz. Jede Gleichung ersten Grades zwischen den Koordinaten ($fx + gy + h = 0$) stellt eine Gerade dar.

Beweis. Ist g nicht $= 0$, so läßt sich die Gleichung, indem man durch g dividiert und $f : g = -\operatorname{tg}\alpha$, $h : g = -b$ setzt, auf die Form 3) bringen. Ist aber $g = 0$, so muß f, weil sonst die Gleichung die Koordinaten nicht enthielte, von 0 verschieden sein, und man erhält $x = -h : f$, d. h. die Gleichung einer Parallelen zur Y-Achse.

§ 13. Aufgabe. Die Gleichung eines Kreises aufzustellen,

wenn die Koordinaten a und b seines Mittelpunktes und sein Radius r gegeben sind.

Auflösung. Die Entfernung des Punktes (x, y) der Peripherie vom Mittelpunkte (a, b) ist $= r$; nach § 7 ist also

$$(x-a)^2+(y-b)^2=r^2.$$

Anmerkung. Jede Gleichung von der Form

$$x^2+y^2+2fx+2gy+h=0$$

stellt, vorausgesetzt daß f^2+g^2-h positiv ist, einen Kreis dar.

§ 14. Aufgaben. Es seien r und r' die Entfernungen eines Punktes P oder (x, y) von zwei festen Punkten F und F'. Es soll der geometrische Ort des Punktes P für folgende Bedingungen gefunden werden: 1) $r'^2-r^2=q^2$, 2) $r^2+r'^2=q^2$, 3) $mr^2+m'r'^2=q^2$. (q ist eine gegebene Strecke, m und m' sind gegebene Zahlen; $m-m'$ und $m+m'$ seien von 0 verschieden.)

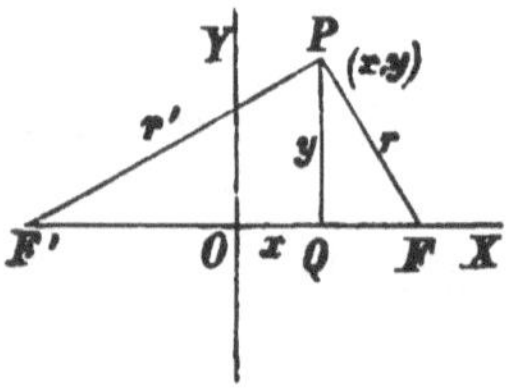

Auflösung. Zur X-Achse wähle man die Gerade $F'F$, zur Y-Achse die Mittelsenkrechte der Strecke $F'F$ $(=2c)$.

1) $(x+c)^2+y^2-[(x-c)^2+y^2]=q^2$; also $x=q^2:4c$.

2) $2x^2+2c^2+2y^2=q^2$, also $x^2+y^2=\frac{1}{2}q^2-c^2$.

3) $(m+m')(x^2+y^2+c^2)-2c(m-m')x=q^2$, also

$$\left(x-c\cdot\frac{m-m'}{m+m'}\right)^2+y^2=\frac{q^2}{m+m'}-\frac{4mm'c^2}{(m+m')^2}.$$

Der Ort ist also für 1) eine Gerade, für 2), sowie auch für 3) ein Kreis (bezw. ein Punkt, wenn die rechte Seite der zugehörigen Gleichung $=0$, oder unmöglich, wenn sie negativ ist). Der Mittelpunkt des Kreises liegt bei 2) in O, bei 3) im Schwerpunkte zweier in F und F' konzentriert gedachten, sich wie die Zahlen m und m' verhaltenden Massen.

III. Von der Parabel.

§ 15. Eine Parabel ist der geometrische Ort eines Punktes, dessen Entfernungen von einem festen Punkte und einer festen Geraden einander gleich sind. Der feste Punkt F heißt der Brennpunkt, die feste Gerade die Leitlinie. Für jeden Punkt P der Parabel ist also seine Verbindungslinie mit dem Brennpunkte F (der Brennstrahl oder Radiusvektor FP) gleich dem Lote LP auf die Leitlinie. Zieht man durch F senkrecht zur Leitlinie die Gerade BX und fällt auf diese das Lot PQ, so ist auch $FP = BQ$. Man kann also beliebig viele Parabelpunkte konstruieren, wenn man auf BX eine Reihe von Punkten Q, Q_1, ... annimmt, in ihnen auf BX Lote errichtet und diese durch Kreisbogen, die um F mit BQ, BQ_1, ... beschrieben werden, in P und P', P_1 und P'_1, ... schneidet.

Der Halbierungspunkt A von BF gehört der Parabel an und wird ihr Scheitel genannt, die Gerade AX heißt die Achse der Parabel. Durch die Achse werden alle auf ihr senkrecht stehenden Parabelsehnen halbiert. Die durch F senkrecht zu AX gelegte Sehne

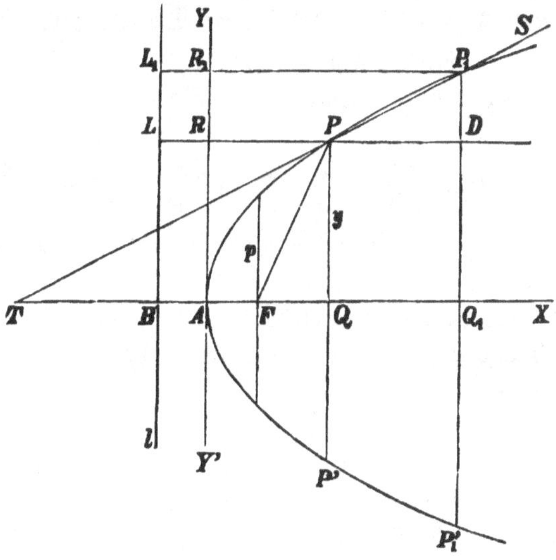

heißt der Parameter ($2p$) der Parabel; der Abstand BF des Brennpunktes von der Leitlinie ist gleich dem halben Parameter p. Die durch den Scheitel A senkrecht zu AX gelegte Gerade $Y'Y$ berührt die Parabel (weil sie zwei zusammenfallende Punkte mit ihr gemein hat) und heißt ihre Scheiteltangente.

§ 16. Aufgabe. Die Gleichung der Parabel in Bezug auf ihre Achse AX als Abscissenachse und ihre Scheiteltangente AY als Ordinatenachse aufzustellen.

Auflösung. Im $\triangle FQP$ ist $QP = y$, $FP = BQ = AQ + BA$

$=x+\frac{1}{2}p$, $FQ=x-\frac{1}{2}p$ (bezw., wenn Q zwischen A und F angenommen wird, $=\frac{1}{2}p-x$), also $y^2=(x+\frac{1}{2}p)^2-(x-\frac{1}{2}p)^2$, das heißt: $y^2=2px$. (Scheitelgleichung der Parabel.)

§ 17. Man erkennt aus dieser Gleichung, daß negativen Werten von x keine, positiven je zwei reelle Werte von y ($\pm\sqrt{2px}$) entsprechen, und daß mit unbegrenzt wachsendem x zwar auch die Größe von y über jeden endlichen Wert hinaus wächst, aber erheblich langsamer als x. Denkt man sich die Gerade AP gezogen, so ist $\operatorname{tg}\angle XAP = y:x=2p:y$; es wird also der Winkel XAP verschwindend klein, wenn der Punkt P auf der Parabel sich ins Unendliche entfernt.

Jede Parallele zur X-Achse (z. B. PD) schneidet die Parabel nur in einem Punkte (P) und heißt ein Durchmesser der Parabel.

§ 18. Der Winkel, den die Sehne PP_1 oder Sekante TS mit der X-Achse oder dem Durchmesser PD bildet, läßt sich aus $\triangle P_1PD$ berechnen:

$$\operatorname{tg}\angle P_1PD=\frac{DP_1}{PD}=\frac{y_1-y}{x_1-x}=\frac{2p(y_1-y)}{y_1^2-y^2}=\frac{2p}{y_1+y}.$$

Läßt man nun P_1 mit P zusammenfallen (also $y_1=y$ werden), so wird die Sekante zur Tangente, und der Winkel α, den die durch den Punkt P der Parabel gehende Tangente mit der Achse der Parabel bildet, wird also gefunden durch die Gleichung

$$\operatorname{tg}\alpha=\frac{p}{y}.$$

§ 19. Quadratur von Teilen der Parabelfläche. Projiziert man die Sehne PP_1 auf AX und AY, so entstehen die Paralleltrapeze PP_1Q_1Q und PP_1R_1R. Das Verhältnis ihrer Flächen ist

$$=\frac{QQ_1(QP+Q_1P_1)}{RR_1(RP+R_1P_1)}=\frac{(x_1-x)(y_1+y)}{(y_1-y)(x_1+x)}=\frac{x_1-x}{x_1+x}\cdot\frac{y_1+y}{y_1-y}$$
$$=\frac{y_1^2-y^2}{y_1^2+y^2}\cdot\frac{y_1+y}{y_1-y}=\frac{(y_1+y)^2}{y_1^2+y^2}.$$

Nimmt man nun PP_1 unendlich klein, so nähert sich der letzte Quotient offenbar dem Grenzwerte 2. Da die unendlich kleine Sehne PP_1 als mit dem unendlich kleinen Bogen PP_1 zusammenfallend angesehen werden darf, so ist folglich das durch Projektion des unendlich kleinen Bogens PP_1 auf AX entstehende Flächenstück doppelt so groß wie das durch Projektion auf AY entstehende. Denkt man sich also den

Bogen AP in unendlich kleine Teile geteilt und diese auf AX und AY projiziert, so sieht man, daß auch das endliche Flächenstück AQP doppelt so groß ist wie ARP. Es ist folglich AQP zwei Drittel des Rechtecks $AQPR$, also $= \frac{2}{3}xy$, das heißt gleich einem Quadrate, dessen Seite die mittlere Proportionale zu $\frac{2}{3}x$ und y ist. Das Flächenstück ist daher geometrisch quadrierbar.

Jedes Flächenstück, das von einem beliebigen Parabelbogen und beliebig vielen geraden Linien begrenzt ist, läßt sich offenbar aus zwei Flächenstücken der betrachteten Art und den Flächen geradliniger Figuren durch Addition und Subtraktion zusammensetzen und ist daher ebenfalls geometrisch quadrierbar.

§ 20. Tangente und Subtangente, Normale und Subnormale.

1) Der durch den Berührungspunkt und die Parabelachse begrenzte Tangentenabschnitt PT wird vorzugsweise als „Tangente" bezeichnet, seine Projektion TQ auf die Achse heißt Subtangente. Das auf der Tangente in P errichtete Lot, und insbesondere der durch die Achse begrenzte Abschnitt PN, heißt Normale und deren Projektion auf die Achse, QN, Subnormale.

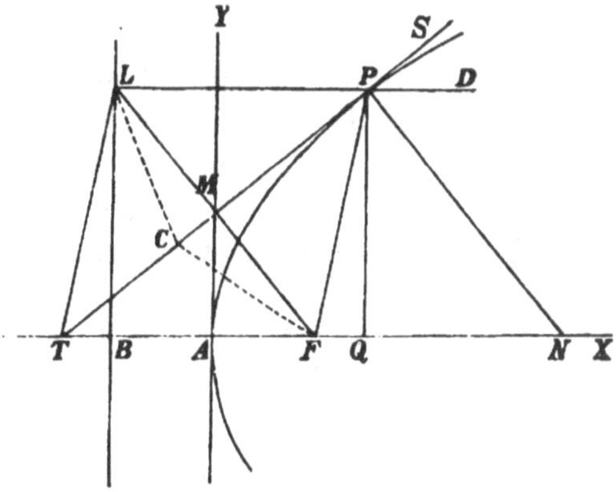

Die Subtangente TQ ist $= y \cot \alpha$, also nach § 18 und § 16 $= y.(y:p) = y^2:p = 2x$, d. h. gleich der doppelten Abscisse. Die Subnormale QN ist $= y.\mathrm{tg}\,\alpha$ $= p$, also konstant, und zwar gleich dem halben Parameter.

2) Es ist $TF = TA + AF = x + \frac{1}{2}p$ und $FN = AQ - AF + QN$ $= x - \frac{1}{2}p + p = x + \frac{1}{2}p$, folglich $TF = FN$, und da $\angle TPN = 1R$ ist, auch $= FP$. Man kann also die Punkte T und N und folglich die Tangente und Normale konstruieren, indem man um den Brennpunkt F mit dem Radius FP einen Halbkreis beschreibt.

3) Da $TF = FP = LP$ und $TF \parallel LP$, so ist, wenn man noch

LT zieht, die Figur *TFPL* ein Rhombus, folglich der Winkel *TPF* gleich dem Winkel *TPL*, mithin auch gleich dessen Scheitelwinkel *SPD*. Die beiden Richtungen (*PT* und *PS*) der Tangente bilden also mit dem Radiusvektor *PF* und dem Durchmesser *PD* gleiche Winkel.

Dreht sich die Parabel um ihre Achse, so beschreibt sie eine krumme Oberfläche, welche ein Rotationsparaboloid genannt wird. Ein Hohlspiegel, dessen Oberfläche diese Gestalt hat, besitzt die Eigenschaft, daß alle auf ihn parallel der Achse auffallenden Licht- und Wärmestrahlen (*DP*) nach demselben Punkte, dem Brennpunkte (*F*), reflektiert werden.

4) Es ergiebt sich weiter, daß *PT* die Diagonale *LF* in *M* halbiert, und daß $\angle FMP = 1R$ ist. Verbindet man *A* mit *M*, so ist (da auch *BF* in *A* halbiert ist) $AM \parallel BL$, also $\perp AX$. Der Punkt *M* liegt also auf der Scheiteltangente *AY*, und es ergiebt sich der

Lehrsatz: Der geometrische Ort der Fußpunkte der vom Brennpunkte auf die Parabeltangenten gefällten Lote ist die Scheiteltangente.

Ferner folgt hieraus eine einfache Konstruktion der Parabel durch Tangenten. Zieht man nämlich aus einem festen Punkte (*F*) nach einer festen Geraden (*AY*) Strahlen und errichtet auf diesen in ihren Endpunkten (*M*, . .) Lote, so umhüllen dieselben eine Parabel.

5) Da die Tangente *ST* die Mittelsenkrechte der Strecke *LF* ist, so ist für jeden auf ihr liegenden Punkt *C*:

a) $\angle CMF = 1R$. b) $CL = CF$ und $\angle LCP = FCP$.

§ 21. Aufgabe. An eine durch Brennpunkt und Scheiteltangente oder Brennpunkt und Leitlinie gegebene Parabel aus einem gegebenen Punkte *C* Tangenten zu ziehen.

Auflösung 1. Man konstruiere (§ 20, 5a) den Kreis, der *CF* zum Durchmesser hat. Derselbe schneidet die Scheiteltangente in *M* und *M'*. Die Geraden *CM* und *CM'* sind die gesuchten Tangenten, und die Berührungspunkte *P* und *P'* können z. B. mittels der Eigenschaft, daß $MP = MT$ ist, gefunden werden.

Auflösung 2. Man beschreibe (§ 20, 5b) den Kreis um *C* mit dem Radius *CF*. Derselbe schneidet die Leitlinie in *L* und *L'*. Die gesuchten Tangenten sind nun die Halbierungslinien der Winkel *LCF* und $L'CF$ und werden von den aus L und L' zu BF gezogenen Parallelen in den Berührungspunkten P und P' geschnitten.

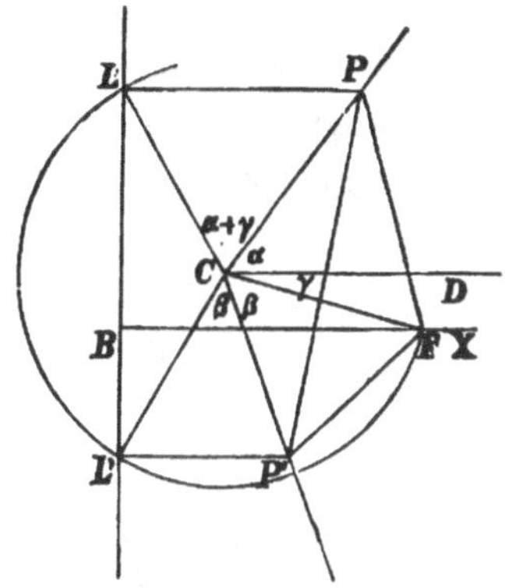

Folgerungen. 1) Es ist $\angle CLL' = CL'L$, daher auch $\angle CLP = CL'P'$, und da $\triangle CLP \cong CFP$ und $\triangle CL'P' \cong CFP'$, so ist auch $\angle CFP = CFP'$. Die Verbindungslinie des Brennpunktes mit dem Schnittpunkte zweier Tangenten halbiert also den Winkel der Brennstrahlen nach den Berührungspunkten. Oder: Die Tangenten CP und CP' erscheinen vom Brennpunkte aus unter gleichen Sehwinkeln.

2) Zieht man CD parallel zur Achse, also senkrecht zu LL', und nennt die Winkel PCD, DCF, FCP' bezw. α, γ, β, so ist $\angle LCP = \alpha + \gamma$ und $L'CP' = \beta$. Nun sind aber die Winkel LCD und $L'CD$ als Supplemente der gleichen Winkel CLP und $CL'P'$ einander gleich, also $\alpha + \gamma + \alpha = \beta + \beta + \gamma$, das heißt $\alpha = \beta$ oder $\angle PCD = P'CF$ (und auch, wenn γ addiert wird, $\angle PCF = P'CD$). Die vom Schnittpunkte zweier Tangenten ausgehende Parallele zur Achse und der Strahl nach dem Brennpunkte bilden also mit den Tangenten gleiche Winkel.

3) Die Berührungssehne PP' wird durch CD halbiert, weil CD gleiche Entfernungen von den ihr parallelen Geraden LP und $L'P'$ hat.

§ 22. Aufgabe. Den geometrischen Ort der Halbierungspunkte paralleler Parabelsehnen zu bestimmen.

Auflösung. Der konstante Winkel der Sehnen mit der Achse sei δ, die Koordinaten der Endpunkte einer Sehne x, y und x', y', und die Ordinate des Halbierungspunktes dieser Sehne sei $= \eta$. Es ist dann zufolge § 18, § 9 und § 16:

$$\operatorname{tg}\delta = (y - y') : (x - x'); \quad \eta = \tfrac{1}{2}(y + y'); \quad y^2 = 2px, \quad y'^2 = 2px'.$$

Durch Subtraktion der beiden letzten Gleichungen folgt:

$$(y + y')(y - y') = 2p(x - x'); \text{ also ist } \eta \operatorname{tg}\delta = p, \text{ oder } \eta = p\cot\delta.$$

Da η für alle parallelen Sehnen denselben Wert hat, so ist der gesuchte Ort eine Parallele zur Achse, ein Durchmesser der Parabel. Da dieser Durchmesser auch eine unendlich kleine zu der Schar gehörige Sehne halbiert, so ist die durch seinen Endpunkt gehende Parabeltangente den Sehnen parallel.

§ 23. Die Parabel als Kegelschnitt. Ein gerader Kegel werde durch eine Ebene $ADXE$ geschnitten, die auf einem Achsenschnitt BCM senkrecht steht und der Seitenlinie BM parallel ist. Eine solche Ebene ist parallel einer Tangentialebene (MBG) des Kegelmantels. Aus einem beliebigen Punkte P der Schnittkurve werde auf AX das Lot PQ gefällt und AQ als Abscisse x und QP als Ordinate y des Punktes P betrachtet. Legt man durch PQ einen Schnitt parallel zum Grundkreise, so ist $QP.QT = QS.QR$, oder $y^2 = QS.QR$. Nun ist $QS = XB$, und wenn $\angle BMC = 2\mu$ gesetzt wird, so folgt aus $\triangle AQR$, daß $QR = 2x \sin\mu$. Es ist daher $y^2 = 2BX \sin\mu . x$, oder wenn die Konstante $BX \sin\mu = p$ gesetzt wird, $y^2 = 2px$. Die Schnittkurve DAE ist also eine Parabel.

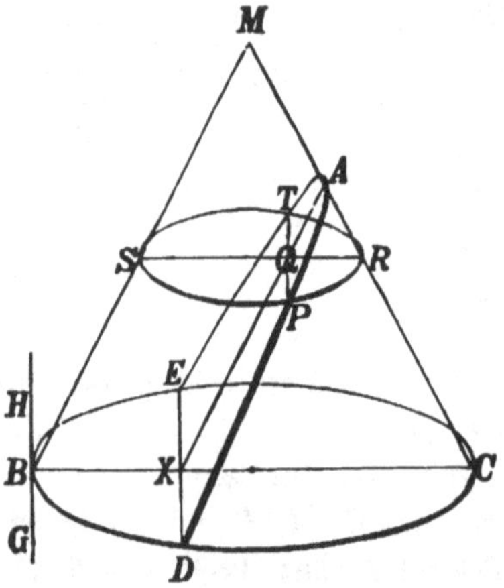

IV. Von der Ellipse.

§ 24. Eine Ellipse ist der geometrische Ort eines Punktes, dessen Entfernungen von zwei festen Punkten (den Brennpunkten F und F') eine konstante Summe ($2a$) haben. — Es muß $2a$ größer als der Abstand $2c$ der Brennpunkte sein.

Fadenkonstruktion der Ellipse. Um zwei bei F und F' befestigte Stifte wird ein geschlossener Faden gelegt; ein Zeichenstift, durch welchen der Faden gespannt wird, beschreibt, rings herumgeführt, die Ellipse.

Punktkonstruktion der Ellipse. Beschreibt man um F und F' mit a Kreisbogen, so schneiden sich dieselben in zwei der Ellipse angehörigen Punkten B und B'. Da F, B, F', B' die Ecken eines

Rhombus sind, so halbieren BB' und FF' einander (in M) und stehen auf einander senkrecht. Trägt man auf der Geraden $F'F$ von M aus a bis A und A' ab, so gehören auch A und A' der Ellipse an; denn $AF + AF' = A'F' + AF' = AA' = 2a$, und ebenso $A'F + A'F' = 2a$. Nimmt man nun auf MF einen beliebigen Punkt D an und beschreibt um F mit AD und um F' mit $A'D$ (sowie auch um F mit $A'D$ und um F' mit AD) Kreise, so müssen sich dieselben schneiden, weil die Centrale $F'F$ kleiner als die Summe ($2a$) und größer als die Differenz ($2MD$) der Radien ist, und die Schnittpunkte P_1 und P_4 (sowie auch P_2 und P_3) liegen auf der Ellipse. Auf diese Weise lassen sich beliebig viele Gruppen von je vier auf der Ellipse liegenden Punkten konstruieren. Da $FP_1 = F'P_3$ und $F'P_1 = FP_3$, so ist P_1FP_3F' ein Parallelogramm; die Diagonale P_1P_3 geht also durch M und wird in M halbiert.

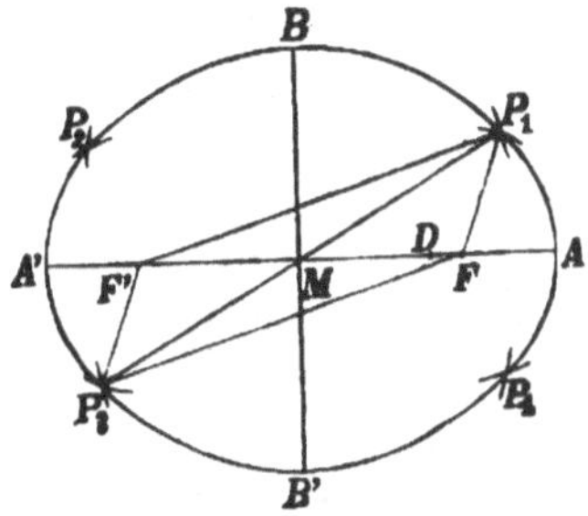

Der Halbierungspunkt M des Abstandes der Brennpunkte heißt der Mittelpunkt, jede durch ihn gezogene Sehne (z. B. P_1P_3) ein Durchmesser, der die Brennpunkte enthaltende Durchmesser AA' die große Achse ($2a$), der darauf senkrechte BB' die kleine Achse ($2b$) der Ellipse. Die Punkte A und A' heißen die Scheitel der großen Achse oder der Ellipse, die Punkte B und B' die Scheitel der kleinen Achse. Der Abstand c eines Brennpunktes vom Mittelpunkte heißt die lineare Excentricität, das Verhältnis derselben zur halben großen Achse die numerische Excentricität e ($= c:a$). Letztere ist stets ein echter Bruch, und von ihr allein hängt die Gestalt der Ellipse ab. — Es ist:

$$a^2 = b^2 + c^2; \quad c = ae; \quad \text{also} \quad b = \sqrt{a^2 - c^2} = a\sqrt{1 - e^2}.$$

Die Verbindungslinien $FP(r)$ und $F'P(r')$ der Brennpunkte mit einem Punkte P der Ellipse heißen Brennstrahlen oder Radienvektoren.

§ 25. **Aufgabe.** Die Gleichung der Ellipse in Bezug auf ihre Achsen als Koordinatenachsen aufzustellen.

Auflösung. Der positive Teil der X-Achse gehe durch A, der

der Y-Achse durch B; MQ sei $= x$, $QP = y$. Nach der Definition der Ellipse ist $r' + r = 2a$, und aus den Dreiecken $F'PQ$ und FPQ ergiebt sich, da $F'Q = c + x = ae + x$ und $QF = ae - x$ ist:

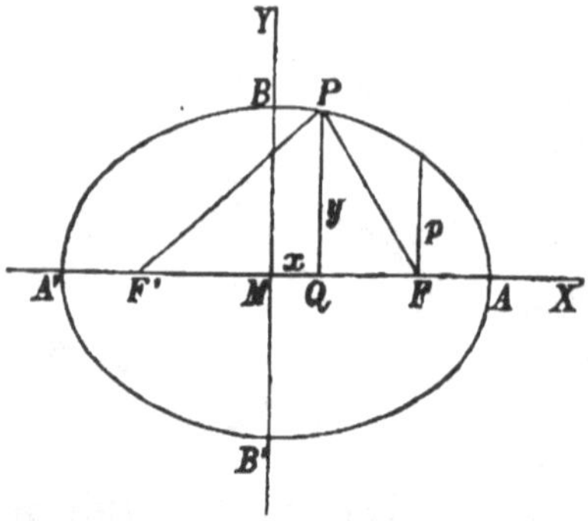

$$r'^2 = (ae + x)^2 + y^2,$$
$$r^2 = (ae - x)^2 + y^2;$$
$$r'^2 + r^2 = 2(a^2e^2 + x^2 + y^2),$$
$$r'^2 - r^2 = 4aex.$$

Die letzte Gleichung durch $r' + r = 2a$ dividiert giebt $r' - r = 2ex$. Folglich ist

$$r' = a + ex, \quad r = a - ex,$$

und die Gleichung für $r'^2 + r^2$ geht über in

$$a^2 + e^2x^2 = a^2e^2 + x^2 + y^2, \quad \text{oder} \quad a^2(1 - e^2) = (1 - e^2)x^2 + y^2.$$

Vertauscht man die Seiten, dividiert durch $a^2(1 - e^2)$ und beachtet, daß $a^2(1 - e^2) = b^2$ ist, so erhält man die gesuchte Gleichung in der Form:

$$\frac{x^2}{a^2} + \frac{y^2}{b^2} = 1. \quad \text{(Mittelpunktsgleichung der Ellipse.)}$$

§ 26. Aus dieser Gleichung ist ersichtlich, daß x^2 den Wert a^2 und y^2 den Wert b^2 nicht übersteigen kann; es liegt also die Ellipse ganz innerhalb des Rechtecks, das durch die auf den Achsen in ihren Scheiteln errichteten Lote begrenzt wird. Ist (x, y) ein Punkt der Ellipse, so liegen auf ihr auch die Punkte $(-x, y)$, $(-x, -y)$ und $(x, -y)$, woraus hervorgeht, daß die Ellipse durch ihre Achsen in vier kongruente Stücke zerschnitten wird.

Die in einem Brennpunkte F errichtete positive Ordinate p heißt der halbe Parameter der Ellipse. (Der ganze Parameter $2p$ ist die Länge der auf der großen Achse in einem Brennpunkt senkrecht stehenden Sehne.) Um p zu berechnen, muß man in der Gleichung der Ellipse $x = c$ und $y = p$ setzen; dadurch wird:

$$\frac{p^2}{b^2} = 1 - \frac{c^2}{a^2} = \frac{a^2 - c^2}{a^2} = \frac{b^2}{a^2}, \text{ d. h. } p = \frac{b^2}{a} \quad (\text{oder } p = a(1 - e^2)).$$

§ 27. Der Kreis, welcher die große Achse AA' zum Durchmesser hat, möge der Scheitelkreis der Ellipse genannt werden. Verlängert man die zur Abscisse x (MQ) gehörigen Ellipsenordinaten y, bis sie den Scheitelkreis schneiden, und bezeichnet die Kreisordinaten durch η, so ist:

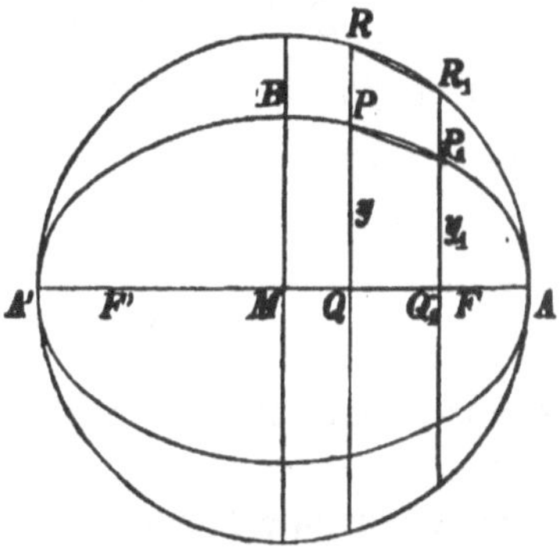

$$y = \pm \frac{b}{a} \sqrt{a^2 - x^2},$$

$$\eta = \pm \sqrt{a^2 - x^2}; \quad \text{also}$$

$$\frac{y}{\eta} = \frac{b}{a}.$$

Man erhält also eine Ellipse, wenn man die Hälften der auf einem Durchmesser eines Kreises senkrecht stehenden Sehnen sämtlich in demselben Verhältnis verkürzt. Auch durch Verlängerung paralleler Kreissehnen um Strecken, die ihnen proportioniert sind, entsteht, wie leicht einzusehen ist, eine Ellipse.

Folgerung. Projiziert man eine Kreisfläche rechtwinklig auf eine ihr nicht parallele Ebene, so behalten alle der Durchschnittslinie der beiden Ebenen parallelen Sehnen die gleiche Länge, während die auf der Durchschnittslinie senkrechten Sehnen sämtlich in demselben Verhältnis verkürzt werden. Die orthogonale Projektion eines Kreises auf eine Ebene ist also eine Ellipse, deren große Achse dem Kreisdurchmesser gleich ist. Oder anders ausgedrückt: Der Mantel eines schiefen Kreiscylinders wird durch eine zu den Seitenlinien senkrechte Ebene in einer Ellipse geschnitten. — Die Mantelfläche eines solchen Cylinders ist also gleich dem Produkte aus der Seitenlinie und dem Umfange dieser Ellipse.

Ebenso ergiebt sich leicht der Lehrsatz: Der Mantel eines geraden Kreiscylinders wird durch eine Ebene (die weder den Grundflächen noch den Seitenlinien parallel ist) in einer Ellipse geschnitten. — Hier ist die kleine Achse der Ellipse gleich dem Durchmesser des kreisförmigen Durchschnitts.

§ 28. Inhalt der Ellipsenfläche. Denkt man sich dem Scheitelkreise ein Polygon eingeschrieben, von dem der Einfachheit halber angenommen werden möge, daß es durch AA' in zwei symmetrische Hälften geteilt werde, so entspricht demselben ein der Ellipse eingeschriebenes Polygon, dessen Ecken dieselben Abscissen haben wie die entsprechenden Ecken des Kreispolygons. In der Figur (§ 27) sind die Trapeze PP_1Q_1Q und RR_1Q_1Q entsprechende Teile der Polygonflächen. Da diese Trapeze dieselbe Höhe QQ_1 haben, so verhalten sie sich wie die Summen ihrer Grundlinien $y+y_1$ und $\eta+\eta_1$. Nun ist

$$y=\frac{b}{a}\eta,\quad y_1=\frac{b}{a}\eta_1,\quad \text{also}\quad y+y_1=\frac{b}{a}(\eta+\eta_1);$$

$$PP_1Q_1Q=\frac{b}{a}\cdot RR_1Q_1Q.$$

Hieraus folgt, daß die Flächen der eingeschriebenen Polygone, und wenn die Seiten unendlich klein genommen werden, daß auch die Flächen der Ellipse und des Kreises das Verhältnis $b:a$ haben.

Die Ellipsenfläche ist also $=\frac{b}{a}\cdot\pi a^2$, d. h. $=\pi.a.b.$

§ 29. Würde man die Sehnen PP_1 und RR_1 in der Figur zu § 27 bis zum Durchschnitt mit der X-Achse verlängern, so würden sie die Strecke QQ_1 außen bezw. nach den Verhältnissen $y:y_1$ und $\eta:\eta_1$ teilen. Diese Verhältnisse sind aber, wie aus der Proportion $y:\eta=y_1:\eta_1$ folgt, einander gleich; die Sekanten PP_1 und RR_1 schneiden also die X-Achse in einem und demselben Punkte. Läßt man nun P_1 unendlich nahe an P, also auch R_1 an R rücken, so erkennt man, daß die durch P an die Ellipse und die durch R an den Kreis gelegte Tangente sich auf der X-Achse schneiden, und es ergiebt sich folgende Konstruktion der Ellipsentangente. Man verlängere die Ordinate QP bis zum Durchschnittspunkte R mit dem Scheitelkreise, ziehe $RT\perp MR$ und verbinde T mit P; dann ist PT die gesuchte Tangente.

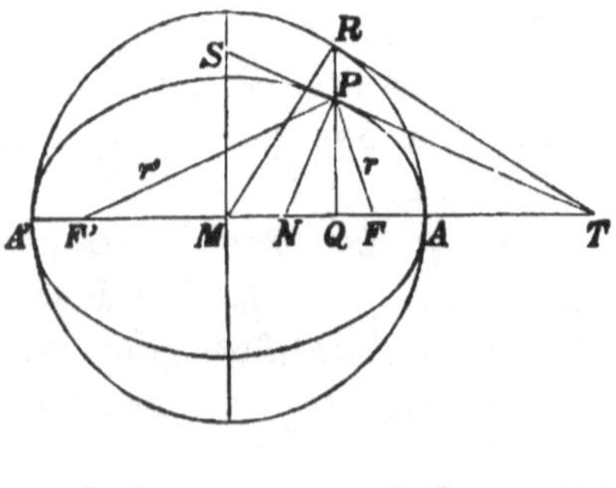

Folgerungen. 1) Im $\triangle MRT$ ist $MR^2=MQ.MT$, also

$$MT=\frac{a^2}{x};\; F'T=\frac{a^2}{x}+ae=\frac{a(a+ex)}{x};\; FT=\frac{a(a-ex)}{x}.$$

Nach § 25 ist aber $a+ex=r'$ und $a-ex=r$, also $F'T:FT=r':r$. Die Seite $F'F$ des Dreiecks $F'FP$ ist also in T außen nach dem

Verhältnis der anliegenden Seiten geteilt, und die Gerade SPT halbiert folglich die Nebenwinkel des Winkels $F'PF$. Oder: **Die Tangente bildet gleiche Winkel mit den Brennstrahlen nach ihrem Berührungspunkte.** ($\angle SPF' = TPF$.) — Wirkt die innere Seite der Ellipse spiegelnd, so werden alle von einem Brennpunkte ausgehenden Strahlen nach dem anderen Brennpunkte reflektiert.

2) Die **Normale** PN halbiert den Winkel $F'PF$. Ferner folgt,

daß **die Subtangente** $QT = \frac{a^2}{x} - x = \frac{a^2 - x^2}{x} = \frac{a^2 y^2}{b^2 x}$,

die Subnormale $NQ = \frac{y^2}{QT} = \frac{b^2 x}{a^2}$, und daß $\operatorname{tg}\beta = \frac{a^2 y}{b^2 x}$,

wenn β den Winkel PNA der Normale mit der X-Achse bezeichnet. Der Abschnitt MN ist $= x - NQ$, also $MN = e^2 . x$.

§ 30. **Die Leitlinien der Ellipse.** Aus der Gleichung $r = a - ex$ folgt $r = e\left(\frac{a}{e} - x\right)$. Trägt man also $\frac{a}{e}\left(= \frac{a^2}{c}\right)$ auf der positiven X-Achse von M aus bis E ab, zieht dann durch E die Gerade l senkrecht zu ME und fällt auf l das Lot PL, so ist $r = e . QE = e . PL$, also $PF : PL = e$. Die Ellipse kann also angesehen werden als der geometrische Ort eines Punktes, dessen Entfernungen von einem festen Punkte (F) und einer festen Geraden (l) ein konstantes Verhältnis e haben, das kleiner als 1 ist. Die Gerade l heißt die dem Brennpunkte F zugeordnete Leitlinie; zu F' gehört die zweite Leitlinie l'. — Läßt man bei unveränderter Lage von F und l den Mittelpunkt M sich (nach links) ins Unendliche entfernen, so nähert sich $e (= c : a = MF : MA)$ dem Grenzwerte 1, es wird $PF = PL$, der Ort also eine **Parabel**, die deshalb als Ellipse mit unendlich entferntem Mittelpunkte angesehen werden darf.

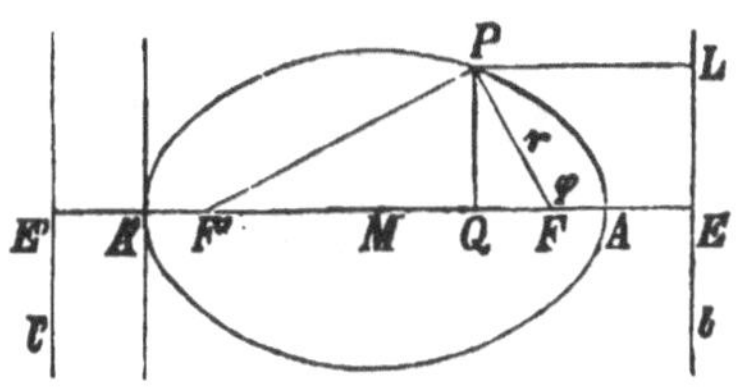

§ 31. **Die Scheitelgleichung der Ellipse.** Bezieht man die Ellipse auf $A'A$ als Abscissen- und die durch A' gelegte Scheiteltangente als Ordinatenachse, so behält die Ordinate QP des Punktes P den früheren Wert y, aber die neue Abscisse $A'Q$ oder x' ist

$= A'M + MQ = a + x$, also $x = x' - a$. Aus der Mittelpunktsgleichung (§ 25) ergiebt sich, durch Einsetzen des Wertes von x, die Scheitelgleichung:

$$\frac{(x'-a)^2}{a^2} + \frac{y^2}{b^2} = 1, \quad \text{oder} \quad \frac{y^2}{b^2} = \frac{2x'}{a} - \frac{x'^2}{a^2},$$

oder wenn für $b^2 : a$ der halbe Parameter p eingeführt wird:

$$y^2 = 2px' - \frac{px'^2}{a}.$$

Das Quadrat der Ordinate ist also bei der Ellipse kleiner als das Rechteck aus dem Parameter und der vom Scheitel aus gemessenen Abscisse, während es bei der Parabel gleich diesem Rechtecke ist. Bei der später zu betrachtenden Hyperbel ist das Quadrat größer als das Rechteck. Hierauf sind die Namen der drei Kurven zurückzuführen.

§ 32. Die Polargleichung der Ellipse für einen Brennpunkt als Pol. (Vergl. § 6.) Die Lage des Punktes P sei bestimmt durch die Länge r des Radiusvektors FP und den Winkel φ desselben mit der zum nächsten Scheitel führenden Richtung FA. Es ist

$r = a - ex$, $x = MF - QF = ae - r\cos(180° - \varphi) = ae + r\cos\varphi$;

also $r = a(1 - e^2) - er\cos\varphi = p - er\cos\varphi$; mithin:

$$r = \frac{p}{1 + e\cos\varphi}.$$

Für die Parabel würde $e = 1$ zu setzen sein.

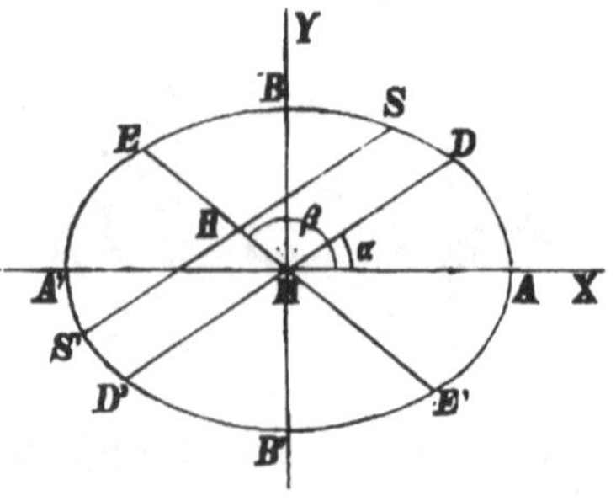

§ 33. Aufgabe. Den geometrischen Ort der Halbierungspunkte einer Schar von parallelen Sehnen der Ellipse zu bestimmen.

Auflösung. Der konstante Winkel, den die Sehnen mit MA bilden, sei α, die Koordinaten der Endpunkte (S, S') und des Halbierungspunktes (H) irgend einer dieser Sehnen seien x, y; x', y'; ξ, η. Es ist dann:

$$\operatorname{tg}\alpha = (y - y') : (x - x'), \quad \xi = \tfrac{1}{2}(x + x'), \quad \eta = \tfrac{1}{2}(y + y');$$

$$\frac{x^2}{a^2} + \frac{y^2}{b^2} = 1; \quad \frac{x'^2}{a^2} + \frac{y'^2}{b^2} = 1; \text{ folglich } y^2 - y'^2 = -\frac{b^2}{a^2}(x^2 - x'^2).$$

Aus diesen Gleichungen ergiebt sich leicht:

$$(y+y')\operatorname{tg}\alpha = -\frac{b^2}{a^2}(x+x'), \quad \text{also} \quad \eta = -\frac{b^2}{a^2}\cot\alpha.\xi.$$

Der gesuchte Ort ist somit eine durch den Anfangspunkt der Koordinaten gehende Gerade, also ein Durchmesser (EE') der Ellipse. Der Winkel β desselben mit der X-Achse ist (nach § 11, 3) bestimmt durch die Gleichung

$$\operatorname{tg}\beta = -\frac{b^2}{a^2}\cot\alpha \quad \text{oder} \quad \operatorname{tg}\alpha.\operatorname{tg}\beta = -\frac{b^2}{a^2}.$$

Da diese Gleichung durch Vertauschung von α und β ungeändert bleibt, so werden auch alle mit EE' parallelen Sehnen durch den der ersten Sehnenschar angehörigen Durchmesser DD' halbiert. Zwei Durchmesser (wie DD' und EE'), von denen jeder die dem anderen parallelen Sehnen halbiert, heißen konjugierte Durchmesser. Die durch die Endpunkte konjugierter Durchmesser gelegten Tangenten bilden ein Parallelogramm, dessen Seiten den Durchmessern bezw. parallel sind.

§ 34. Elementargeometrische Ableitung einiger Eigenschaften der Ellipse.

1) P sei ein beliebiger Punkt einer Ellipse, deren Scheitel A und A' und Brennpunkte F und F' gegeben sind. Verlängert man den Brennstrahl $F'P$ um FP bis G, so ist $F'G = 2a$. Auf der Halbierungslinie des Winkels FPG (die FG in H halbiert und auf FG senkrecht steht) sei ein beliebiger Punkt C angenommen. Im Dreieck $CF'G$ ist dann $CF'+CG > 2a$; aber $CG = CF$, also $CF'+CF > 2a$, d. h. der Punkt C liegt außerhalb der Ellipse. Es hat also die Gerade CP nur den einen Punkt P mit der Ellipse gemein oder ist eine Tangente derselben. (Auf anderem Wege ist diese Eigenschaft schon in § 29, Folg. 1) bewiesen.) — Der Punkt G heißt der Gegenpunkt des Brennpunktes F in Bezug auf die Tangente PC.

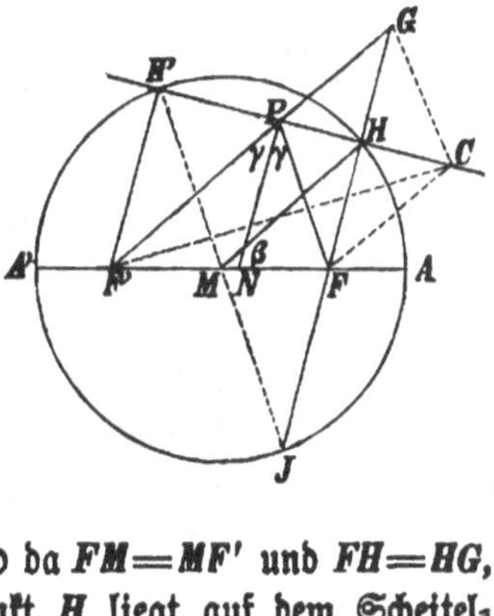

2) Der Winkel FHP ist $= 1R$, und da $FM = MF'$ und $FH = HG$, so ist $MH = \frac{1}{2}F'G = a$, d. h. der Punkt H liegt auf dem Scheitel-

kreise der Ellipse. Es gilt daher der Lehrsatz: Der geometrische Ort der Fußpunkte der aus einem Brennpunkte auf die Tangenten der Ellipse gefällten Lote ist der Scheitelkreis. Bewegt sich also der Scheitel (H) eines rechten Winkels auf der Peripherie eines Kreises, während einer seiner Schenkel beständig durch einen festen Punkt (F) innerhalb des Kreises geht, so umhüllt der andere Schenkel eine Ellipse.

3) Fällt man auf CP das Lot $F'H'$, so liegt auch H' auf dem Kreise über AA'. Verlängert man noch HF (s) bis zum zweiten Schnittpunkte J mit dem Kreise, so ist JH' ein Durchmesser und $\triangle JFM \cong H'F'M$, also $FJ = F'H' (= s')$. Nun ist $HF.FJ = A'F.FA = (a+c)(a-c) = b^2$, folglich $s.s' = b^2$. Das Produkt der Entfernungen jeder Tangente von den beiden Brennpunkten ist also konstant. — Die Dreiecke PFH und $PF'H'$ sind einander ähnlich, also $s:s' = r:r'$; folglich ist:

$$s = b\sqrt{\frac{r}{r'}}, \quad s' = b\sqrt{\frac{r'}{r}}.$$

4) Die Normale PN sei $= n$, $\angle FPN$, also auch $F'PN$ und $HGP = \gamma$; dann ist $n:2s = r':(r'+r) = r':2a$ und $\cos\gamma = s:r$, also

$$n = \frac{b}{a}\sqrt{rr'} \quad \text{und} \quad \cos\gamma = \frac{b}{\sqrt{rr'}}.$$

Die Multiplikation dieser Gleichungen ergiebt: $n\cos\gamma = b^2 : a = p$, d. h. die Projektion der Normale auf jeden der beiden Brennstrahlen PF und PF' ist gleich dem halben Parameter, also konstant. Für $\angle PNA (= \beta = GFA)$ ergiebt sich aus $\triangle F'FG$ nach dem Sinussatz: $\sin\beta : \sin\gamma = F'G : F'F = 2a : 2c = 1 : e$, so daß also β und γ mit einander durch die einfache Gleichung verbunden sind:

$$\sin\gamma = e\sin\beta.$$

5) Aufgabe. An eine Ellipse von einem außerhalb gelegenen Punkte C Tangenten zu ziehen.

Auflösung 1. In 2) war gefunden, daß $MH = a$ und $\angle CHF = 1R$; geometrische Örter für H sind also der Scheitelkreis und der Kreis vom Durchmesser CF.

Auflösung 2. Der Punkt G ist bestimmbar mittels der Kreise um F' mit $2a$ und um C mit CF.

§ 35. Lehrsätze. 1) Zieht man aus einem Brennpunkte

Strahlen nach dem Schnittpunkte und den Berührungspunkten zweier Tangenten, so halbiert der erste Strahl den Winkel der beiden anderen.

2) Zieht man aus dem Schnittpunkte zweier Tangenten Strahlen nach den beiden Brennpunkten, so bilden diese mit den Tangenten bezüglich gleiche Winkel.

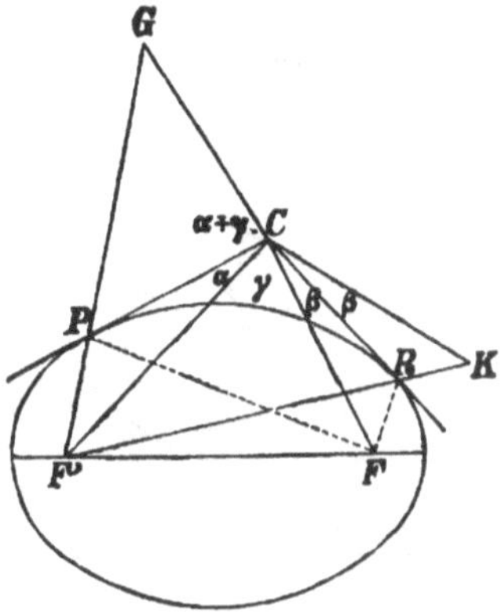

Beweis. 1) Man bestimme die Gegenpunkte G und K des einen Brennpunktes F in Bezug auf die beiden Tangenten CP und CR, indem man die Brennstrahlen $F'P$ und $F'R$ so weit verlängert, daß $F'G = F'K = 2a$ (§ 34, 1). Es ist dann auch $CG = CK$ (weil beide $= CF$) und CF' den Dreiecken $CF'G$ und $CF'K$ gemeinsam. Diese Dreiecke sind somit kongruent, folglich $\angle CF'P = CF'R$.

2) Nennt man die Winkel PCF', $F'CF$, FCR bezw. α, γ, β, so ist, weil $\angle FCG$ durch CP und $\angle FCK$ durch CR halbiert wird, $\angle PCG = \alpha + \gamma$ und $\angle RCK = \beta$. Nun ist in den beiden kongruenten Dreiecken der Winkel $GCF' = KCF'$, oder $\alpha + \gamma + \alpha = \beta + \beta + \gamma$, mithin $\alpha = \beta$ und auch $\alpha + \gamma = \beta + \gamma$, das heißt $\angle F'CP = FCR$ und auch $\angle FCP = F'CR$.

Zusatz. In dem besonderen Falle, wo $\angle PCR = 1R$, ist auch $\angle F'CK = 1R$, also $CF'^2 + CK^2 = 4a^2$, mithin auch $CF'^2 + CF^2 = 4a^2$. Bewegt sich daher ein rechter Winkel (PCR) so, daß seine Schenkel eine Ellipse berühren, so beschreibt (§ 14, 2) sein Scheitel einen mit der Ellipse konzentrischen Kreis, dessen Radius $= \sqrt{2a^2 - c^2}$, also $= \sqrt{a^2 + b^2}$ ist.

§ 36. Der Krümmungsradius der Ellipse. Legt man durch einen Punkt P einer Kurve einen Kreis, der seinen Mittelpunkt in einem Punkte O der zu P gehörigen Normale hat, so berührt derselbe die Kurve in P. Wählt man als Mittelpunkt denjenigen Punkt O, in welchem die zu P gehörige Normale durch die Normale eines unendlich nahen Punktes der Kurve geschnitten wird, so nennt man den Kreis den zu P gehörigen Krümmungskreis, den Punkt O

den Krümmungsmittelpunkt und OP den Krümmungsradius. Unter allen durch den Punkt P gehenden Kreisen schließt sich der Krümmungskreis am engsten an die Kurve in der Nähe des Punktes P an. In dem besonderen Falle, wo die gegebene Kurve selbst ein Kreis ist, fällt er vollständig mit ihr zusammen.

Es seien nun P und P' zwei beliebige Punkte der Ellipse, O der Schnittpunkt der zugehörigen Normalen, $OP = \varrho$, $PN = n$, T der Schnittpunkt der Sekante $P'P$ mit der X-Achse, $\angle PTN = \alpha$, $\angle PNT = \beta$, $\angle P'N'T = \beta'$. Zieht man $PC \| NN'$, so ist $\varrho : (\varrho - n) = CP : N'N$, und die Winkel des Dreiecks PCP' sind bezw. α, β' und $180^\circ - (\alpha + \beta')$.

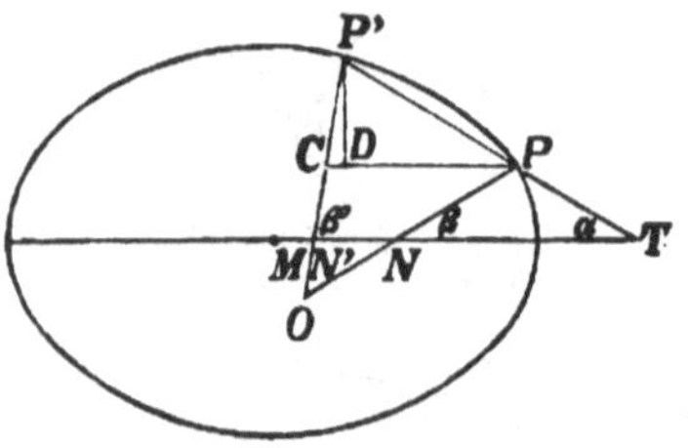

Nun ist $N'N = MN - MN'$, also nach § 29, Folg. 2) $N'N = e^2(x - x')$. Fällt man noch auf CP das Lot $P'D$, so ist $DP = x - x'$, also $N'N = e^2 DP$. Demnach wird:

$$\frac{e^2 \varrho}{\varrho - n} = \frac{CP}{DP} = \frac{CP}{PP'} \cdot \frac{PP'}{DP} = \frac{\sin(\alpha + \beta')}{\sin \beta'} \cdot \frac{1}{\cos \alpha}.$$

Hieraus läßt sich der Abschnitt $OP(\varrho)$ berechnen, welcher auf der durch P gelegten Normale durch eine beliebige zweite Normale begrenzt wird. Nimmt man jetzt P' unendlich nahe an P an, so wird O zum Krümmungsmittelpunkt, ϱ zum Krümmungsradius, und zugleich geht β' in β über, und da $P'T$ zur Tangente wird, α in $90^\circ - \beta$. Daher wird:

$$\frac{e^2 \varrho}{\varrho - n} = \frac{1}{\sin \beta^2}, \quad \text{also} \quad \varrho = \frac{n}{1 - e^2 \sin \beta^2}.$$

Nach § 34, 4) ist aber $e \sin \beta = \sin \gamma$ und $n \cos \gamma = p$. Also gelten für den Krümmungsradius die einfachen Ausdrücke

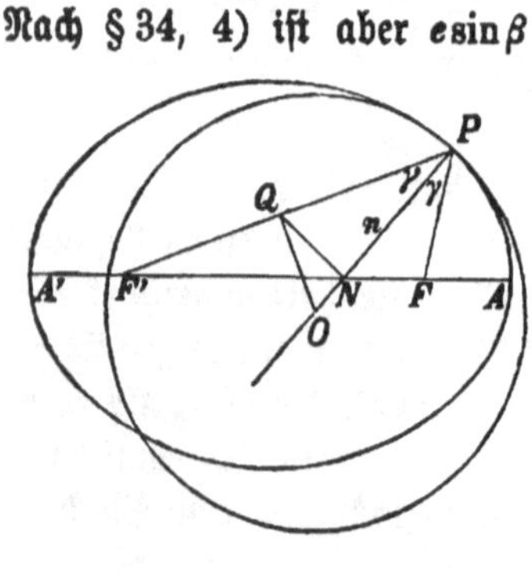

$$\varrho = \frac{n}{\cos \gamma^2} \quad \text{oder} \quad \varrho = \frac{n^3}{p^2},$$

und aus dem ersten ergiebt sich die folgende **Konstruktion des Krümmungskreises**: Man errichte auf der Normale in N ein Lot, das den Brennstrahl $F'P$ in

Q schneidet, und auf dem Brennstrahl in Q ein Lot, das die Normale in O schneidet; dann ist der Kreis, den man um O mit OP beschreibt, der gesuchte Krümmungskreis. — Da $a.n = b\sqrt{rr'} = b\sqrt{a^2-e^2x^2}$, so ist $ab.\varrho = (a^2-e^2x^2)^{\frac{3}{2}}$. In den Endpunkten der kleinen Achse ist $\varrho = a^2 : b$, in denen der großen $\varrho = b^2 : a = p$.

§ 37. Ebene Schnitte eines geraden Kegels.

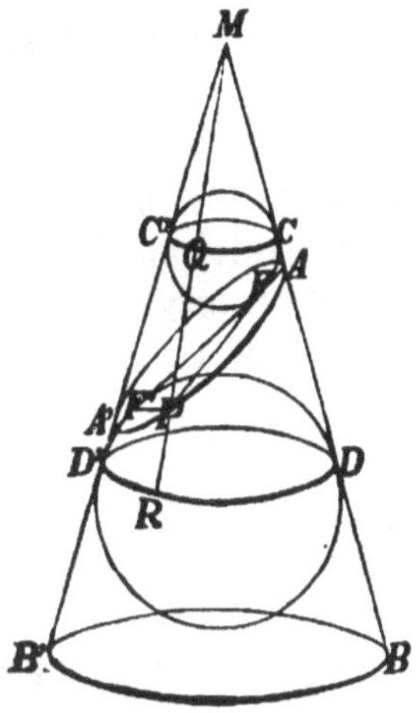

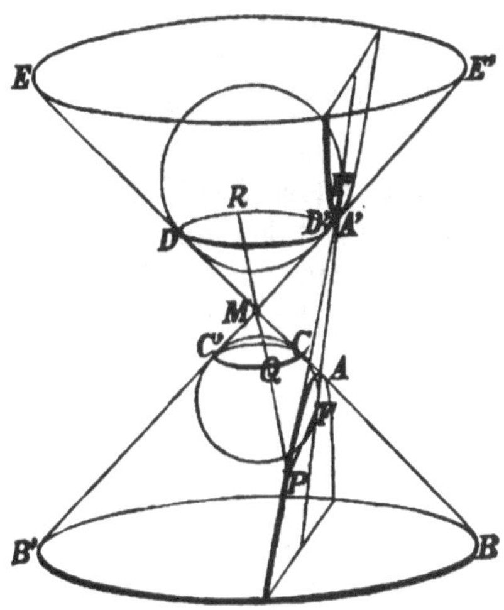

Der Mantel eines geraden Kegels werde von zwei Kugeln in den Kreislinien CC' und DD' berührt und von einer die Kugeln in den Punkten F und F' berührenden Ebene durchschnitten. Verbindet man einen beliebigen Punkt P der Schnittkurve mit F und F' und zieht die Seitenlinie MP, welche die Kreise CC' und DD' in Q und R schneidet, so ist, weil alle an eine Kugel aus demselben Punkte gezogenen Tangenten gleiche Länge haben, $PF = PQ$ und $PF' = PR$, also $PF + PF' = PQ + PR = QR = CD$, also konstant. Die Schnittkurve ist also eine Ellipse, und die Berührungspunkte F und F' sind ihre Brennpunkte. In der zweiten Figur ist der Kegelmantel über den Scheitel M erweitert und die zweite Kugel dem oberen Teile eingeschrieben. Die Kurve, in welcher die die Kugeln in F und F' berührende Ebene die Kegelfläche schneidet, besteht aus zwei getrennten Zweigen und wird eine Hyperbel genannt. Die Hyperbelebene ist zwei Seitenlinien der Kegelfläche parallel, nämlich denjenigen, in welchen die Fläche durch die zu der Ebene durch M gelegte Parallelebene geschnitten wird. Für jeden Punkt P des unteren Zweiges ist $PF' - PF = PR - PQ = QR = CD$, also konstant, für jeden Punkt des oberen Zweigs ist $PF - PF' = CD$. Natürlich kann diese Eigenschaft auch als Definition der Hyperbel genommen werden.

Behält die erste Kugel in Fig. 1 und 2 ihre Lage, während die zweite, größer und größer werdend, sich weiter und weiter und zuletzt ins Unendliche entfernt, so wird die Linie $AF \parallel MB'$ und nach § 23 die Schnittkurve eine Parabel, die demnach als Grenzfall sowohl der Ellipse als auch der Hyperbel betrachtet werden kann.

Unabhängig von dem als geraden Kegel bezeichneten Körper kann eine gerade Kegelfläche definiert werden als die durch Umdrehung einer Geraden um eine sie schneidende Achse entstehende Fläche. Man kann dann sagen: Eine Ebene schneidet die Kegelfläche in einer Ellipse, Parabel oder Hyperbel, je nachdem sie alle Seitenlinien, oder alle bis auf eine, oder alle bis auf zwei schneidet.

V. Von der Hyperbel.

§ 38. Der geometrische Ort eines Punktes (P), dessen Entfernungen von zwei festen Punkten (den **Brennpunkten** F und F') eine konstante Differenz ($2a$) haben, heißt eine **Hyperbel**. Es muß $2a$ kleiner als der Abstand $2c$ der Brennpunkte sein. Die Strecken FP und $F'P$ heißen **Brennstrahlen** oder **Radienvektoren**. Zur Hyperbel gehören sowohl diejenigen Punkte P, für welche $F'P - FP = 2a$ oder $r' - r = 2a$, als auch diejenigen, für welche $FP - F'P = 2a$ oder $r - r' = 2a$ ist. Im ersten Falle ist $r' > r$, und es liegt daher P mit F an derselben Seite der Mittelsenkrechten MY von $F'F$; im zweiten Falle liegt P mit F' an derselben Seite von MY. Die Hyperbel besteht also aus zwei getrennten Zweigen. Trägt man von M (dem **Mittelpunkte** der Hyperbel) aus die Strecke a auf MF und MF' ab, so erhält man die **Scheitel** A und A' und die von ihnen begrenzte **Hauptachse** ($2a$) der Hyperbel. Man nennt den Abstand c eines Brennpunkts

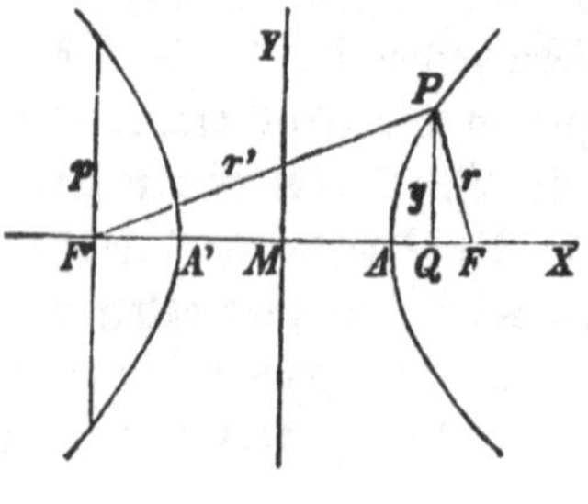

vom Mittelpunkt die lineare und das Verhältnis $c:a(=e)$ die numerische Excentricität; da $c>a$, so ist $e>1$.

Die Punktkonstruktion der Hyperbel ist in ganz ähnlicher Weise wie die der Ellipse ausführbar.

§ 39. **Aufgabe.** Die Mittelpunktsgleichung der Hyperbel aufzustellen.

Auflösung. Wie bei der Ellipse gelten die Gleichungen $r'^2=(ae+x)^2+y^2$; $r'^2+r^2=2(a^2e^2+x^2+y^2)$; $r'^2-r^2=4aex$. Die Abscisse x ist positiv oder negativ, je nachdem P dem rechts oder links liegenden Hyperbelzweige angehört. Nun ist $r'-r=\pm 2a$, wo das Zeichen $+$ oder $-$ zu nehmen ist, je nachdem x positiv oder negativ ist; also wird $r'+r=\pm 2ex$, folglich:

$$r'=\pm(ex+a),\quad r=\pm(ex-a).$$

Durch Einsetzung dieser Werte in die Gleichung für r'^2+r^2 erhält man für die Hyperbel dieselbe Gleichungsform wie für die Ellipse, nämlich

$$a^2(1-e^2)=(1-e^2)x^2+y^2.$$

Da aber für die Hyperbel $1-e^2$ negativ ist, so setzt man

$a^2(1-e^2)=-b^2$ (so daß $b^2=c^2-a^2$ oder $a^2+b^2=c^2$ wird)

und erhält als Gleichung der Hyperbel:

$$\frac{x^2}{a^2}-\frac{y^2}{b^2}=1,\quad \text{oder:}\quad y=\pm\frac{b}{a}\sqrt{x^2-a^2}.$$

Liegt x zwischen $-a$ und a, so wird y imaginär; zwischen den in A' und A auf der X-Achse errichteten Loten (den Scheiteltangenten) liegt also kein Punkt der Hyperbel. Da für $x>a$ und $x<-a$ die Ordinaten stets reelle Werte besitzen, so erstreckt sich jeder der beiden Hyperbelzweige bis ins Unendliche. — Der Parameter $2p$ der Hyperbel wird ebenso wie bei der Ellipse definiert. Für $x=c$ wird der positive Wert von $y=p$, also $p=b\sqrt{c^2-a^2}:a=b^2:a$.

§ 40. Der Winkel α einer Sekante PP_1 mit der X-Achse ist durch die Gleichung $\operatorname{tg}\alpha=(y_1-y):(x_1-x)$ bestimmt. Nun folgt durch Subtraktion der Gleichungen

$$\frac{x^2}{a^2}-\frac{y^2}{b^2}=1,\quad \frac{x_1^2}{a^2}-\frac{y_1^2}{b^2}=1,\ \text{daß}\ \frac{y_1-y}{x_1-x}=\frac{b^2(x_1+x)}{a^2(y_1+y)}.$$

Läßt man jetzt die Punkte (x, y) und (x_1, y_1) zusammenfallen, so erhält man für den Winkel α der Tangente PT mit der X-Achse, sowie für die Subtangente TQ und den Abschnitt MT die Formeln:

$$\operatorname{tg}\alpha = \frac{b^2 x}{a^2 y}; \quad TQ = \frac{a^2 y^2}{b^2 x}; \quad MT = x - TQ = \frac{a^2}{x}.$$

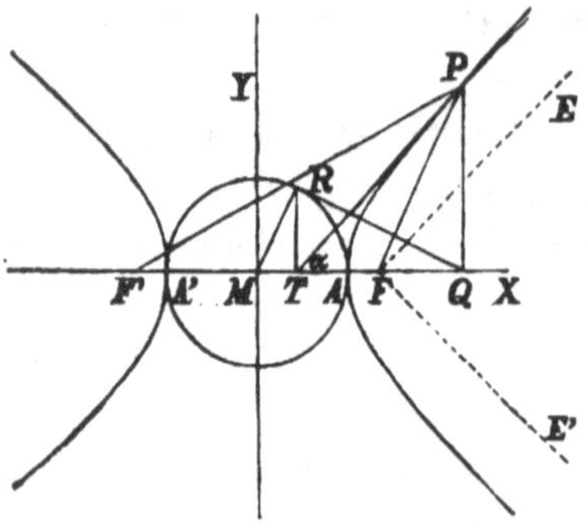

Nach der letzten Gleichung kann man den Punkt T und somit auch die Tangente PT konstruieren, indem man an den Kreis über AA' (den Scheitelkreis) vom Fußpunkte Q der Ordinate QP die Tangente QR zieht und auf MQ das Lot RT fällt. Denn dadurch wird $MR^2 = MT.MQ$, oder $a^2 = MT.x$, also $MT = a^2 : x$.

Man beachte auch, daß $QR = \sqrt{x^2 - a^2}$ ist, also $y : QR = b : a$. Nach dieser Proportion könnte man zu jeder Abscisse die zugehörige Hyperbelordinate mit Hülfe des Scheitelkreises konstruieren.

Bezeichnet man die Punkte, in denen die Y-Achse von dem um A mit MF (c) zu beschreibenden Kreise geschnitten wird, durch B und B', so ist $MB = MB' = b$; man nennt BB' $(2b)$ die Nebenachse der Hyperbel. Ist $b = a$, so heißt die Hyperbel eine gleichseitige; die Gleichung derselben ist $x^2 - y^2 = a^2$; ihre Punkte könnten mit Hülfe der Gleichung $y = QR$ konstruiert werden.

§ 41. Den Eigenschaften der Ellipse entsprechen völlig analoge der Hyperbel und lassen sich in entsprechender Weise herleiten. Z. B.:

Die Tangente halbiert den Winkel (FPF') der Brennstrahlen nach dem Berührungspunkte. Die Fußpunkte der auf die Hyperbeltangenten aus jedem Brennpunkte gefällten Lote liegen auf dem Scheitelkreise; das Produkt der Entfernungen jeder Tangente von den beiden Brennpunkten ist $= b^2$, also konstant.

Die Scheitelgleichung der Hyperbel (vergl. § 31) ist, für $AQ = x'$, also $x = a + x'$:

$$y^2 = 2px' + \frac{px'^2}{a}.$$

§ 42. Die Hyperbel besitzt, wie die Ellipse, zwei Leitlinien und ist der geometrische Ort eines Punktes, dessen Entfernungen von einem festen Punkte und einer festen geraden Linie das konstante Verhältnis $e(>1)$ haben. Der Beweis kann mittels der Gleichung $\pm r = ex - a$ (§ 39) analog § 30 geführt werden.

Die Polargleichung des den Brennpunkt F umgebenden Hyperbelzweiges ($r = ex - a$) ist, wenn $\angle PFA = \varphi$ gesetzt wird (wodurch $x = ae - r\cos\varphi$ wird):

$$r = \frac{p}{1 + e\cos\varphi}.$$

(Soll dieselbe Gleichung auch den zweiten Hyperbelzweig darstellen, so muß man für r auch negative Werte zulassen.)

Bestimmt man den spitzen Winkel ε durch die Gleichung $\cos\varepsilon = 1 : e$, so wird der Nenner $1 + e\cos\varphi = 0$, also r unendlich groß für $\varphi = 180^\circ - \varepsilon = \angle AFE$ und $\varphi = 180^\circ + \varepsilon = \angle AFE'$.

Die Geraden, welche man durch den Mittelpunkt M parallel mit den Richtungen FE und FE' ziehen kann, heißen wegen der im folgenden § zu beweisenden Eigenschaft die Asymptoten der Hyperbel. Ihre Gleichungen sind, wenn η, bezw. η' die zur Abscisse x gehörige Ordinate bezeichnet: $\eta = x\,\mathrm{tg}\,\varepsilon$ und $\eta' = -x\,\mathrm{tg}\,\varepsilon$, oder da $\mathrm{tg}\,\varepsilon = \sqrt{1-\cos\varepsilon^2} : \cos\varepsilon = \sqrt{e^2-1} = b : a$ ist,

$$\eta = \frac{b}{a}x \quad \text{und} \quad \eta' = -\frac{b}{a}x.$$

§ 43. Man schneide die Scheiteltangenten durch den Kreis vom Durchmesser FF' in E, D, E', D' (wodurch z. B. $AE = \sqrt{ME^2 - MA^2} = \sqrt{c^2 - a^2} = b$ wird), dann sind DD' und EE' die im vorigen § als Asymptoten bezeichneten Geraden ($\mathrm{tg}\angle AME = AE : MA = b : a$). Zu der positiven Abscisse x (MQ) konstruiere man den Hyperbelpunkt P mit der positiven Ordinate y und den Asymptotenpunkt H mit der positiven Ordinate η. Aus den Gleichungen $a^2y^2 = b^2(x^2 - a^2)$ und $a^2\eta^2 = b^2x^2$ folgt dann, daß

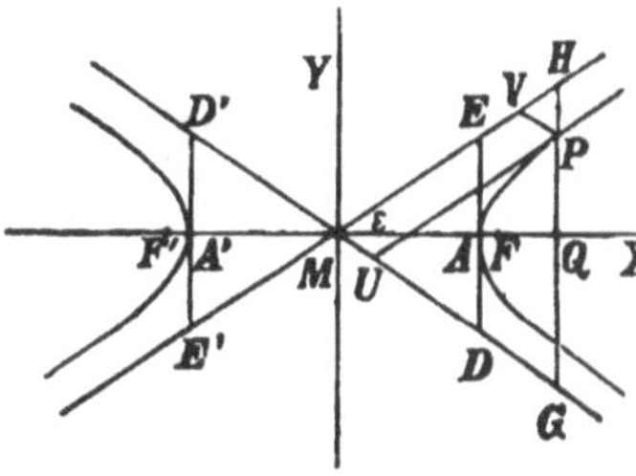

$\eta^2 - y^2 = b^2$, also $\eta - y = b^2 : (\eta + y)$ ist. Bewegt sich der Punkt P auf der Hyperbel weiter, so daß y über jede gegebene Größe hinaus wächst, so wird die rechte Seite der Gleichung, also auch $\eta - y$ oder

PH, kleiner als jede gegebene noch so kleine Strecke, erreicht aber niemals den Wert Null. Die Hyperbel nähert sich also, weiter und weiter fortgesetzt, unbegrenzt ihren Asymptoten, ohne jedoch mit ihnen zusammenzufallen.

§ 44. Man ziehe zu den Asymptoten die Parallelen $UP(v)$ und $VP(u)$; dann ist $\triangle PHV \sim DEM$, und wenn HP bis zum Schnittpunkte G mit der zweiten Asymptote verlängert wird, auch $GPU \sim DEM$. Daher ergiebt sich $u:(\eta - y) = c:2b$ und $v:(\eta + y) = c:2b$, also mit Rücksicht auf die Gleichung $\eta^2 - y^2 = b^2$:

$$u \cdot v = \tfrac{1}{4}c^2.$$

Für alle Punkte der Hyperbel ist also das Produkt der Parallelen zu den Asymptoten konstant. Auch der Flächeninhalt des Parallelogramms $MUPV$ ist infolgedessen konstant. (Denn derselbe ist $= uv \sin 2\varepsilon$, also $= \tfrac{1}{4}c^2 \sin 2\varepsilon = \tfrac{1}{2}ab =$ dem Rhombus, von dem MA eine Diagonale ist.)

Die Abschnitte $MU(u)$ und $MV(v)$ können als die schiefwinkligen Koordinaten des Punktes P in Bezug auf die Asymptoten als schiefwinklige Koordinatenachsen angesehen werden, und die Gleichung $uv = \tfrac{1}{4}c^2$ als die Gleichung der Hyperbel in Bezug auf diese Achsen.

Nur für die gleichseitige Hyperbel ($b = a$) wird der Asymptotenwinkel 2ε ein Rechter, und ihre Gleichung in Bezug auf die Asymptoten ist $uv = \tfrac{1}{2}a^2$.

§ 45. Eine Gerade schneide die Hyperbel in P und P' und die Asymptoten in R und S. Zieht man $PV \parallel SM$ und $P'U' \parallel RM$, so ist $MV \cdot VP = MU' \cdot U'P'$ $(= \tfrac{1}{4}c^2)$, also auch, wenn Z der Schnittpunkt von VP und $U'P'$ ist, $U'Z \cdot VP = VZ \cdot U'P'$, oder $U'Z : U'P' = VZ : VP$. Es ist daher $U'V \parallel PP'$; die Vierecke $U'VRP'$ und $U'VPS$ sind also Parallelogramme,

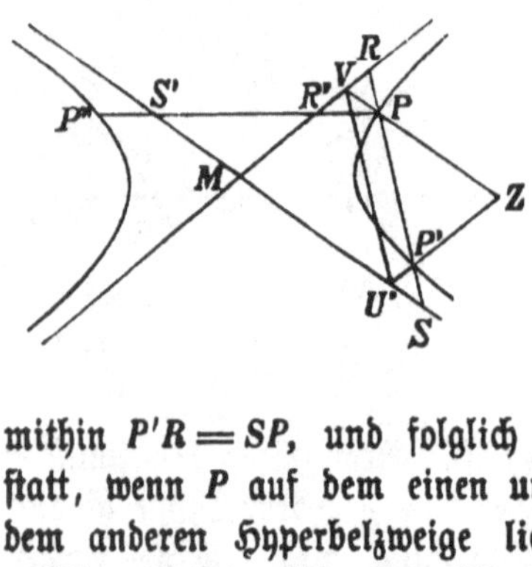

mithin $P'R = SP$, und folglich auch $PR = P'S$. (Dasselbe findet statt, wenn P auf dem einen und der zweite Schnittpunkt P'' auf dem anderen Hyperbelzweige liegt; nur fallen dann R' und S' zwischen P und P''.) Es gilt also der

Lehrsatz. Die Abschnitte einer Sekante (oder Sehne) zwischen der Hyperbel und ihren Asymptoten sind einander gleich. (Hiernach lassen sich sehr leicht beliebig viele Punkte der Hyperbel zeichnen, wenn ein Punkt der Hyperbel und ihre Asymptoten gegeben sind; denn für jede durch P gezogene und durch die Asymptoten begrenzte Gerade RS findet man einen Hyperbelpunkt P', indem man RP von S bis P' abträgt.)

Folgerungen. 1) Der durch die Asymptoten begrenzte Abschnitt einer Tangente wird durch den Berührungspunkt halbiert. (P und P' fallen hier zusammen.)

2) Die Tangenten begrenzen mit den Asymptoten Dreiecke von konstantem Flächeninhalt ($= 2uv \sin 2\varepsilon = ab$).

3) Die Halbierungspunkte paralleler Hyperbelsehnen liegen auf einer durch M gehenden Geraden. Denn sie fallen zusammen mit den Halbierungspunkten von Strecken, die den Sehnen parallel sind und durch die Asymptoten begrenzt werden.

Anhang.

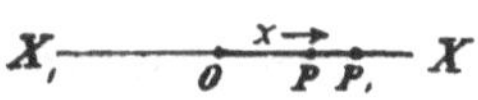

Auf der Geraden XX_1 bewege sich ein Punkt P nach den durch die Gleichungen

$x = at - b$; $x = t^2 - at + b$; $x = t^3 - at + b$; $x = t^4 - at^3 + bt^2 - c$; $x = at - b \sin t$; . . . .

ausgedrückten Gesetzen, in denen t eine Anzahl Zeitsekunden und $x = OP$ eine Anzahl Meter bedeuten. Die Koefficienten $a, b, c, \ldots$ sind durch bestimmte Zahlen zu ersetzen. Der Anfangspunkt der Zeit t ist der Beginn der Lehrstunde und der Anfangspunkt der x der Punkt O.

Erste Übung. Wo befindet sich vermöge dieser Gleichungen der Punkt P zu einer bestimmten Zeit? Wo befand er sich vor unendlich langer Zeit, und wo wird er nach unendlich langer Zeit sein?

Zweite Übung. Welche Geschwindigkeit besitzt der Punkt P zur Zeit t?

Zur Zeit t ist $OP = x$, zur Zeit t_1 ist $OP_1 = x_1$, also hat der Punkt P nach Verlauf von $t_1 - t$ Sekunden die Strecke $x_1 - x$ durchlaufen. Wäre die Bewegung eine gleichförmige gewesen, so hätte er in einer Sekunde die Strecke $\frac{x_1 - x}{t_1 - t}$ zurückgelegt. Dieser Bruch kann nach den Formeln § 182 Nr. 4 und § 177 Nr. 2 und Nr. 4 berechnet werden. Es kann also auch dessen Wert für $t_1 = t$ oder die Geschwindigkeit x' des Punktes P zur Zeit t bestimmt werden, wenn man für Kreisfunktionen § 189 zu Hülfe nimmt.

Zu welcher Zeit und an welchem Orte ist die Geschwindigkeit gleich Null?

Selbst wenn die Gleichung für t vom vierten Grade ist, so lassen sich doch die Stillstandspunkte des Punktes P stets durch Auflösung einer bloß quadratischen Gleichung finden, denn nach § 143 Nr. 2 läßt sich das Polynom für $x = \frac{1}{t}$ auf die oben angegebene Form bringen.

Die wichtigste Frage ist jetzt: Wie oft geht der Punkt P durch den Punkt O?

Dritte Übung. Wie groß ist die Zunahme der Geschwindigkeit x' während einer Sekunde? Oder: Von welcher Kraft wird der Punkt P beschleunigt?

Die Berechnung des Bruches $\frac{x'_1 - x'}{t_1 - t}$, der durch x'' bezeichnet werden soll, wenn man in ihm $t_1 = t$ gesetzt hat, läßt sich auf dieselbe Weise wie die Berechnung der Geschwindigkeit x' ausführen.

Vierte Übung. Zu welcher Zeit geht der Punkt P durch den Punkt O? Oder: Wie lassen sich die reellen Wurzeln der numerischen Gleichungen berechnen, die man für $x = 0$ aus den aufgestellten Gleichungen erhält?

Beispiele. 1) Berechnung von $\sqrt[3]{29}$ oder Auflösung der Gleichung $t^3 - 29 = 0$. Man setzt $x = t^3 - 29$, also $x' = 3t^2$, $x'' = 6t$; für $t = 3$ ist $x = -2$, $x' = 27$, $x'' = 18$. Also 3 Sekunden nach Beginn der Lehrstunde befand sich der Punkt P 2 Meter links von O, hatte hier eine positive Geschwindigkeit von 27 Meter, und seine Beschleunigung betrug 18 Meter. Er hätte also diese 2 Meter in $\frac{2}{27}$ Sekunden durchlaufen, wenn er nicht beschleunigt worden wäre. Offenbar hat er aber zu diesem Wege jetzt weniger Zeit gebraucht. Wäre die Beschleunigung eine konstante gewesen, so könnte man die Zeit, welche der Punkt gebraucht, um nach O zu kommen, durch die bekannte Fallformel berechnen. Diese Formel ist $s = c\tau + \frac{1}{2}g\tau^2$, aus der sich ergiebt:

$\tau = -\frac{c}{g} + \sqrt{\frac{c^2}{g^2} + \frac{2s}{g}}$, oder mit Benutzung der Formel § 188c, 4)

$\tau = \frac{s}{c} - \left(\frac{s}{c}\right)^2 \frac{g}{2c} + \cdots$ In unseren Gleichungen ist der Raum $s = -x$, die Geschwindigkeit $c = x'$ und die Beschleunigung $g = x''$, also wird:

$$\tau = -\frac{x}{x'} - \left(\frac{x}{x'}\right)^2 \frac{x''}{2x'}.$$

In diesem Beispiele ist, wenn man annimmt, daß der Punkt P nach O hin mit beschleunigter Geschwindigkeit fällt:

$$\tau = \frac{2}{27} - \left(\frac{2}{27}\right)^2 \frac{18}{2.27} = 0{,}0740 - 0{,}0017 = 0{,}0723.$$

Also ist $\sqrt[3]{29} = 3 + 0{,}0723 = 3{,}0723$ bis zur letzten Stelle richtig. Eine zweite Anwendung dieser Formel giebt bekanntlich mehr als 8 richtige Decimalen der Wurzel.

Ganz auf dieselbe Weise findet man nun alle reellen Wurzeln einer höheren numerischen Gleichung. Dabei wird das zweite Glied der wichtigen Näherungsformel τ im allgemeinen nur benutzt, um zu ermitteln, wie viel Stellen des Bruches $\frac{x}{x'}$ für eine Näherung beibehalten werden dürfen.

2) Es sei die Gleichung vorgelegt

$$v^4 + 4v^3 - 4v^2 - 8v - 2 = 0,$$

welche sich für $v = u - 1$ und $u = 1 : t$ in

$$t^4 - 8t^3 + 10t^2 - 1 = 0$$

verwandelt. Man setzt:

$$x = t^4 - 8t^3 + 10t^2 - 1 \quad \text{und erhält:}$$
$$x' = 4t^3 - 24t^2 + 20t = 4t(t^2 - 6t + 5) = 4t(t-1)(t-5),$$
$$x'' = 12t^2 - 48t + 20 = 4(3t^2 - 12t + 5).$$

Es ist also die Geschwindigkeit gleich Null

für $t = 0$; 1, 5, und für diese Werte ist $x = -1$; 2; -126.

Für die Berechnung dieser Werte von x kann man eine einfachere Gleichung dadurch bilden, daß man aus den Gleichungen $x = t^4 - 8t^3 + 10t^2 - 1$ und $x' = 0$ (d. h. $t^3 - 6t^2 + 5t = 0$) die drei höchsten Potenzen von t eliminiert. Man erhält auf diese Weise die Gleichung

$x = 34 - 32t$ und hieraus für $t = 1$ und $t = 5$ die richtigen Werte $x = 2$ und $x = -126$. Nur den Wert von x für $t = 0$ muß man aus der ursprünglichen Form der Gleichung für x entnehmen.

Wenn also die Zeit vom Beginn der Lehrstunde an gezählt wird, das Zeitmaß die Sekunde und das Längenmaß das Meter ist, so kam der Punkt von rechts aus dem Unendlichen, ging durch O hindurch und stand bei Beginn der Lehrstunde schon 1 Meter links von O, kehrte um und befand sich eine Sekunde später 2 Meter rechts von O, bewegte sich von hier aus wieder nach links und stand 4 Sekunden später 126 Meter links von O, worauf er sich abermals nach rechts wendete und ins Unendliche verlor. Die Gleichung hat also vier reelle Wurzeln, da der Punkt viermal durch O gegangen ist, und diese Wurzeln liegen zwischen

$$-\infty \text{ und } 0; \quad 0 \text{ und } 1; \quad 1 \text{ und } 5; \quad 5 \text{ und } \infty.$$

Offenbar ist die letzte Wurzel am leichtesten zu berechnen; denn

$$\text{für } t = 6 \text{ ist } x = -73, \quad x' = 120, \quad \text{und}$$
$$\text{für } t = 7 \text{ ist } x = 146, \quad x' = 336.$$

Also liegt diese Wurzel zwischen 6 und 7, und die Geschwindigkeiten sind schon zu diesen Zeiten sehr groß. In der siebenten Sekunde hat der Punkt 73+146 Meter durchlaufen, die ersten 73 Meter aber mit geringerer Geschwindigkeit als die letzten 146, so daß man wohl annehmen kann, es werde die erste Strecke in einer halben Sekunde zurückgelegt. Setzt man also

$t = 6{,}5$, so ergiebt sich: $x = 9{,}5625$; $x' = 214{,}5$; $x'' = 215$, und
$\tau = -0{,}0446 - 0{,}0010 = -0{,}0456$; also
$t = 6{,}4544$; $x = 0{,}00312879$; $x' = 204{,}808$; $x'' = 210$, und
$\tau = -0{,}000015277 - 0{,}0000000001$, also:
$t_4 = 6{,}454384723$.

Die erste Wurzel, welche zwischen $-\infty$ und 0, und zwar offenbar zwischen -1 und 0 liegt, berechnet man bequemer, indem man t mit $-t$ vertauscht, durch die Gleichungen

$$x = t^4 + 8t^3 + 10t^2 - 1$$
$$x' = 4t(t+1)(t+5)$$
$$x'' = 4(3t^2 + 12t + 5).$$

Hier sieht man sogleich, daß t etwas kleiner als 0,3 sein muß. Man findet für

$t = 0{,}3;\quad x = 0{,}124;\quad x' = 8{,}27;\quad x'' = 35{,}5,$
$\tau = -0{,}0150 - 0{,}0005 = -0{,}0155,$ und daher:
$t = 0{,}2845;\quad x = 0{,}000173833;\quad x' = 7{,}7247;\quad x'' = 34{,}6,$
$\tau = -0{,}000022504 - 0{,}000000001.$

Also ist, wenn jetzt wieder t mit $-t$ vertauscht wird, die erste Wurzel:

$$t_1 = -0{,}284477495.$$

Für die zweite, zwischen 0 und 1 enthaltene Wurzel ergiebt sich für

$t = 0{,}4;\quad x = 0{,}1136;\quad x' = 4{,}416;\quad x'' = 2{,}72,$
$\tau = -0{,}0257 - 0{,}0002 = -0{,}0259,$ also:
$t = 0{,}3741;\quad x = 0{,}00024955;\quad x' = 4{,}3326;\quad x'' = 3{,}72,$
$\tau = -0{,}000057597 - 0{,}000000001,$
$t_2 = 0{,}374042402.$

Die dritte Wurzel liegt zwischen 1 und 2, und man findet für

$t = 1{,}5;\quad x = -0{,}44;\quad x' = -10{,}5;\quad x'' = -25,$
$\tau = -0{,}042 - 0{,}002 = -0{,}044,$ also:
$t = 1{,}456;\quad x = 0{,}00047412;\quad x' = -9{,}4120;\quad x'' = -24{,}4,$
$\tau = 0{,}000050374 - 0{,}000000003,$
$t_3 = 1{,}456050371.$

Die vier Wurzeln sind also:

$$t_1 = -0{,}284477495;\quad t_2 = 0{,}374042402;$$
$$t_3 = \quad 1{,}456050371;\quad t_4 = 6{,}454384723,$$

und die Wurzeln der vorgelegten Gleichung, in welcher $v = \frac{1}{t} - 1$ war:

$$v_1 = -4{,}51521656;\quad v_2 = +1{,}67349369;$$
$$v_3 = -0{,}31321057;\quad v_4 = -0{,}84506656.$$

Fünfte Übung. Wenn in dem Punkte P seine jedesmalige Geschwindigkeit x' als Ordinate errichtet wird, so erhält man die Geschwindigkeitskurven, deren Natur weiter untersucht werden soll. Man macht sehr leicht begreiflich, daß $\frac{x''}{x'}$ die trigonometrische Tangente des Winkels ist, den die Berührungslinie mit der Abscissenachse bildet &c. Für das erste Beispiel hat die Geschwindigkeitskurve ungefähr die Gestalt Nr. 1. Die Figuren 2, 3, 4 beziehen sich auf kubische Gleichungen, welche eine, drei, eine reelle Wurzel haben, während die zugehörige quadratische Gleichung für die Stillstandspunkte zwei reelle Wurzeln besitzt; in dem Falle, wo letztere Gleichung keine reellen

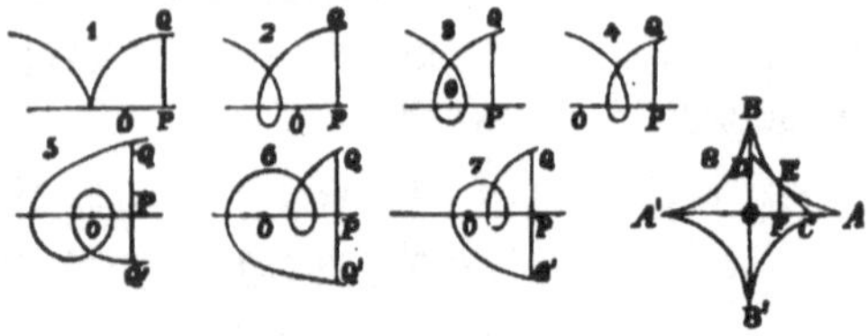

Wurzeln hat, schneidet die Kurve die Gerade nicht, der Punkt P durchläuft die ganze Gerade in stets derselben Richtung, geht also einmal durch O, und die kubische Gleichung hat eine reelle Wurzel. Die Figuren 5, 6, 7 veranschaulichen, daß biquadratische Gleichungen entweder vier oder zwei oder keine reellen Wurzeln haben, sofern die kubische Gleichung für die Stillstandspunkte drei reelle Wurzeln besitzt; hat letztere aber nur eine reelle Wurzel, so schneidet die Geschwindigkeitskurve die Gerade nur einmal, der Punkt P kehrt nur einmal um und geht also durch O entweder zweimal oder keinmal, d. h. die biquadratische Gleichung hat in diesem Falle entweder zwei oder keine reellen Wurzeln.

Weitere Andeutungen.

Durch die Formeln $x=(1-t)^{\frac{3}{2}}$, $y=t^{\frac{3}{2}}$ wird (Fig. 8) die Bewegung eines Punktes E, dessen Abscisse $OF=x$ und Ordinate $FE=y$ ist, in einer Ebene bestimmt. Man findet leicht, daß die gerade Linie CED, welche die Kurve in E berührt, die konstante Größe 1 besitzt. Die Projektionen der Geschwindigkeit v des Punktes E auf die Koordinatenachsen OA und OB sind

$$x'=-\tfrac{3}{2}(1-t)^{\frac{1}{2}} \quad \text{und} \quad y'=\tfrac{3}{2}t^{\frac{1}{2}},$$

daher ist

$$x'^2+y'^2=v^2=\tfrac{9}{4},$$

also hat v den konstanten Wert $\frac{3}{2}$. Die Länge eines Bogens der Kurve AEB, welche während der Zeit τ durchlaufen wird, ist $\frac{3}{2}\tau$. Zur Zeit $t=0$ befindet sich E in A und zur Zeit $t=1$ in B. Der Bogen AEB ist in einer Sekunde durchlaufen worden und ist daher $1\frac{1}{2}$ Meter lang. Auf diese Weise lassen sich auch die Cykloiden und viele andere Kurven rektifizieren.

Auch die Länge von Raumkurven kann so bestimmt werden. Es

sei z. B.

$$x=(a+\alpha t)^{\frac{3}{2}};\quad y=(b+\beta t)^{\frac{3}{2}};\quad z=(c+\gamma t)^{\frac{3}{2}};$$

also

$$x'=\tfrac{3}{2}\alpha(a+\alpha t)^{\frac{1}{2}};\quad y'=\tfrac{3}{2}\beta(b+\beta t)^{\frac{1}{2}};\quad z'=\tfrac{3}{2}\gamma(c+\gamma t)^{\frac{1}{2}}$$

und

$$x'^2+y'^2+z'^2=v^2=\tfrac{9}{4}(a\alpha^2+b\beta^2+c\gamma^2),$$

wenn α, β, γ so angenommen werden, daß

$$\alpha^3+\beta^3+\gamma^3=0$$

wird.

Die angedeuteten Gedanken lassen sich nun unmittelbar für die Mechanik und die Theorie der Maxima und Minima verwerten.

Eine weitere Anwendung ist die folgende.

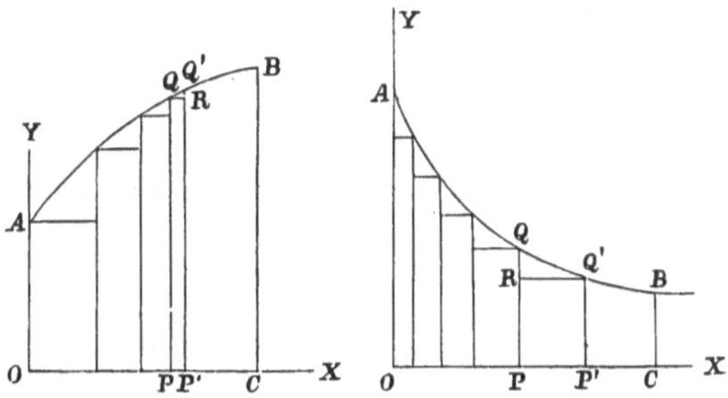

Es drücke z. B. $x=at^{\alpha}$ die Bewegungsweise des Punktes P auf der Abscissenachse aus, wenn P die Projektion des Punktes Q ist, der die Kurve AB beschreibt. Die Geschwindigkeit des Punktes P ist dann $x'=a\alpha t^{\alpha-1}$, und daher $\frac{x'}{t^{\alpha-1}}=a\alpha$. Für $y=\frac{1}{t^{\alpha-1}}$ wird $yx'=a\alpha$, d. h. das Produkt aus der Ordinate $PQ(y)$ und der Geschwindigkeit des Punktes P behält während der Bewegung des Punktes Q von A nach B hin einen unveränderten Wert. Wird nun der Bogen QQ' in einer $n$tel Sekunde durchlaufen und ist n unendlich groß, so ist $PP'=\frac{x'}{n}$, und $\frac{yx'}{n}=\frac{a\alpha}{n}$ der Flächeninhalt des Rechtecks $PP'RQ$ oder des während der $n$tel Sekunde erzeugten Flächenteils $PP'Q'Q$. Die Basis der in den einzelnen aufeinanderfolgenden $n$tel Sekunden entstandenen Rechtecke nimmt mit der Geschwindigkeit des Punktes P ab und wächst mit ihr. Diese beiden Fälle stellen die beiden Figuren dar. Da aber diese Rechtecke alle den gleichen Flächeninhalt $\frac{a\alpha}{n}$ haben, so ist die Summe der in einer ganzen Sekunde entstandenen Rechtecke $= a\alpha$, und

$$a\alpha t$$

die Fläche $ABCO = F$, welche nach t Sekunden erzeugt worden ist, was durch die Gleichung

$$\Sigma \frac{1}{n} yx' = a\alpha t$$

ausgedrückt werden kann. Aus den Gleichungen $x = at^{\alpha}$ und $y = t^{1-\alpha}$ folgt $xy = at$. Also wird die Fläche

$$\Sigma \frac{1}{n} yx' = F = \alpha xy,$$

und die Gleichung der Kurve

$$y^{\alpha} = a^{\alpha-1} x^{1-\alpha}, \quad \text{oder} \quad y^{\frac{\alpha}{1-\alpha}} = \frac{x}{a}.$$

Man erhält ein allgemeineres Resultat, wenn man zwar wiederum $x = at^{\alpha}$ setzt, aber in der daraus hervorgehenden Gleichung $\frac{x'}{t^{\alpha-1}} = a\alpha$ die Substitution $\frac{1}{t^{\alpha-1}} = x^{\beta} y^{\gamma}$ anwendet. Dadurch wird $x^{\beta} y^{\gamma} x' = a\alpha$, und

$$\Sigma \frac{1}{n} x^{\beta} y^{\gamma} x' = a\alpha t = \alpha x^{\beta+1} y^{\gamma},$$

und die Gleichung der Kurve

$$y^{\alpha\gamma} = a^{\alpha-1} x^{1-\alpha-\alpha\beta}.$$

Die wichtigsten speciellen Fälle sind die folgenden vier, von denen der erste mit dem anfangs betrachteten zusammenfällt.

1) Für $\beta = 0$, $\gamma = 1$ ist $y^{\alpha} = a^{\alpha-1} x^{1-\alpha}$ und αxy die Fläche der Kurve.

2) Für $\beta = 0$, $\gamma = 2$ ist $y^{2\alpha} = a^{\alpha-1} x^{1-\alpha}$ und $\pi \alpha x y^2$ der durch Rotation dieser Kurve um die X-Achse entstandene Körper.

3) Für $\beta = 1$, $\gamma = 1$ ist $y^{\alpha} = a^{\alpha-1} x^{1-2\alpha}$ und $\alpha x^2 y$ das Produkt aus der Fläche und der Abscisse ihres Schwerpunktes.

4) Für $\beta = 1$, $\gamma = 2$ ist $y^{2\alpha} = a^{\alpha-1} x^{1-2\alpha}$ und $\pi \alpha x^2 y^2$ das Produkt des Rotationskörpers der Abscisse seines Schwerpunktes.

Nimmt man $\alpha = \frac{2}{3}, \frac{1}{2}, \frac{2}{5}, \frac{1}{3}$, so wird jede der vier Kurven eine Parabel von der Form $y^2 = 2px$, und $\frac{2}{3}xy$, $\frac{1}{2}\pi xy^2$, $\frac{3}{5}x$, $\frac{2}{3}x$ drücken von ihr die Fläche, den Rotationskörper, die Abscissen der Schwerpunkte der Fläche und des Körpers aus.

Für $\alpha = \frac{4}{5}, \frac{2}{3}, \frac{4}{9}, \frac{2}{5}$ geben $\frac{4}{5}xy$, $\frac{2}{3}\pi xy^2$, $\frac{5}{9}x$, $\frac{3}{5}x$ dieselben Größen von der Kurve $y^4 = p^3x$ an.

Nimmt man für x andere Funktionen von t an, dann sind die erwähnten Bestimmungen bei einer und derselben Kurve immer nur von einer dieser vier Größen möglich. Wäre z. B. $x = a\sin t$, also $x' = a\cos t$ und $\frac{x'}{\cos t} = a$, so wird, wenn man $\frac{1}{\cos t} = y$ setzt, $yx' = a$ und die Fläche $\Sigma \frac{1}{n} yx' = at = a.\arcsin \frac{x}{a}$, während die Gleichung der Kurve $\frac{x^2}{a^2} + \frac{1}{y^2} = 1$ sein würde. Aber die Substitutionen $\frac{1}{\cos t} = y^2$, oder $= xy$, oder $= xy^2$ führen zu anderen Kurven als zu dieser.

n	ln	n	ln	n	ln	n	ln
2	0,6931472	19	2,9444390	47	3,8501476	79	4,3694479
3	1,0986123	23	3,1354942	53	3,9702919	83	4,4188406
5	1,6094379	29	3,3672958	59	4,0775374	89	4,4886364
7	1,9459101	31	3,4339872	61	4,1108739	97	4,5747110
11	2,3978953	37	3,6109179	67	4,2046926	101	4,6151205
13	2,5649494	41	3,7135721	71	4,2626799	103	4,6347290
17	2,8332133	43	3,7612001	73	4,2904594	107	4,6728288

log vulg $\pi = 0{,}4971499$. log nat $\pi = 1{,}1447299$.

Astronomisch-geographische Konstanten.

Halbe große Achse des Erdsphäroids: $a = 6377{,}4$ km
Halbe kleine Achse: $b = 6356{,}1$ km
Abplattung $= (a-b) : a = 1 : 299$
Meridiangrad, mittlerer = 111,121 km
" am Pol = 111,680 km
" am Äquator = 110,564 km
Ein Grad des Äquators = 111,307 km
1 geogr. Meile = $\frac{1}{15}$° d. Äq. = 7,42044 km
Oberfläche d. Erde = 510 Millionen qkm = $9\frac{1}{4}$ Millionen g. Quadratmeilen.
Volumen der Erde = $1\frac{1}{12}$ Billionen Kubikkilometer = 2650 Millionen g. Kubikmeilen.
Radius einer Kugel von gleichem Volumen: $r = \sqrt[3]{a^2 b} = 6370{,}3$ km = 858,5 g. Ml. ($a = 859{,}44$ g. Ml. $b = 856{,}56$ g. Ml.)

	Schwerkraft (g)	Sekundenpendel ($g:\pi^2$)
am Äquator	= 9,7806 m	0,99098 m
unter 45° Br.	= 9,8060 m	0,99356 m
am Pol	= 9,8315 m	0,99613 m
in Berlin	= 9,8126 m	0,99422 m
in Paris	= 9,8090 m	0,99386 m

($g_\varphi = 9{,}806\,(1 - 0{,}00259 \cos 2\varphi)$).
Mittlere Dichtigkeit der Erde = 5,6.

Äquatoreal-Horizontal-Parallaxe der Sonne = 8",8.
Mittlere Entfernung der Sonne von der Erde = 23400 a.
Sonnenradius = 109 a.
Mittl. scheinb. Durchmesser der Sonne 32', größter 32',6, kleinster 31',5
Numerische Excentricität der Erdbahn = 0,01676
Schiefe der Ekliptik = 23° 27',2
Präcession, jährlich = 50",24
Siderisches Jahr = 365,2564 Tg.
Tropisches Jahr = 365,2422 Tg.
Sterntag = 86164 Sek. mittl. Zeit.
Umdrehungszeit der Sonne 25,2 Tg.
Masse d. Sonne = 324000 Erdmassen.

Mittlerer Abstand des Mondes vom Erdmittelpunkt = $60\frac{1}{4}$ Erdradien.
Mondradius = $\frac{3}{11}$ Erdradien.
Mittl. scheinb. Durchmesser des Mondes 31', größter 34', kleinster 29'.
Numerische Excentricität der Bahn des Mondes um die Erde = 0,0549.
Umlaufszeit des Mondes um die Erde, siderische = 27 Tg. 7,72 Std. synodische = 29 Tg. 12,734 Std.
Masse des Mondes = $\frac{1}{80}$ der Erdmasse.

	Geogr. Breite	Länge
Berlin:	52° 30',3	31° 3',5
Paris:	48° 50',2	20° 0',0
Greenwich:	51° 28',6	17° 39',7
Petersburg:	59° 56',5	47° 58',2
Wien:	48° 12',6	34° 2',7
Rom:	41° 53',9	30° 8',6
Washington:	38° 53',6	59° 23',3 W.
Capstadt:	33° 56',0 S.	36° 8',3.

n	n^2	n^3	$\sqrt{n}$	$\sqrt[3]{n}$	n	n^2	n^3	$\sqrt{n}$	$\sqrt[3]{n}$
0	0	0	0,0000	0,0000	50	2500	125000	7,0711	3,6840
1	1	1	1,0000	1,0000	51	2601	132651	7,1414	3,7084
2	4	8	1,4142	1,2599	52	2704	140608	7,2111	3,7325
3	9	27	1,7321	1,4422	53	2809	148877	7,2801	3,7563
4	16	64	2,0000	1,5874	54	2916	157464	7,3485	3,7798
5	25	125	2,2361	1,7100	55	3025	166375	7,4162	3,8030
6	36	216	2,4495	1,8171	56	3136	175616	7,4833	3,8259
7	49	343	2,6458	1,9129	57	3249	185193	7,5498	3,8485
8	64	512	2,8284	2,0000	58	3364	195112	7,6158	3,8709
9	81	729	3,0000	2,0801	59	3481	205379	7,6811	3,8930
10	100	1000	3,1623	2,1544	60	3600	216000	7,7460	3,9149
11	121	1331	3,3166	2,2240	61	3721	226981	7,8102	3,9365
12	144	1728	3,4641	2,2894	62	3844	238328	7,8740	3,9579
13	169	2197	3,6056	2,3513	63	3969	250047	7,9373	3,9791
14	196	2744	3,7417	2,4101	64	4096	262144	8,0000	4,0000
15	225	3375	3,8730	2,4662	65	4225	274625	8,0623	4,0207
16	256	4096	4,0000	2,5198	66	4356	287496	8,1240	4,0412
17	289	4913	4,1231	2,5713	67	4489	300763	8,1854	4,0615
18	324	5832	4,2426	2,6207	68	4624	314432	8,2462	4,0817
19	361	6859	4,3589	2,6684	69	4761	328509	8,3066	4,1016
20	400	8000	4,4721	2,7144	70	4900	343000	8,3666	4,1213
21	441	9261	4,5826	2,7589	71	5041	357911	8,4261	4,1408
22	484	10648	4,6904	2,8020	72	5184	373248	8,4853	4,1602
23	529	12167	4,7958	2,8439	73	5329	389017	8,5440	4,1793
24	576	13824	4,8990	2,8845	74	5476	405224	8,6023	4,1983
25	625	15625	5,0000	2,9240	75	5625	421875	8,6603	4,2172
26	676	17576	5,0990	2,9625	76	5776	438976	8,7178	4,2358
27	729	19683	5,1962	3,0000	77	5929	456533	8,7750	4,2543
28	784	21952	5,2915	3,0366	78	6084	474552	8,8318	4,2727
29	841	24389	5,3852	3,0723	79	6241	493039	8,8882	4,2908
30	900	27000	5,4772	3,1072	80	6400	512000	8,9443	4,3089
31	961	29791	5,5678	3,1414	81	6561	531441	9,0000	4,3267
32	1024	32768	5,6569	3,1748	82	6724	551368	9,0554	4,3445
33	1089	35937	5,7446	3,2075	83	6889	571787	9,1104	4,3621
34	1156	39304	5,8310	3,2396	84	7056	592704	9,1652	4,3795
35	1225	42875	5,9161	3,2711	85	7225	614125	9,2195	4,3968
36	1296	46656	6,0000	3,3019	86	7396	636056	9,2736	4,4140
37	1369	50653	6,0828	3,3322	87	7569	658503	9,3274	4,4310
38	1444	54872	6,1644	3,3620	88	7744	681472	9,3808	4,4480
39	1521	59319	6,2450	3,3912	89	7921	704969	9,4340	4,4647
40	1600	64000	6,3246	3,4200	90	8100	729000	9,4868	4,4814
41	1681	68921	6,4031	3,4482	91	8281	753571	9,5394	4,4979
42	1764	74088	6,4807	3,4760	92	8464	778688	9,5917	4,5144
43	1849	79507	6,5574	3,5034	93	8649	804357	9,6437	4,5307
44	1936	85184	6,6332	3,5303	94	8836	830584	9,6954	4,5468
45	2025	91125	6,7082	3,5569	95	9025	857375	9,7468	4,5629
46	2116	97336	6,7823	3,5830	96	9216	884736	9,7980	4,5789
47	2209	103823	6,8557	3,6088	97	9409	912673	9,8489	4,5947
48	2304	110592	6,9282	3,6342	98	9604	941192	9,8995	4,6104
49	2401	117649	7,0000	3,6593	99	9801	970299	9,9499	4,6261

$\pi = 3{,}1416$; $\pi^2 = 9{,}8696$; $\sqrt{\pi} = 1{,}7725$; $\sqrt[3]{\pi} = 1{,}4646$.

$\pi^{-1} = 0{,}3183$; $\pi^{-2} = 0{,}1013$; $\pi^{-\frac{1}{2}} = 0{,}5642$; $\pi^{-\frac{1}{3}} = 0{,}6828$.

N	0	1	2	3	4	5	6	7	8	9
0	$-\infty$	0000	3010	4771	6021	6990	7782	8451	9031	9542
1	0000	0414	0792	1139	1461	1761	2041	2304	2553	2788
2	3010	3222	3424	3617	3802	3979	4150	4314	4472	4624
3	4771	4914	5051	5185	5315	5441	5563	5682	5798	5911
4	6021	6128	6232	6335	6435	6532	6628	6721	6812	6902
5	6990	7076	7160	7243	7324	7404	7482	7559	7634	7709
6	7782	7853	7924	7993	8062	8129	8195	8261	8325	8388
7	8451	8513	8573	8633	8692	8751	8808	8865	8921	8976
8	9031	9085	9138	9191	9243	9294	9345	9395	9445	9494
9	9542	9590	9638	9685	9731	9777	9823	9868	9912	9956
10	0000	0043	0086	0128	0170	0212	0253	0294	0334	0374
11	0414	0453	0492	0531	0569	0607	0645	0682	0719	0755
12	0792	0828	0864	0899	0934	0969	1004	1038	1072	1106
13	1139	1173	1206	1239	1271	1303	1335	1367	1399	1430
14	1461	1492	1523	1553	1584	1614	1644	1673	1703	1732
15	1761	1790	1818	1847	1875	1903	1931	1959	1987	2014
16	2041	2068	2095	2122	2148	2175	2201	2227	2253	2279
17	2304	2330	2355	2380	2405	2430	2455	2480	2504	2529
18	2553	2577	2601	2625	2648	2672	2695	2718	2742	2765
19	2788	2810	2833	2856	2878	2900	2923	2945	2967	2989
20	3010	3032	3054	3075	3096	3118	3139	3160	3181	3201
21	3222	3243	3263	3284	3304	3324	3345	3365	3385	3404
22	3424	3444	3464	3483	3502	3522	3541	3560	3579	3598
23	3617	3636	3655	3674	3692	3711	3729	3747	3766	3784
24	3802	3820	3838	3856	3874	3892	3909	3927	3945	3962
25	3979	3997	4014	4031	4048	4065	4082	4099	4116	4133
26	4150	4166	4183	4200	4216	4232	4249	4265	4281	4298
27	4314	4330	4346	4362	4378	4393	4409	4425	4440	4456
28	4472	4487	4502	4518	4533	4548	4564	4579	4594	4609
29	4624	4639	4654	4669	4683	4698	4713	4728	4742	4757
30	4771	4786	4800	4814	4829	4843	4857	4871	4886	4900
31	4914	4928	4942	4955	4969	4983	4997	5011	5024	5038
32	5051	5065	5079	5092	5105	5119	5132	5145	5159	5172
33	5185	5198	5211	5224	5237	5250	5263	5276	5289	5302
34	5315	5328	5340	5353	5366	5378	5391	5403	5416	5428
35	5441	5453	5465	5478	5490	5502	5514	5527	5539	5551
36	5563	5575	5587	5599	5611	5623	5635	5647	5658	5670
37	5682	5694	5705	5717	5729	5740	5752	5763	5775	5786
38	5798	5809	5821	5832	5843	5855	5866	5877	5888	5899
39	5911	5922	5933	5944	5955	5966	5977	5988	5999	6010
40	6021	6031	6042	6053	6064	6075	6085	6096	6107	6117
41	6128	6138	6149	6160	6170	6180	6191	6201	6212	6222
42	6232	6243	6253	6263	6274	6284	6294	6304	6314	6325
43	6335	6345	6355	6365	6375	6385	6395	6405	6415	6425
44	6435	6444	6454	6464	6474	6484	6493	6503	6513	6522
45	6532	6542	6551	6561	6571	6580	6590	6599	6609	6618
46	6628	6637	6646	6656	6665	6675	6684	6693	6702	6712
47	6721	6730	6739	6749	6758	6767	6776	6785	6794	6803
48	6812	6821	6830	6839	6848	6857	6866	6875	6884	6893
49	6902	6911	6920	6928	6937	6946	6955	6964	6972	6981

N	0	1	2	3	4	5	6	7	8	9
50	6990	6998	7007	7016	7024	7033	7042	7050	7059	7067
51	7076	7084	7093	7101	7110	7118	7126	7135	7143	7152
52	7160	7168	7177	7185	7193	7202	7210	7218	7226	7235
53	7243	7251	7259	7267	7275	7284	7292	7300	7308	7316
54	7324	7332	7340	7348	7356	7364	7372	7380	7388	7396
55	7404	7412	7419	7427	7435	7443	7451	7459	7466	7474
56	7482	7490	7497	7505	7513	7520	7528	7536	7543	7551
57	7559	7566	7574	7582	7589	7597	7604	7612	7619	7627
58	7634	7642	7649	7657	7664	7672	7679	7686	7694	7701
59	7709	7716	7723	7731	7738	7745	7752	7760	7767	7774
60	7782	7789	7796	7803	7810	7818	7825	7832	7839	7846
61	7853	7860	7868	7875	7882	7889	7896	7903	7910	7917
62	7924	7931	7938	7945	7952	7959	7966	7973	7980	7987
63	7993	8000	8007	8014	8021	8028	8035	8041	8048	8055
64	8062	8069	8075	8082	8089	8096	8102	8109	8116	8122
65	8129	8136	8142	8149	8156	8162	8169	8176	8182	8189
66	8195	8202	8209	8215	8222	8228	8235	8241	8248	8254
67	8261	8267	8274	8280	8287	8293	8299	8306	8312	8319
68	8325	8331	8338	8344	8351	8357	8363	8370	8376	8382
69	8388	8395	8401	8407	8414	8420	8426	8432	8439	8445
70	8451	8457	8463	8470	8476	8482	8488	8494	8500	8506
71	8513	8519	8525	8531	8537	8543	8549	8555	8561	8567
72	8573	8579	8585	8591	8597	8603	8609	8615	8621	8627
73	8633	8639	8645	8651	8657	8663	8669	8675	8681	8686
74	8692	8698	8704	8710	8716	8722	8727	8733	8739	8745
75	8751	8756	8762	8768	8774	8779	8785	8791	8797	8802
76	8808	8814	8820	8825	8831	8837	8842	8848	8854	8859
77	8865	8871	8876	8882	8887	8893	8899	8904	8910	8915
78	8921	8927	8932	8938	8943	8949	8954	8960	8965	8971
79	8976	8982	8987	8993	8998	9004	9009	9015	9020	9025
80	9031	9036	9042	9047	9053	9058	9063	9069	9074	9079
81	9085	9090	9096	9101	9106	9112	9117	9122	9128	9133
82	9138	9143	9149	9154	9159	9165	9170	9175	9180	9186
83	9191	9196	9201	9206	9212	9217	9222	9227	9232	9238
84	9243	9248	9253	9258	9263	9269	9274	9279	9284	9289
85	9294	9299	9304	9309	9315	9320	9325	9330	9335	9340
86	9345	9350	9355	9360	9365	9370	9375	9380	9385	9390
87	9395	9400	9405	9410	9415	9420	9425	9430	9435	9440
88	9445	9450	9455	9460	9465	9469	9474	9479	9484	9489
89	9494	9499	9504	9509	9513	9518	9523	9528	9533	9538
90	9542	9547	9552	9557	9562	9566	9571	9576	9581	9586
91	9590	9595	9600	9605	9609	9614	9619	9624	9628	9633
92	9638	9643	9647	9652	9657	9661	9666	9671	9675	9680
93	9685	9689	9694	9699	9703	9708	9713	9717	9722	9727
94	9731	9736	9741	9745	9750	9754	9759	9763	9768	9773
95	9777	9782	9786	9791	9795	9800	9805	9809	9814	9818
96	9823	9827	9832	9836	9841	9845	9850	9854	9859	9863
97	9868	9872	9877	9881	9886	9890	9894	9899	9903	9908
98	9912	9917	9921	9926	9930	9934	9939	9943	9948	9952
99	9956	9961	9965	9969	9974	9978	9983	9987	9991	9996

Grad	0′	10′	20′	30′	40′	50′
0	− ∞	7,4637	7,7648	7,9408	8,0658	8,1627
1	8,2419	8,3088	8,3668	8,4179	8,4637	8,5050
2	5428	5776	6097	6397	6677	6940
3	7188	7423	7645	7857	8059	8251
4	8436	8613	8783	8946	9104	9256
5	8,9403	8,9545	8,9682	8,9816	8,9945	9,0070
6	9,0192	9,0311	9,0426	9,0539	9,0648	9,0755
7	0859	0961	1060	1157	1252	1345
8	1436	1525	1612	1697	1781	1863
9	1943	2022	2100	2176	2251	2324
10	9,2397	9,2468	9,2538	9,2606	9,2674	9,2740
11	2806	2870	2934	2997	3058	3119
12	3179	3238	3296	3353	3410	3466
13	3521	3575	3629	3682	3734	3786
14	3837	3887	3937	3986	4035	4083
15	9,4130	9,4177	9,4223	9,4269	9,4314	9,4359
16	4403	4447	4491	4533	4576	4618
17	4659	4700	4741	4781	4821	4861
18	4900	4939	4977	5015	5052	5090
19	5126	5163	5199	5235	5270	5306
20	9,5341	9,5375	9,5409	9,5443	9,5477	9,5510
21	5543	5576	5609	5641	5673	5704
22	5736	5767	5798	5828	5859	5889
23	5919	5948	5978	6007	6036	6065
24	6093	6121	6149	6177	6205	6232
25	9,6259	9,6286	9,6313	9,6340	9,6366	9,6392
26	6418	6444	6470	6495	6521	6546
27	6570	6595	6620	6644	6668	6692
28	6716	6740	6763	6787	6810	6833
29	6856	6878	6901	6923	6946	6968
30	9,6990	9,7012	9,7033	9,7055	9,7076	9,7097
31	7118	7139	7160	7181	7201	7222
32	7242	7262	7282	7302	7322	7342
33	7361	7380	7400	7419	7438	7457
34	7476	7494	7513	7531	7550	7568
35	9,7586	9,7604	9,7622	9,7640	9,7657	9,7675
36	7692	7710	7727	7744	7761	7778
37	7795	7811	7828	7844	7861	7877
38	7893	7910	7926	7941	7957	7973
39	7989	8004	8020	8035	8050	8066
40	9,8081	9,8096	9,8111	9,8125	9,8140	9,8155
41	8169	8184	8198	8213	8227	8241
42	8255	8269	8283	8297	8311	8324
43	8338	8351	8365	8378	8391	8405
44	8418	8431	8444	8457	8469	8482

Grad	0′	10′	20′	30′	40′	50′
45	9,8495	9,8507	9,8520	9,8532	9,8545	9,8557
46	8569	8582	8594	8606	8618	8629
47	8641	8653	8665	8676	8688	8699
48	8711	8722	8733	8745	8756	8767
49	8778	8789	8800	8810	8821	8832
50	9,8843	9,8853	9,8864	9,8874	9,8884	9,8895
51	8905	8915	8925	8935	8945	8955
52	8965	8975	8985	8995	9004	9014
53	9023	9033	9042	9052	9061	9070
54	9080	9089	9098	9107	9116	9125
55	9,9134	9,9142	9,9151	9,9160	9,9169	9,9177
56	9186	9194	9203	9211	9219	9228
57	9236	9244	9252	9260	9268	9276
58	9284	9292	9300	9308	9315	9323
59	9331	9338	9346	9353	9361	9368
60	9,9375	9,9383	9,9390	9,9397	9,9404	9,9411
61	9418	9425	9432	9439	9446	9453
62	9459	9466	9473	9479	9486	9492
63	9499	9505	9512	9518	9524	9530
64	9537	9543	9549	9555	9561	9567
65	9,9573	9,9579	9,9584	9,9590	9,9596	9,9602
66	9607	9613	9618	9624	9629	9635
67	9640	9646	9651	9656	9661	9667
68	9672	9677	9682	9687	9692	9697
69	9702	9706	9711	9716	9721	9725
70	9,9730	9,9734	9,9739	9,9743	9,9748	9,9752
71	9757	9761	9765	9770	9774	9778
72	9782	9786	9790	9794	9798	9802
73	9806	9810	9814	9817	9821	9825
74	9828	9832	9836	9839	9843	9846
75	9,9849	9,9853	9,9856	9,9859	9,9863	9,9866
76	9869	9872	9875	9878	9881	9884
77	9887	9890	9893	9896	9899	9901
78	9904	9907	9909	9912	9914	9917
79	9919	9922	9924	9927	9929	9931
80	9,9934	9,9936	9,9938	9,9940	9,9942	9,9944
81	9946	9948	9950	9952	9954	9956
82	9958	9959	9961	9963	9964	9966
83	9968	9969	9971	9972	9973	9975
84	9976	9977	9979	9980	9981	9982
85	9,9983	9,9985	9,9986	9,9987	9,9988	9,9989
86	9989	9990	9991	9992	9993	9993
87	9994	9995	9995	9996	9996	9997
88	9997	9998	9998	9999	9999	9999
89	9,9999	10,0000	10,0000	10,0000	10,0000	10,0000

Grad	0′	10′	20′	30′	40′	50′
0	—∞	7,4637	7,7648	7,9409	8,0658	8,1627
1	8,2419	8,3089	8,3669	8,4181	8,4638	8,5053
2	5431	5779	6101	6401	6682	6945
3	7194	7429	7652	7865	8067	8261
4	8446	8624	8795	8960	9118	9272
5	8,9420	8,9563	8,9701	8,9836	8,9966	9,0093
6	9,0216	9,0336	9,0453	9,0567	9,0678	9,0786
7	0891	0995	1096	1194	1291	1385
8	1478	1569	1658	1745	1831	1915
9	1997	2078	2158	2236	2313	2389
10	9,2463	9,2536	9,2609	9,2680	9,2750	9,2819
11	2887	2953	3020	3085	3149	3212
12	3275	3336	3397	3458	3517	3576
13	3634	3691	3748	3804	3859	3914
14	3968	4021	4074	4127	4178	4230
15	9,4281	9,4331	9,4381	9,4430	9,4479	9,4527
16	4575	4622	4669	4716	4762	4808
17	4853	4898	4943	4987	5031	5075
18	5118	5161	5203	5245	5287	5329
19	5370	5411	5451	5491	5531	5571
20	9,5611	9,5650	9,5689	9,5727	9,5766	9,5804
21	5842	5879	5917	5954	5991	6028
22	6064	6100	6136	6172	6208	6243
23	6279	6314	6348	6383	6417	6452
24	6486	6520	6553	6587	6620	6654
25	9,6687	9,6720	9,6752	9,6785	9,6817	9,6850
26	6882	6914	6946	6977	7009	7040
27	7072	7103	7134	7165	7196	7226
28	7257	7287	7317	7348	7378	7408
29	7438	7467	7497	7526	7556	7585
30	9,7614	9,7644	9,7673	9,7701	9,7730	9,7759
31	7788	7816	7845	7873	7902	7930
32	7958	7986	8014	8042	8070	8097
33	8125	8153	8180	8208	8235	8263
34	8290	8317	8344	8371	8398	8425
35	9,8452	9,8479	9,8506	9,8533	9,8559	9,8586
36	8613	8639	8666	8692	8718	8745
37	8771	8797	8824	8850	8876	8902
38	8928	8954	8980	9006	9032	9058
39	9084	9110	9135	9161	9187	9212
40	9,9238	9,9264	9,9289	9,9315	9,9341	9,9366
41	9392	9417	9443	9468	9494	9519
42	9544	9570	9595	9621	9646	9671
43	9697	9722	9747	9772	9798	9823
44	9848	9874	9899	9924	9949	9975

Grad	0′	10′	20′	30′	40′	50′
45	10,0000	10,0025	10,0051	10,0076	10,0101	10,0126
46	0152	0177	0202	0228	0253	0278
47	0303	0329	0354	0379	0405	0430
48	0456	0481	0506	0532	0557	0583
49	0608	0634	0659	0685	0711	0736
50	10,0762	10,0788	10,0813	10,0839	10,0865	10,0890
51	0916	0942	0968	0994	1020	1046
52	1072	1098	1124	1150	1176	1203
53	1229	1255	1282	1308	1334	1361
54	1387	1414	1441	1467	1494	1521
55	10,1548	10,1575	10,1602	10,1629	10,1656	10,1683
56	1710	1737	1765	1792	1820	1847
57	1875	1903	1930	1958	1986	2014
58	2042	2070	2098	2127	2155	2184
59	2212	2241	2270	2299	2327	2356
60	10,2386	10,2415	10,2444	10,2474	10,2503	10,2533
61	2562	2592	2622	2652	2683	2713
62	2743	2774	2804	2835	2866	2897
63	2928	2960	2991	3023	3054	3086
64	3118	3150	3183	3215	3248	3280
65	10,3313	10,3346	10,3380	10,3413	10,3447	10,3480
66	3514	3548	3583	3617	3652	3686
67	3721	3757	3792	3828	3864	3900
68	3936	3972	4009	4046	4083	4121
69	4158	4196	4234	4273	4311	4350
70	10,4389	10,4429	10,4469	10,4509	10,4549	10,4589
71	4630	4671	4713	4755	4797	4839
72	4882	4925	4969	5013	5057	5102
73	5147	5192	5238	5284	5331	5378
74	5425	5473	5521	5570	5619	5669
75	10,5719	10,5770	10,5822	10,5873	10,5926	10,5979
76	6032	6086	6141	6196	6252	6309
77	6366	6424	6483	6542	6603	6664
78	6725	6788	6851	6915	6980	7047
79	7113	7181	7250	7320	7391	7464
80	10,7537	10,7611	10,7687	10,7764	10,7842	10,7922
81	8003	8085	8169	8255	8342	8431
82	8522	8615	8709	8806	8904	9005
83	9109	9214	9322	9433	9547	9664
84	10,9784	10,9907	11,0034	11,0164	11,0299	11,0437
85	11,0580	11,0728	11,0882	11,1040	11,1205	11,1376
86	1554	1739	1933	2135	2348	2571
87	2806	3055	3318	3599	3899	4221
88	4569	4947	5362	5819	6331	6911
89	11,7581	11,8373	11,9342	12,0591	12,2352	12,5363

Grad	0′	10′	20′	30′	40′	50′
0	0,0000	0,0029	0,0058	0,0087	0,0116	0,0145
1	0175	0204	0233	0262	0291	0320
2	0349	0378	0407	0436	0465	0494
3	0523	0552	0581	0610	0640	0669
4	0698	0727	0756	0785	0814	0843
5	0,0872	0,0901	0,0929	0,0958	0,0987	0,1016
6	1045	1074	1103	1132	1161	1190
7	1219	1248	1276	1305	1334	1363
8	1392	1421	1449	1478	1507	1536
9	1564	1593	1622	1650	1679	1708
10	0,1736	0,1765	0,1794	0,1822	0,1851	0,1880
11	1908	1937	1965	1994	2022	2051
12	2079	2108	2136	2164	2193	2221
13	2250	2278	2306	2334	2363	2391
14	2419	2447	2476	2504	2532	2560
15	0,2588	0,2616	0,2644	0,2672	0,2700	0,2728
16	2756	2784	2812	2840	2868	2896
17	2924	2952	2979	3007	3035	3062
18	3090	3118	3145	3173	3201	3228
19	3256	3283	3311	3338	3365	3393
20	0,3420	0,3448	0,3475	0,3502	0,3529	0,3557
21	3584	3611	3638	3665	3692	3719
22	3746	3773	3800	3827	3854	3881
23	3907	3934	3961	3987	4014	4041
24	4067	4094	4120	4147	4173	4200
25	0,4226	0,4253	0,4279	0,4305	0,4331	0,4358
26	4384	4410	4436	4462	4488	4514
27	4540	4566	4592	4617	4643	4669
28	4695	4720	4746	4772	4797	4823
29	4848	4874	4899	4924	4950	4975
30	0,5000	0,5025	0,5050	0,5075	0,5100	0,5125
31	5150	5175	5200	5225	5250	5275
32	5299	5324	5348	5373	5398	5422
33	5446	5471	5495	5519	5544	5568
34	5592	5616	5640	5664	5688	5712
35	0,5736	0,5760	0,5783	0,5807	0,5831	0,5854
36	5878	5901	5925	5948	5972	5995
37	6018	6041	6065	6088	6111	6134
38	6157	6180	6202	6225	6248	6271
39	6293	6316	6338	6361	6383	6406
40	0,6428	0,6450	0,6472	0,6494	0,6517	0,6539
41	6561	6583	6604	6626	6648	6670
42	6691	6713	6734	6756	6777	6799
43	6820	6841	6862	6884	6905	6926
44	6947	6967	6988	7009	7030	7050

Grad	0′	10′	20′	30′	40′	50′
45	0,7071	0,7092	0,7112	0,7133	0,7153	0,7173
46	7193	7214	7234	7254	7274	7294
47	7314	7333	7353	7373	7392	7412
48	7431	7451	7470	7490	7509	7528
49	7547	7566	7585	7604	7623	7642
50	0,7660	0,7679	0,7698	0,7716	0,7735	0,7753
51	7771	7790	7808	7826	7844	7862
52	7880	7898	7916	7934	7951	7969
53	7986	8004	8021	8039	8056	8073
54	8090	8107	8124	8141	8158	8175
55	0,8192	0,8208	0,8225	0,8241	0,8258	0,8274
56	8290	8307	8323	8339	8355	8371
57	8387	8403	8418	8434	8450	8465
58	8480	8496	8511	8526	8542	8557
59	8572	8587	8601	8616	8631	8646
60	0,8660	0,8675	0,8689	0,8704	0,8718	0,8732
61	8746	8760	8774	8788	8802	8816
62	8829	8843	8857	8870	8884	8897
63	8910	8923	8936	8949	8962	8975
64	8988	9001	9013	9026	9038	9051
65	0,9063	0,9075	0,9088	0,9100	0,9112	0,9124
66	9135	9147	9159	9171	9182	9194
67	9205	9216	9228	9239	9250	9261
68	9272	9283	9293	9304	9315	9325
69	9336	9346	9356	9367	9377	9387
70	0,9397	0,9407	0,9417	0,9426	0,9436	0,9446
71	9455	9465	9474	9483	9492	9502
72	9511	9520	9528	9537	9546	9555
73	9563	9572	9580	9588	9596	9605
74	9613	9621	9628	9636	9644	9652
75	0,9659	0,9667	0,9674	0,9681	0,9689	0,9696
76	9703	9710	9717	9724	9730	9737
77	9744	9750	9757	9763	9769	9775
78	9781	9787	9793	9799	9805	9811
79	9816	9822	9827	9833	9838	9843
80	0,9848	0,9853	0,9858	0,9863	0,9868	0,9872
81	9877	9881	9886	9890	9894	9899
82	9903	9907	9911	9914	9918	9922
83	9925	9929	9932	9936	9939	9942
84	9945	9948	9951	9954	9957	9959
85	0,9962	0,9964	0,9967	0,9969	0,9971	0,9974
86	9976	9978	9980	9981	9983	9985
87	9986	9988	9989	9990	9992	9993
88	9994	9995	9996	9997	9997	9998
89	9998	9999	9999	1,0000	1,0000	1,0000

Grad	0′	10′	20′	30′	40′	50′
0	1,0000	1,0000	1,0000	1,0000	1,0001	1,0001
1	0002	0002	0003	0003	0004	0005
2	0006	0007	0008	0010	0011	0012
3	0014	0015	0017	0019	0021	0022
4	0024	0027	0029	0031	0033	0036
5	1,0038	1,0041	1,0043	1,0046	1,0049	1,0052
6	0055	0058	0061	0065	0068	0072
7	0075	0079	0082	0086	0090	0094
8	0098	0102	0107	0111	0116	0120
9	0125	0129	0134	0139	0144	0149
10	1,0154	1,0160	1,0165	1,0170	1,0176	1,0181
11	0187	0193	0199	0205	0211	0217
12	0223	0230	0236	0243	0249	0256
13	0263	0270	0277	0284	0291	0299
14	0306	0314	0321	0329	0337	0345
15	1,0353	1,0361	1,0369	1,0377	1,0386	1,0394
16	0403	0412	0421	0429	0439	0448
17	0457	0466	0476	0485	0495	0505
18	0515	0525	0535	0545	0555	0566
19	0576	0587	0598	0608	0619	0631
20	1,0642	1,0653	1,0665	1,0676	1,0688	1,0700
21	0711	0723	0736	0748	0760	0773
22	0785	0798	0811	0824	0837	0850
23	0864	0877	0891	0904	0918	0932
24	0946	0961	0975	0989	1004	1019
25	1,1034	1,1049	1,1064	1,1079	1,1095	1,1110
26	1126	1142	1158	1174	1190	1207
27	1223	1240	1257	1274	1291	1308
28	1326	1343	1361	1379	1397	1415
29	1434	1452	1471	1490	1509	1528
30	1,1547	1,1566	1,1586	1,1606	1,1626	1,1646
31	1666	1687	1707	1728	1749	1770
32	1792	1813	1835	1857	1879	1901
33	1924	1946	1969	1992	2015	2039
34	2062	2086	2110	2134	2158	2183
35	1,2208	1,2233	1,2258	1,2283	1,2309	1,2335
36	2361	2387	2413	2440	2467	2494
37	2521	2549	2577	2605	2633	2661
38	2690	2719	2748	2778	2807	2837
39	2868	2898	2929	2960	2991	3022
40	1,3054	1,3086	1,3118	1,3151	1,3184	1,3217
41	3250	3284	3318	3352	3386	3421
42	3456	3492	3527	3563	3600	3636
43	3673	3711	3748	3786	3824	3863
44	3902	3941	3980	4020	4061	4101

Grad	0′	10′	20′	30′	40′	50′
45	1,4142	1,4183	1,4225	1,4267	1,4310	1,4352
46	4396	4439	4483	4527	4572	4617
47	4663	4709	4755	4802	4849	4897
48	4945	4993	5042	5092	5141	5192
49	5243	5294	5345	5398	5450	5504
50	1,5557	1,5611	1,5666	1,5721	1,5777	1,5833
51	5890	5948	6005	6064	6123	6183
52	6243	6303	6365	6427	6489	6553
53	6616	6681	6746	6812	6878	6945
54	7013	7081	7151	7221	7291	7362
55	1,7434	1,7507	1,7581	1,7655	1,7730	1,7806
56	7883	7960	8039	8118	8198	8279
57	8361	8443	8527	8612	8697	8783
58	8871	8959	9048	9139	9230	9323
59	9416	9511	9606	9703	9801	9900
60	2,0000	2,0101	2,0204	2,0308	2,0413	2,0519
61	0627	0736	0846	0957	1070	1185
62	1301	1418	1537	1657	1779	1902
63	2027	2153	2282	2412	2543	2677
64	2812	2949	3088	3228	3371	3515
65	2,3662	2,3811	2,3961	2,4114	2,4269	2,4426
66	4586	4748	4912	5078	5247	5419
67	5593	5770	5949	6131	6316	6504
68	6695	6888	7085	7285	7488	7695
69	7904	8117	8334	8555	8779	9006
70	2,9238	2,9474	2,9713	2,9957	3,0206	3,0458
71	3,0716	3,0977	3,1244	3,1515	3,1792	3,2074
72	3,2361	3,2653	3,2951	3,3255	3,3565	3,3881
73	3,4203	3,4532	3,4867	3,5209	3,5559	3,5915
74	3,6280	3,6652	3,7032	3,7420	3,7817	3,8222
75	3,8637	3,9061	3,9495	3,9939	4,0394	4,0859
76	4,1336	4,1824	4,2324	4,2837	4,3362	4,3901
77	4,4454	4,5022	4,5604	4,6202	4,6817	4,7448
78	4,8097	4,8765	4,9452	5,0159	5,0886	5,1636
79	5,2408	5,3205	5,4026	5,4874	5,5749	5,6653
80	5,7588	5,8554	5,9554	6,0589	6,1661	6,2772
81	6,3925	6,5121	6,6363	6,7655	6,8998	7,0396
82	7,1853	7,3372	7,4957	7,6613	7,8344	8,0156
83	8,2055	8,4047	8,6138	8,8337	9,0652	9,3092
84	9,5668	9,8391	10,128	10,433	10,758	11,105
85	11,474	11,868	12,291	12,745	13,235	13,763
86	14,336	14,958	15,637	16,380	17,198	18,103
87	19,107	20,230	21,494	22,926	24,562	26,451
88	28,654	31,258	34,382	38,202	42,976	49,114
89	57,299	68,757	85,946	114,59	171,89	343,78

Grad	0'	10'	20'	30'	40'	50'
0	0,0000	0,0029	0,0058	0,0087	0,0116	0,0145
1	0175	0204	0233	0262	0291	0320
2	0349	0378	0407	0437	0466	0495
3	0524	0553	0582	0612	0641	0670
4	0699	0729	0758	0787	0816	0846
5	0,0875	0,0904	0,0934	0,0963	0,0992	0,1022
6	1051	1080	1110	1139	1169	1198
7	1228	1257	1287	1317	1346	1376
8	1405	1435	1465	1495	1524	1554
9	1584	1614	1644	1673	1703	1733
10	0,1763	0,1793	0,1823	0,1853	0,1883	0,1914
11	1944	1974	2004	2035	2065	2095
12	2126	2156	2186	2217	2247	2278
13	2309	2339	2370	2401	2432	2462
14	2493	2524	2555	2586	2617	2648
15	0,2679	0,2711	0,2742	0,2773	0,2805	0,2836
16	2867	2899	2931	2962	2994	3026
17	3057	3089	3121	3153	3185	3217
18	3249	3281	3314	3346	3378	3411
19	3443	3476	3508	3541	3574	3607
20	0,3640	0,3673	0,3706	0,3739	0,3772	0,3805
21	3839	3872	3906	3939	3973	4006
22	4040	4074	4108	4142	4176	4210
23	4245	4279	4314	4348	4383	4417
24	4452	4487	4522	4557	4592	4628
25	0,4663	0,4699	0,4734	0,4770	0,4806	0,4841
26	4877	4913	4950	4986	5022	5059
27	5095	5132	5169	5206	5243	5280
28	5317	5354	5392	5430	5467	5505
29	5543	5581	5619	5658	5696	5735
30	0,5774	0,5812	0,5851	0,5890	0,5930	0,5969
31	6009	6048	6088	6128	6168	6208
32	6249	6289	6330	6371	6412	6453
33	6494	6536	6577	6619	6661	6703
34	6745	6787	6830	6873	6916	6959
35	0,7002	0,7046	0,7089	0,7133	0,7177	0,7221
36	7265	7310	7355	7400	7445	7490
37	7536	7581	7627	7673	7720	7766
38	7813	7860	7907	7954	8002	8050
39	8098	8146	8195	8243	8292	8342
40	0,8391	0,8441	0,8491	0,8541	0,8591	0,8642
41	8693	8744	8796	8847	8899	8952
42	9004	9057	9110	9163	9217	9271
43	9325	9380	9435	9490	9545	9601
44	9657	9713	9770	9827	9884	9942

Grad	0′	10′	20′	30′	40′	50′
45	1,0000	1,0058	1,0117	1,0176	1,0235	1,0295
46	0355	0416	0477	0538	0599	0661
47	0724	0786	0850	0913	0977	1041
48	1106	1171	1237	1303	1369	1436
49	1504	1571	1640	1708	1778	1847
50	1,1918	1,1988	1,2059	1,2131	1,2203	1,2276
51	2349	2423	2497	2572	2647	2723
52	2799	2876	2954	3032	3111	3190
53	3270	3351	3432	3514	3597	3680
54	3764	3848	3934	4019	4106	4193
55	1,4281	1,4370	1,4460	1,4550	1,4641	1,4733
56	4826	4919	5013	5108	5204	5301
57	5399	5497	5597	5697	5798	5900
58	6003	6107	6212	6319	6426	6534
59	6643	6753	6864	6977	7090	7205
60	1,7321	1,7437	1,7556	1,7675	1,7796	1,7917
61	1,8040	1,8165	1,8291	1,8418	1,8546	1,8676
62	1,8807	1,8940	1,9074	1,9210	1,9347	1,9486
63	1,9626	1,9768	1,9912	2,0057	2,0204	2,0353
64	2,0503	2,0655	2,0809	2,0965	2,1123	2,1283
65	2,1445	2,1609	2,1775	2,1943	2,2113	2,2286
66	2,2460	2,2637	2,2817	2,2998	2,3183	2,3369
67	2,3559	2,3750	2,3945	2,4142	2,4342	2,4545
68	2,4751	2,4960	2,5172	2,5386	2,5605	2,5826
69	2,6051	2,6279	2,6511	2,6746	2,6985	2,7228
70	2,7475	2,7725	2,7980	2,8239	2,8502	2,8770
71	2,9042	2,9319	2,9600	2,9887	3,0178	3,0475
72	3,0777	3,1084	3,1397	3,1716	3,2041	3,2371
73	3,2709	3,3052	3,3402	3,3759	3,4124	3,4495
74	3,4874	3,5261	3,5656	3,6059	3,6470	3,6891
75	3,7321	3,7760	3,8208	3,8667	3,9136	3,9617
76	4,0108	4,0611	4,1126	4,1653	4,2193	4,2747
77	4,3315	4,3897	4,4494	4,5107	4,5736	4,6382
78	4,7046	4,7729	4,8430	4,9152	4,9894	5,0658
79	5,1446	5,2257	5,3093	5,3955	5,4845	5,5764
80	5,6713	5,7694	5,8708	5,9758	6,0844	6,1970
81	6,3138	6,4348	6,5606	6,6912	6,8269	6,9682
82	7,1154	7,2687	7,4287	7,5958	7,7704	7,9530
83	8,1443	8,3450	8,5555	8,7769	9,0098	9,2553
84	9,5144	9,7882	10,078	10,385	10,712	11,059
85	11,430	11,826	12,251	12,706	13,197	13,727
86	14,301	14,924	15,605	16,350	17,169	18,075
87	19,081	20,206	21,470	22,904	24,542	26,432
88	28,636	31,242	34,368	38,188	42,964	49,104
89	57,290	68,750	85,940	114,59	171,89	343,77

Die metrischen Maße und Gewichte.

A. Längenmaße.

Kilometer . . . . km Centimeter . . . . cm
Meter . . . . . . m Millimeter . . . . mm

1 m = 100 cm = 1000 mm = 0,001 km

Zehn Meter heißen ein Dekameter. Ein Meter ist nahezu deem zehnmillionten Teile des Meridianquadranten gleich.

1 m = 3,186 199 Rhnld. Fuß = 3,078 444 Pariser Fuß.

B. Flächenmaße.

Quadratkilometer . . . qkm Quadratmeter . . . . . . qm
Hektar . . . . ha Quadratcentimeter . . . . qcm
Ar . . . . a Quadratmillimeter . . . . qmm

1 qm = 10 000 qcm = 1 000 000 qmm

1 qm = 0,01 a = 0, 000 1 ha = 0,000 001 qkm

1 a = 100 qm, 1 ha = 100 a, 1 qkm = 100 ha.

C. Körpermaße.

Kubikmeter . . . cbm Kubikcentimeter . . . . ccm
Hektoliter . . . . hl Kubikmillimeter . . . . cmm
Liter l

1 cbm = 1 000 000 ccm = 1 000 000 000 cmm

1 cbm = 1000 l = 10 hl; 1 hl = 100 l

Ein Scheffel ist = ½ hl, ein Schoppen = ½ l.

D. Gewichte.

Tonne . . . . t Gramm . . . . . . g
Kilogramm . . . . kg Milligramm . . . . mg

1 kg = 1000 g = 1 000 000 mg = 0,001 t.

Ein Kilogramm ist das Gewicht eines Liters destillierten Wassers bbei +4 Grad C.; ein Gramm das Gewicht eines Kubikcentimeters dest. W. Ein Pfund ist = ½ kg, ein Centner = 100 Pfund, ein Dekagramm = 10 g, ein Decigramm = 0,1 g, ein Centigramm = 0,01 g.

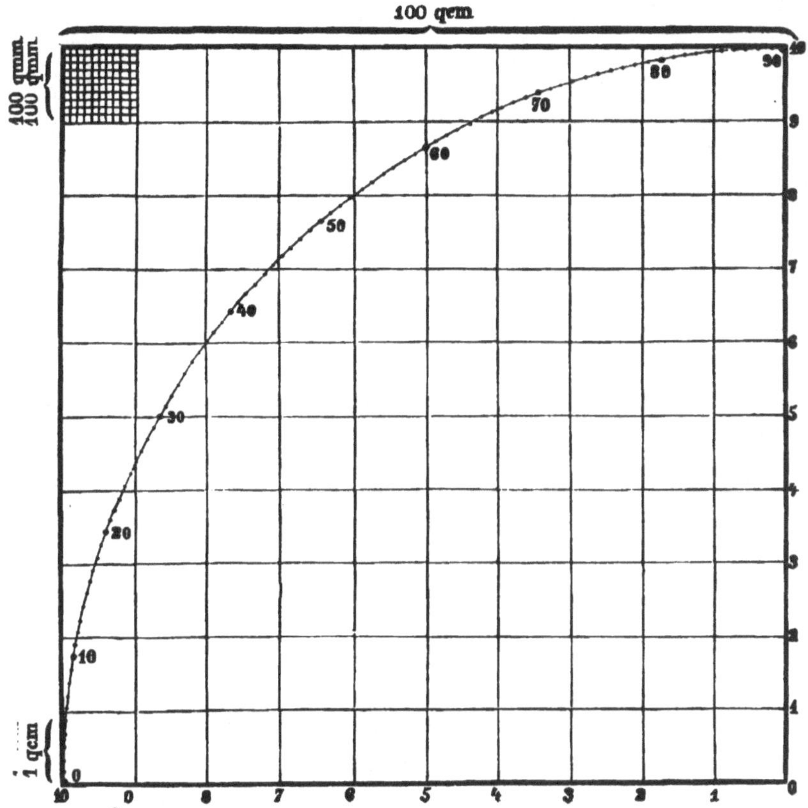
100 qcm
100 qmm
1 qcm
0
10
20
30
40
50
60
70
80
90

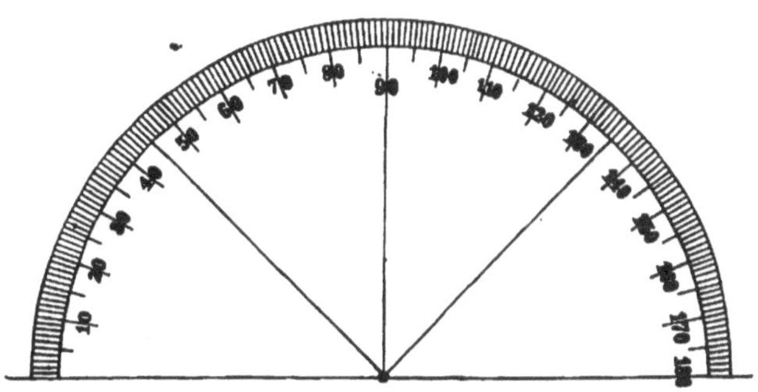
10
20
30
40
50
60
70
80
90
100
110
120
130
140
150
160
170
180

FSC
www.fsc.org
MIX
Papier | Fördert
gute Waldnutzung
FSC® C083411

Zeitfracht Medien GmbH
Ferdinand-Jühlke-Straße 7
99095 Erfurt, Deutschland
produktsicherheit@kolibri360.de